T0225796

Botanische Exkursionen, Bd. II: Sommerhalbjahr

Berthold Haller · Wilfried Probst

Botanische Exkursionen, Bd. II: Sommerhalbjahr

Die Bedecktsamer (Magnoliophytina), Frühjahrsblüher, Blütenökologie, Wiesen und Weiden, Gräser, Binsen- und Sauergrasgewächse, Ufer, Auen, Sümpfe, Moore, Ruderalpflanzen, Kulturpflanzen und Unkräuter

2. Auflage

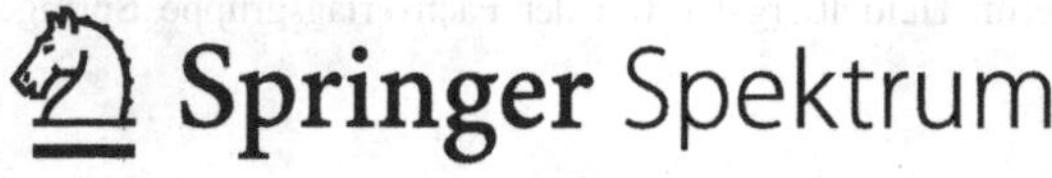

Berthold Haller
Stuttgart, Deutschland

Wilfried Probst
Oberteuringen, Deutschland

ISBN 978-3-662-48687-0 ISBN 978-3-662-48688-7 (eBook)
DOI 10.1007/978-3-662-48688-7

Die Deutsche Nationalbibliothek verzeichnet diese Publikation in der Deutschen Nationalbibliografie; detaillierte bibliografische Daten sind im Internet über http://dnb.d-nb.de abrufbar.

Springer Spektrum

Gedruckt auf säurefreiem und chlorfrei gebleichtem Papier.

Springer-Verlag GmbH Berlin Heidelberg ist Teil der Fachverlagsgruppe Springer Science+Business Media
(www.springer.com)

Vorwort zu einem Nachdruck der Botanischen Exkursionen

Ab Mitte der 1960er Jahre nahmen die Studierendenzahlen an den deutschen Universitäten stark zu, nicht nur, weil nun die geburtenstarken Nachkriegsjahrgänge ihr Studium begannen , sondern auch, weil der Anteil der Abiturienten zugenommen hatte. Unter den naturwissenschaftlichen Fächern erfreute sich das Fach Biologie besonderer Beliebtheit. Für den Lehrbereich Spezielle Botanik am Institut für Biologie der Universität Tübingen, der für die Durchführung der biologischen Pflichtexkursionen verantwortlich war, bedeutete dies eine starke Belastung. Exkursionen lassen sich nur sinnvoll durchführen, wenn nicht mehr als 20 Teilnehmer auf einen Exkursionsleiter kommen. Deshalb wurden neben Assistenten vermehrt auch wissenschaftliche studentische Hilfskräfte („Hiwis") als Exkursionsleiter eingesetzt. Auf Vorexkursionen wurden sie auf ihre Aufgabe vorbereitet.

Um diese Vorbereitungen zu verbessern, aber auch, um den Studierenden zur Begleitung und Nachbereitung der Exkursionen Material an die Hand zu geben, verfassten Assistenten der Speziellen Botanik die „Anleitungen zu den Tübinger botanischen Pflichtexkursionen". Das Skript wurde ab dem Sommersemester 1971 verteilt und sehr gut angenommen.

Auf der Grundlage dieser „Anleitungen" konzipierten Bertold Haller und ich ab Mitte der 1970er Jahre ein Buch, das zu „Exkursionen im Winterhalbjahr" anleiten sollte. Diese Exkursionen im Wintersemester zu den Themen „Laubgehölze im winterlichen Zustand", „Nadelgehölze", „Farnpflanzen", „Moose", „Flechten" und „Pilze" waren eine Besonderheit unseres Institutes und dafür gab es in damaliger Zeit nur wenig auch für den Anfänger leicht nutzbare Literatur. Das Buch erschien 1979 beim Gustav Fischer Verlag Stuttgart.

Die weitgehend positive Resonanz auf das Buch und der gute Verkauf ermutigten Verlag und Autoren dazu, auch einen entsprechenden Band zu „Exkursionen im Sommerhalbjahr" herauszubringen. Im Gegensatz zu den Winterexkursionen waren die Exkursionen des Sommerhalbjahres vorwiegend nach Biotopen und übergreifenden ökologischen Themen geordnet, lediglich „Gräser" und „Sauergräser und Binsengewächse" beschäftigten sich mit zwei für den Anfänger nicht ganz einfachen systematischen Einheiten. Von beiden Bänden erschienen 1983 bzw. 1989 verbesserte zweite Auflagen, die hier im Nachdruck vorgelegt werden.

Die Autoren der „Anleitungen" schrieben 1971: „Um … dem Studienanfänger den Überblick über die wichtigen Vertreter der heimischen Flora zu erleichtern, ohne ihm einen unverhältnismäßigen zeitlichen und finanziellen Aufwand zuzumuten, entschlossen wir uns, dieses Heft zusammenzustellen. Wir gingen dabei vor allem von der Tatsache aus, daß der weitaus größte Teil der Biologiestudenten den Beruf des Lehrers ausüben wird, für den eine gewisse Formenkenntnis eine unerlässliche Voraussetzung darstellt."

Ich bin auch heute noch der Meinung, dass biologische Formenkenntnis einen wichtigen Teil der Allgemeinbildung ausmacht und deshalb auch unverzichtbarer Unterrichtsstoff in den allgemein bildenden Schulen sein sollte. Dies wiederum setzt voraus, dass auch Biologielehrerinnen und -lehrer eine entsprechende Schulung erhalten sollten – auch wenn der Umfang der Life Sciences sich in den 40 Jahren, seitdem die Bücher konzipiert wurden, sehr stark vergrößert hat. Die „Botanischen Exkursionen" können dazu vielleicht auch heute noch einen wichtigen Beitrag leisten und ich freue mich deshalb, dass der Springer-Verlag sie mit einem Nachdruck und einer Ausgabe als E-Book wieder zugänglich macht.

Eine Besonderheit unseres Exkursionskonzeptes in den 1980er Jahren war eine Hinwendung von der „Demonstrationsexkursion" zur „Arbeitsexkursion". Der Exkursionsleiter oder die Exkursionsleiterin sollten nicht die einzigen Agierenden in einer Schar von ZuhörerInnen sein, vielmehr sollten sich die ExkursionsteilnehmerInnen selbst aktiv am Geschehen beteiligen. Dies war der Grund dafür, dass wir bei jeder Exkursion **Arbeitsaufgaben** für die Teilnehmenden angegeben haben. Außerdem sollten die unter dem Titel angeführten **thematischen Schwerpunkte** auf Möglichkeiten hinweisen, mit dem speziellen Exkursionsthema über die Formenkenntnis hinaus Inhalte aus der Allgemeinen Biologie zu vermitteln.

Die **Merk- und Bestimmungstabellen** sollen kein Ersatz für einen wissenschaftlichen Bestimmungsschlüssel sein. Sie sind in erster Linie als Gedächtnisstütze im Gelände und als Hilfe bei der Vorbereitung gedacht, da sie – übersichtlich angeordnet – die nicht mikroskopischen Unterscheidungsmerkmale zusammenstellen. In dieser Funktion haben sie sich im Unterricht vielfach bewährt.

Bei der Benutzung des Buches darf allerdings nicht übersehen werden, dass sich im Hinblick auf Systematik, Taxonomie und Nomenklatur der Pflanzen und Pilze in den letzten Jahrzehnten sehr viel verändert hat. Zu verdanken ist dies vor allem den ganz neuen Möglichkeiten, die sich durch vergleichende molekulargenetische Untersuchungen ergeben haben.

Die heutigen Lehr- und Bestimmungsbücher stützen sich vor allem auf den Vorschlag der Angiosperm Phylogeny Group (APG) in ihrer letzten Fassung von 2009 (APG III) und die laufend fortgeschriebene Angiosperm Phylogeny Website von P. F. Stevens (http://www.mobot.org/MOBOT/Research/APweb/).

Als weitere Quellen seien genannt:
http://www2.biologie.fu-berlin.de/sysbot/poster/poster1.pdf,
http://theseedsite.co.uk/class4.html

Zwischen und innerhalb der Pflanzenfamilien gab es zahlreiche neue Zuordnungen. Besonders deutliche Veränderungen betreffen zum Beispiel die früheren Braunwurzgewächse (Scrophulariaceae, „Rachenblütler") und Wegerichgewächse (Plantaginaceae) sowie die Lilienverwandten (frühere Liliaceae s.l., Liliengewächse). Ahorngewächse und Rosskastaniengewächse wurden in die Seifenbaumgewächse (Sapindaceae) einbezogen, zu den Geißblattgewächsen (Caprifoliaceae) zählt man heute auch die ehemaligen Familien Baldriangewächse, Leingewächse und Kardengewächse. Die Tabelle der wichtigsten einheimischen Pflanzenfamilien ist deshalb nur eingeschränkt nutzbar.

Besonders gravierend sind schließlich die Änderungen, welche die Vorstellungen von der Phylogenie der Blütenpflanzen und die damit verbundene Zuordnung zu höherrangigen taxonomischen Einheiten betrifft. Die bis in die 1990er Jahre übliche Einteilung in Unterklassen, die wir auf den Buchdeckelinnenseiten abgedruckt hatten, stimmt überhaupt nicht mehr mit den heutigen Vorstellungen überein. Deshalb wurde sie im Nachdruck weggelassen. Natürlich gilt dies auch für das Kapitel über das System der Bedecktsamer (S. 9-16). Statt dessen wurde auf den hinteren Buchdeckelinnenseiten ein Cladogramm abgedruckt, das die derzeit angenommenen verwandtschaftlichen Beziehungen für die mitteleuropäische Flora bedeutsamer Familien der Bedecktsamer wiedergibt.

Es gilt nach wie vor, was wir auf Seite 22 des alten Bandes 2 geschrieben haben: *„Für die Aneignung einer sicheren Formkenntnis ist das Erkennen der wichtigsten einheimischen Familien eine Grundvoraussetzung. Es ist unmöglich, im Rahmen der wenigen Sommersemester , die für ein Biologiestudium zur Verfügung stehen, die wünschenswerte Formkenntnis zu vermitteln. Umso wichtiger ist es, den Blick für die richtige Familienzuordnung zu schulen, das spätere Selbststudium wird dadurch wesentlich erleichtert.“* Zum Glück sind viele der leicht kenntlichen einheimischen Familien, wie die Astergewächse (Korbblütler), Kohlgewächse (Kreuzblütler), Selleriegewächse (Doldenblütler) oder Taubnesselgewächse (Lippenblütler) fast unverändert erhalten geblieben. In anderen Fällen hilft ein Blick ins Internet. Über Wikipedia können die meisten „alten“ Familien noch aufgerufen und ihre neue Zuordnung oder Aufteilung festgestellt werden.

Man muss davon ausgehen, dass es auch in Zukunft noch zahlreiche Veränderungen bei der systematischen Gliederung der Bedecktsamer geben wird. Die systematische Zuordnung in Bestimmungsbüchern ist deshalb schnell veraltet und die dadurch auftretenden Unterschiede in verschiedenen Büchern sind für den Anfänger zunächst verwirrend. Trotzdem sollte man sich von Anfang an bemühen, einen Blick für verwandtschaftliche Beziehungen zu entwickeln und sich zumindest einige gut charakterisierbare Familien und Gattungen einzuprägen.

Auch die Systematik der Pilze hat sich grundlegend verändert. Hier sei auf Hibbett et al. (2007): A higher-level phylogenetic classification of the Fungi, verwiesen (http://www.umich.edu/~mycology/resources/Publications/Hibbett-et-al.-2007.pdf). Allerdings hat bei den Pilzen die Zuordnung zu Familien und höheren taxonomischen Einheiten für den Anfänger auch früher keine große Rolle gespielt. Hier ist es für einen Einstieg wichtig, neben auffälligen Unterschieden der Fruchtkörperformen (Röhrenpilze, Lamellenpilze, Bauchpilze, Korallen…) häufige und charakteristische Gattungen erkennen zu können. An der Gattungszuordnung hat sich zum Glück nur wenig geändert.

Oberteuringen
im Juli 2015

Wilfried Probst

Vorwort zur zweiten Auflage

Seit wir den ersten Band der Botanischen Exkursionen konzipierten, sind mehr als 10 Jahre vergangen. In dieser Zeit hat sich auf dem Gebiet der Exkursionsdidaktik einiges verändert. Nicht zuletzt liegt dies an dem zunehmenden Interesse an naturkundlichen Wanderungen, an Geländebegehungen und «Naturerlebnissen», das bei Natur- und Umweltschutzverbänden und bei Einrichtungen der Erwachsenenbildung besteht.

Mehr noch als für wissenschaftliche Exkursionen an Hochschulen gilt für solche Veranstaltungen, daß sie mehr sein müssen als Demonstrationen im Gelände. Es ist wichtig, daß die Teilnehmer zu selbständigen Aktivitäten angeregt werden und daß sie lernen, die Natur mit allen Sinnen zu erleben und zu erfassen.

Eine solche, neben kognitiven verstärkt auch affektive Lernziele ansteuernde Exkursion verlangt vom Exkusionsleiter ebenfalls eine sorgfältige Vorbereitung. Nur wenn er über die Sache, also die vorkommenden Pflanzen- und Tierarten, die Lebensgemeinschaften, die Geologie und die Landschaftsgeschichte des Exkursionsgebietes Bescheid weiß, kann er die Möglichkeiten voll ausnutzen, die ein bestimmtes Gebiet an «Naturerlebnissen» zu bieten hat. Wir sind deshalb überzeugt, daß unser Buch auch dem «Naturerlebnis-Pädagogen» wichtige Anregungen vermitteln kann.

Da sich die Gliederung des Buches in der Praxis bewährt hat, haben wir am Aufbau nichts Grundsätzliches geändert. Einige sachliche Verbesserungen und methodische Ergänzungen schienen uns wichtig. Hierbei halfen die Anregungen zahlreicher Kollegen und Benutzer des Buches, für die ich mich auch im Namen meines verstorbenen Freundes Berthold Haller herzlich bedanke. Für die Hilfe bei der Anfertigung des neuen Weiden-Schlüssels bedanke ich mich bei Herrn Mang (Hamburg). Auf die Anregung Hallers geht die Aufnahme eines Glossars zur Erläuterung der lateinischen Pflanzennamen zurück. Immer wieder wird auf Exkursionen nach der Bedeutung von lateinischen Namen gefragt, und die Kenntnis ihrer Ableitung kann in vielen Fällen nicht nur den Merkvorgang erleichtern, sondern auch wichtige biologische oder wissenschaftsgeschichtliche Fakten vermitteln.

Immer wieder wurde von Studenten der Wunsch geäußert, Fachausdrücke in einem Glossar zu erläutern. Da es sich zeigte, daß dies eine recht überschaubare Zahl von Begriffen ist, habe ich mich dazu entschlossen, solche immer wieder nachgefragten Begriffe jeweils an Ort und Stelle mit einer Fußnote zu erklären.

Flensburg
im Herbst 1988

Wilfried Probst

Vorwort zur ersten Auflage

Die «Botanischen Exkursionen» sind aus Tabellen, Texten und Artenlisten hervorgegangen, die wir auf Exkursionen am Lehrstuhl für Spezielle Botanik der Universität Tübingen durchführten. Erprobt, ergänzt und umgeformt wurden diese Unterlagen bei zahlreichen Lehrveranstaltungen an Pädagogischen Hochschulen, insbesondere in Flensburg.

Im Gegensatz zu den Winterexkursionen haben wir die «Exkursionen des Sommerhalbjahres» vor allem nach Biotopen geordnet. Übergreifende ökologische Themen werden mit den Exkursionen «Frühjahrsblüher» und «Blütenökologie» vorgestellt, zwei Exkursionen befassen sich mit systematischen Gruppen («Gräser», «Sauergräser und Binsengewächse»).

Mit einer Ausnahme (Blütenökologie) haben wir auch in diesem Band synoptische Merk- und Bestimmungstabellen zu den verschiedenen Exkursionsthemen entworfen, die in überschaubarer Form das Unterscheiden, Einordnen und Behalten der Pflanzenarten bzw. Gattungen und Familien erleichtern sollen. Der knappe Einführungstext soll in erster Linie den theoretischen Hintergrund zu den betreffenden Themen rekapitulieren. Er kann das Studium botanischer Lehrbücher nicht ersetzen.

Viele Anregungen und Ideen verdanken wir unserem verehrten Lehrer Prof. K. Mägdefrau, wofür wir ihm herzlich danken. Ferner gilt unser Dank allen, die durch Rat, Verbesserungsvorschläge und praktische Mitarbeit auf Exkursionen zur Entstehung des Buches beigetragen haben, insbesondere den Herren W. Frey (Gießen), H. Hurka (Münster), W. Kramer und S. Lelke (Tübingen) sowie H.O. Martensen (Flensburg). Dem Verlag danken wir für sein Interesse und sein Bemühen um gute und sachgerechte Ausstattung.

Wie schon in Band 1, schließen wir auch hier mit der Bitte an die Benutzer dieses Buches, unsere Arbeit mit Kritik und Verbesserungsvorschlägen zu unterstützen.

Flensburg/Stuttgart
im November 1980

Berthold Haller
Wilfried Probst

Inhalt

Einleitung

1. Warum machen wir botanische Exkursionen, wie sollten sie durchgeführt werden?

In Band I dieses Buches haben wir diese beiden Fragen ausführlich erörtert, hier soll das Wichtigste davon kurz rekapituliert werden:

Wir machen Exkursionen, weil man einen Wald, eine Wiese, einen See nicht ins Zimmer holen kann, weil Begegnungen mit Pflanzen und Tieren in der Landschaft Erlebnisse sind, die alle Sinne erfassen. Der Blick für Geländeformen, Expositionen, Boden- und Gesteinstypen und die damit zusammenhängenden Verteilungsmuster von Pflanzenarten und -gemeinschaften kann nur im Gelände erworben und geschärft werden.

Für die naturkundliche Ausbildung an allen Schulen und Hochschulen sind deshalb eigene praktische Erfahrungen im Gelände unentbehrlich, für zukünftige Biologielehrer sind sie in weit größerem Umfang zu fordern als dies heute getan wird. Auch auf dem Gebiet der Erwachsenenbildung und Freizeitgestaltung besteht ein zunehmendes Interesse für Flora und Fauna. Der große Zuspruch, den biologische Exkursionen an Volkshochschulen haben, läßt heute schon einen Mangel an geeigneten Lehrern erkennen. Wir wenden uns mit diesem Buch deshalb v.a. an Hochschullehrer, Lehrer und Studenten sowie an Leiter entsprechender Volkshochschulkurse usw. Wo die eigene Erfahrung noch weitgehend fehlt, soll es die notwendigen Informationen in leicht zugänglicher, aber konzentrierter Form bieten.

Die «klassische» Form der Exkursionen, wie sie früher oft durchgeführt wurden, würde man besser «Demonstrationen im Gelände» nennen. Der Leiter ist hier der allein Agierende, er sucht die Objekte aus, demonstriert und erklärt, insbesondere aber nennt er die Namen der Objekte. Sinnvoller ist jedoch eine Exkursion, bei der jeder Teilnehmer selbständig mitarbeitet. In diesem Fall ist der Exkursionsleiter v.a. Organisator der Geländearbeit. So kann man z.B. Exkursionen durchführen mit dem Ziel, die von uns jeweils vorgeschlagenen Arbeitsaufgaben zu lösen. Voraussetzung hierfür ist meist eine fundierte Formenkenntnis, die durch die Tabellen gefördert werden soll.

Solche «Arbeitsexkursionen» machen den Teilnehmern i.a. viel mehr Spaß als reine «Demonstrationen». Das Bedürfnis, soziale Kontakte aufzunehmen, wird hierbei nicht unterdrückt, sondern gefördert, da in Gruppen gearbeitet wird. Bei dieser Teamarbeit wirken sich unterschiedliche Vorkenntnisse der Teilnehmer meist nicht störend aus. Es wird nicht nur Wissen vermittelt, es werden auch Fertigkeiten geschult (z.B. Pflanzenbestimmungen). Wiederholungen, die zum Kennenlernen neuer Arten unerläßlich sind, ergeben sich ganz von selbst.

Ziel unseres Buches ist also nicht nur, zur Durchführung von Exkursionen anzuregen, wir wollen auch erreichen, daß diese möglichst als «Geländepraktika» durchgeführt werden. Für jede vorgeschlagene Exkursion geben wir deshalb an: *Thematische Schwerpunkte* bezüglich morphologischer, ökologischer, systematischer u.a. Fragestellungen, die dabei behandelt werden können, ferner lohnende *Exkursionsziele* sowie *Arbeitsaufgaben* (Vorschläge für spezielle Untersuchungen).

2. Die Auswahl der Exkursionen

Bei den sechs Exkursionen, die wir in Band 1 für das Winterhalbjahr vorgeschlagen haben, steht jeweils eine systematische Gruppe im Mittelpunkt. Demgegenüber stehen bei allen in diesem Band vorgeschlagenen Exkursionen die Bedecktsamer im Vordergrund. Dieser systematischen Gruppe ist deshalb auch das einleitende Kapitel gewidmet. Auf zwei Exkursionen sollen übergeordnete ökologische Themen untersucht werden, vier Exkursionen haben bestimmte Lebensräume (Biotope) zum Ziel und zwei Exkursionen beschäftigen sich jeweils mit einer systematischen Gruppe.

Als Exkursionen zu übergeordneten ökologischen Themen haben wir die «Frühjahrsblüher» und die «Blütenökologie» ausgewählt. Dabei stellen wir uns vor, daß die Frühblüher-Exkursion auch in einen Laubwald im Frühjahrsaspekt, also während oder kurz vor dem Laubaustrieb, führen soll. Dies ist der Grund dafür, daß wir bei den «Biotop-Exkursionen» auf eine «Wald-Exkursion» verzichtet haben.

Bei den «Biotop-Exkusionen» haben wir einen deutlichen Schwerpunkt auf anthropogen geprägte Biotope gelegt. Grünland und Ackerland nehmen flächenmäßig den größten Anteil unseres Landes ein. Wir haben deshalb eine Wiesenexkursion sowie eine Exkursion zum Thema «Kulturpflanzen und Unkräuter» vorgesehen.

Auch Baustellen, Straßenränder, Schuttplätze und Kiesgruben sind Siedlungsorte charakteristischer, floristisch und ökologisch interessanter Pflanzenarten. Die große stadtökologische Bedeutung dieser sogenannten Ruderalstellen ist in den letzten Jahren immer deutlicher geworden, und immer mehr Botaniker, Geographen, Ökologen und Stadtplaner beschäftigen sich mit Ruderalbiotopen. Auch für den praktischen Biologieunterricht sind solche Ruderalstandorte – wenn naturnahe Biotope fehlen – eine gute Alternative für biologische Freilandarbeit.

Kausale Verknüpfungen und Abhängigkeiten innerhalb eines Ökosystems werden in Feuchtbiotopen besonders deutlich. Eine weitere Exkursion ist deshalb den Ufern, Auen, Mooren und Sümpfen gewidmet, wobei man sich je nach regionalen Gegebenheiten einen dieser Biotope auswählen kann.

Lediglich mit den Gräsern und den Sauergräsern und Binsengewächsen haben wir auch in diesem Band zwei Exkursionen vorgeschlagen, deren Ziel es ist, die Kenntnis ausgewählter systematischer Gruppen zu verbessern. Erfahrungsgemäß macht die Artenkenntnis «grasähnlicher» Pflanzen dem Anfänger besondere Schwierigkeiten, sie ist jedoch für sinnvolle botanische Geländearbeit unverzichtbar. Die Behandlung in besonderen Exkursionen gestattet es, sich gezielter mit den speziellen Merkmalskomplexen dieser Gruppen zu befassen.

Natürlich soll der angehende Biologe auf botanischen Exkursionen auch in die systematische Gliederung der Bedecktsamer eingeführt werden. Insbesondere scheint es uns wichtig, den Blick für systematische Zusammenhänge, also verwandte Gruppen, zu schärfen. Wird die Zugehörigkeit einer Pflanzenart zu einer bestimmten Familie richtig erkannt, so ist die Bestimmung meist verhältnismäßig einfach. Außerdem ist das «Denken in Familien» eine Voraussetzung für die Beherrschung der Formenvielfalt. So sind Bestimmungsbücher, die z. B. nach der Blütenfarbe einteilen, für die Vermittlung eines Überblicks unseres Erachtens ungeeignet. Auf allen Exkursionen sollte also das Erkennen der wichtigsten Bedecktsamerfamilien geübt werden. Hierbei soll die Familientabelle in Kapitel 1 helfen. Dabei muß man allerdings beachten, daß aus Gründen der Übersichtlichkeit nur die Familien in die Tabelle aufgenommen wurden, die ein Biologielehrer oder Exkursionsleiter im Gelände erkennen sollte.

Die Kenntnis dieser Familien wird bei den meisten anderen in diesem Buch auftauchenden Tabellen vorausgesetzt und bei ihrer Gliederung angewendet. Der Familienname steht für die entsprechenden Merkmale.

Die Zusammenfassung der Familien zu höheren systematischen Einheiten erhöht die Übersichtlichkeit und damit die Lernbarkeit des Systems. Die Ordnungen, bei uns oft nur mit wenigen Familien vertreten, helfen bei den Bedecktsamern kaum weiter. Wesentlich brauchbarer sind die Unterklassen. Wir fügen deshalb eine knappe Charakteristik der zwölf Bedecktsamer-Unterklassen und eine Übersicht über die Zugehörigkeit der verschiedenen Familien zu einer bestimmten Unterklasse bei (vgl. Kapitel 1 sowie Einband-Innenseiten).

3. Die thematischen Schwerpunkte der Exkursionen

Wie in Band I haben wir uns auch bei den Sommerexkursionen bemüht, jeweils besondere thematische Schwerpunkte vorzuschlagen. Dies soll einerseits zur eigenen Beobachtung anregen, andererseits dem Exkursionsleiter Anregungen und Hinweise geben, welche allgemeineren Sachverhalte sich günstig auf der betreffenden Exkursion besprechen lassen.

So ist es im Frühjahr naheliegend, die Frage zu stellen, welche biologischen Gründe das frühe Blühen haben kann und welche Einrichtungen es diesen Pflanzenarten gestatten, gleich nach der winterlichen Ruheperiode Blüten hervorzubringen. Die weitere Frage nach der «Überwinterung» der Pflanzen und damit nach den «Lebensformen» schließt sich an (Kap. II).

Aus dem Komplex «Fortpflanzung und Vermehrung» eignet sich die Blütenökologie (Kap. III) besonders gut für die Behandlung auf einer Exkursion. Bei passender Gelegenheit wird man auch auf das interessante Thema «Verbreitung der Samen und Früchte» eingehen und die Fruchttypen behandeln (vgl. Kap. I).

Fast alle Wiesenpflanzen blühen vor dem ersten Schnitt, viele kommen in dieser Zeit auch noch zum Fruchten. Es ergibt sich deshalb bei einer «Wiesenexkursion» die Möglichkeit, Blüten- und Fruchtstände einer großen Zahl verschiedener Arten zu vergleichen, und wir haben diesem Thema entsprechende Bedeutung beigemessen (Kap. IV). Die Tabelle «Wiesenblumen» haben wir nach den Blütenstandstypen geordnet; auch die Gliederung der Gras- und Sauergrasgewächse (Kap. V und VI) erfolgt zunächst nach Blütenständen.

Von den Feuchtbiotopen (Kap. VII) werden Seen und kleinere Fließgewässer fast überall verhältnismäßig leicht zu erreichen sein, während Auen und Altwässer größerer Flüsse sowie Hochmoore und Sümpfe in unserer Kulturlandschaft selten geworden sind. Bei diesen Biotopen sind viele unterschiedliche Schwerpunkte und Ziele denkbar: An der Pflanzenzonierung an Seeufern läßt sich besonders gut die Wirkung von Umweltgradienten auf Pflanzen und Pflanzengesellschaften erkennen. Bei einer Moorexkursion kann die Frage der Moorentstehung im Mittelpunkt stehen, aber auch anthropogene Veränderungen und mögliche Renaturierungsmaßnahmen können angesprochen werden. Es ist lohnend, die Abhängigkeit der Fließwasserflora von der Gewässerverunreinigung zu untersuchen, wie es sich grundsätzlich anbietet, auf das fast schon globale Problem der Gewässereutrophierung als einer besonders dringlichen Aufgabe des Umweltschutzes hinzuweisen.

Viele Ödland- oder Ruderalpflanzen sind ursprünglich nicht heimisch bei uns. Es ist deshalb angebracht, den Komplex der «Adventivpflanzen», Pflanzenwanderungen und Arealverschiebungen bei einer solchen Exkursion zu behandeln (Kap. VIII). Da Ruderalpflanzen oft eher durch ihre Blätter als ihre Blüten auffallen (v. a. in der Zeit vor August), haben wir uns entschlossen, die erste Gliederung der Tabelle dieser Gruppe nach der Form ihrer Blätter vorzunehmen.

Botaniker machen um Kulturpflanzen häufig einen Bogen. Bei unserem verehrten Lehrer Prof. Mägdefrau haben wir gelernt, daß solche «Kulturpflanzenexkursionen» (Kap. IX) sehr interessant sein können, insbesondere wenn man die Möglichkeit hat, neben Äckern eine Schreberkolonie zu besuchen, da dort auf engem Raum viele verschiedene Arten zu finden sind (auch Zierpflanzen). In den meisten Fällen geht es dabei nicht so sehr um das Erkennen der Arten, da dies i. a. keine größeren Schwierigkeiten bereitet, sondern um Beobachtungen zur Morphologie und Informationen zur Allgemeinen Biologie, zur Herkunft, Entwicklung und Verwendung der Gewächse. Auch Methoden der Pflanzenzüchtung sowie die speziellen Bedürfnisse und Bearbeitungsweisen der verschiedenen Kulturen sollten auf einer solchen Exkursion angesprochen werden. Bei der Tabelle haben wir deshalb den umgekehrten Weg wie sonst eingeschlagen und die Namen vorangestellt. Sie ist in erster Linie zum Nachschlagen gedacht und soll helfen, rasch Wissenswertes zu einer bestimmten Art zu erfahren, weshalb wir (nach einer Vorgliederung) die alphabetische Anordnung gewählt haben.

Es bietet sich an, zusammen mit den Kulturpflanzen auch die sogenannten «Unkräuter» zu besprechen, die heute von vielen umweltbewußten Menschen lieber wertneutral als «Wildkräuter» oder «Beikräuter» bezeichnet werden. Hier lohnt es sich, die verschiedenen Anpassungen an die jeweiligen Bearbeitungs- und Bekämpfungsmethoden herauszufinden. Auch die Herkunft der Unkräuter sowie ihre unterschiedlichen Ansprüche (und damit auch ihre Verwertbarkeit als Bodenzeiger) sollten diskutiert werden.

4. Zur Benutzung der Merk- und Bestimmungstabellen

Unsere Tabellen stellen eine Kombination aus polytomem[1] Schlüssel in Tabellenform und Merkmalstabelle dar. In der oberen Zeile stehen die Merkmale, in der letzten Spalte die Namen der Taxa[2]. Arten mit ähnlichen Merkmalskombinationen sind möglichst benachbart angeordnet. Merkmalsgegensätze werden durch dicke waagrechte Striche hervorgehoben, um daran zu erinnern, daß man bereits ausgeschlossene Alternativen in einer neuen Merkmalsspalte nicht mehr zu berücksichtigen hat! Innerhalb einer Merkmalsspalte wird häufig nach Art eines Tabellenschlüssels weiter aufgegliedert.

Man kann die Tabellen weitgehend wie einen Bestimmungsschlüssel verwenden. Dies sei am Beispiel der Sauergräser verdeutlicht (vgl. S. 143).

Bestimmung der Gelben Seege *(Carex flava)*:

1. Schritt (Übersicht): 1. Spalte: wenige bis viele Ährchen.
   2. Spalte: Blüten eingeschlechtig, die weiblichen von Schlauch (Utriculus) umgeben, führt zu *Carex*. Der Aufbau des Blütenstandes und die dreizeilige Blattstellung können als weitere Bestimmungshilfen dienen.
2. Schritt, Tab. 4 *(Carex)*: Pflanze mit männlichen (oben) und weiblichen Ährchen (unten).
   2. Spalte: weibliche Ährchen dichtfrüchtig, die Achse zwischen den Schläuchen ist nicht zu sehen; weibliche Ährchen kurz (bis 4 cm lang), führt zu Tab. 4.4.
3. Schritt, Tab. 4.4: 1. Spalte: Tragblätter laubblattartig (beachte Fortsetzung!).

[1] polytom = vielgabelig, bei der Bestimmung muß zwischen mehr als zwei Möglichkeiten ausgewählt werden

[2] Taxon, plur. Taxa: systematische Gruppen beliebiger Rangstufe (Art, Gattung, Familie usw.)

4. Spalte: weibliche Ährchen morgensternartig (die übrigen Angaben können als weitere Bestimmungshilfen dienen), führt zu *C. flava.*

Die Reihenfolge der Merkmale kann man beim Bestimmen selbst festlegen und so auf mehreren unabhängigen Wegen zum Ergebnis kommen. So ist eine Bestimmung oft auch dann möglich, wenn das betreffende Individuum unvollständig ist und deshalb nicht alle Merkmale zeigt.

Die Tabellen sind nicht allumfassend und sollen keinen Ersatz für einen wissenschaftlichen Bestimmungsschlüssel darstellen! Wir haben uns im Gegenteil darum bemüht, die wichtigen und häufigen Arten auszuwählen. Die aufgenommenen Arten, Gattungen oder Familien sollte ein Exkursionsleiter im Gelände ansprechen können. In erster Linie sind die Tabellen als Gedächtnisstütze im Gelände und als Hilfe bei der Vorbereitung gedacht, da sie – übersichtlich angeordnet – die nichtmikroskopischen Differentialmerkmale zusammenstellen. In vielen Fällen dürften besonders die Übersichtstabellen eine wertvolle Hilfe sein, um einen Überblick zu bekommen und damit den richtigen «Einstieg» in einen wissenschaftlichen Bestimmungsschlüssel zu finden.

Die Tabellen sind mehrfach im Unterricht erprobt worden, doch sind sicherlich noch nicht alle Unzulänglichkeiten ausgemerzt. Auch die Artenauswahl ist möglicherweise in manchen Fällen noch nicht optimal. Für Verbesserungsvorschläge wären wir unseren Lesern dankbar.

5. Ausrüstung

Unbedingt notwendig ist eine 10fache Lupe, da sonst viele Differentialmerkmale nicht erkannt werden können. Für Notizen ist eine feste Schreibunterlage sehr nützlich. Als Bestimmungshilfen steht eine ganze Reihe bebilderter Werke zur Verfügung, von denen «Pareys Blumenbuch» besonders zu empfehlen ist (s. unten). An wissenschaftlichen Exkursionsfloren kommen vor allem die Werke von Rothmaler und Schmeil-Fitschen in Frage.

Sicherlich ist auf einer Exkursion die direkte Beobachtung das wichtigste. Das Sammeln und Konservieren der Pflanzen kann zwar recht nützlich sein, doch landen solche Exkursionsherbare oft schnell wieder auf dem Müllplatz. Da aber meist nicht nur «Allerweltspflanzen», sondern gerade auch die Besonderheiten (vom Exkursionsleiter meist mit großer Aufmerksamkeit bedacht) gesammelt werden, kann man heute das Pflanzensammeln und Herbarisieren nicht mehr uneingeschränkt empfehlen. Für folgende Zwecke erscheint uns dies jedoch angebracht:

1. Zur Wiederholung der besprochenen Arten am Ende der Exkursion (hierzu reicht je ein Exemplar),
2. als Belegexemplar bei selbständiger Geländearbeit,
3. für eine anschließende Ausstellung

Sollen Pflanzen gesammelt werden, so empfehlen sich zur vorübergehenden Aufbewahrung Plastikbeutel. Zur weiteren Konservierung benötigt man eine Pflanzenpresse, die im Fachhandel beschafft oder leicht aus zwei Sperrholzplatten mit je vier Kerben und zwei Gummistrippen oder Gürteln selbst hergestellt werden kann. Die Pflanzen werden zwischen Zeitungs-, besser Fließpapier gepreßt, das je nach Wassergehalt der Pflanzen mehrmals gewechselt werden muß. Dieses «Umlegen» wird erleichtert, wenn man jede Pflanze zunächst zwischen zwei Blätter Durchschlagpapier legt.

Literatur

Fitter, R. et al.: Pareys Blumenbuch. Wildblühende Pflanzen Deutschlands und Nordwesteuropas. Parey, Hamburg/Berlin, 2. A., 1986

Kelle, A., Sturm, H.: Pflanzen leicht bestimmt. Dümmler, Bonn, 2. A., 1986

Rothmaler, W.: Exkursionsflora von Deutschland. Volk und Wissen, Berlin 1975

Schmeil, O., Fitschen, J.: Flora von Deutschland und seinen angrenzenden Gebieten. 88. Aufl., Quelle & Meyer, Heidelberg 1988

Vogellehner, D.: Botanische Terminologie und Nomenklatur. G. Fischer, 2. A., Stuttgart 1983

Weber, H.C.: Geschützte Pflanzen. Merkmale, Blütezeit und Standort aller geschützten Arten Mitteleuropas. 1982.

I. Die Bedecktsamer (Angiospermophytina, Magnoliophytina)

1. Entwicklungsgeschichte

Nach unserer heutigen Kenntnis entstanden die Samenpflanzen (Spermatophyta) schon im (Ober-) Devon aus den «Progymnospermen», die sich ihrerseits unmittelbar von den Urfarnen ableiten lassen. Bei einem Teil dieser «Vornacktsamer» differenzierten sich lediglich die Endverzweigungen der Ursproß-Systeme (Telome, vgl. Bd. 1) zu abgeflachten Blattorganen. Im Gegensatz zu diesen «Kleinblättrigen» flachten sich bei den «Großblättrigen» ganze Telomsysteme zu «Wedeln» ab. Nachkommen der kleinblättrigen Linie sind die Nadelgehölze (Coniferen), Nachkommen der großblättrigen Formen die Palmfarne (Cycadeen), beides Nacktsamer (Gymnospermen).

Die Bedecktsamer (Angiospermen, Magnoliophytina) haben sich vermutlich erst am Ende der Juraformation vor etwa 150 Mill. Jahren aus wedelblättrigen Nacktsamern entwickelt, wobei «Neotenie» eine wichtige Rolle gespielt haben dürfte. Man versteht darunter die Abkürzung des Lebenszyklus (z.B. Vorverlegung der Fertilität in ein Jugendstadium). Immer wieder wurde eine mehrfache Entstehung der Bedecktsamer diskutiert, doch sprechen die vielen gemeinsamen abgeleiteten Merkmale für eine einheitliche Abstammung.

2. Das System

Die Bedecktsamer werden traditionell in zwei Klassen aufgeteilt: Zweikeimblättrige (Magnoliatae, Dicotyledoneae) und Einkeimblättrige (Liliatae, Monocotyledoneae). Die wichtigsten Unterscheidungskriterien sind in Abb. I.1 zusammengestellt. Innerhalb beider Klassen gibt es Gattungen, die in einzelnen Merkmalen abweichen (Abb. I.2 und I.3).

Die traditionelle Gliederung in Magnoliatae und Liliatae ist heute nicht mehr unumstritten. Gruppen unsicherer Stellung sind z.B. die nach klassischer Einteilung den Zweikeimblättrigen zugeordneten Nymphaeales und Piperales oder die den Einkeimblättrigen zugeordnete Unterklasse Alismatidae.

Die weitere Untergliederung der Bedecktsamer in Unterklassen soll nun kurz besprochen werden:

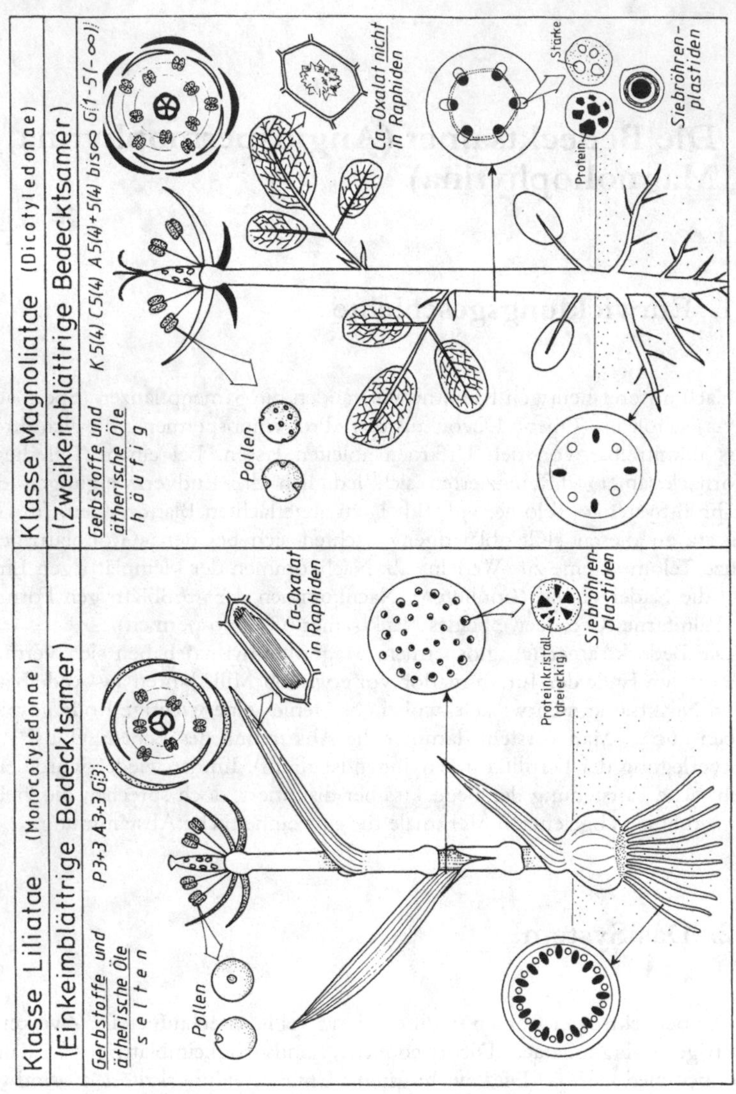

Abb. I.1: Die wichtigsten Unterscheidungsmerkmale der Klassen Einkeimblättrige Bedecktsamer (Liliatae) und Zweikeimblättrige Bedecktsamer (Magnoliatae). Die Sproßachsen- und Wurzel-Querschnitte geben schematisch die Anordnung der Leitbündel wieder.

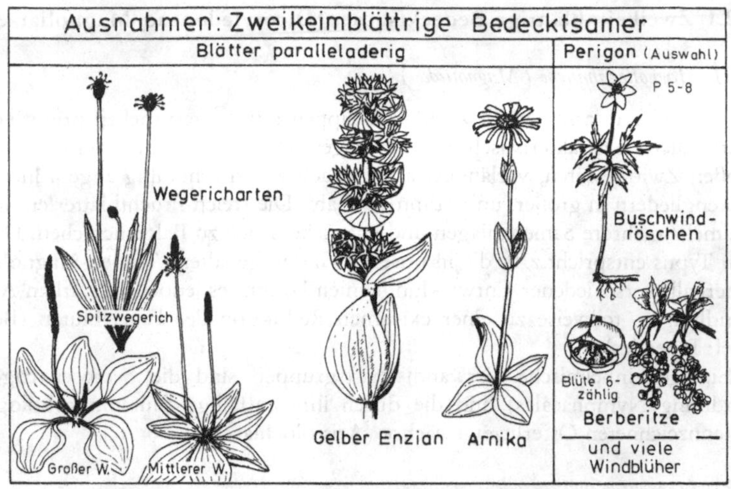

Abb. I.2: Zweikeimblättrige Bedecktsamer mit Merkmalen der Einkeimblättrigen.

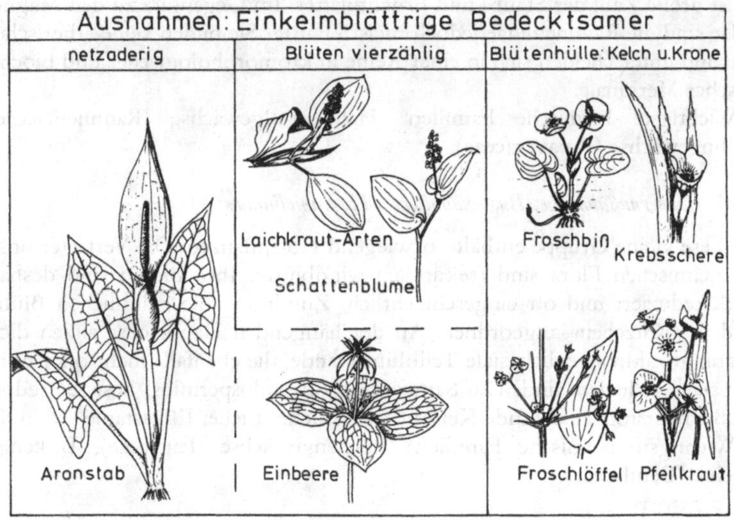

Abb. I.3: Einkeimblättrige Bedecktsamer mit Merkmalen der Zweikeimblättrigen.

2.1 Zweikeimblättrige Bedecktsamer (Dicotyledoneae, Magnoliatae)

a) *Magnolienähnliche (Magnoliidae)*

Diese Unterklasse enthält zahlreiche Sippen mit ausgesprochen primitiven Merkmalen. Charakteristisch sind Holzgewächse mit mehr oder weniger großen Zwitterblüten, verlängerter Blütenachse und schraubig angeordneten Blütengliedern in großer, unbestimmter Zahl. Die freien Fruchtblätter enthalten meist mehrere Samenanlagen und entwickeln sich zu Balgfrüchtchen. Diesem Typus entspricht z.B. die in unseren Gärten gehaltene Tulpen-Magnolie. Innerhalb verschiedener Entwicklungslinien kommt es jedoch zu starken Abwandlungen, teilweise zu einer extremen Reduktion der Einzelblüten (Beispiel: Piperales).

Einzige einheimische Verwandtschaftsgruppen sind die Seerosenartigen (Ordnung Nymphaeales) und die durch ihre auffällige Blütenmorphologie gekennzeichneten Osterluzeigewächse (Aristolochiaceae).

b) *Hahnenfußähnliche (Ranunculidae)*

Mit den Magnoliidae teilt diese Unterklasse die große Zahl ursprünglicher Merkmale, z.B. die spiralige Stellung der Blütenteile und die unbestimmte und meist große Zahl der Staub- und Fruchtblätter. Im Gegensatz zu den Magnoliidae sind die Ranunculidae jedoch meist krautig. Sie bilden keine ätherischen Öle und unterscheiden sich in einer Reihe mikromorphologischer und biochemischer Merkmale.

Wichtigste heimische Familien: Hahnenfußgewächse (Ranunculaceae), Mohngewächse (Papaveraceae).

c) *Zaubernußähnliche, Buchenähnliche (Hamamelididae)*

Diese kleine Gruppe enthält vorwiegend Holzpflanzen. Die Vertreter unserer heimischen Flora sind (sekundär) windblütig. Ihre Blüten sind deshalb stark reduziert und oft eingeschlechtlich. Zumindest die männlichen Blüten sind in «Kätzchen» angeordnet: An der hängenden Hauptachse sitzen dicht gedrängt zahlreiche dichasiale Teilblütenstände, die ebenfalls mehr oder weniger stark reduziert sind. Die Samen sind oft endospermlos, besitzen jedoch große, nährstoffspeichernde Keimblätter (Buche, Eiche, Eßkastanie, Walnuß).

Wichtigste heimische Familien: Buchengewächse (Fagaceae), Birkengewächse (Betulaceae).

d) *Nelkenähnliche (Caryophyllidae)*

Die Nelkenähnlichen sind eine kleine, verhältnismäßig einheitliche Unterklasse. Sie hat sich vermutlich schon sehr früh von den übrigen Zweikeimblättrigen Bedecktsamern abgespalten. Ihre Vertreter haben stets verwachsene Fruchtblätter, deren Samenanlagen an einer zentralen Säule im unseptierten Fruchtknoten sitzen. Wenn allerdings nur eine Samenanlage entwickelt ist, steht diese zentral-basal (z.B. Polygonales). Die Zahl der Staubblätter von ursprünglich 5 + 5 ist oft reduziert. Seltener kommt es zu einer zentrifugalen Vermehrung (Cactaceae). Statt der Anthocyane kommen oft Betalaine als gelbe, rote und violette Farbstoffe vor (Bezeichnung nach der Roten Rübe Beta vulgaris).

Wichtigste heimische Familien: Nelkengewächse (Caryophyllaceae), Gänsefußgewächse (Chenopodiaceae), Knöterichgewächse (Polygonaceae).

e) Rosenähnliche (Rosidae)

Bei ihnen sind zahlreiche Übergänge von ursprünglichen zu abgeleiteten Merkmalen festzustellen. Die Fruchtblätter (nur selten noch frei) tragen meist nur einzelne Samenanlagen. Gefiederte Blätter (mit Nebenblättern) sind häufiger als ungeteilte. Es besteht die Tendenz zur Ausbildung becher- oder scheibenförmiger Blütenachsen und Sammelfrüchtchen (Rosaceae!) sowie zur Diskusbildung[1] (Apiaceae, Aceraceae, Rutaceae). Im Gegensatz zu den Dilleniidae (s.u.) findet eine Vervielfachung der Staubblätter – wenn überhaupt – in zentripetaler Richtung statt.

Wichtigste heimische Familien: Rosengewächse (Rosaceae), Bohnengewächse (Schmetterlingsblütler, Fabaceae), Selleriegewächse (Doldenblütler, Apiaceae).

f) Dillenienähnliche, Kohlähnliche (Dilleniidae)

In diese Unterklasse stellt man eine Vielzahl recht unterschiedlicher Ordnungen. Als basale Gruppe werden die Dilleniales mit den Pfingstrosengewächsen (Paeoniaceae) angesehen, deren Blüten noch vielzählige Glieder und freie Fruchtblätter haben. Sodann lassen sich zwei verschiedene Entwicklungslinien erkennen, die sich im Fruchtknotenbau charakteristisch unterscheiden: Im «Wandsamer»-Ast, zu dem die Violaceae (Veilchengewächse) und die Brassicaceae (Kohlgewächse, Kreuzblütler) gehören, sitzen die Samenanlagen wandständig (parietal). Beim zweiten Ast, zu dem die Malvaceae (Malvengewächse) gehören, sind die Samenanlagen zentral-winkelständig in gekammerten Fruchtknoten. Stark reduzierte Blüten und kätzchenartige Blütenstände finden sich bei den Salicaceen (Weidengewächse).

Eine sekundäre Vermehrung der ursprünglichen 5 + 5 Staubblätter kann in zentrifugaler Richtung erfolgen (z.B. Malvaceae). Die Fruchtblätter tragen meist viele Samenanlagen. Es überwiegen ungeteilte Laubblätter.

Wichtigste heimische Familien: Kohlgewächse (Kreuzblütler, Brassicaceae), Veilchengewächse (Violaceae), Malvengewächse (Malvaceae), Weidengewächse (Salicaceae), Heidekrautgewächse (Ericaceae), Primelgewächse (Primulaceae).

g) Taubnesselähnliche (Lamiidae)

Diese und die folgende Unterklasse wurden von TAKTHAJAN (1966) zu einer Unterklasse zusammengefaßt. Sie umfassen den größten Teil der früher als

[1] Diskus: nektarabscheidende, ringförmige Ausgliederung der Blütenachse zwischen Staubblättern und Fruchtblättern.

Sympetalae tetracyclicae bezeichneten Bedecktsamer mit Blüten aus vier Wirteln (nur ein Staubblattkreis) und verwachsenen Kronblättern. Mehrfach kann man innerhalb der Unterklasse einen Übergang von polysymmetrischen zu monosymmetrischen Blüten beobachten, wie sie z.B. für die Lippenblütler (Lamiaceae) und viele Rachenblütler (Scrophulariaceae) charakteristisch sind. Die Staubblätter sind häufig an den Filamenten mit den Kronblattröhren verwachsen. Wichtigster Unterschied zu den Asteridae ist das Fehlen von Polyacetylenen und das dafür häufige Vorkommen iridoider[1] Verbindungen. Einige Familien (z.B. die Lamiaceae) sind reich an ätherischen Ölen.

Wichtigste heimische Familien: Geißblattgewächse (Caprifoliaceae), Kardengewächse (Dipsacaceae), Enziangewächse (Gentianaceae), Windengewächse (Convolvulaceae), Borretschgewächse (Boraginaceae), Braunwurzgewächse (Rachenblütler, Scrophulariaceae), Nachtschattengewächse (Solanaceae), Taubnesselgewächse (Lippenblütler, Lamiaceae).

h) Asternähnliche (Asteridae)

Bei den Asteridae sind die Staubbeutel mehr oder weniger deutlich zu einer Röhre verwachsen, die Staubfäden dagegen frei. Aus dem meist unterständigen Fruchtknoten entwickeln sich Kapseln oder einsamige Nußfrüchte, bei denen die Samenschale mit der Fruchtwand verwachsen ist (Achäne). Charakteristisch ist die Tendenz zur Bildung köpfchen- oder körbchenähnlicher Blütenstände, die wie Einzelblüten wirken (Pseudanthienbildung).

Im Gegensatz zu dem Lamiidae treten als typische Verbindungen Polyacetylene (Polyine)[2] auf. Weitere Sekundärstoffe sind Alkaloide[3] und Sesquiterpenlactone[4]. Diese Stoffe werden häufig in gegliederten Milchsaftröhren eingelagert.

Wichtigste heimische Familien: Asterngewächse (Asteraceae), Glockenblumengewächse (Campanulaceae).

2.2 Einkeimblättrige Bedecktsamer (Monocotyledoneae, Liliatae)

a) Lilienähnliche (Liliidae)

Die Liliidae und die Commelinidae sind die artenreichsten Unterklassen der Einkeimblättrigen. Der charakteristische Blütenbau wird durch die Formel

$$* P\ 3+3\ A\ 3+3\ G\ 3$$

[1] Iridoide, Seco-Iridoide: Bitter schmeckende Monoterpene mit einem Cyclopenta(C)-pyran-Ringsystem oder davon ableitbare Strukturen (Seco-I.).

[2] Polyacetylene, Polyine: Vorwiegend kettenförmig gebaute Kohlenwasserstoffe mit einer oder mehreren $-C\equiv C-$ Bindungen, z.T. mit starken physiologischen Wirkungen.

[3] Alkaloide: basisch reagierende Stoffe mit zyklisch gebundenem Stickstoffatom, meist starke physiologische Wirkung (viele Giftstoffe).

[4] Sesquiterpenlacton: Stoffgruppe der Terpene mit 15 C-Atomen (sehr unterschiedliche biologische Wirkung, z.B. Allergene, Bitterstoffe).

wiedergegeben. Während man lange Zeit vermutete, daß die ursprünglichsten Vertreter der Monocotyledonen in der Unterklasse der Alismatidae zu finden wären, sprechen neuere Untersuchungen dafür, daß die Ordnung Dioscoreales der Liliidae eine solche Basisstellung einnehmen könnte (vgl. DAHLGREN, CLIFFORD, YEO 1985). Diese Gruppe, zu der die einheimische Einbeere (Paris quadrifolia) gehört, besitzt netzadrige Blätter und deutlich in Kelch und Krone differenzierte Blütenhüllen.

Innerhalb der Liliidae wurde die alte Familie der Liliaceae s.l. (sensu lato = im weiteren Sinne) stark aufgegliedert. Dem gut begründeten Gliederungsvorschlag der oben genannten Autoren folgte z.B. auch EHRENDORFER im STRASBURGERschen Lehrbuch der Botanik (1983). Aus den alten Liliaceen sind die Ordnungen Dioscoreales, Asparagales (einschließlich der unveränderten Familien Agavaceae und Amaryllidaceae), Liliales (einschließlich der unveränderten Familie Iridaceae) und Melanthiales gebildet worden (vgl. S. 39).

Wichtigste heimische Familien: Maiglöckchengewächse (Convallariaceae), Spargelgewächse (Asparagaceae), Grasliliengewächse (Anthericaceae), Lauchgewächse (Alliaceae), Rittersterngewächse (Amaryllidaceae), Herbstzeitlosengewächse (Colchicaceae), Liliengewächse i.e.S. (Liliaceae s.s.; sensu stricto = im engeren Sinne), Schwertliliengewächse (Iridaceae).

b) Grasähnliche, Commelinienähnliche (Commelinidae)

Typisch für diese den Liliidae nahestehende Unterklasse ist der Übergang zur Windblütigkeit und die damit in Verbindung stehende Reduktion der Blütenhülle und Blütenteile. Alle einheimischen Vertreter haben eine mehr oder weniger grasartige Gestalt (Überordnung Commelinanae mit Süßgräsern, Sauergräsern, Binsen). Die anderen Überordnungen (Bromelianae und Zingiberanae) haben ihren Verbreitungsschwerpunkt in den Tropen.

Wichtigste heimische Familien: Rispengewächse (Süßgräser, Poaceae), Zyperngrasgewächse (Sauergräser, Cyperaceae), Binsengewächse (Juncaceae).

c) Froschlöffelähnliche (Alismatidae)

Der Auffassung von DAHLGREN, CLIFFORD und YEO (1985) folgend ordnen wir hier die Sumpf- und Wasserpflanzen aus der alten Gruppe Helobiae und die Aronstabartigen mit den Aronstabgewächsen und den Wasserlinsengewächsen ein.

Die Blüten können den für Einkeimblättrige typischen Aufbau P 3+3 A 3+3 G 3 zeigen. Häufig sind die Hüllen deutlich in Kelch und Krone differenziert. Daneben kam es mehrfach zur starken Reduktion der Blütenteile bis zu den Blütenständen, deren Einzelblüten nur noch aus einem Fruchtknoten bzw. wenigen Staubblättern bestehen. Teilweise kommen auch Blüten mit zahlreichen Staubblättern vor. Es ist strittig, ob dies als ursprüngliches oder als abgeleitetes Merkmal zu werten ist.

Die nähere Verwandtschaft von Alismatales und Arales wird vor allem auf vegetative Merkmale gestützt. Doch ist hier das letzte Wort noch nicht gesprochen.

Wichtigste heimische Familien: Froschlöffelgewächse (Alismataceae), Laichkrautgewächse (Potamogetonaceae), Aronstabgewächse (Araceae), Wasserlinsengewächse (Lemnaceae).

d) Palmenähnliche (Arecidae)

Wegen gewisser Ähnlichkeiten im Aufbau des Blütenstandes wurden früher auch die Arales zu dieser Unterklasse gestellt. Neben den teilweise noch sehr ursprünglichen Palmen, den größten und auffälligsten Gehölzen unter den Einkeimblättrigen, gehören hierher die Schraubenbaumartigen (Pandanales).

Keine einheimischen Vertreter.

3. Der Fruchtknoten – das charakteristische Organ der Bedecktsamer

Die wichtigste Besonderheit der Bedecktsamer ist, daß bei ihnen die Samenanlagen in die Fruchtblätter eingeschlossen werden. Die Gesamtheit der Fruchtblätter oder Karpelle einer Blüte wird Gynoeceum genannt (von gr. gyné = Frau und oîkos = Haus). Wenn eine Blüte mehrere freie, nicht miteinander verwachsene Fruchtblätter enthält, wie z.B. der Hahnenfuß (Abb. I.4), nennt man das Gynoeceum apokarp oder chorikarp (gr. choris = abgesondert, getrennt). Die meisten Bedecktsamer-Blüten enthalten jedoch einen aus mehreren miteinander verwachsenen Fruchtblättern bestehenden Fruchtknoten, das Gynoeceum ist coenokarp (gr. koinos = gemeinsam). Sind die Trennwände der einzelnen Karpelle noch erhalten – wie zum Beispiel bei der Tulpe – wird das Gynoeceum synkarp genannt, anderenfalls parakarp. Bei parakarpen Fruchtknoten können die Samenanlagen entweder wandständig (parietal) oder zentral (an einer Säule bzw. basal) angeordnet sein. Letztere Möglichkeit wird z.T. auch als lysikarp bezeichnet, da man sich eine Ableitung aus dem synkarpen Typ durch Reduktion («Auflösung») der Scheidewände vorstellen kann.

3.1 Fruchttypen

Im Laufe der Samenreife entwickeln sich aus den befruchteten Samenanlagen die Samen, aus dem Fruchtknoten die Frucht. Dabei wird aus der Fruchtknotenwand die sehr unterschiedlich ausgestaltete, oft fleischig verdickte, oft sklerenchymatisierte Fruchtwand. Allerdings werden in vielen Fällen bei der Fruchtbildung auch noch andere Blütenteile – insbesondere Achsengewebe – miteinbezogen, weshalb die Frucht auch als «Blüte im Zustande der Samenreife» definiert wird.

Die Früchte werden zunächst nach ihrer Öffnungsweise in *Streu- oder Öffnungsfrüchte*, *Schließfrüchte* und *Zerfallfrüchte* eingeteilt.

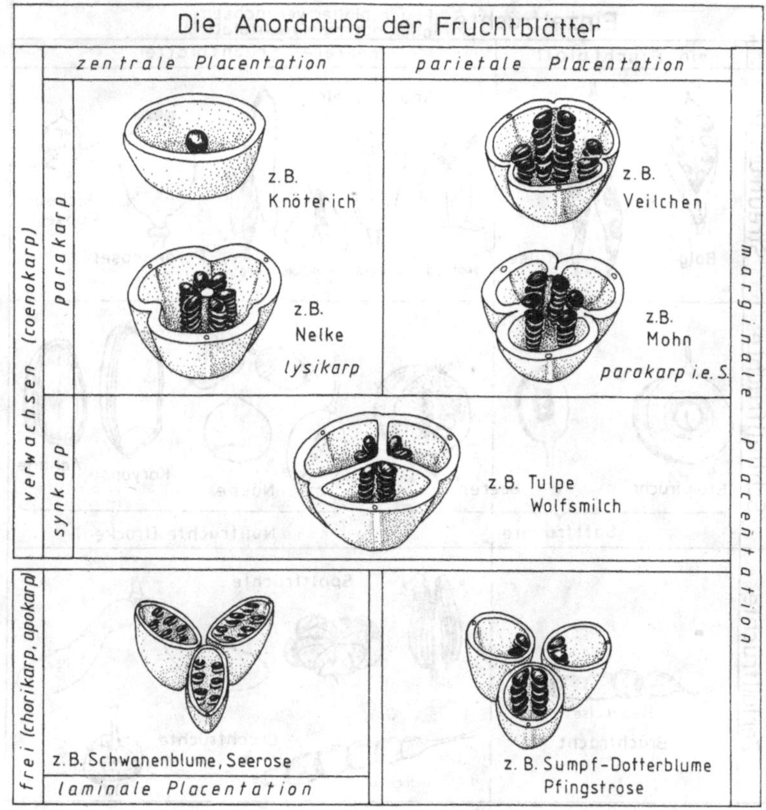

Abb. I.4

Zu den *Streufrüchten* gehören Balg, Hülse und Kapsel. *Balg* und *Hülse* entstehen aus einem einzigen Fruchtblatt, das sich beim Balg entlang der Verwachsungsnaht (Bauchnaht) öffnet, bei der Hülse zusätzlich entlang der Mittelrippe («Rückennaht»). Balgfrüchte sind charakteristisch für einen Teil der Hahnenfußgewächse und der Steinbrechgewächse sowie für die Pfingstrosen und innerhalb der Rosengewächse für die Spierstrauch-Unterfamilie. Die Hülse ist charakteristisch für die Schmetterlingsblütler (Bohnengewächse, Fabaceae), die zusammen mit Caesalpiniaceen und Mimosaceen auch als «Hülsenfrüchtler» bezeichnet werden.

Die *Kapsel* entsteht aus einem coenokarpen Fruchtknoten und öffnet sich in recht unterschiedlicher Weise. Aus nur zwei Fruchtblättern entsteht die als Schote bezeichnete Kapsel der Kohlgewächse (Kreuzblütler), bei der sich die beiden Fruchtblätter klappenartig von ihrem Rand lösen und einen Rahmen mit den Samen und einer «falschen» Scheidewand stehen lassen. Zum Teil

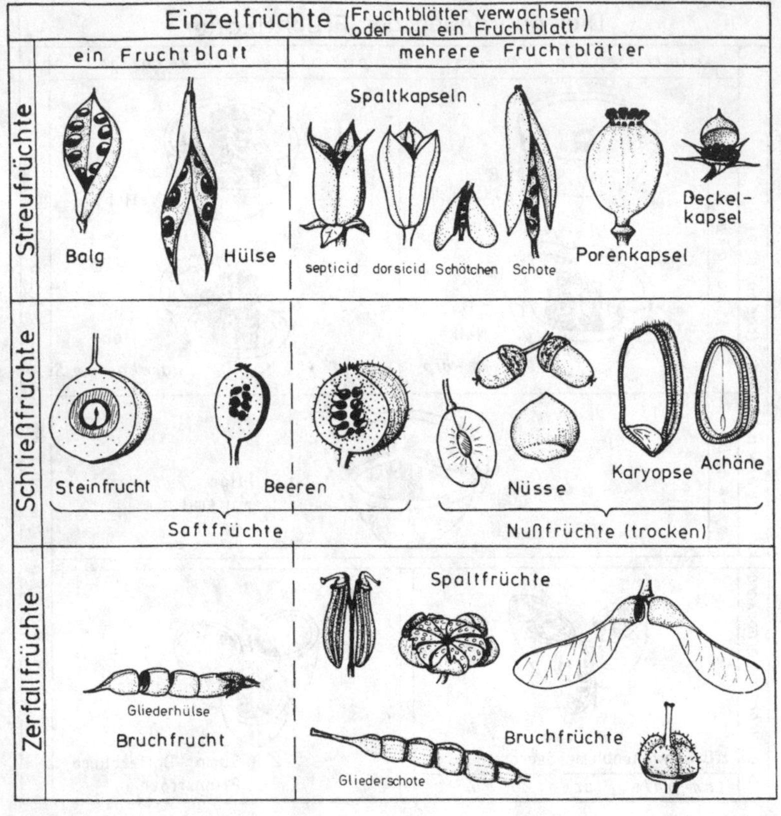

Abb. I.5: Fruchttypen
Einzelfrüchte: Balg (Rittersporn), Hülse (Bohne), septicide Spaltkapsel (Johanniskraut), dorsicide Spaltkapsel (Tulpe), Schötchen (Hirtentäschelkraut), Schote (Raps), Porenkapsel (Mohn), Deckelkapsel (Acker-Gauchheil).

Steinfrucht (Kirsche), Einblatt-Beere (Christophskraut), Mehrblatt-Beere (Stachelbeere), Nuß (Ulme: «Flügelnuß», Haselnuß, Eiche), Karyopse (Weizen), Achäne (Sonnenblume).

Bruchfrucht (Gliederhülse: Vogelfuß, Gliederschote: Hederich).

Spaltfrucht (Ahorn, Malve, Taubnessel, Kümmel: Doppelachäne).

Sammelfrüchte: Apfelfrucht (Apfel), Steinapfelfrucht (Weißdorn), Sammelnußfrucht (Erdbeere, Rose), Sammelsteinfrucht (Brombeere), Balgfrüchtchen (Sumpfdotterblume), Nußfrüchtchen (Fingerkraut).

Fruchtstand als Verbreitungseinheit: Feige, Klette.

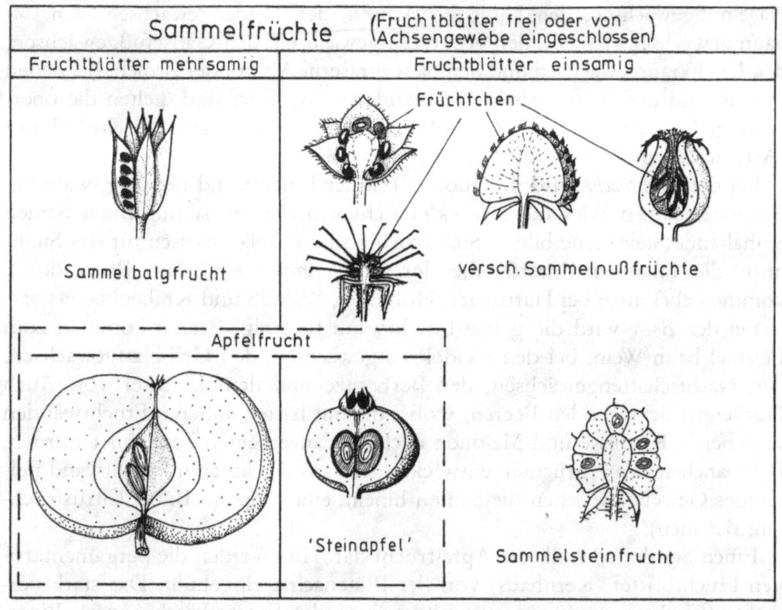

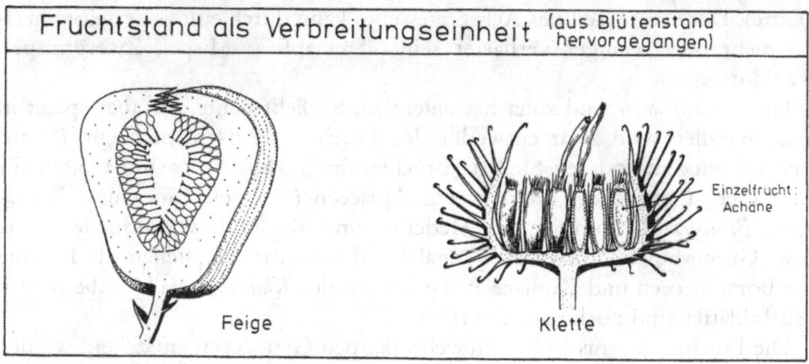

öffnen sich Kapselfrüchte an ihrer Verwachsungsstelle mit den Nachbarkarpellen (scheidewandspaltig, septicid, z.B.: Johanniskraut, Braunwurzgewächse), zum Teil durch ein besonderes Trenngewebe im Rückenteil der Fruchtblätter (rücken- bzw. fachspaltig, dorsicid, loculicid, z.B. viele Lilienartige und Spargelartige, Hibiscus). Bei den Mohnkapseln kommt es zu einer charakteristischen Porenbildung (poricid). Querbrüche über den gesamten Kapselbereich können zum Absprengen von Deckeln führen (z.B. Acker-Gauchheil).

Zu den *Schließfrüchten* gehören Nuß, Steinfrucht und Beere. Die *Nuß* ist eine Trockenfrucht und enthält meist nur einen Samen. Nüsse kommen in vielen Familien vor, z.B. bei den Hahnenfußgewächsen, den Buchen-, Birken- und

Haselnußgewächsen, den Ulmengewächsen, den Lindengewächsen, den Ölbaumgewächsen (Esche), den Knöterichgewächsen, den Gänsefußgewächsen, den Laichkrautgewächsen und den Sauergräsern. Als Sonderformen, bei denen Fruchtwand und Samenschale miteinander verwachsen sind, gelten die oberständige Grasfrucht (Karyopse) und die unterständige Achäne der Korbblütler (Asteraceae) und der Doldenblütler (Apiaceae).

Bei der *Steinfrucht* wird der äußere Teil der Fruchtwand fleischig, während der innere einen oder mehrere sklerenchymatische, meist nur einen Samen enthaltende Steinkerne bildet. Steinfrüchte sind charakteristisch für das Steinobst, die Pflaumen-Unterfamilie der Rosengewächse (U.fam. Prunoideae), kommen aber auch bei Hartriegel, Holunder, Walnuß und Krähenbeere vor.

Bei der *Beere* wird die ganze Fruchtwand fleischig. Beeren kommen zum Beispiel beim Wein, bei den Heidekrautgewächsen, den Geißblattgewächsen, den Nachtschattengewächsen, der Berberitze und dem Liguster vor. Auch Gurkengewächse bilden Beeren, wobei die mit harten äußeren Fruchtwänden versehenen Kürbisse und Melonen auch als Panzerbeeren bezeichnet werden. Bei manchen Beerenfrüchten entwickelt sich aus der inneren Fruchtwand fleischiges Gewebe zwischen die Samen hinein, eine Pulpa (z.B. bei Citrusfrüchten, Bananen).

Einen Sonderfall stellt die Apfelfrucht dar. Hier werden die pergamentartigen Fruchtblätter (Kernhaus) von der Blütenachse eingehüllt. Das stark verdickte fleischige Achsengewebe bildet dann das Fruchtfleisch (Apfel, Birne, Quitte). Der innere Teil des Achsengewebes kann durch eingelagerte Steinzellen mehr oder weniger verhärtet sein («Steinapfel»: Mispel, Zwergmispel, Weißdorn).

Die *Zerfallfrüchte* sind zunächst eigentlich Schließfrüchte, die aber später in Teile zerfallen, und zwar entweder den Fruchtblättern entsprechend (Spaltfrüchte) oder an anderen Stellen (Bruchfrüchte). *Spaltfrüchte* sind typisch für Aceraceen, Geraniaceen, Malvaceen, Apiaceen (Doppelachäne) und Rubiaceen, *Bruchfrüchte* kommen bei Hederich und Vogelfuß vor (Gliederschote bzw. Gliederhülse). Gleichzeitig Spalt- und Bruchfrüchte stellen die Früchte der Boraginaceen und Lamiaceen dar, die in vier *Klausen* zerfallen (die beiden Fruchtblätter sind nochmals unterteilt).

Die Früchte, die aus Blüten mit chorikarpen Gynoeceen entstehen, werden häufig als «Sammelfrüchte» bezeichnet, so ist die Erdbeere z.B. eine Sammelnußfrucht, die freien Fruchtblätter entwickeln sich zu «Nüßchen», die auf der fleischig verdickten Blütenachse sitzen. Entsprechend kennt man Sammelbalgfrüchte aus Balgfrüchtchen (z.B. Sumpf-Dotterblume, Nieswurz) und Sammelsteinfrüchte aus Steinfrüchtchen (Brombeere). Auch die Apfelfrucht kann als Sammelfrucht angesehen werden, da die Fruchtblätter hier nicht direkt miteinander verwachsen sind, sondern einzeln von Achsengewebe umhüllt werden.

Als Verbreitungseinheit können schließlich auch ganze *Fruchtstände* dienen, so bei Klette, Feige und Ananas.

3.2 Verbreitung der Samen und Früchte

Der Bau der Früchte und Samen steht in engster Beziehung zu ihrer Verbreitung. Dies kann durch Tiere (Zoochorie), Wind (Anemochorie), Wasser (Hydrochorie) und den Menschen (Anthropochorie) erfolgen, seltener ist die Selbstverbreitung (Autochorie).

Zoochorie: Hier unterscheiden wir die Endozoochorie, bei der die Früchte oder Samen gefressen werden, von der Epizoochorie, bei der die Verbreitungseinheiten an der Tieroberfläche haften. Bei der *Endozoochorie* besitzen die Verbreitungseinheiten Lock- und Reizmittel (Nährstoffe, Farbe, Duftstoffe) und oftmals Schutzeinrichtungen gegen die Zerstörung der Samen. Manchmal ist es zu einer engen Bindung zwischen Pflanze und Tier gekommen. In erster Linie sind hier die Saftfrüchte und die fleischigen Sammelfrüchte zu nennen, bei denen die Samen oder die Einzelfrüchte den Verzehr unbeschadet überstehen (oder sogar zur Keimfähigkeit benötigen!). Bei den zahlreichen Samen aus Streufrüchten und Nüssen, die von Tieren «gesammelt» werden (z.B. Eichhörnchen, Vögel), entgeht immer ein Teil dem Verzehr, eine echte Endozoochorie wie bei den Saftfrüchten liegt hier also nicht vor.

Bei der *Epizoochorie* gibt es zahlreiche Einrichtungen, die der Anheftung an der Tieroberfläche dienen. Besonders auffällig sind Widerhaken als «Kletteinrichtungen», die in Form von Haaren oder Emergenzen an den Fruchtblättern auftreten (Kleb-Labkraut, Schneckenklee, Hexenkraut, Odermennig) oder aus umgebildeten Griffeln (Echte Nelkenwurz), Kelchblättern (Pappus[1] einiger Korbblütler), Außenkelchblättern (manche Kardengewächse) und sogar Hüllblättern (Klette) entstehen.

Die *Myrmekochorie* (Verbreitung von Samen oder Früchten durch Ameisen) ist insofern ein Sonderfall der Zoochorie, als die entsprechenden Verbreitungseinheiten spezielle Anhängsel (Elaiosomen) mit Lock- und Nährstoffen ausbilden. Dies ist bei zahlreichen Samen aus Streufrüchten von Waldkräutern (Haselwurz, Lerchensporn, Veilchen, Wachtelweizen, Bärlauch) und einigen Nüßchen der Fall (Buschwindröschen, Leberblümchen, Taubnessel, Witwenblume) und möglicherweise als Anpassung an das windarme Waldesinnere zu deuten.

Anemochorie: Zahlreiche Früchte und Samen werden vom Winde verweht. Hierzu dienen oft Haare: Samenhaare (Weidenröschen, Pappel, Weide, Baumwolle), Pappushaare (viele Compositen), Perigonhaare (Wollgras) und Griffelhaare (Waldrebe, Küchenschelle). Bekannt sind auch die geflügelten Nüßchen an der Birke, Ulme, Esche und die geflügelten Spaltfrüchte des Ahorns sowie die Fruchthülle der Hainbuche als Flugorgane. Bei der Linde ist der ganze Blüten- bzw. Fruchtstand mit einem vergrößerten Vorblatt verwachsen, das ein Flugorgan darstellt. Auch ein Außenkelch dient bei einigen Arten der Verbreitung durch den Wind (z.B. Scabiose). Oft sind die Samen aber auch einfach so klein und leicht, daß sie gut vom Wind getragen werden können (besonders bei Orchideen). Nicht zu vergessen sind auch jene zahlreichen

[1] Zu Flughaaren umgebildeter Kelch.

Fälle, bei denen der Wind das Ausschütteln der Samen aus Streufrüchten (v. a. Kapseln) oder der Früchte aus Blütenständen (z. B. Köpfchen) bewirkt.

Hydrochorie: Bei vielen Sumpf- und Wasserpflanzen sind die Samen oder Früchte infolge verschiedener Einrichtungen schwimmfähig (Schwimmgewebe, Luftsäcke, Schläuche bei Seggen-Arten). Hinzuweisen ist auch auf die indirekte Verbreitungsweise durch die mechanische Wirkung des Regens (z. B. bei Brassicaceae und Lamiaceae).

Anthropochorie: Die gezielte Ansiedlung von Kulturpflanzen durch den Menschen sowie die unabsichtliche Verschleppung zahlreicher «Unkräuter» und ihre unbeabsichtigte Vermehrung im Kulturland fallen unter diesen Begriff. Wir brauchen hier nicht näher darauf einzugehen, da dies in den Kapiteln VIII und IX besprochen wird.

Autochorie: Das aktive Ausschleudern der Verbreitungseinheiten ist nicht oft verwirklicht, wir kennen es z. B. von Springkraut, Sauerklee, Storchschnabel und Veilchen.

4. Die wichtigsten Familien der heimischen Bedecktsamer

Für die Aneignung einer sicheren Formenkenntnis ist das Erkennen der wichtigsten einheimischen Familien eine Grundvoraussetzung. Es ist unmöglich, im Rahmen der wenigen Sommersemester, die für ein Biologiestudium zur Verfügung stehen, die wünschenswerte Formenkenntnis zu vermitteln. Um so wichtiger ist es, den Blick für die richtige Familienzuordnung zu schulen, das spätere Selbststudium wird dadurch wesentlich erleichtert.

In der Tabelle haben wir diejenigen Familien aufgenommen, die ein Exkursionsleiter unseres Erachtens beherrschen müßte, d. h. er sollte einheimische Blütenpflanzen diesen Familien richtig zuordnen und die Zuordnung entsprechend begründen können. Die Verschlüsselung der Familien erfolgte ohne Berücksichtigung ausgesprochener Ausnahmen, um die Übersichtlichkeit zu erhalten. Die Tabelle ist also in erster Linie als Merk- und Lernhilfe und nicht als Bestimmungsschlüssel für alle Arten dieser Familien gedacht. Familien, die nur aus einer oder wenigen, nicht sehr wichtigen Gattungen bestehen, wurden nicht aufgenommen, da es in diesen Fällen nicht darum geht, sich die Familie, sondern die Gattungen einzuprägen.

Arbeitsaufgaben für eine Exkursion «Früchte und ihre Verbreitung»

1. Sammeln Sie Beispiele für Beeren, Steinfrüchte und Nüsse und skizzieren Sie die Schichtung der Fruchtwand an je einem Beispiel.

2. Sammeln Sie die Früchte möglichst vieler Arten und stellen Sie zusammen, in welchen Familien welche Fruchttypen vorkommen (geordnet nach Fruchttypen).
3. Versuchen Sie herauszufinden, welche Verbreitungsarten der Früchte und Samen in einem bestimmten Biotop vorherrschen. Können Sie auch Unterschiede in den verschiedenen Höhenschichten der Vegetation (z. B. Wald) feststellen? Vgl. Abb. I.6.

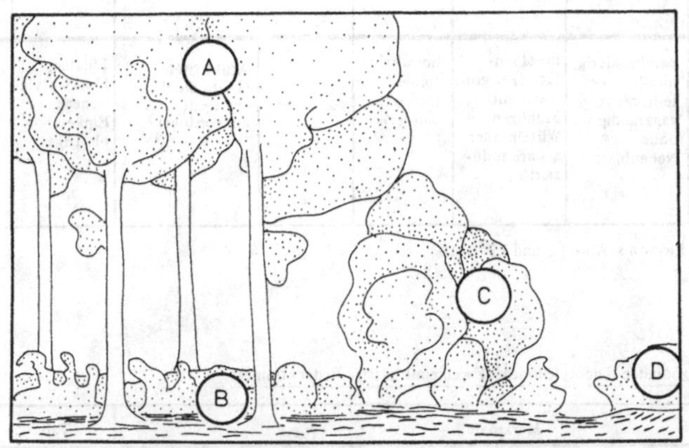

Abb. I.6: Frucht- und Verbreitungstypen in verschiedenen Biotopen (zu Aufgabe I.3) A Waldbäume (Kronenschicht), B Waldkräuter (Krautschicht), C Waldsträucher (Waldrand), D Wiese oder Wegrand

Literatur

CRONQUIST, A.: An Integrated System of Classification of Flowering Plants. Columbia Univ. Press, New York 1981

DAHLGREN, R. M. T., CLIFFORD, H. T., YEO, P. F.: The Families of the Monocotyledons. Springer, Berlin, Heidelberg, New York, Tokio 1985

EHRENDORFER, F.: Spermatophyta. In: Lehrbuch der Botanik (begründet von E. Strasburger et al.). G. Fischer, Stuttgart (32. Aufl.) 1983

ENGLER, A.: Syllabus der Pflanzenfamilien, Bd. 2: Angiospermae (herausgeg. von H. Melchior und E. Werdemann). Borntraeger, Berlin 1964

FROHNE, D. und U. JENSEN: Systematik des Pflanzenreichs. G. Fischer, Stuttgart (3. Aufl.) 1985

GRAF, J.: Tafelwerk zur Pflanzensystematik. Einführung in das natürliche System der Blütenpflanzen, Lehmann, München 1975

MABBERLY, D. H.: The plant book. A portable dictionary of the higher plants utilizing Cronquist's integrated System of Classification. 1987

PROBST, W.: Vorschläge zur Bearbeitung der Blütenpflanzen im Schul- und Hochschulunterricht. Der Biologie-Unterricht 1977 (2): 11–35

ROHWEDER, O., ENDRESS, P. K.: Samenpflanzen. Thieme, Stuttgart, New York 1983

Urania-Pflanzenreich Bd. 2 und 3 (Höhere Pflanzen). Urania, Leipzig 1971/1974.

Die Klasse der Bedecktsamer

Wuchs	Blätter	Blütenhülle	Wurzeln	Keimblätter	Sonstiges	Name/Tab.	
Holzgewächse oder krautige Pflanzen	(meist) netzaderig, einfach oder geteilt, z.T. mit Nebenblättern	oft doppelt (Kelch + Krone), meist 5- oder 4zählig	allorrhiz (Haupt- und Seitenwurzeln)	2	Eustele (Leitbündel im Kreis angeordnet)	Magnoliatae, Dicotyledoneae, Zweikeimblättrige	1
krautige Pflanzen	paralleladerig, meist ungeteilt, meist ganzrandig, ohne Nebenblätter	meist einfach (Perigon) meist mit 3zähligen Wirteln oder ± stark reduziert	homorrhiz (ohne Hauptwurzel)	1	Ataktostele (Leitbündel zerstreut angeordnet)	Liliatae, Monocotyledoneae, Einkeimblättrige	2

Ausnahmen hiervon s. Abb. I.2 und I.3 S. 10

Tab. 1: Magnoliatae (Dicotyledoneae, Zweikeimblättrige Bedecktsamer)

Merkmale			Tab.
Holzpflanzen (nur ausnahmsweise kommen in diesen Familien auch krautige Pflanzen vor)			1.1 S. 25
meist krautige Pflanzen, seltener Holzpflanzen	Blüten in Köpfchen mit Hochblatthülle; Krone verwachsen; Fruchtknoten unterständig (wenn oberständig, s. unten)		1.4 S. 37
	Blüten nicht in Köpfchen bzw. Fruchtknoten oberständig	Krone frei	1.2 S. 29
		Krone verwachsen	1.3 S. 34

Tab. 2: Liliatae (Monocotyledoneae, Einkeimblättrige Bedecktsamer)

Merkmale	Tab.
Ausgesprochene Sumpf- und Wasserpflanzen; Blüten polysymmetrisch, mit mehreren Fruchtknoten (Gynoeceum chorikarp)	2.1 S. 38
Meist Landpflanzen; Blüten ansehnlich, mit einem Fruchtknoten; nicht gras- oder binsenartig	2.2 S. 38
Gras- oder binsenartige Pflanzen mit unscheinbaren Blüten (windblütig)	2.3 S. 39

Tab. 1.1: Holzpflanzen (bei uns immer zweikeimblättrig)

Blätter	Blütenhülle	Sonstiges	Name/Tab.
wechselständig mit oder ohne Nebenblätter	stark reduziert (meist windblütig)	zumindest die männlichen Blüten in Kätzchen, Köpfchen oder Büscheln	Tab. 1.1.1 S. 26
	± auffällig	Blüten 6zählig: K6C6A6; Langtriebe z.T. mit Dornen; Beeren; meist Ziersträucher (z.T. immergrün)	Berberidaceae (Sauerdorngewächse)
		Blüten nicht 6zählig: Bäume oder Sträucher keine Lianen	Tab. 1.1.2 S. 27
		Lianen; Blätter gelappt oder handförmig geteilt, sommergrün (vgl. Efeu); Sproßranken oder Haftscheiben; Blütenstände bzw. Sproßranken blattgegenständig (Sympodium); Beeren, die z.T. für die Herstellung köstlicher Getränke dienen	Vitaceae (Weinrebengewächse)
gegenständig, ohne Nebenblätter	verschieden		Tab. 1.1.3 S. 28

Tab. 1.1.1: Holzpflanzen (Bäume oder Sträucher) mit wechselständigen Blättern und stark reduzierten Blüten

Blütenstände	Fruchtknoten	Frucht	Nebenblätter	Sonstiges	Name
männl. Blüten in Köpfchen oder in Kätzchen 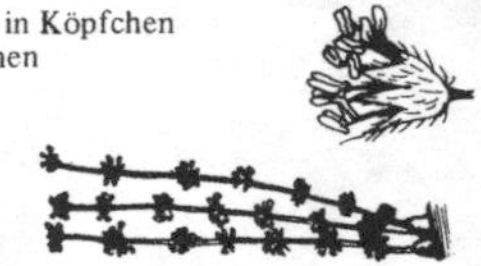	unterständig	Nüsse in Fruchtbecher (Cupula) 	hinfällig	einhäusig, (meist) windblütig; 3 Fruchtblätter	Fagaceae (Buchengewächse)
männl. Blüten in Kätzchen (hängend), weibl. Blüten z.T. in Zäpfchen 		Nüsse geflügelt (Birke) oder mit Fruchthülle aus 3 verwachsenen Vorblättern (Hainbuche, Haselnuß) 		2 Fruchtblätter;  Fruchtstand der Hainbuche	Betulaceae (Birkengewächse einschl. Haselnußgewächse)
männl. und weibl. Blüten in Kätzchen (bei Pappel hängend, bei Weide aufrecht) 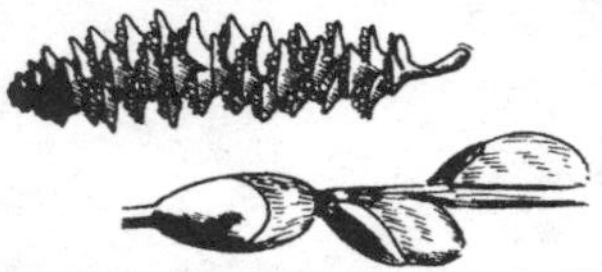	oberständig	Kapseln 	z.T. früh abfallend	2häusig, windblütig (Pappel) oder sekundär insektenblütig (Weide); Samen mit langen Haaren: 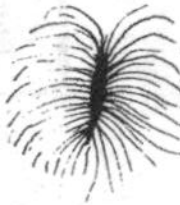	Salicaceae (Weidengewächse)
Blüten gebüschelt, eingeschlechtig oder zwittrig, mit 4–5 Perigonblättern und 4–5 Staubblättern 		breit geflügelte Nüßchen 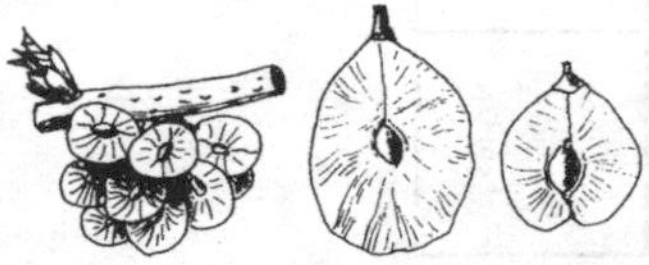	hinfällig	Blätter asymmetrisch, zweizeilig gestellt; windblütig 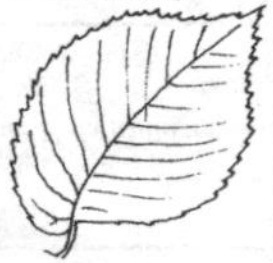	Ulmaceae (Ulmengewächse)

Tab. 1.1.2: Holzpflanzen mit wechselständigen Blättern; Blüten normal ausgebildet, polysymmetrisch[1]

Blütenhülle	Staubblätter	Fruchtknoten	Frucht	Blütenstände	Nebenblätter	Sonstiges	Name	
frei, K 5, C 5 	viele	mehrere pro Blüte	Balgfrüchte 	oft Rispen	–	angepflanzt und verwildert	Rosaceae (Rosengewächse)	Spiraeoideae
			oft Sammelfrüchte	oft Dolden oder Trauben oder Übergänge	+	Blätter meist gefiedert; oft Stacheln!		Rosoideae vgl. Tab. 1.2.2 S. 31
		unterständig	Apfel- oder Steinfrucht 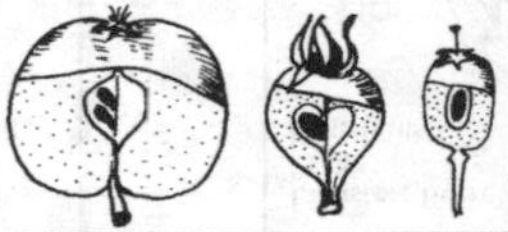			oft mit Dornen 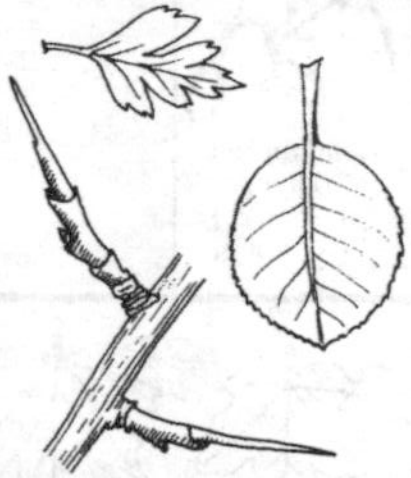		Maloideae (Pomoideae, Kernobst)
		mittelständig	Steinobst 					Prunoideae (Steinobst)
	in Gruppen stehend	oberständig	Hochblatt als Flugorgan 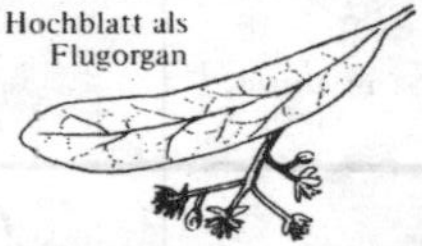		hinfällig	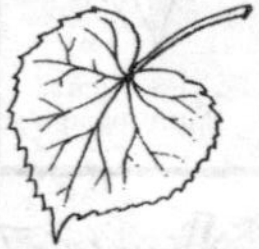 Blätter herzförmig – z.T. asymmetrisch, 2zeilig gestellt	Tiliaceae (Lindengewächse)	
(meist) verwachsen, 4- oder 5zählig 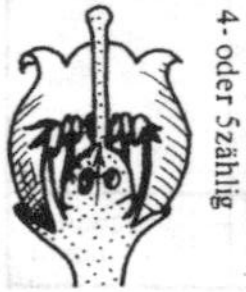	8–10, Theken mit 2 Anhängseln	ober- oder unterständig	Ericaceae: Kapsel, Beere, selten Steinfrucht Empetraceae (windblütig): Steinfrucht		–	Zwergsträucher; Blätter klein, z.T. nadelförmig, z.T. immergrün 	Ericaceae (Heidekrautgewächse) und Empetraceae (Krähenbeerengewächse)	

[1] vgl. Fabaceae (monosymmetrisch), die bei uns vorzugsweise krautig sind, Tab. 1.2.4 S. 33

Tab. 1.1.3: Holzpflanzen mit gegenständigen Blättern ohne Nebenblätter (Bäume oder Sträucher, z.T. Lianen)

Blüten-symmetrie	Blütenhülle	Staub-blätter	Frucht-knoten	Frucht	Blütenstände	Blätter	Sonstiges	Name
polysymmetrisch	K 4, zu Röhre verwachsen, C 4, frei 	4 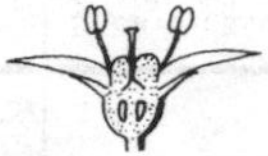	unter-ständig	Steinfrucht	Trugdolden 	ungeteilt, ganzrandig 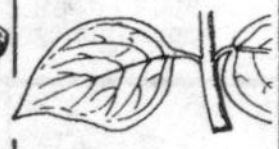	Blüten klein 	Cornaceae (Hartriegel-gewächse)
	frei, unscheinbar, grün oder gelb; K 4–5, C 4–5 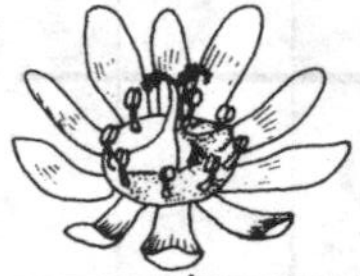	einige, auf Diskus!	oberständig	geflügelte Spaltfrucht 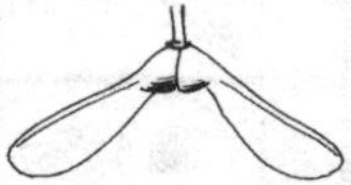	Trugdolden, Rispen oder Trauben	± handförmig geteilt 	Blüten z.T. ein-geschlechtig, z.T. windblütig 	Aceraceae (Ahorn-gewächse)
	verwachsen: meist K 4, C 4 	meist 2		Liguster: Beere; Esche: Flügelnuß; ferner Kapseln und Steinfrüchte 	Rispen 	einfach oder gefiedert	Blüten bei Esche stark reduziert (windblütig) 	Oleaceae (Ölbaum-gewächse)
mono-symmetrisch	K 5, C 5 	5	unter-ständig	Beeren	Blüten zu 2 nebeneinander oder in Trugdolden		z.T. Lianen	Caprifoliaceae (Geißblatt-gewächse)

Tab. 1.2: Zweikeimblättrige krautige Pflanzen mit freier Krone; Blüten nicht in Köpfchen

Blütenhülle	Blütensymmetrie	Fruchtknoten	Blattstellung	Sonstiges	Name/Tab.
einfach oder fehlend	polysymmetrisch (oder Blütenhülle stark reduziert)	oberständig	gegenständig	(meist) Brennhaare! Blüten eingeschlechtig, meist in Rispen (Scheinähren): Blütenhülle einfach, 4zählig	Urticaceae (Brennesselgewächse)
einfach oder fehlend	polysymmetrisch (oder Blütenhülle stark reduziert)	oberständig	gegenständig	keine Brennhaare: Blüten zweihäusig, in Scheinähren: männl. Blüten mit 3teiliger Blütenhülle und zahlreichen Staubblättern, kein Milchsaft	Euphorbiaceae (Wolfsmilchgewächse): Bingelkraut (Mercurialis)
einfach oder fehlend	polysymmetrisch (oder Blütenhülle stark reduziert)	oberständig	wechselständig	wenige Staubblätter	Tab. 1.2.1 S. 30
einfach oder fehlend	polysymmetrisch (oder Blütenhülle stark reduziert)	oberständig	wechselständig	viele Staubblätter	Tab. 1.2.2 S. 31
doppelt	polysymmetrisch (oder Blütenhülle stark reduziert)	oberständig	wechselständig	4 Kronblätter, 6 Staubblätter (disymmetrisch, vgl. unten)	Tab. 1.2.4 S. 33
doppelt	polysymmetrisch (oder Blütenhülle stark reduziert)	oberständig	wechselständig; gegenständig oder quirlig	meist 5 Kronblätter 5 oder 5+5 Staubblätter	Tab. 1.2.3 S. 32
doppelt	polysymmetrisch (oder Blütenhülle stark reduziert)	unterständig	wechselständig	meist 5 Kronblätter 5 oder 5+5 Staubblätter	Tab. 1.2.3 S. 32
doppelt	polysymmetrisch (oder Blütenhülle stark reduziert)	unterständig	verschieden	4 Kronblätter: Blütenhülle z.T. nur 2zählig, selten einfach; Blütenachse verlängert; 2, 4 oder 8 Staubblätter	Oenotheraceae (Nachtkerzengewächse)
doppelt	disymmetrisch	oberständig	wechselständig	4 Kronblätter: 6 Staubblätter	Brassicaceae (Cruciferae, Kohlgewächse, Kreuzblütler) Tab. 1.2.4 S. 33
doppelt	monosymmetrisch	oberständig	wechselständig	4 oder 5 Kronblätter, 4, 5 oder 10 Staubblätter	Tab. 1.2.4 S. 33

Tab. 1.2.1: Zweikeimblättrige krautige Pflanzen mit unscheinbaren Blüten und wechselständigen Blättern; Blütenhülle frei, einfach oder fehlend; Fruchtknoten oberständig; wenige Staubblätter (vgl. Apiaceae, Tab. 6)

Blütenhülle	Frucht	Blätter	Nebenblätter	Sonstiges	Name
klein, unscheinbar (windblütig): P 3–6	Nüßchen, z.T. mit Fruchthülle aus Perigonblättern 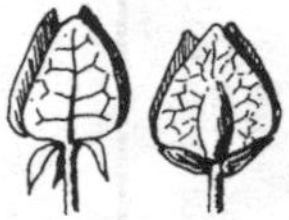	ganzrandig	 «Ochrea»	Stengel mit Knoten; Trauben oder Rispen als Blütenstände; auch Lianen: Silberregen (Fallopia aubertii; Zierpflanze)	Polygonaceae (Knöterichgewächse)
klein, unscheinbar (windblütig): Zahl der Glieder verschieden	Nüßchen mit Fruchthülle aus Perigonblättern 	oft spießförmig 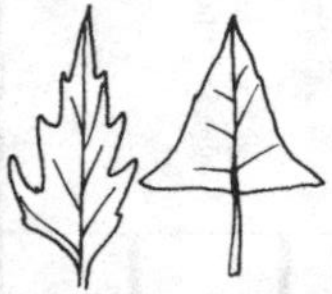	–	Trauben oder knäuelige Blütenstände; Blüten z.T. eingeschlechtig 	Chenopodiaceae (Gänsefußgewächse)
fehlend (Blüten sehr stark reduziert); Hochblätter mit Schaufunktion 	Kapsel (3-teilig) 	ganzrandig oder schwach gesägt 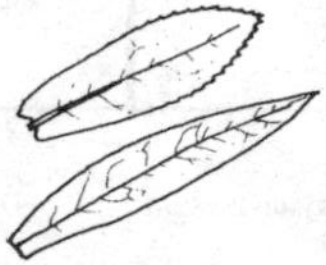	die heimischen Vertreter ohne, sukkulente Formen mit Nebenblattdornen (paarweise)	«Cyathien» als Teilblütenstände; Milchsaft; Honigdrüsen (sekundäre Insektenblütigkeit); Pleiochasien als Gesamtblütenstände abweichend: Bingelkraut (Mercurialis) s. Tab. 1.2 S. 29	Euphorbiaceae (Wolfsmilchgewächse)

Tab. 1.2.2: Zweikeimblättrige Pflanzen mit wechselständigen Blättern und polysymmetrischen Blüten; Blütenhülle doppelt (oder einfach bei Ranunculaceae), Krone frei; Fruchtknoten oberständig; meist viele Staubblätter

Blütenhülle	Staubblätter	Fruchtknoten	Frucht	Blätter	Nebenblätter	Sonstiges	Name
K 2. (früh abfallend) C 4	nicht verwachsen	1 pro Blüte	Kapsel oder Schote 	meist tief geteilt 	–	Milchsaft!	Papaveraceae (Mohngewächse)
Zahl der Glieder verschieden; «Kronblätter» z.T. mit Honigdrüse (Honigblätter)		mehrere pro Blüte	Nüßchen oder Balgfrüchte 			Blütenglieder meist schraubig; z.T. mit Honigröhrchen; Blüten z.T. monosymmetrisch; auch Lianen: Clematis 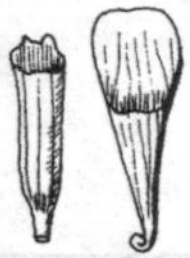	Ranunculaceae (Hahnenfußgewächse)
K 5 C 5; auch K 10 (Außenkelch)			Nüßchen, Sammelnußfrucht, Sammelsteinfrucht 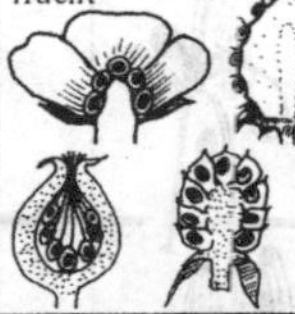	meist gefiedert oder gefingert 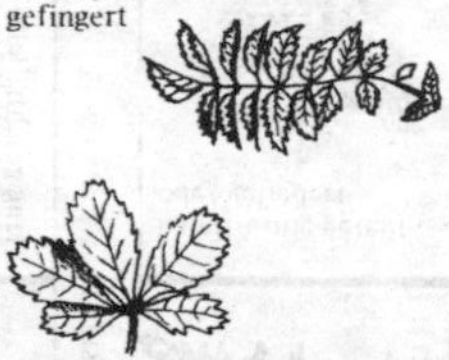	+	krautig, Sträucher oder Halbsträucher; z.T. nur 1–4 Staubblätter (Wiesenknopf und Frauenmantel), z.T. mit Stacheln 	Rosaceae (Rosengewächse): Rosoideae vgl. Tab. 1.1.2 S. 27
mit Außenkelch	basal zu einer Säule verwachsen 	1 pro Blüte, radförmig	Spaltfrucht (wie Kuchenstücke) 	handförmig oder handnervig 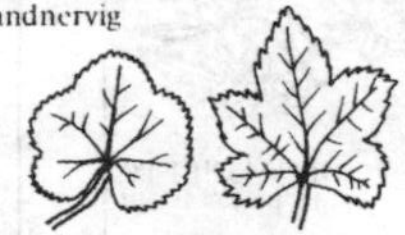	hinfällig	Krone mit «gedrehter» Knospenlage 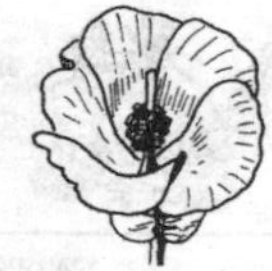	Malvaceae (Malvengewächse)

Tab. 1.2.3: Zweikeimblättrige, krautige Pflanzen mit polysymmetrischen Blüten; Blütenhülle doppelt, Krone frei; 5 oder 5 + 5 Staubblätter

Blütenhülle	Staubblätter	Fruchtknoten	Frucht	Blätter	Nebenblätter	Sonstiges	Name
Kelch oft stark zurückgebildet; Krone z.T. monosymmetrisch; K 5 C 5	auf Diskus 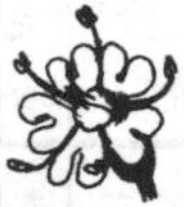; 5	unterständig	Spaltfrucht: Doppelachäne 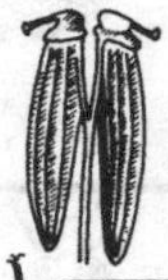	meist gefiedert oder tief geteilt 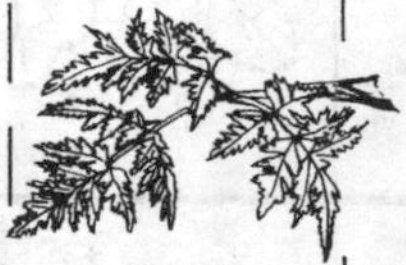; wechselständig	–	meist Doppeldolden; Stengel oft hohl, mit Knoten; Blüten klein, weiß, gelb oder rosa 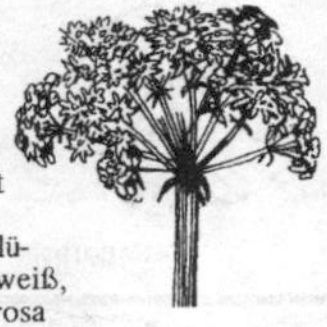	Apiaceae (Umbelliferae, Selleriegewächse. Doldenblütler)
K 5 C 5	frei; 5 + 5	oberständig	lang geschnäbelte 5teilige Spaltfrucht (Name!) 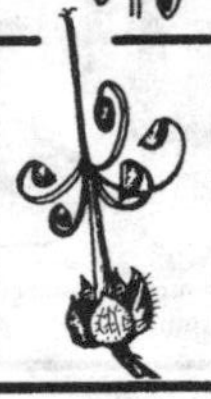	handförmig geteilt oder gefiedert 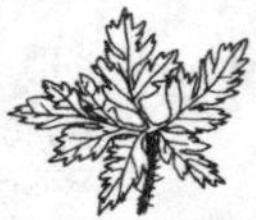; wechselständig	+	Blüten oft zu 2 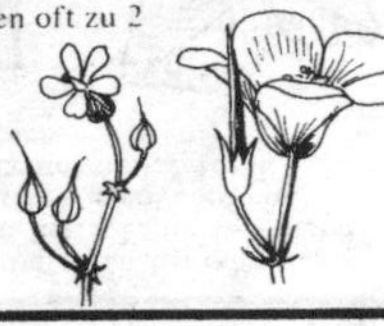	Geraniaceae (Storchschnabelgewächse)
K 5 C 5	am Grund miteinander verbunden; 5 + 5	oberständig	Kapseln	grundständig, 3 zählig gefingert («Kleeblatt») 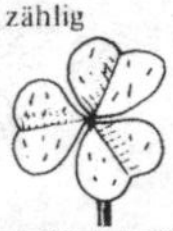	–		Oxalidaceae (Sauerkleegewächse)
auch K 4, z.T. verwachsen; auch C 4, z.T. tief geteilt 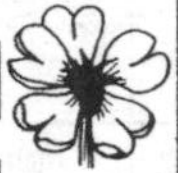; K 5 C 5	frei 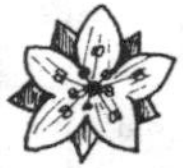; 5 oder 5 + 5	oberständig	meist Kapsel 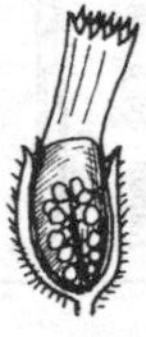	gegenständig, ungeteilt 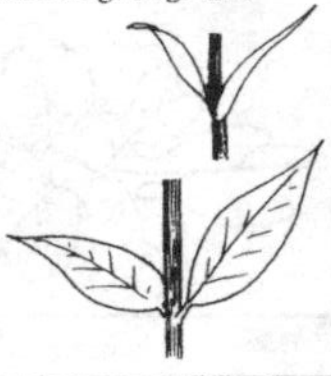	+ oder –	Dichasien[1]; z.T. mit Außenkelch 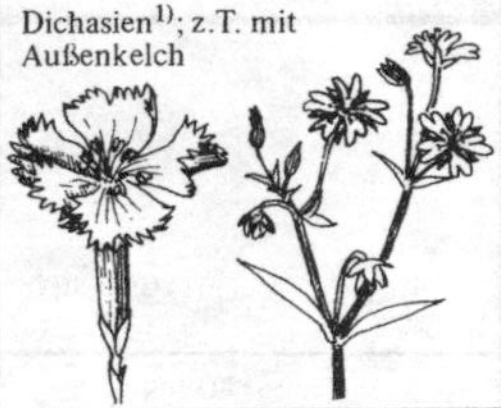	Caryophyllaceae (Nelkengewächse)

[1] gabelig verzweigter Blütenstand

Tab. 1.2.4: Zweikeimblättrige, krautige Pflanzen mit wechselständigen Blättern; Krone frei, Blütenhülle doppelt, Blüten mono- oder disymmetrisch, Fruchtknoten oberständig[1])

Blütenhülle	Blütensymmetrie	Staubblätter	Frucht	Blätter	Nebenblätter	Sonstiges	Name
K 5 C 5	monosymmetrisch: Schmetterlingsblüte mit Fahne, 2 Flügeln und Schiffchen 	10 (9 oder alle 10 verwachsen) 	Hülse 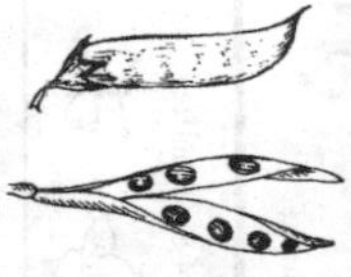	gefiedert, z.T. mit Ranken; bei Lupine gefingert 	+	Trauben oder kopfigdoldige Blütenstände; Kelch z.T. verwachsen 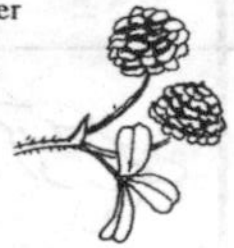	Fabaceae (Bohnengewächse, Schmetterlingsblütler)
K 5 C 5	monosymmetrisch	 5	Kapsel 	oft mit langgestielten Grundblättern 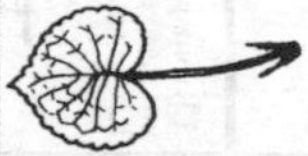	+	Sporn! 2 Staubblätter mit nektarabsondernden Anhängseln 	Violaceae (Veilchengewächse)
K 2 C 4	monosymmetrisch	wenige	Kapsel	  tief fiederteilig 	–	Sporn! Flammendes Herz mit disymmetrischen Blüten 	Fumariaceae (Erdrauchgewächse)
K 4 C 4	disymmetrisch	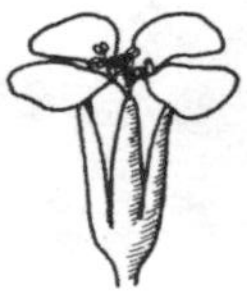 2 kürzere äußere, 4 längere innere 	Schote bzw. Schötchen 	oft fiederteilig 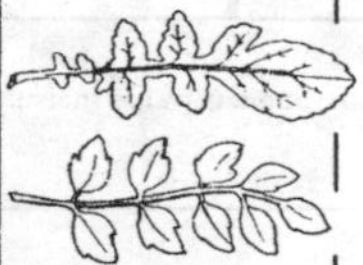	–	Trauben (ohne Gipfelblüte und ohne Tragblätter) 	Brassicaceae (Kohlgewächse, Kreuzblütler)

[1]) Vgl. auch Ranunculaceae (Tab. 1.2.2), die in einzelnen Fällen monosymmetrisch sind

Tab. 1.3: Zweikeimblättrige krautige Pflanzen mit verwachsener Krone; Blüten nicht in Köpfchen

<table>
<tr><th colspan="2">Blüten-</th><th rowspan="2">Frucht-knoten</th><th rowspan="2">Blätter</th><th rowspan="2">Sonstiges, Beispiele für Blütenformen</th><th rowspan="2">Name/Tab.</th></tr>
<tr><th>hülle</th><th>symmetrie</th></tr>
<tr><td rowspan="5">doppelt</td><td rowspan="2">monosymmetrisch</td><td rowspan="4">oberständig</td><td>wechsel-ständig</td><td rowspan="4">5 oder 4 Kronzipfel, 5, 4 (2) Staubblätter</td><td>Scrophulariaceae
Tab. 1.3.1 S. 35</td></tr>
<tr><td rowspan="2">gegenständig</td><td>Scrophulariaceae, Lamiaceae
Tab. 1.3.2 S. 36</td></tr>
<tr><td rowspan="4">polysymmetrisch (höchstens schwach monosymmetrisch)</td><td>Gentianaceae
Tab. 1.3.2 S. 36</td></tr>
<tr><td rowspan="2">wechselständig</td><td>Tab. 1.3.1 S. 35</td></tr>
<tr><td rowspan="2">unterständig</td><td>5 Kronzipfel, 5 Staubblätter: Antheren anfangs vereinigt (Blütenknospe); Krone trichterförmig bis röhrig; 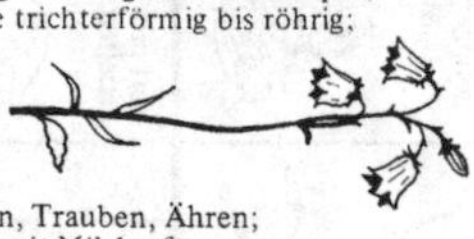
Rispen, Trauben, Ähren; meist mit Milchsaft</td><td>Campanulaceae (Glockenblumen-gewächse)</td></tr>
<tr><td>meist einfach</td><td>quirlig</td><td>meist 4 Kronzipfel, 4 Staubblätter 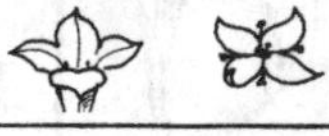</td><td>Rubiaceae
Tab. 1.3.2 S. 36</td></tr>
</table>

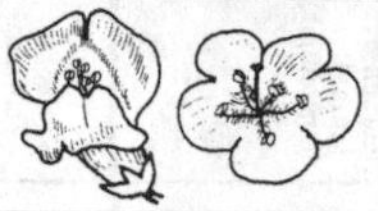

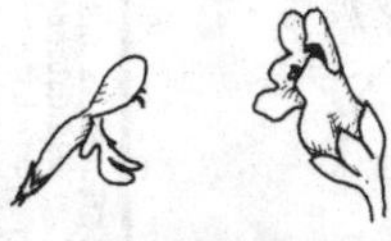

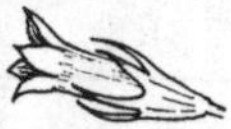

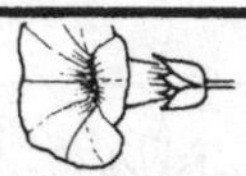

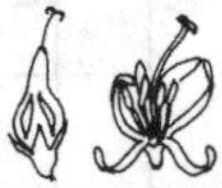

Tab. 1.3.1: Zweikeimblättrige, krautige Pflanzen mit wechselständigen Blättern (stets ohne Nebenblätter); Krone verwachsen, Fruchtknoten oberständig, Blüten nicht in Köpfchen mit Hochblatthülle

Blüten-symmetrie	Blütenhülle	Staub-blätter	Frucht	Blätter	Sonstiges	Name
schwach mono-symmetrisch	K 5, C 5	5	4 Klausen[1]	rauhhaarig	Wickel als Teilblütenstände; Blüten z.T. mit Schlundschuppen	Boraginaceae (Borretsch-, Rauhblattgewächse)
polysymmetrisch			Kapsel oder Beere		oft Verwachsungen der Achsen und Blätter; Fruchtknoten schief zur Mediane	Solanaceae (Nachtschattengewächse)
			Kapsel		Schlingpflanzen mit großen Blüten; 2 Vorblätter unter der Blüte	Convolvulaceae (Windengewächse)
				z.T. in Rosetten	Staubblätter epipetal; Blätter z.T. auch gegenständig oder quirlig; Samenanlagen zentral an einer Säule	Primulaceae (Schlüsselblumengewächse)
	K 4, C 4; klein, unscheinbar oder violett gefärbt (meist windblütig)	4		in Rosetten; Hauptnerven parallel	Ähren; vorweiblich (protogyn)	Plantaginaceae (Wegerichgewächse)
± monosymmetrisch	K 5, C 5 oder 4	5, 4, 2		auch gegenständig (vgl. Tab. 1.3.2 S. 32)	oft Trauben; Blüten z.T. «maskiert», z.T. gespornt; z.T. Halbschmarotzer	Scrophulariaceae (Braunwurzgewächse, Rachenblütler)

[1] Aus dem zweiblättrigen Fruchtknoten entstehen 4 Teilfrüchte (sieht wie Doppelbrötchen aus).

Tab. 1.3.2: Zweikeimblättrige, krautige Pflanzen mit gegenständigen oder wirteligen Blättern: Krone verwachsen; Blüten nicht in Köpfchen mit Hülle aus Hochblättern[1])

Blütensymmetrie	Blütenhülle	Staubblätter	Fruchtknoten	Frucht	Blätter	Nebenblätter	Sonstiges	Name
polysymmetrisch (radiär)	Blüten sehr klein, Kelch meist fehlend; meist 4 Kronblätter	4	unterständig	Spaltfrucht	wirtelig	+ (wie Laubblätter aussehend)	Trugdolden bis rispenartige Blütenstände; Blattquirle durch Spaltung und Verwachsung der Nebenblätter	Rubiaceae (Rötegewächse)
polysymmetrisch (radiär) (ditto)	K 5, C 5; gedrehte Knospenlage	5	oberständig	Kapsel	gegenständig	–	meist Gebirgspflanzen mit blauen Blüten; Bitterstoffe	Gentianaceae (Enziangewächse)
monosymmetrisch (zygomorph)	K 5, C 5 (ditto); oder C 4	5, 4, 2	oberständig (ditto)	Kapsel (ditto)	gegenständig (ditto)	– (ditto)	oft Trauben; z.T. Halbschmarotzer; vgl. Tab. 1.3.1!	Scrophulariaceae (Braunwurzgewächse, Rachenblütler)
monosymmetrisch (zygomorph) (ditto)	K 5, C 5 (ditto); auch Kelch z.T. 2lippig	4, 2	oberständig (ditto)	4 Klausen	gegenständig (ditto)	– (ditto)	Blüten oft in Scheinquirlen; Blätter meist gesägt-gekerbt; oft ätherische Öle in Drüsenhaaren	Lamiaceae (Taubnesselgewächse, Lippenblütler)

[1]) vgl. Primulaceae, Tab. 1.3.1, die auch gegenständige und wirtelige Blätter haben können

Tab. 1.4: Zweikeimblättrige, krautige Pflanzen: Blüten in Köpfchen (Körbchen) mit Hülle aus Hochblättern; Krone verwachsen, Fruchtknoten unterständig

Name	Dipsacaceae (Karden-gewächse)	Asteraceae (Asterngewächse)	
		Asteroideae (Astern-Unterf.)	Cichoroideae (Zichorien-Unterf.)
Sonstiges	blaue oder violette Blüten 	Zungenblüten – wenn vorh. – 3zipfelig 	Milchsaft! Zungenblüten 5zipfelig 
	z.T. mit Spreublättern als Tragblätter der Einzelblüten		
Nebenblätter	–		
Blätter	gegenständig	(meist) wechselständig	
Frucht	Nüßchen	Achäne[1)]	
Blütenhülle	Kelch mit Außenkelch (Flugorgan); C 4–5 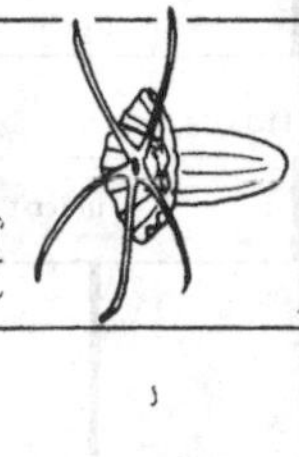	Kelch oft als Haare ausgebildet (Pappus, Flugorgan) 	
Staubblätter	4 (völlig frei)	5, Antheren verklebt 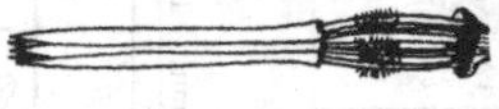	
Symmetrie der Einzelblüten	schwach monosymmetrisch 	Röhrenblüten poly-, Zungenblüten extrem monosymmetrisch[2)] 	extrem monosymmetrisch (nur Zungenblüten vorhanden) 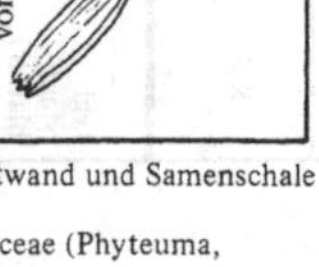

[1)] Frucht aus unterständigem Fruchtknoten mit einem Samen, bei der Fruchtwand und Samenschale verwachsen sind.

[2)] Wenn Zipfel der Krone anfangs verwachsen, handelt es sich um Campanulaceae (Phyteuma, Jasione).

Tab. 2.1: Einkeimblättrige, krautige Pflanzen; ausgesprochene Sumpf- und Wasserpflanzen mit polysymmetrischen Blüten

Blütenhülle	Blütensymmetrie	Staubblätter	Fruchtknoten	Frucht	Sonstiges	Name
K 3, C 3	polysymmetrisch	viele	mehrere	Nüßchen	Blätter grundständig; Blütenstände doldig oder quirlig 	Alismataceae (Froschlöffelgewächse)
– (vgl. Staubblätter)		1–4 (Anhängsel übernehmen Schaufunktion)			untergetaucht oder mit Schwimmblättern; Blattscheiden stengelumfassend; Ähren oder Dolden 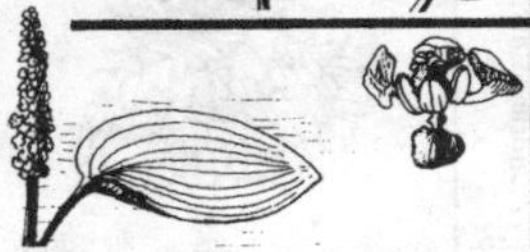	Potamogetonaceae (Laichkrautgewächse)

Tab. 2.2: Einkeimblättrige, krautige Pflanzen; Landpflanzen mit ansehnlichen Blüten, nicht grasartig, mit einem Fruchtknoten pro Blüte

Blütenhülle	Blütensymmetrie	Staubblätter	Fruchtknoten		Frucht	Sonstiges	Name
P 3+3	polysymmetrisch 	3+3	oberständig	3 fächerig	Kapsel oder Beere	Perigon z.T. verwachsen; oft Trauben; Rhizome, Knollen, Zwiebeln 	Liliaceae s. l. (Liliengewächse)*
			unterständig		Kapsel	Zwiebeln; Blüten z.T. mit Nebenkrone (Narzisse) 	Amaryllidaceae (Amaryllisgewächse)
		3				Knollen oder Rhizome 	Iridaceae (Iris-, Schwertliliengewächse)
	monosymmetrisch, oft lippenförmig	1 oder 2, mit dem Griffel verwachsen		1fächerig		Rhizome, Wurzelknollen; Blüten um 180° gedreht, oft gespornt, meist in Trauben; Samen winzig; Endomykorrhiza; auch chlorophyllfreie Arten 	Orchidaceae (Orchideengewächse)

* Die Familie wird heute in zahlreiche Familien aufgespalten, da es sich um keine einheitliche Verwandtschaftsgruppe handelt (vgl. z.B. „Strasburger")

Tab. 2.3: Die Familien der Liliaceae sensu lato (nach Dahlgren, Clifford, Yeo 1985)

1. Blüten vierzählig, Laubblätter in vierzähligem Wirtel .... Trilliaceae

2. Blüten dreizählig

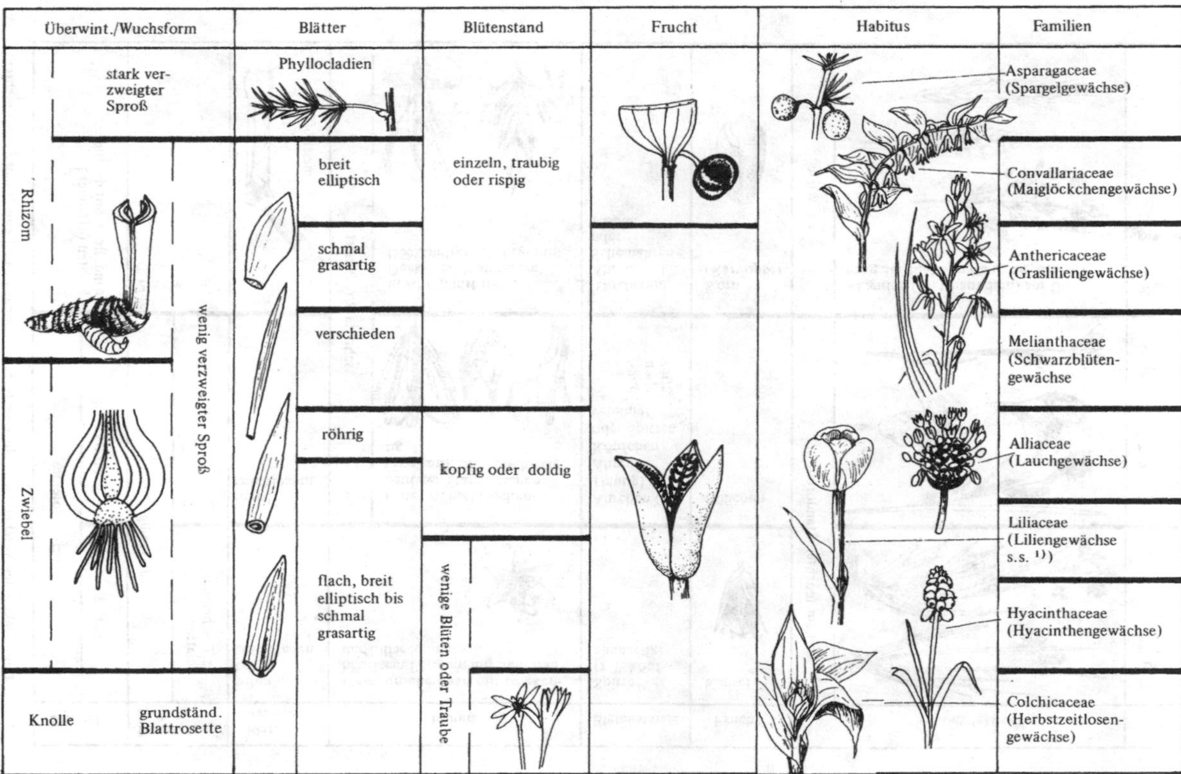

Familien	Habitus	Frucht	Blütenstand	Blätter	Überwint./Wuchsform
Asparagaceae (Spargelgewächse)			einzeln, traubig oder rispig	Phyllocladien	stark verzweigter Sproß
Convallariaceae (Maiglöckchengewächse)			einzeln, traubig oder rispig	breit elliptisch	wenig verzweigter Sproß; Rhizom
Anthericaceae (Grasliliengewächse)			einzeln, traubig oder rispig	schmal grasartig	wenig verzweigter Sproß; Rhizom
Melianthaceae (Schwarzblütengewächse)			einzeln, traubig oder rispig	verschieden	wenig verzweigter Sproß; Zwiebel
Alliaceae (Lauchgewächse)			kopfig oder doldig	röhrig	wenig verzweigter Sproß; Zwiebel
Liliaceae (Liliengewächse s.s. [1])			wenige Blüten oder Traube	flach, breit elliptisch bis schmal grasartig	wenig verzweigter Sproß; Zwiebel
Hyacinthaceae (Hyacinthengewächse)			wenige Blüten oder Traube	flach, breit elliptisch bis schmal grasartig	wenig verzweigter Sproß; Zwiebel
Colchicaceae (Herbstzeitlosengewächse)			wenige Blüten oder Traube		grundständ. Blattrosette; Knolle

[1] sensu strictu = im engeren Sinne

Tab. 2.4: Einkeimblättrige, gras- oder binsenartige Pflanzen mit unscheinbaren Blüten (windblütig)

Name	Sonstiges	Frucht	Blütenstände	Blüten	Blattscheiden	Blattstellung	Stengel
Juncaceae (Binsengewächse)	 oft auf feuchten Standorten	Kapsel 	Spirre[2] (z.T. köpfchenartig)	klein, unscheinbar, mit trockenhäutigem Perigon, mit dem Bau der Liliaceenblüte 	offen oder geschlossen	z.T. scheinbar blattlos; oft 3zeilig	rund; massiv, knotenlos
Cyperaceae (Sauer-, Riedgrasgewächse)	 oft auf feuchten Standorten	Nüßchen	Ährchen (oft 1blütig) zu Ähren[1], Köpfchen oder Spirren vereinigt ütig), chen inigt	in der Achsel trockenhäutiger Tragblättchen (Spelzen), oft 1geschlechtig;  sehr stark reduziert	meist geschlossen	oft 3zeilig	oft 3kantig; massiv, knotenlos
Poaceae (Gras-, Süßgrasgewächse)	«Ligula» (Blatthäutchen) am Übergang der Blattspreite in die -scheide; 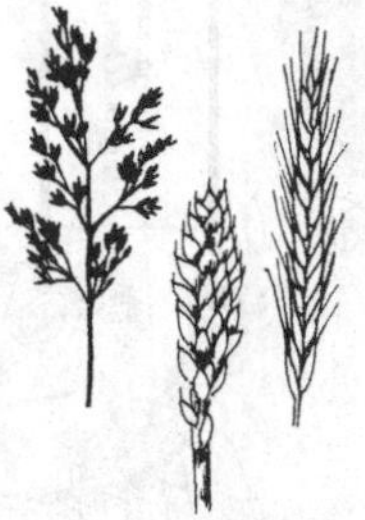 v.a. Wiese	Korn (Karyopse) 	Ährchen in Ähren, Scheinähren oder Rispen	in Ähren mit Hüll-, Deck- und Vorspelzen; Deckspelzen oft begrannt; 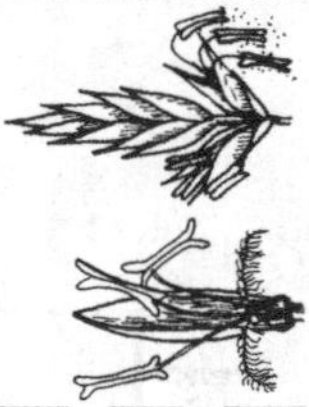 sehr stark reduziert	meist offen 	2zeilig	rund, hohl, mit deutlichen Knoten («Halme»)

[1]) Da die Einblütigkeit der Ährchen nicht ohne weiteres erkennbar ist und eine Pflanze meist mehrere Ähren trägt, die selbst recht klein sein können, nennt man die Ähren selbst auch Ährchen!

[2]) Blütenstand, bei dem Seitenachsen länger auswachsen als Hauptachse

II. Frühjahrsblüher

Thematische Schwerpunkte

Ökologie: Überwinterung von Pflanzen, Lebensformen, Windblütigkeit und Kätzchenblüher

Systematik: Liliales, Asparagales, Ranunculaceae, Rosaceae, Fagales, Salicaceae

Exkursionsziele

Feuchte Wiesen mit Bachlauf, Obstwiesen
Waldrand (Gebüsch)
Laubwald (evtl. mit feuchtem Erlengrund)

1. Wie überwintern die höheren Pflanzen?

Unter «Frühjahrsblühern» wollen wir Pflanzen verstehen, die spätestens Anfang Mai blühen. Welche Einrichtungen befähigen diese Pflanzenarten, schon so kurz nach der winterlichen Ruheperiode zu blühen, und welche Anpassungen erlauben es den Pflanzen unserer Breiten überhaupt, die kalte Jahreszeit zu überdauern?

Im Gegensatz zur tropischen Klimazone verläuft die Vegetationsentwicklung in der subtropischen und gemäßigten Zone periodisch. In den Subtropen müssen vor allem Trockenzeiten, in der gemäßigten Zone die kalte Jahreszeit mit Frostperioden überdauert werden. Der Frost gefährdet die Pflanzen auf zweierlei Weise: Erstens kommt es durch Gefrieren des Wassers bzw. des Zellsaftes zu Schäden, zweitens kann Wasser in gefrorenem Zustand weder aufgenommen noch in der Pflanze geleitet werden. Da aber die Verdunstung an den oberirdischen Pflanzenteilen auch bei tiefen Temperaturen weitergeht, kann es zum Vertrocknen der Pflanzen kommen.

Temperaturschwankungen und Verdunstung sind im freien Luftraum am größten, an der Bodenoberfläche durch Laubstreu und Schneedecke wesentlich geringer, am geringsten aber im Boden. Die Lage der ausdauernden Organe zur Erdoberfläche gestattet es, die Pflanzen verschiedenen *Lebensformen* zuzuordnen. Man unterscheidet:

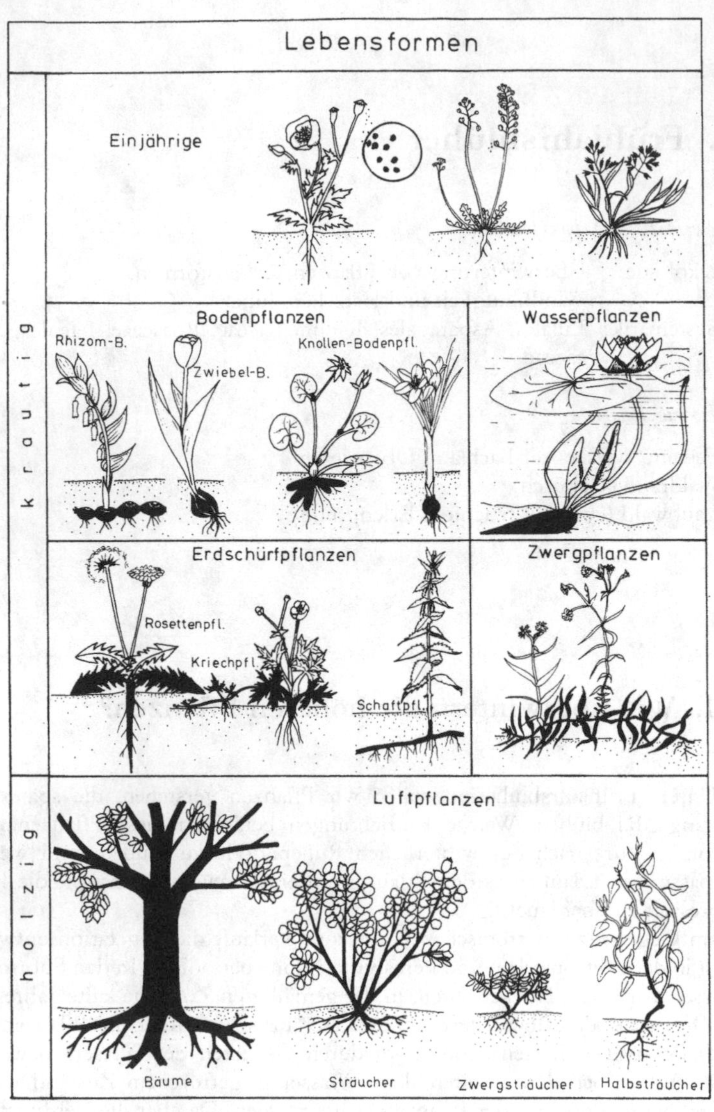

Abb. II.1: Lebensformen (Gestalttypen) der Pflanzen nach Raunkiaer. Die überwinternden Teile sind schwarz ausgemalt.

Bodenpflanzen
Erdschürfpflanzen
Zwergpflanzen
Luftpflanzen (bei uns Bäume und Sträucher)
Einjährige

2. Bodenpflanzen (Erdpflanzen, Geophyten)

Bei diesen Pflanzen sterben die oberirdischen Teile in der kalten Jahreszeit ganz ab (vgl. Abb. II.1). Es überwintern unterirdische Sprosse (Rhizome), unterirdische Sproßknollen, Wurzelknollen oder Zwiebeln, in denen die Reservestoffe gespeichert sind (vgl. Abb. II.2). Geophyten herrschen in Gebieten vor, wo außer der kalten Jahreszeit noch eine zweite ungünstige Periode (Trockenperiode) zu überstehen ist, da sie dank der gespeicherten Reservestoffe sehr rasch austreiben und so auch sehr kurze Vegetationsperioden voll nutzen können. Einige unserer frühblühenden Zierpflanzen sind Geophyten aus den winterkalten und sommertrockenen Steppen Vorder- und Zentralasiens: Tulpe, Hyazinthe, Blaustern, Kaiserkrone, Krokus, Lilie, Schwertlilie usw.

Auch in den Laubwäldern der gemäßigten Zone ist die günstige Zeit für krautige Pflanzen recht kurz, weil die Lichtmenge im Sommer am Waldboden oft nicht mehr ausreicht. Die Krautschicht der Laubwälder ist deshalb vor der Laubentfaltung der Bäume am üppigsten. Unter diesen Frühblühern des Waldbodens sind viele Geophyten.

In umgekehrter Weise ist die Herbstzeitlose, ein Knollengeophyt, an die besonderen Bedingungen unserer Mähwiesen angepaßt: Sie blüht im Herbst und treibt im Frühjahr Blätter und Früchte vor dem ersten Schnitt (vgl. Kap. IV).

a) Rhizomgeophyten

Diese Pflanzen überwintern mit Erdsprossen (Rhizomen). Beim monopodialen Rhizom werden die Blütensprosse aus Seitenknospen gebildet, beim sympodialen Rhizom krümmt sich das Vorderende nach oben und wächst zu einem Blütensproß aus, während sich aus Seitenknospen neue Erdsprosse entwickeln.

Beispiele unter den Frühblühern:
Buschwindröschen, Leberblümchen, Sumpfdotterblume, Haselwurz, Frühlings-Platterbse, Moschuskraut, Zypressen-Wolfsmilch, Lungenkraut, Waldmeister, Huflattich (s. Abb. II.3), Pestwurz-Arten, Einbeere, Salomonsiegel, Schattenblume, Maiglöckchen.

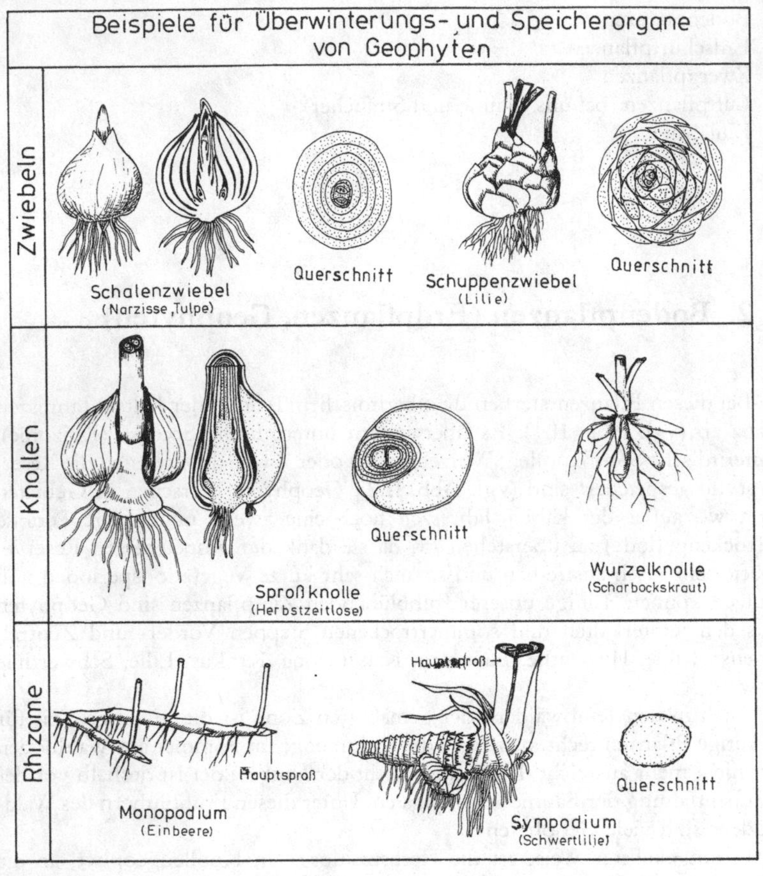

Abb. II.2

b) Knollen-Geophyten

Frühblüher unter diesen sind z. B.: Hohler Lerchensporn, Scharbockskraut, Krokus.

c) Zwiebel-Geophyten

Als Frühblüher sind hier zu nennen: Bärlauch, Blaustern, Gelbstern-Arten, Märzenbecher, Schneeglöckchen, Narzisse usw.

Die Bodenpflanzen werden mit Sumpf- und Wasserpflanzen (*Helo-* und *Hydrophyten*), die im Winter ebenfalls einziehen oder am Gewässergrund überdauern, zu den *Kryptophyten* zusammengefaßt.

3. Erdschürfpflanzen (Oberflächenpflanzen, am Boden Sprossende, Hemikryptophyten)

Auch bei den Hemikryptophyten sterben im Winter die oberirdischen Sprosse ab, doch bleiben unmittelbar am Boden Knospen erhalten, ebenso das Wurzelwerk, das als Reservestoffspeicher dient. Schon eine dünne Schneedecke, eine Laubschicht oder sogar die eigenen abgestorbenen Blattbasen schützen die Knospen. Bei uns sind die Pflanzen dieser Lebensform in großer Artenzahl vertreten. Man unterscheidet folgende Typen:

a) Rosettenpflanzen

Bei ihnen sind die Blätter in einer grundständigen Rosette angeordnet, die überwintert. Viele zweijährige Arten bilden im ersten Jahr nur eine Blattrosette, um im zweiten Jahr den Blütensproß zu treiben. Als Frühblüher sind hier zu nennen: Wiesenschaumkraut, Hirtentäschelkraut (auch einjährig), Knoblauchsrauke, Rotes Leimkraut (= R. Lichtnelke).

Es gibt aber auch zahlreiche ausdauernde Rosettenpflanzen (bei ihnen ist der Blüten- bzw. Blütenstandsstengel meist blattlos oder trägt nur wenige kleinere und umgeformte Blätter). In milden Wintern bleiben fast alle Rosettenblätter erhalten, während in harten Wintern viele der äußeren Blätter absterben. Oft haben Rosettenpflanzen Rüben zur Reservestoffspeicherung (vgl. Kap. IX). Als Frühblüher ausdauernder Rosettenpflanzen sind zu nennen: Schlüsselblume, Gänseblümchen, Gemeiner Löwenzahn.

b) Horstpflanzen

Wachsen bei einem Sproß nur die untersten Seitentriebe zu gestauchten Achsen aus, so entstehen – wie bei vielen Gräsern, Seggen und Binsen – Büschel gleichstarker, unverzweigter Achsen: Horste. Es überwintern die gestauchten Basen dieser Triebe, lange Achsen werden nur zur Blüte gebildet. Frühblüher dieser Gruppe sind: Blaugras, Hainsimse, Berg-, Erd- und Steife Segge.

c) Pflanzen mit Ausläufern (Kriechstauden)

Die Abgliederung dieser Gruppe kann nicht streng durchgeführt werden, da auch Rosettenpflanzen Ausläufer haben können. Außerdem ist der Unterschied zwischen Pflanzen mit seitlichen Ausläufern und solchen mit kriechender Hauptachse und aufrechten Blütensprossen schwierig. Frühblüher sind: Erdbeer- und Frühlings-Fingerkraut, März-Veilchen, Kriechender Günsel, Gundermann, Frühlings- und Hirse-Segge.

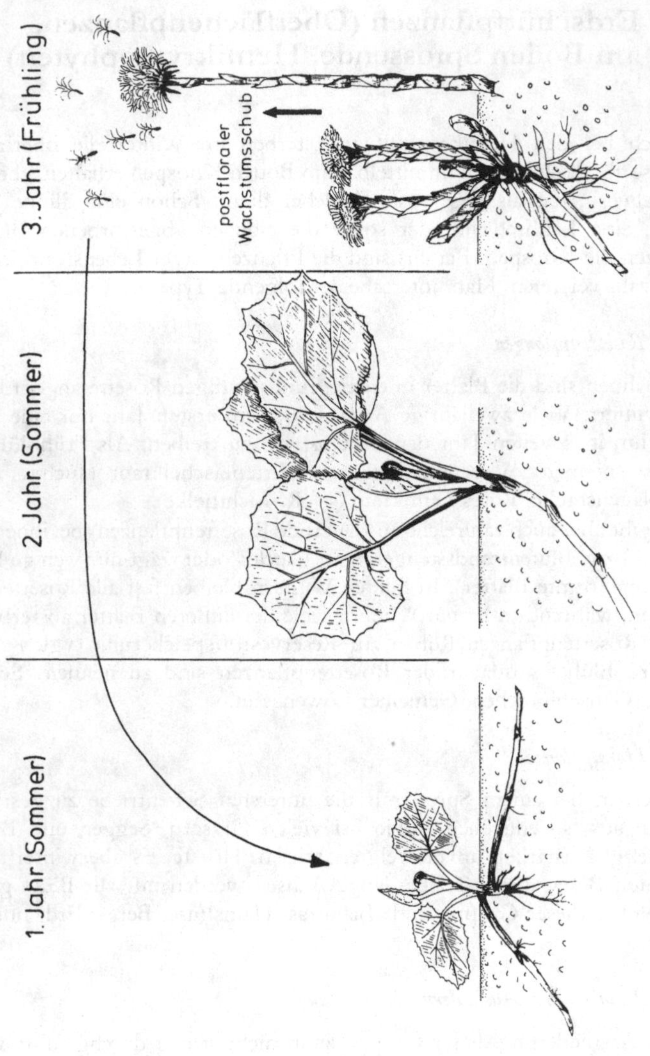

Abb. II.3: Der Entwicklungszyklus des Huflattichs (Tussilago farfara), eines Rhizomgeophyten

g) Schaftpflanzen

Der untere Teil des Stengels ist bei ihnen weitgehend blattlos. Im Herbst stirbt der oberirdische Sproß ab, die Erneuerungsknospen liegen an der Stengelbasis. Frühblüher dieses Typs sind z.B. Sumpfdotterblume und Weiße Taubnessel. Bei anderen, später blühenden Arten kann man im Frühjahr besonders gut erkennen, daß sie dieser Gruppe angehören: Große Brennessel, Wiesenkerbel, Gemeiner Beifuß, Rainfarn, Johanniskraut.

4. Zwergpflanzen (Chamaephyten)

Hierher rechnet man krautige Pflanzen, deren Erneuerungsknospen deutlich über der Bodenoberfläche liegen. Teilweise sind die oberirdischen Triebe unempfindlich gegen Frost, teilweise werden sie vom Schnee gegen die Kälte geschützt. Der Schutz der Knospen erfolgt häufig auch durch abgestorbene Pflanzenteile, z.B. bei Polsterpflanzen wie Blaukissen oder Steinbrech-Arten. Auch die Große Sternmiere und die Gelbe Taubnessel zählen zu dieser Gruppe.

5. Holzgewächse (Phanerophyten)

Diese Pflanzen besitzen verholzte oberirdische Stämme, Äste und Zweige, die den Winter überdauern und im nächsten Frühjahr austreibende Knospen tragen. Während bei den laubwerfenden Gehölzen die Blätter im Herbst abfallen und jedes Frühjahr neu gebildet werden, überdauern bei den immergrünen Gehölzen auch die Blätter oder Nadeln mehrere Winter.

Nach der Höhe der Sproßsysteme unterscheidet man Bäume (Makrophanerophyten), Sträucher (Nanophanerophyten) ohne oberirdischen Stamm mit starker basaler Verzweigung und Zwergsträucher (Chamaephanerophyten), die höchstens 50 cm hoch werden. Schließlich kann man auch die Halbsträucher (Hemiphanerophyten) zu dieser Gruppe rechnen. Sie sind nur im unteren Teil verholzt, und die oberen Triebe sterben – wie z.B. beim Bittersüßen Nachtschatten – im Winter ab und werden im Frühjahr neu gebildet.

Immergrüne Laubgehölze sind in Mitteleuropa selten und meist auf klimatisch günstige Gebiete beschränkt (z.B. die Stechpalme). Die meisten Laubgehölze schützen sich bekanntlich durch das Abwerfen ihrer Blätter vor Frostschäden und Austrocknen. Ferner sind die Knospen bei ihnen in der Regel von Schuppen eingehüllt, die einen sehr wirksamen Transpirationsschutz darstellen (vgl. Band I, Kap. I) – den Gehölzen der Tropen fehlt i.a. dieser Knospenschutz.

Eine besondere Stellung nehmen die immergrünen Nadelgehölze ein, die dank der hohen physiologischen Kälteresistenz und der starken «Xeromorphie» ihrer Nadeln den Winter gut überstehen. Sie sind die vorherrschenden Bäume des nördlichen Waldgürtels und der obersten Waldstufe der Gebirge (vgl. Band I, Kap. II).

Brombeer-Arten und die Himbeere werden meist als Halbsträucher bezeichnet, da sie im Gegensatz zu anderen Sträuchern nur zweijährige Luftsprosse bilden. Wir ordnen sie dennoch den Luftpflanzen zu, da die Erneuerungsknospen der überwinternden Triebe weit über 50 cm hoch liegen können.

Die meisten einheimischen Zwergsträucher gehören zu den Heidekrautgewächsen (Ericaceae). Diese haben einen Verbreitungsschwerpunkt in schneesicheren Lagen der Arktis und der alpinen Stufe der Gebirge, wo die Schneedecke ihre Sprosse und Knospen schützt. Ein zweiter Verbreitungsschwerpunkt liegt in den atlantischen Heidegebieten Westeuropas, die mit milden, feuchten Wintern günstige Überwinterungsbedingungen bieten. Als Frühblüher sind die Schneeheide (Ericaceae) und das Felsen-Steinkraut (Brassicaceae) zu nennen, die oft in Vorgärten gepflanzt werden.

Die Gehölze speichern ihre Reservestoffe vorzugsweise im Holzparenchym. Sie haben gegenüber den Kryptophyten und Hemikryptophyten den Vorteil, daß sie – auch wenn es sich um laubwerfende Arten handelt – jedes Jahr nur einen verhältnismäßig kleinen Teil ihres Vegetationskörpers neu aufbauen müssen. So ist es verständlich, daß unter ihnen viele Frühblüher zu finden sind, die dann die gesamte Vegetationsperiode zur Reifung der Früchte nutzen können.

Die Blütenentfaltung vor der Belaubung hat bei insektenblütigen Bäumen den Vorteil, daß sie auffälliger sind und von den Bestäubern leichter besucht werden können. Für die Windblüher ist das Blühen vor der Belaubung noch wichtiger: Das Blätterwerk würde den größten Teil des Pollens wegfangen.

a) Windblüher

Die Nadelgehölze sind – wie fast alle Nacktsamer – windblütig. Diese Windbestäubung ist ursprünglich, während alle bedecktsamigen Windblüher sekundär aus ursprünglich insektenblütigen Formen entstanden sind. Eibe, Lärche und Wacholder sind ausgesprochene Frühblüher, auch die anderen heimischen Arten folgen rasch (Abb. II.4).

Die Pollenproduktion der Nadelgehölze ist gewaltig. Insbesondere Kiefern, Tannen und Fichten können mit ihrem Blütenstaub einen wahren «Schwefelregen» verursachen, und oft schwimmt zur Blütezeit eine gelbe Pollenschicht auf Seen und Teichen. Die Pollenkörper sind entweder recht klein (Wacholder) oder mit paarigen Luftsäcken ausgestattet (Tanne, Fichte, Kiefer), wodurch die Sinkgeschwindigkeit verringert wird.

Von den bedecktsamigen Gehölzarten gehören fast alle Windblüher zu den «Kätzchenblühern»: Zumindest die männlichen Blüten sind bei ihnen in mehr oder weniger langgestreckten, meist hängenden Blütenständen angeordnet, die eine biegsame, vom Wind leicht bewegbare Achse besitzen. Die Kätzchen der

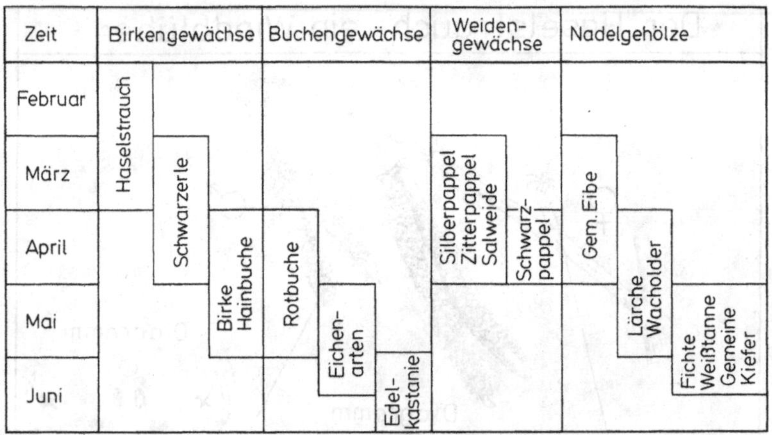

Zeit
Birkengewächse
Buchengewächse
Weiden-gewächse
Nadelgehölze
Februar
März
April
Mai
Juni
Haselstrauch
Schwarzerle
Birke
Hainbuche
Rotbuche
Eichen-arten
Edel-kastanie
Silberpappel
Zitterpappel
Salweide
Schwarz-pappel
Gem. Eibe
Lärche
Wacholder
Fichte
Weißtanne
Gemeine
Kiefer

Abb. II.4: Blütezeiten einheimischer Gehölze

Birken-, Buchen- und Walnußgewächse stellen zusammengesetzte Blütenstände dar (vgl. Abb. II.5): An der Hauptachse sitzen zahlreiche, ursprünglich dreiblütige Dichasien, bei denen teilweise die Mittelblüte, teilweise die Seitenblüten ausgefallen sind (vgl. Kap. IV). Demgegenüber sind die Kätzchen der Weidengewächse einfache Trauben.

Die Kätzchenblüher haben stark reduzierte oder fehlende Blütenhüllen, da sie keinen Schauapparat zur Anlockung von Insekten benötigen. Blüten und Blütenstände sind eingeschlechtig, sie sind einhäusig (Buchen-, Birken- und Walnußgewächse) oder zweihäusig (Weidengewächse) verteilt. Dabei können die weiblichen Blüten ebenfalls in kürzeren Kätzchen angeordnet sein, wie bei Birke, Hainbuche, Pappel und Weide, oder in drei- bis einblütigen Dichasien (Edelkastanie, Buche, Eiche), die von einem Fruchtbecher (Cupula) umgeben sind. Eine Besonderheit stellen die zapfenähnlichen (verholzten) weiblichen Blütenstände der Erle dar.

Früher nahm man an, daß alle Kätzchenblüher eine Verwandtschaftsgruppe bilden würden, und stellte sie deshalb in eine Ordnung, die Amentiferae. Grundlegende morphologische und biochemische Merkmale, z.B. Bau des Blütenstandes und das Fehlen von Ellagsäure, haben zur Abtrennung der Weidengewächse geführt. Im Gegensatz zu den Pappeln sind die Weiden wieder zur Insektenblütigkeit zurückgekehrt, ihre fellartigen Kätzchen (Name!) sitzen aufrecht am Zweig. Im Frühjahr ist der Pollen der Weiden ein wichtiges Bienenfutter, die weiblichen Kätzchen haben Nektarien (vgl. Abb. II.7, vgl. auch S. 68ff.).

Auch die Ulmenarten und die Gemeine Esche sind windbestäubte Frühblüher. Sie besitzen jedoch keine kätzchenförmigen Blütenstände, ihre sehr einfachen Blüten stehen in dichten Büscheln oder Rispen.

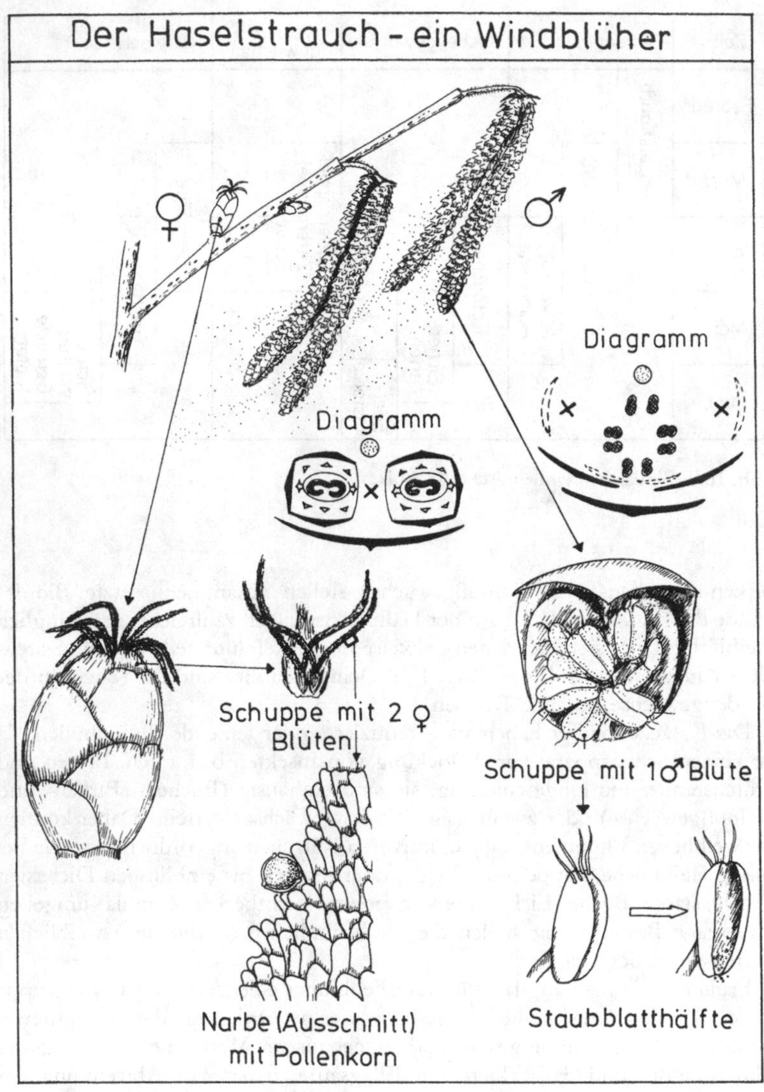

Abb. II.5: Die Diagramme geben einen männlichen und einen weiblichen Teilblütenstand (Dichasium) wieder. Die X bezeichnen ausgefallene Blüten, die gestrichelt gezeichneten Schuppen reduzierte Vor- und Tragblätter.
(Diagramme nach Eichler aus Ehrendorfer, weiblicher Blütenstand, Narbenausschnitt und Staubblatt nach Knoll).

b) Insektenblüher

Neben einigen einheimischen Gehölz-Arten (z. B. Schlehdorn) sind hier vor allem Obstbäume und Ziergehölze (Forsythie, Blutpflaume, Japanische Scheinquitte usw.) zu nennen.

6. Einjährige (Annuelle, Therophyten)

Die einjährigen Pflanzen sind besonders in trockenarmen Gebieten verbreitet und bei uns erst mit dem Ackerbau als Unkräuter und Ruderalpflanzen eingedrungen (vgl. Kap. VIII und IX). An ungünstige Jahreszeiten (ursprünglich meist Trockenperioden) sind sie sehr gut angepaßt, da sie als unempfindliche Samen überdauern. Sie müssen jedoch alljährlich den gesamten Vegetationskörper neu aufbauen, wodurch ihrer Größe eine enge Grenze gesetzt ist. Außerdem können sie nur dort wachsen, wo der Boden nicht bereits von ausdauernden Pflanzen bedeckt ist, also insbesondere dort, wo durch Pflügen, Umgraben, Aufschütten usw. freier Boden geschaffen wurde.

Vertreter, die schon im Frühling blühen, sind: Sand-Hornkraut, Vogel-Miere, Acker-Hellerkraut, Bauernsenf, Acker-Schmalwand, Frühjahrs-Hungerblümchen, Acker-Stiefmütterchen, Persischer Ehrenpreis, Rote und Stengelumfassende Taubnessel, Gemeines Greiskraut, Einjähriges Rispengras.

Frühjahrsblüher

Übersicht (nicht alle hier angeführten Familien sind in der „Familientabelle" (Kap. I) enthalten).

<table>
<tr><td rowspan="3">Wald und Waldrand (Tab. 1)</td><td rowspan="2">Bäume und Sträucher (Tab. 1.1)</td><td>Blüten in Kätzchen</td><td>Tab. 1.1.1</td></tr>
<tr><td>Blüten nicht in Kätzchen</td><td>Tab. 1.1.2</td></tr>
<tr><td colspan="2">Krautige Pflanzen</td><td>Tab. 1.2</td></tr>
<tr><td colspan="3">Wiesen, Rasen</td><td>Tab. 2</td></tr>
<tr><td colspan="3">Äcker, Gärten, Ödplätze (Unkräuter und Ruderalpflanzen)</td><td>Tab. 3</td></tr>
<tr><td colspan="3">Sumpfwiesen, Bäche, Ufer</td><td>Tab. 4</td></tr>
<tr><td rowspan="5">Gärten (Kultur- und Zierpflanzen) (Tab. 5)</td><td colspan="2">Obstbäume</td><td>Tab. 5.1</td></tr>
<tr><td colspan="2">Beerensträucher</td><td>Tab. 5.2</td></tr>
<tr><td rowspan="3">Zierpflanzen (Tab. 5.3)</td><td>Bäume und Sträucher</td><td>Tab. 5.3.1</td></tr>
<tr><td>Zwergsträucher</td><td>Tab. 5.3.2</td></tr>
<tr><td>Krautige Pflanzen</td><td>Tab. 5.3.3</td></tr>
</table>

Tab. 1: Wald und Waldrand

Tab. 1.1: Bäume und Sträucher:

Coniferen: Alle Coniferen sind Windblüher. Als Frühjahrsblüher sind zu nennen:
Fichte (Picea), Kiefer (Pinus), Lärche (Larix), Wacholder (Juniperus) und Eibe (Taxus)

Magnoliophytina (Angiospermae, Bedecktsamer): Tab. 1.1.1

Tab. 1.1.1: Blüten (zumindest die männlichen) in «Kätzchen»

Fam.			Wichtige Merkmale		Sonstiges		Name
Betulaceae			weibl. Kätzchen verholzt (Zäpfchen), zunächst grün, dann braun und schwarz; männl. Kätzchen rötlich 		Schuppen der Zäpfchen und Kätzchen 5teilig		Schwarz-Erle (Alnus glutinosa)
Betulaceae			weiße Borke; weibl. Kätzchen eiförmig; Blätter rautenförmig, gesägt		Zweige dünn, bei B. pendula (Gemeine B.) hängend; Schuppen der Kätzchen 3teilig		Birke (Betula spp.)
Betulaceae	Fruchthülle aus 3 verwachsenen Blättern		Fruchthülle als Flugorgan; Blätter gesägt		blüht während der Laubentfaltung		Hain-, Weißbuche (Carpinus betulus)
Betulaceae			aus dem weibl. Kätzchen gehen meist nur 1–3 Nüsse hervor		blüht schon ab II		Haselstrauch (Corylus avellana)
Fagaceae			Blätter ganzrandig, ± gewellt; Fruchtbecher stachelig, 4klappig aufspringend, mit 2 dreikantigen Nüssen 		männliche Blüten in Köpfchen 		Rotbuche (Fagus sylvatica)
Fagaceae			Blätter gebuchtet; Fruchtbecher schüsselförmig, mit einer Nuß; männliche Blüten in lockeren, hängenden Kätzchen 		Stiel-Eiche: Blätter fast ungestielt, mit Öhrchen; Trauben-Eiche: Blätter deutlich gestielt; Namen beziehen sich auf Früchte		Eiche (Quercus spp.)
Salicaceae	Kätzchen schlaff hängend		Blätter unterseits stark filzig 	2häusig; oft extraflorale Nektarien an den Blättern	junge Borke weißgrau	Pappel (Populus)	Silber-P. (P. alba)
Salicaceae	Kätzchen schlaff hängend	Blätter kahl 		2häusig; oft extraflorale Nektarien an den Blättern	z. T. als Pyramiden-Pappel (var. pyramidalis)	Pappel (Populus)	Schwarz-P. (P. nigra)
Salicaceae	Kätzchen schlaff hängend	Blätter kahl 		2häusig; oft extraflorale Nektarien an den Blättern	Blattstiel abgeflacht	Pappel (Populus)	Zitter-P. (P. tremula)
Salicaceae			Kätzchen steif aufrecht		insektenblütig (Ausnahme!) Blätter oft schmal		Weide (Salix spp.) (vgl. Tab. S. 186)

Tab. 1.1.2: Blüten nicht in Kätzchen

Fam.	Blüten	weitere wichtige Merkmale	Sonstiges	Name
Aceraceae	grünlich -gelb	Blüten klein: Blüten in aufrechten Rispen 	Blüten nach dem Laub erscheinend; meist strauchförmig; v.a. Waldrand, Feldgehölz	Ahorn (Acer): Feld-A. (A. campestre)
Aceraceae	grünlich -gelb	Blüten klein: Blüten in ± aufrechten Trugdolden 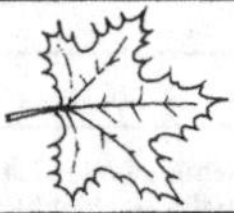	Laub-, Mischwald, Alleen: Blüten kurz vor dem Laub erscheinend	Ahorn (Acer): Spitz-A. (A. platanoides)
Aceraceae	grünlich -gelb	Blüten klein: Blüten in hängenden Rispen (nach dem Laub erscheinend) 	Laub-, Mischwald, Alleen: Amingeruch; oft wird ein Geschlecht in der Blüte unterdrückt (Übergang zu Windblütigkeit)	Ahorn (Acer): Berg-A. (A. pseudoplatanus)
Caprifoliaceae	gelbgrün	Rispen (vgl. Name!); Mark hellbraun	Pollenblumen; extraflorale Nektarien an den Blättern	Trauben-Holunder (Sambucus racemosa)
Cornaceae	gelb	Blüten klein, in kleinen Dolden mit Hüllblättern; Strauch oder kleiner Baum	Holz sehr hart; ringförmiges Nektarium; blüht schon ab II	Kornelkirsche (Cornus mas)
Rosaceae (Prunoideae)	weiß	Hängende Trauben; Baum 	Fliegenblume. Amingeruch; extraflorale Nektarien am Blattstiel	Prunus: Traubenkirsche (P. padus)
Rosaceae (Prunoideae)	weiß	Blüten einzeln oder zu 2; Kurztriebdornen!	Blüten vor den Blättern erscheinend 	Prunus: Schwarzdorn, Schlehdorn (P. spinosa)
Oleaceae	–	Blüten vor den Blättern erscheinend, ohne Perianth, sehr unscheinbar, in gegenständigen Rispen; Knospen schwarz; Blätter gefiedert	3häusig: Bäume mit männlichen, weiblichen und zwittrigen Blüten	Gemeine Esche (Fraxinus excelsior)
Thymelaeaceae	rot	Keine Krone; Kelch und röhrige Blütenachse gefärbt; Staubblätter dem Achsenbecher angeheftet	sehr zäher Bast; Steinfrüchte sehr giftig (10–12 tödlich); geschützt!	Gemeiner Seidelbast (Daphne mezereum)
Ulmaceae	–	Blüten vor den Blättern erscheinend, sehr unscheinbar, in wechselständigen Büscheln	Blätter mit asymmetrischem Grund; geflügelte Nüsse schon früh reif	Ulme (Ulmus spp.)

Wald und Waldrand, Fortsetzung:

Tab. 1.2: Krautige Pflanzen:

Fam.	Blüten	weitere wichtige Merkmale	Sonstiges	Name
Adoxaceae		Grundblätter doppelt 3teilig; oberste Blüte des Köpfchens mit 4, sonst mit 5 Kronblättern	Kronblätter verwachsen (Dipsacales); Moschusgeruch; Rhizom	Moschuskraut (Adoxa moschatellina)
Araceae		Kolben! Blätter meist unbeschädigt (kein Schneckenfraß), beim Kauen brennend (enthalten Ca-Oxalat-Kristallnadeln, die sich in Mundschleimhaut einbohren)	Kesselfalle für Schmetterlingsmücken der Gattung Psychoda (nach GRUPE bis zu 4000 auf einmal!); übler Geruch; rote Beeren giftig! länglich-knolliges Rhizom	Aronstab (Arum maculatum)
Aristolochiaceae	braun	Blätter nierenförmig, lederig; Perigon 3zipfelig; Blüten am Boden	Selbstbestäubung; Myrmekochorie (Elaiosom)[1]; Rhizom mit ätherischem Öl: Sesquiterpene[2]	Haselwurz (Asarum europaeum)
Boraginaceae	rot/blau	Farbwechsel der Blüte (Anthocyan). Haarsaum (verhindert das Eindringen von Wasser)	Heterostylie[3]; Hummelblume; Myrmekochorie; Rhizom	Lungenkraut (Pulmonaria officinalis)
Brassicaceae	weiß	Blätter herz-eiförmig, buchtig gezähnt; Trugdolde	beim Zerreiben Knoblauchgeruch (Sonderzellen mit Senfölglykosiden[4]), die enzymatisch gespalten werden); 2jährig	Knoblauchsrauke (Alliaria petiolata)
	blaß-violett	an schattigen Standorten fast weiß; vgl. «Wiesen und Rasen»	ausdauernd	Wiesenschaumkraut (Cardamine pratensis)
Caryophyllaceae	weiß	3 Griffel; Stengel unten 4kantig	gelbe Nektarien; gynodiözisch; Hauptachse kriechend, Zwergpflanze (Chamaephyt) (Stengel rund, Blätter oval, zugespitzt: Hain-Sternmiere)	Große Sternmiere (Stellaria holostea)
Cyperaceae: Carex caryophyllea, C. digitata, C. humilis, C. montana, C. ornithopoda, C. silvatica s. Kap. VI S. 141 ff.				
Euphorbiaceae	hellgrün	kein Milchsaft; Blätter gegenständig; Scheinähren	2häusig; an dieser Pflanze entdeckte CAMERARIUS 1694 die Sexualität der Pflanzen; Rhizom	Wald-Bingelkraut (Mercurialis perennis)

[1] Myrmekochorie: Ameisenverbreitung (von gr. myrmex = Ameise); daran zu erkennen, daß die Samen ölreiche Anhangskörper (Elaiosomen von gr. elaion = Öl) besitzen, die von Ameisen gerne gefressen werden

[2] Sesquiterpene: vom Isopren ableitbare organische Verbindungen mit 15 C-Atomen

[3] Hetrostylie = Verschiedengriffligkeit: Bei einer Pflanzenart treten Blüten mit verschieden langen Griffeln (und meistens dazu korrespondierend auch verschieden langen Staubfäden) auf

[4] Senfölglykoside = Glucosinolate. Stickstoffhaltige Thioglykoside. Nach Zuckerabspaltung entstehen daraus die stechend riechenden Senföle

Tab. 1.2, Fortsetzung

Fam.	Blütenfarbe	weitere wichtige Merkmale	Sonstiges	Name
Fabaceae	rot-violett	Farbwechsel der Blüte (Anthocyan); Fiedern breit; Staubblattröhre bei Lathyrus rechtwinklig abgeschnitten («L») (vgl. Vicia sepium, S. 103)	Blüten mit Bürsteinrichtung, von Hummeln bestäubt; Rhizom; kalk- und nährstoffreiche Böden	Frühlings-Platterbse (Lathyrus vernus)
Fumariaceae	trübrot oder hellgelb	Blüten mit einer Symmetrieachse quer zur Mediane (transversal-zygomorph), in Traube	Staubblattanhängsel als Nektarien; Sporn als «Safthalter»; Sproßknolle hohl (Name!), enthält giftige Alkaloide; Samen mit Elaiosomen (Myrmekochorie)	Hohler Lerchensporn (Corydalis cava)
Juncaceae	weiß	Blüten entfernt voneinander	vgl. S. 142; Myrmekochorie	Behaarte Hainsimse (Luzula pilosa)
Lamiaceae	blau	s. «Wiesen und Rasen» S. 56		Kriechender Günsel (Ajuga reptans)
Lamiaceae	blau-violett	s. «Wiesen und Rasen» S. 56		Gundermann, Gundelrebe (Glechoma hederacea)
Lamiaceae	gelb	Tüpfelmale	Nektar von Haarkranz überdacht; Ausläufer überwintern, Blütenstengel 1jährig	Goldnessel (Lamium galeobdolon)
Alliaceae	weiß	Trugdolde	Zwiebel; Knoblauchgeruch	Bärlauch (Allium ursinum)
Convallariaceae	weiß	Traube: Traube einseitswendig; Blüten geneigt, glockenförmig — rote Beeren	Giftpflanzen, Rhizom: Blütenstengel blattlos; kein Nektar	Maiglöckchen (Convallaria majalis)
Convallariaceae	weiß	Traube: 2 herzförmige Blätter; Perigon 4blättrig — rote Beeren	Giftpflanzen, Rhizom: rote Beeren	Schattenblume (Maianthemum bifolium)
Convallariaceae	weiß	Blüten zu 2–5 in den Blattachseln, geruchlos; Staubfäden behaart — Beeren rot, später schwarzblau	Giftpflanzen, Rhizom: Stengel rund; Laub- und Mischwald; kalkliebend	Weißwurz, Salomonsiegel (Polygonatum): Vielblütige W. (P. multiflorum)
Convallariaceae	weiß	Blüten zu 1–2 in den Blattachseln, duftend; Staubfäden kahl — Beeren rot, später schwarzblau	Giftpflanzen, Rhizom: Stengel kantig, oben zusammengedrückt; lichtes Gebüsch	Weißwurz, Salomonsiegel (Polygonatum): Wohlriechende W. (P. odoratum)
Trilliaceae	grün	4 wirtelige Blätter; nur 1 Blüte mit 8 (-10) Perigon- und 8 Staubblättern; schwarze Beere	Giftpflanzen, Rhizom: Pollenblume; wahrscheinlich Windbestäubung; giftig;	Einbeere (Paris quadrifolia)
Liliaceae s.s.	gelb (-grün)	1 grundständiges Blatt, 2 Tragblätter; doldiger Blütenstand aus 2–6 Blüten	Zwiebel	Gelbstern (Gagea lutea)

Tab. 1.2, Fortsetzung

Fam.	Blütenfarbe	weitere wichtige Merkmale	Sonstiges	Name
Oxalidaceae	weiß	Blatt! Blattbewegung (Photonastie und schwache Seismonastie); Saftmale; Sommerblüten kleistogam[1]; Schleuderfrüchte	Oxalsäure; Rhizom mit Niederblättern als Speicherorgane; Schleudermechanismus zur Ausstreuung der Samen	Sauerklee (Oxalis acetosella)
Primulaceae	gelb		s. Wiesen und Rasen S. 61	Wald-Schlüsselblume
Ranunculaceae	weiß bis rosa	Einzelblüten (die sich nachts neigen); «Involucrum» aus 3 handförmig 3geteilten Blättern	Myrmekochorie[2]; sympodiales Rhizom, Pollenblume	Buschwindröschen (Anemone nemorosa)
Ranunculaceae	grün	Honigröhrchen; Blüten geneigt; Blätter fußförmig geteilt	vorweiblich; «bienengelb»; Kalkzeiger	Stinkende Nieswurz (Helleborus foetidus)
Ranunculaceae	blau	charakteristisches 3lappiges Blatt (Name!)	Myrmekochorie; Rhizom; Rosette ausdauernd; nährstoffreiche Böden; Kelch aus 3 Hochblättern (vgl. Anemone)	Leberblümchen (Hepatica nobilis = Anemone hepatica)
Rosaceae	weiß	Kronblätter einander berührend, nicht ausgerandet; Blütenboden gewölbt, reif fleischig	Blütenstiele mehrblütig	Wald-Erdbeere (Fragaria vesca)
Rosaceae	weiß	Kronblätter einander nicht berührend, ausgerandet; Blütenboden eben, reif trocken	Blütenstiele 1–2blütig	Erdbeer-Fingerkraut (Potentilla sterilis)
Saxifragaceae	gelb	Blätter nierenförmig, gekerbt, glänzend, die oberen gelb (Schauwirkung!); Trugdolde	Diskus als Nektarium; Ausläufer	Gegenblättriges u. Wechselblättriges Milzkraut (Chrysosplenium opporitifolium, Ch. alternifolium)
Violaceae	blau	Rosette und beblätterte Stengel; Blüten blattachselständig — Sporn violett; anspruchsvoll	Rhizom; auch als Unterarten aufgefaßt; vgl. auch «Wiesen und Rasen»	Veilchen (Viola): Wald-V. (V. reichenbachiana)
Violaceae	blau	Rosette und beblätterte Stengel; Blüten blattachselständig — Sporn weißlich, keulig verdickt; wenig anspruchsvoll	Rhizom; auch als Unterarten aufgefaßt; vgl. auch «Wiesen und Rasen»	Veilchen (Viola): Hain-V. (V. riviniana)

[1] Blüten öffnen sich nicht und befruchten sich selbst
[2] s. S. 58

Tab. 2: Wiesen, Rasen

Fam.	Blütenfarbe	weitere wichtige Merkmale	Sonstiges	Name
Apiaceae	weiß	Stengel stark gerillt; Blätter 2–3fach gefiedert, im Umriß breit	N-Zeiger (gedüngte Wiesen)	Wiesenkerbel (Anthriscus sylvestris)
Asteraceae	weiß/gelb	ohne Pappus	Rosette ausdauernd; blüht ganzjährig	Gänseblümchen (Bellis perennis)
Asteraceae	gelb	Stengel 1 köpfig, über der Rosette blattlos, hohl, dick, mit starker Gewebespannung; Frucht geschnäbelt, mit Pappus (Pusteblume)	Parthenogenese (diploide Eizelle); Diureticum («Bettseicher»); Kautschukgewinnung aus Milchsaft von T. bicorne; vermutlich zahlreiche Kleinsippen	Gemeiner Löwenzahn (Taraxacum officinale)
Brassicaceae	hell-violett	Grundblätter rosettig, gefiedert	oft mit „Kuckucksspeichel" mit der Larve der Schaumzikade Philaenus spumarius[1]	Wiesenschaumkraut (Cardamine pratensis)
Caryophyllaceae	rot	Kelch verwachsen; Kronblätter tief 2spaltig; Nebenkrone	Tagfalterblume; 2häusig; 2jährig; auch Waldrand und Lichtungen	Rotes Leimkraut, R. Lichtnelke, R. Nachtnelke (Silene dioica = Melandrium rubrum)
Cyperaceae: Carex caryophyllea, C. hirta, C. humilis, C. montana s. Kap. VI S. 141 ff.				
Euphorbiaceae	gelblich	Cyathium[2] mit halbmondförmigen Honigdrüsen (extrafloral, funktionell aber floral); pleiochasialer[3] Gesamtblütenstand («Synfloreszenz»); verändertes Aussehen bei Befall durch den Rostpilz Uromyces pisi, der eine morphogenetische Wirkung ausübt	Rhizom (Pfl. in Gruppen); U. pisi mit Wirtswechsel: Aecidien auf Wolfsmilch, Uredo- und Teleutosporen auf Erbse; Kautschukgewinnung aus Milchsaft von Hevea brasiliensis	Zypressen-Wolfsmilch (Euphorbia cyparissias)
Juncaceae	bräunlich	Perigon spelzenartig vgl. Kap. VI S. 141	vorweiblich	Feld-Hainsimse (Luzula campestris)

[1] Larve saugt Pflanzensaft mit «Schnabel» (stechend-saugende Mundwerkzeuge). Zur Schaumbildung wird der flüssige Kot benutzt, in den die Larve ihren Hinterleib eintaucht und durch den After in Abständen von etwa 1 sec Luftblasen abgibt. Die Schaumbildung wird noch dadurch gefördert, daß die Larve ein Wachs abscheidet, das mit dem alkalischen Darminhalt eine Seifenlösung bildet. Bedeutung: Schutz vor Vögeln und Raubinsekten

[2] Wie Einzelblüte aussehender Blütenstand der Wolfsmilch-Arten

[3] doldenähnlicher Blütenstand (s. Kap. IV)

Tab. 2, Fortsetzung

Fam.	Blütenfarbe	weitere wichtige Merkmale	Sonstiges	Name
Lamiaceae	blau	keine Oberlippe; Blätter gekerbt	Bestäubung durch Hummeln; oberirdische Ausläufer	Kriechender Günsel (Ajuga reptans)
	violett	Oberlippe flach; Staubblätter und Griffel herausragend; Blätter nierenförmig, gekerbt	oberirdische Ausläufer; gynomonözisch oder gynodiözisch	Gundermann (Glechoma hederacea)
Primulaceae		Dolde; Blüten geneigt: Krone hellgelb, Kronsaum flach; Kelch schlank	Prima = die Erste; Bestäubung durch Hummeln; Heterostylie[1]); Rosette ausdauernd; Flavone als Blütenfarbstoffe	Schlüsselblume (Primula): Wald-S. (P. elatior)
		Krone dunkelgelb, mit orangeroten Schlundflecken (Saftmale); Kronsaum glockig; Kelch bauchig aufgeblasen		Echte S. (P. veris)
Ranunculaceae	gelb	Blätter herz-nierenförmig, gekerbt; Kronblätter mit Honiggrübchen (ohne Schüppchen – im Gegensatz zu Ranunculus)	Brutknöllchen (Bulbillen, «Himmelsgerste») in Blattachseln; Wurzelknollen gebüschelt; Blätter Vitamin C-haltig, früher gegen Skorbut (= Scharbock)	Scharbockskraut (Ficaria verna)
		Kronblätter mit Honigdrüse mit Schüppchen; Glanz durch Öltröpfchen in der oberen Epidermis, darunter weiße, stärkehaltige Schicht als Reflektor («Butter-, Schmalzblume»): Kelch aufrecht: alle Blätter geteilt	giftiges Alkaloid; vom Vieh gemieden	Hahnenfuß (Ranunculus): Scharfer H. (R. acris)
		Grundblätter oft nierenförmig, ungeteilt	Kronblätter leicht abfallend, daher Blüten beschädigt aussehend	Gold-H. (R. auricomus)
		Kelch zurückgeschlagen	Blütenstiele gefurcht; Sproßknolle	Knollen-H. (R. bulbosus)
Rosaceae	gelb	polsterartig-rasig; sterile Triebe wurzelnd		Frühlings-Fingerkraut (Potentilla neumanniana = P. verna)
Violaceae	blau	langer Stengel mit Blättern, in deren Achseln die Blüten stehen; keine Rosette; Sporn gelblich oder weiß; Rhizom	Antheren mit 3eckigen Konnektivanhängen, die beiden unteren Staubblätter mit Nektarien, Sporn als «Safthalter»; Saftmale; Myrmekochorie; Kelch mit krautigen Anhängseln; bei V. canina Schleudermechanismus für die Früchte	Veilchen (Viola): Hunds-V. (V. canina)
		alle Blätter grundständig; Behaarung! Krone am Grund weißlich; kein Duft; keine Ausläufer; Rhizom		Rauhhaariges V. (V. hirta)
		alle Blätter grundständig; wohlriechend; unterirdische Ausläufer		März-V. (V. odorata)

1) Staubfäden unterschiedlich lang

Tab. 3: Äcker, Gärten, Ödplätze (Beikräuter und Ruderalpflanzen)

Die folgenden früh blühenden Beikräuter sind in Kap. IX zu finden: Asteraceae: Senecio vulgaris (Gemeines Greis-, Kreuzkraut); Brassicaceae: Capsella bursa-pastoris (Hirtentäschelkraut), Thlaspi arvense (Acker-Hellerkraut); Caryophyllaceae: Stellaria media (Vogelmiere); Lamiaceae: Lamium amplexicaule (Stengelumfassende Taubnessel), Lamium purpureum (Rote Taubnessel); Scrophulariaceae: Veronica persica (Persischer Ehrenpreis).

Die frühblühenden Gräser (Poaceae) dieser Standorte – Alopecurus myosuroides (Acker-Fuchsschwanz) und Poa annua (Einjähriges Rispengras) sind in Kap. V («Gräser») zu finden.

Lamium album (Weiße Taubnessel) sowie Lamium maculatum (Gefleckte Taubnessel) sind in Kap. VIII («Ruderalflora») aufgenommen.

Fam.	Blütenfarbe	weitere wichtige Merkmale	Sonstiges	Name
Asteraceae	gelb	Stiele nur mit Schuppenblättern (Blätter später erscheinend: «Kind vor dem Vater») (vgl. Kap. II); Zungenblüten mehrreihig, weiblich	Röhrenblüten männlich; mit Pappus; Köpfchen öffnen sich um 7 Uhr; Rhizom; Hustenmittel (Schleimstoffe)	Huflattich (Tussilago farfara)
Brassicaceae	weiß	Blätter herz-eiförmig, buchtig gezähnt, Knoblauchgeruch nach Zerreiben	s. „Wald und Waldrand" S. 56	Knoblauchsrauke (Alliaria officinalis)
		Blätter lanzettlich, in kleiner flacher Rosette	auf mageren Böden (Name!) 1jährig	Frühlings-Hungerblümchen (Erophila verna)
		Blätter fiederspaltig, in Rosette; Kronblätter ungleich groß	auf mageren, sandigen Böden; 1jährig	Bauernsenf (Teesdalia nudicaulis)
Caryophyllaceae	weiß	Pflanze nur mit blühenden Trieben; Kronblätter nicht länger als Kelch, ca. 1/3 eingeschnitten	auf sandigem Boden; 1–2jährig	Sand-Hornkraut (Cerastium semidecandrum)

Tab. 4: Sumpfwiesen, Bäche, Ufer

Fam.	Blütenfarbe	weitere wichtige Merkmale	Sonstiges	Name
Asteraceae	violett	Köpfchen in Trauben; zur Blütezeit nur mit rötlichen Schuppenblättern	Röhrenblüten weiblich; Rhizom, früher gegen Pest verwendet	Rote Pestwurz, Gemeine P. (Petasites hybridus)
Cyperaceae		s. Kap. VI S. 151 ff.		
Ranunculaceae	gelb	Blätter nierenförmig, fein gekerbt; Balgfrüchte; Blattstiel mit Interzellulargängen	Nektar an der Basis der Fruchtblätter; Rhizom	Sumpfdotterblume (Caltha palustris)
Rosaceae, Rosoideae	rotbraun	Blüten geneigt; Krone klein, gelblich; Kelch gefärbt; Fiedern gesägt, Endfieder groß	Hakengriffel (Klettfrüchte); Bestäubung v.a. durch Hummeln	Bach-Nelkwurz (Geum rivale)

Tab. 5: Gärten (Kultur- und Zierpflanzen)

Tab. 5.1: Obstbäume

Fam.		Blütenfarbe		weitere wichtige Merkmale		Sonstiges		Name
Rosaceae	Prunoideae	weiß	doldige Blütenstände	Baum. Ringelborke	extraflorale Nektarien an den Blättern	Heimat V-Asien	Prunus	Kirsche (P. avium = Cerasus avium)
				strauchartig		Heimat SO-Europa bis W-Asien		Sauerkirsche (P. cerasus = Cerasus vulgaris)
				Blüten meist zu 2; z.T. mit Kurztriebdornen; z.T. strauchartig		Blüten z.T. auch etwas grünlich; Bastard aus P. spinosa und P. cerasifera		Pflaume, Zwetschge (P. domestica)
		rosa		Blüten fast sitzend, einzeln oder zu 2	Heim. China	Frucht flaumig behaart	Persica	Pfirsich (P. vulgaris ssp. vulg.)
						Frucht kahl		Nektarine (P. v. ssp. laevis)
	Maloideae	rosa bis weiß	doldige Blütenstände	Staubbeutel gelb; Blüten wohlriechend		Griffel am Grund miteinander verwachsen		Apfelbaum (Malus domestica)
		weiß		Staubbeutel rotviolett; Blüten unangenehm riechend (Amine)		Griffel nicht miteinander verwachsen		Birnbaum (Pyrus communis)

Tab. 5.2: Beerensträucher

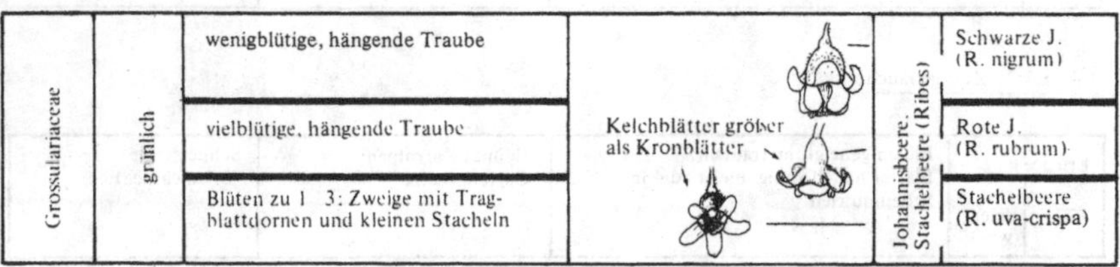

Fam.	Blütenfarbe	weitere wichtige Merkmale	Sonstiges		Name
Grossulariaceae	grünlich	wenigblütige, hängende Traube	Kelchblätter größer als Kronblätter	Johannisbeere, Stachelbeere (Ribes)	Schwarze J. (R. nigrum)
		vielblütige, hängende Traube			Rote J. (R. rubrum)
		Blüten zu 1–3; Zweige mit Tragblattdornen und kleinen Stacheln			Stachelbeere (R. uva-crispa)

Tab. 5.3: Zierpflanzen

Tab. 5.3.1: Bäume und Sträucher

Fam.	Blütenfarbe	weitere wichtige Merkmale		Sonstiges	Name
Berberidaceae	gelb	mit Tragblattdornen (oft 3teilig)	Seismonastie[1] der Staubblätter!	z.T. immergrün; Blätter klein, ungeteilt	Berberitze, Sauerdorn (Berberis spp.)
		Blätter gefiedert, lederig, am Rand stachelig; ohne Tragblattdornen		immergrün	Mahonie (Mahonia aquifolium)
Elaeagnaceae	bräunlich	Blüten unscheinbar, in dichten Blütenständen; Kurztriebdornen		2häusig; mit Sternhaaren; windblütig	Sanddorn (Hippophaë rhamnoides)

[1] Seismonastie: Durch Erschütterungsreiz oder Berührungsreiz hervorgerufene Bewegung

Tab. 5.3.1, Fortsetzung

Fam.	Blüten-farbe	weitere wichtige Merkmale	Sonstiges	Name
Fabaceae	gelb	vielblütige hängende Trauben; Blätter 3zählig gefiedert; Zweige grün	Blüten mit «Klappeinrichtung»; giftig; Heimat S-Alpen, N-Balkan	Goldregen (Laburnum anagyroides)
Grossulariaceae	gelb	Blüten später rot; Blätter im Herbst rot, dreilappig	Kelch gefärbt! Heimat N-Amerika	Johannisbeere (Ribes): Gold-J. (R. aureum)
Grossulariaceae	rot	Blätter unterseits filzig behaart	Kelch gefärbt! Heimat Mexiko	Johannisbeere (Ribes): Blut-J. (R. sanguineum)
Oleaceae	gelb	Krone 4zipfelig; Zweige gelblich oder grünlich, mit großen Lentizellen	Heterostylie; Heimat O-Asien	Forsythie (Forsythia suspensa)
Rosaceae	rot	niederer Strauch mit Kurztriebdornen; Blätter an Langtrieben mit Nebenblättern	Apfelfrüchte holzig (viele Steinzellen); Heimat O-Asien	Japanische Scheinquitte (Chaenomeles japonica)
Rosaceae	rosa	Blätter rotbraun		Prunus: Blutpflaume (P. cerasifera var. pissardi)
Rosaceae	rosa	Blüten gefüllt, klein; Blütenstiele länger als Blütenbecher; Blätter teilweise 3lappig	Heimat China	Prunus: Mandelbäumchen (P. triloba)
Rosaceae	rosa	Blüten gefüllt, groß, steril	Heimat Japan	Prunus: Jap. Zierkirschen (P. serrulata)

Tab. 5.3.2: Zwergsträucher

Fam.	Blütenfarbe	weitere wichtige Merkmale	Sonstiges	Name
Ericaceae	rosa oder weiß	Blüten geneigt, in Trauben; Blätter nadelförmig, meist zu 4 in Scheinquirlen	Heimat Kalkalpen; Gartenpflanze	Schneeheide (Erica carnea)

Tab. 5.3.3: Krautige Pflanzen

Fam.	Blütenfarbe	weitere wichtige Merkmale		Sonstiges	Name
Amaryllidaceae	weiß	innere Perigonblätter kleiner und mit grünem Fleck; 2 blaugrüne Blätter		Zwiebel; ursprünglich in S- und SO-Europa heimisch	Schneeglöckchen (Galanthus nivalis)
Amaryllidaceae	weiß	Perigonblätter an der Spitze mit gelbgrünem Fleck; 3–4 Blätter		Zwiebel; Diskus, der kaum Nektar absondert; heimisch	Märzenbecher (Leucojum vernum)
Amaryllidaceae	weiß	mit Nebenkrone	Nebenkrone klein, rot umrandet (Carotin)	Zwiebel; Tagfalterblume; mediterran	Narzisse (Narcissus): Weiße N. (N. poeticus)
Amaryllidaceae	gelb	mit Nebenkrone	Nebenkrone groß, gelb	Zwiebel; Hummelblume; W-Europa	Narzisse (Narcissus): Gelbe N. Osterglocke (N. pseudonarcissus)

Tab. 5.3.3. Fortsetzung

Fam.	Blütenfarbe	weitere wichtige Merkmale	Sonstiges	Name
Asteraceae	verschieden		Varietäten	Maßliebchen (Bellis perennis)
Brassicaceae	gelb	Blätter graufilzig, buchtig gezähnt; Schötchen rundlich	Steingärten: Basis verholzt (Halbstrauch); heimisch	Felsen-Steinkraut (Alyssum saxatile)
	weiß	Blätter stengelumfassend; Schoten flach. zusammengedrückt	Steingärten: Heimat V-Asien	Weiße Gänsekresse (Arabis caucasica = A. alba)
	blau	dichte Polster	Steingärten: mediterran	Blaukissen (Aubrieta deltoidea)
Fumariaceae	rot	Blüten disymmetrisch, in einseitswendigen Trauben	Heimat China	Flammendes Herz (Dicentra spectabilis)
Iridaceae	weiß, gelb, blau	Perigonröhre; Blätter grasartig	Knolle: aus den Narben des südeurop. C. sativus wird Safran gewonnen	Krokus (Crocus spp.)
Liliaceae s. l.	rot	Blüten hängend, doldenartig angeordnet; Blattschopf an der Stengelspitze	Zwiebel: V-Asien	Kaiserkrone (Fritillaria imperialis)
	weiß, rot, blau	Traube: intensiver, süßlicher Duft	Zwiebel: wild nur dunkelblau: Kleinasien	Hyazinthe (Hyacinthus orientalis)
	blau	Traube: Perigon verwachsen. Blüten krugförmig, kurz 6 zähnig	Zwiebel: heimisch; obere Blüten steril	Traubenhyazinthe (Muscari racemosum)
	blau	Traube: Perigon freiblättrig oder nur am Grund verwachsen	Zwiebel: S-Europa, V-Asien	Blaustern (Scilla spp.)
	verschieden	1 Endblüte	Zwiebel: Sammelbezeichnung; Pollenblume	Garten-Tulpe (Tulipa gesneriana)
Primulaceae	verschieden	Blattrosette!	Drüsenhaare können Allergien auslösen	Garten-Primel (Primula spp. z.B. P. rosea)
Ranunculaceae	gelb	Balgfrüchte, Honigröhrchen: Involucrum[1] (vgl. Anemone)	grundständige Blätter erst später; S-Europa	Winterling (Eranthis hiemalis)
	weiß	Balgfrüchte, Honigröhrchen: Blüten geneigt; Blätter handförmig geteilt, immergrün	vorweiblich; Wurzeln enthalten Herzgift; alpin	Christrose (Helleborus niger)
Saxifragaceae	rosa	dicke Blätter	Heimat Altai	Bergenie (Bergenia crassifolia)
Violaceae	bunt		Samteffekt durch Papillen; aus Kreuzungen dreier Arten	Garten-Stiefmütterchen (Viola wittrockiana)

[1] Involucrum: hüllenartig um die Blüte angeordnete Hochblätter

Arbeitsaufgaben

1. Überwinterungsformen der Pflanzen: Die Aufgabe kann an Waldrändern, Hecken, auf Brachland oder im Laubwald durchgeführt werden. Es sollen möglichst alle vorkommenden Überwinterungstypen mit unterirdischen Teilen gesammelt und verglichen werden. Besonders geeignet ist der Beginn der Vegetationsperiode, wenn die Knospen gerade auszutreiben beginnen. Für die verschiedenen Hemikryptophyten ist es günstig, wenn die abgestorbenen Fruchtstände des Vorjahres (Wintersteher) noch zu sehen sind. Die Teilnehmer benötigen Pflanzschaufeln oder kleine Spaten. Seltenere Pflanzen sind zu schonen!

2. Aufnahme eines Biospektrums (Lebensformspektrums) z.B. in einem Erlen-Eschenwald an einem Bachlauf: Eine Probefläche von 100–200 m^2 wird abgemessen und markiert, die in der Krautschicht vorkommenden Arten werden jeweils einer Lebensform zugeordnet. Die Arten werden – nach Lebensformen geordnet – in eine Tabelle eingetragen, und für jede Art wird der prozentuale Deckungsgrad geschätzt (Flächenanteil bei senkrechter Projektion). Anschließend werden die Deckungsgrade aller Arten einer Lebensform addiert und in einem Diagramm dargestellt. (Es empfiehlt sich, von parallel arbeitenden Gruppen mehrere Probeflächen aufnehmen zu lassen und die Ergebnisse zu mitteln). Eine lohnende Erweiterung stellt die Untersuchung verschiedener Lebensräume dar.

3. Phänologische Beobachtungen: Phänologie ist die Lehre von den Wachstums- und Entwicklungsphasen der Lebewesen in Abhängigkeit vom Klima. Festgehalten werden die Zeitpunkte, zu denen markante Entwicklungsphasen, wie Laubentfaltung, Blüte, Fruchtreife, Laubverfärbung usw. eintreten (vgl. Abb. II.6). Für die Arbeit an einem Exkursionstag geeignet ist z.B. die Kartierung phänologischer Zustandsstufen entlang eines Transekts über einen Berg oder durch eine Talniederung. Man kartiert den Entwicklungszustand der Pflanzendecke eines Geländeabschnitts mit Hilfe einer größeren Zahl von Testpflanzen. Hierzu muß man zunächst eine Schätzskala aufstellen, die die zu beobachtenden Stadien enthält, etwa die Laubentfaltung der Gehölze im Frühjahr, z.B. folgendermaßen:

   (I) Pflanze noch winterkahl: Kartierungsfarbe schwarz,
   (II) Knospen geschwollen: Kartierungsfarbe dunkelblau,
   (III) Knospen stark geschwollen (grüne Spitzen): hellblau,
   (IV) Knospen kurz vor der Blattentfaltung: dunkelgrün,
   (V) beginnende Blattentfaltung: hellgrün,
   (VI) Blätter zu ¼ entfaltet: gelb,
   (VII) Blätter zu ½ entfaltet: orange,
   (VIII) Blätter zu ¾ entfaltet: rot,
   (IX) nur noch wenige Zweige mit nicht voll entfalteten Blättern: violett,
   (X) alle Blätter entfaltet: blauviolett.

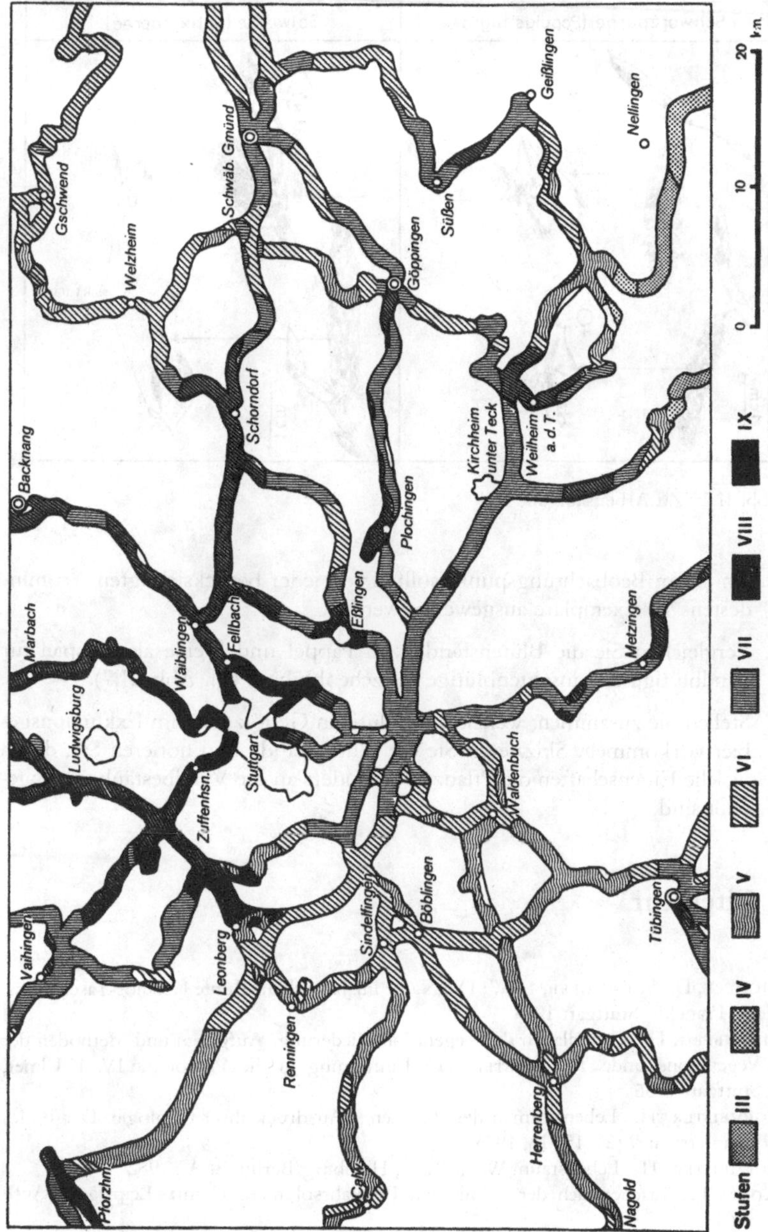

Abb. II.6: Phänologische Zustandsstufen längs Fahrtstrecken in der weiteren Umgebung von Stuttgart bis auf die Schwäbische Alb am 24.IV. 1953 (nach Ellenberg aus Reichelt und Wilmanns)

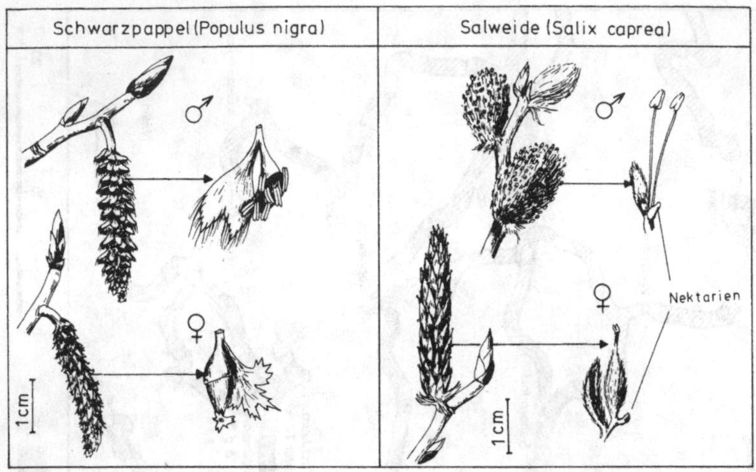

Abb. II.7: Zu Arbeitsaufgabe II.4

An jedem Beobachtungspunkt sollten von jeder berücksichtigten Art mindestens 10 Exemplare ausgewertet werden.

4. Vergleichen Sie die Blütenstände von Pappel und Weide als Beispiel für windblütige und insektenblütige Kätzchenblüher (vgl. Abb. II.7).

5. Stellen Sie zusammen, welche windblütigen Gehölzarten im Exkursionsgebiet vorkommen. Skizzieren Sie die Blütenstände und notieren Sie, durch welche Eigenschaften die Pflanzen besonders an die Windbestäubung angepaßt sind.

Literatur

AICHELE, D., SCHWEGLER, H.W: Die Natur im Jahreslauf. Bunte Kosmos-Taschenführer. Franckh, Stuttgart 1974

ELLENBERG, H.: Grundlagen der Vegetationsgliederung. Aufgaben und Methoden der Vegetationskunde. In: WALTER, H.: Einführung in die Phytologie IV. 1. Ulmer, Stuttgart 1956

HOFMEISTER, H.: Lebensformen der Pflanzen – Ausdruck ihrer Ökologie. Der Biologieunterricht 9 (2): 15–18, 1973

HOFMEISTER, H.: Lebensraum Wald. Parey, Hamburg/Berlin, 2. A., 1982

KOCH, F.: Taschenbuch der heimischen Frühjahrsblumen. Urania, Leipzig, 5. Aufl., 1964

REICHELT, G. und O. WILMANNS: Vegetationsgeographie. Westermann, Braunschweig 1973

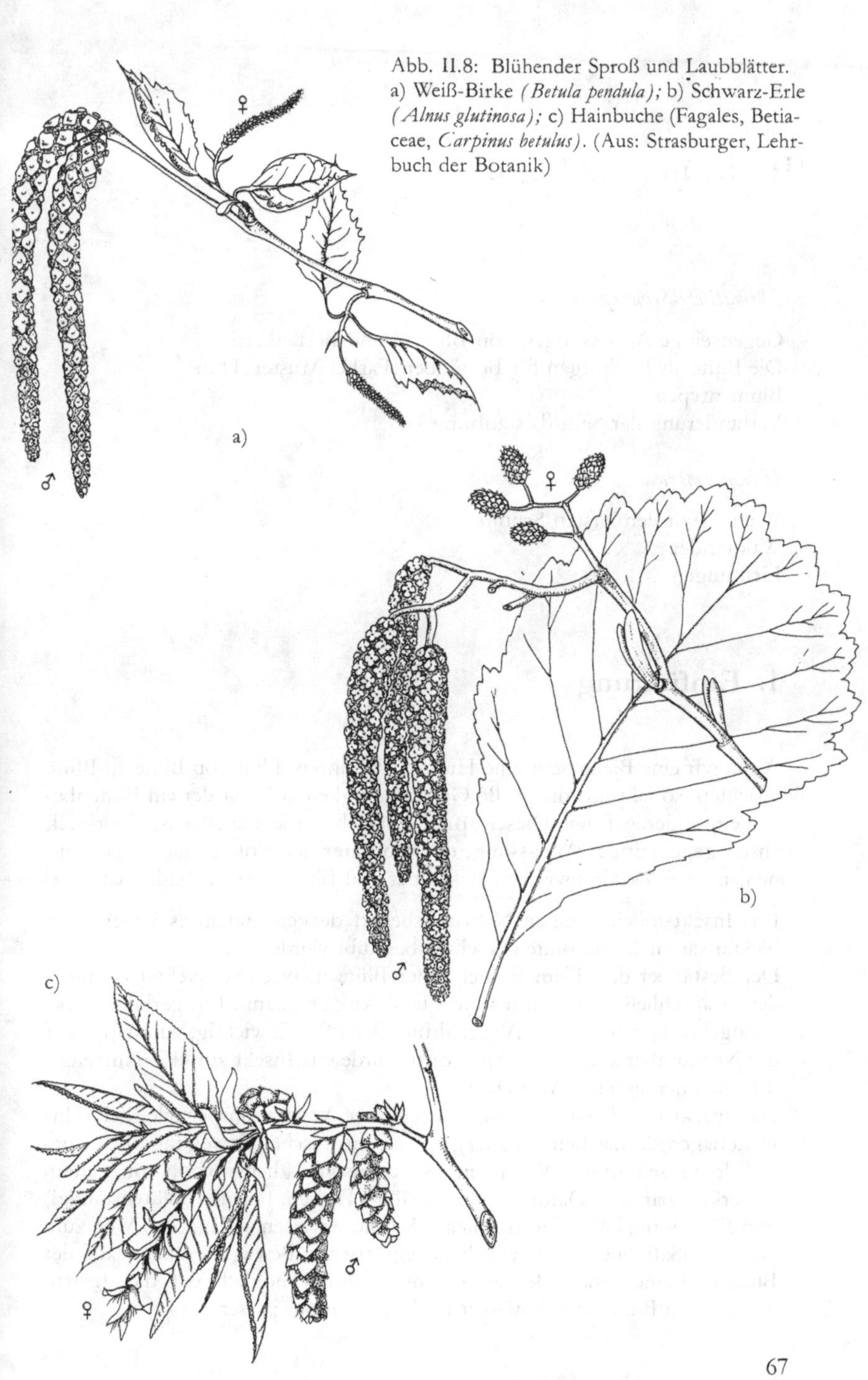

Abb. II.8: Blühender Sproß und Laubblätter. a) Weiß-Birke *(Betula pendula)*; b) Schwarz-Erle *(Alnus glutinosa)*; c) Hainbuche (Fagales, Betiaceae, *Carpinus betulus*). (Aus: Strasburger, Lehrbuch der Botanik)

III. Blütenökologie

Thematische Schwerpunkte

Gegenseitige Anpassungen von Blumen und Bestäubern
Die Blüte als Lockorgan für Bestäuber (Farbe, Muster, Duft)
Blumentypen
Verhinderung der Selbstbestäubung

Exkursionsziele

Wiesen (vor dem ersten Schnitt)
Waldränder
Lichtungen

1. Einführung

Wenn wir eine Biene oder eine Hummel bei ihrem Flug von Blüte zu Blüte beobachten, so fällt uns die große Geschwindigkeit auf, mit der ein Blütenbesuch dem anderen folgt. Dieser sprichwörtliche «Bienenfleiß» ist Ausdruck höchster gegenseitiger Anpassung, die sich unter der Notwendigkeit jahrmillionenlanger Selektion zwischen Bestäuber und Blüte herausgebildet hat:

- Das Insekt möchte seinen Nahrungsbedarf decken, indem es Pollen oder Nektar sammelt, die Blüte «möchte» bestäubt werden.
- Der Bestäuber darf beim Besuch einer Blüte nicht soviel Nektar erhalten, daß er anschließend schon ins Nest zurückfliegen kann. Ein geringes Nektarangebot ist also für die Arterhaltung der Pflanze wichtig; zu knapp darf der Nektar aber auch nicht sein, sonst würde das Insekt zur «Konkurrenz», d.h. zu einer anderen Art gehen.
- Das Insekt darf keine Zeit einbüßen (kurze Vegetationsperiode, Schlechtwetterlagen, kurze Lebensdauer), so daß ein rascher Bewegungsablauf gewährleistet sein muß: Die Blüten müssen also möglichst schon von weitem gut erkennbar sein. Dafür sorgen auffällige Farben, Formen (Blütenstände!) und Duftstoffe; «Markierungen» an der Blüte weisen sodann den Weg zum Nektar («Saftmale»). Schließlich ist ein rascher Bewegungsablauf auf der Blüte und eine sichere Bestäubung nur dadurch möglich, daß die «Instrumente» von Blüte und Bestäuber exakt zueinander passen.

So hat z.B. die Lippenblüte der Taubnessel einen «Landeplatz», die Unterlippe, für Bienen und Hummeln. Diese müssen dann ein Stück weit in die Blüte hineinkriechen, um den Nektar an der Basis der Blütenröhre aufsaugen zu können. Dabei legt sich die Oberlippe der Blüte, in welche die Staubbeutel und der Griffel mit Narbe hineinragen, über den behaarten Rücken des Insekts. Der enge Kontakt ermöglicht bei jungen Blüten – sie sind vormännlich (protandrisch) – das Einstäuben des Insektenrückens mit Pollen; bei älteren Blüten wird dann dieser auf die nun aufnahmefähige, etwas klebrige Narbe abgestreift.

Bei den ersten Samenpflanzen war der Wind Überträger der Pollenkörner auf die Samenanlagen (Anemogamie). Vermutlich haben sich schon früh bestimmte Insekten auf Pollen als Nahrung spezialisiert. Auch die saftigen, nährstoffreichen Samenanlagen dürften verschiedene Insekten zum Blütenbesuch verleitet haben. Die Evolution der Bedecktsamigkeit war die Antwort auf diese Bedrohung. Gegen den Pollenraub war wegen der hohen Überschußproduktion kein besonderer Schutz notwendig. Ein Nebeneffekt war die durch diese Blütenbesucher vermittelte Fremdbestäubung. Dieser Nebeneffekt wurde im Laufe der Zeit zu einer großartigen wechselseitigen Anpassung von Insekten und Blüten ausgebaut (Entomogamie). Nach Käfern traten andere Insektenordnungen in den Dienst der Bestäubung, von denen man geradezu sagen kann, daß sie sich erst mit den Blütenpflanzen entwickelt und differenziert haben: die Schmetterlinge und die Familie der Bienen und Hummeln aus der Ordnung der Hautflügler. In den Tropen spielen auch Vögel (Kolibris, Nektarvögel) und bestimmte Fledermausarten eine wichtige Rolle als Bestäuber.

Windbestäubung ist von Vorteil, wenn Pflanzen in großer Individuenzahl weite, zusammenhängende Flächen besiedeln, wie dies etwa für Nadelgehölze, viele Laubbäume und Gräser zutrifft. Umgekehrt ist Tierbestäubung von Vorteil bei geringer Individuendichte, etwa bei vielen Orchideen, wo eine gezielte Bestäubung erforderlich ist.

In beiden Fällen wird Selbstbestäubung zunächst nicht ausgeschlossen. Der Vorteil der Fremdbestäubung bzw. Fremdbefruchtung liegt bekanntlich in der Möglichkeit zur Neukombination von Erbanlagen. Es ist deshalb verständlich, daß im Pflanzen- wie im Tierreich viele Mechanismen zur Sicherung der Fremdbestäubung bzw. Fremdbefruchtung entwickelt wurden. Viele Blütenpflanzen besitzen Einrichtungen, die schon die Selbst*bestäubung* verhindern (vgl. Abschnitt 7). Ferner gibt es verschiedene Möglichkeiten der Selbst*sterilität*, z.B. Keimungshemmung des eigenen Pollens auf der Narbe. Andererseits ist Selbstbestäubung bzw. -befruchtung immer dann vorteilhaft, wenn Fremdbefruchtung nicht gewährleistet ist (Pionierpflanzen!); das gleiche gilt auch für die Apomixis (Entstehung eines Embryos ohne Befruchtung).

Nach den morphologischen Besonderheiten der Bestäuber haben sich im Laufe der Evolution der Blütenpflanzen ganz bestimmte *Blumentypen* entwikkelt (vgl. Abschnitt 5). Oft treten zu diesen allgemeinen Anpassungen noch Spezialanpassungen hinzu, die den Bestäubungserfolg zusätzlich sichern (vgl. Abschnitt 8). Umgekehrt kam es auch bei den Bestäubern im Laufe ihrer Evolution zu einer immer engeren Anpassung an die Blumen («Coevolution»).

2. Bestäubung und Befruchtung

Die Verschmelzung von Samen- und Eizelle wird *Befruchtung* genannt. Ehe es zu einer Befruchtung kommen kann, muß der Blütenstaub von den Staubblättern auf die Narbe einer anderen Pflanze übertragen werden. Nach dieser *Bestäubung* keimen die Pollenkörner (Mikrosporen) aus und bilden Pollenschläuche, die durch den Griffel hindurch zu den Samenanlagen im Fruchtknoten wachsen. Dort öffnen sich die Pollenschläuche und entlassen die fertig ausgebildeten männlichen Keimzellen, die die Befruchtung vollziehen. Bestäubung und Befruchtung sind also räumlich und zeitlich getrennte Vorgänge.

3. Die Blütenhülle als Lockorgan bei der Tierbestäubung

Bunte Blüten sind «lockende Signale» für die Bestäuber. Als Lockorgan dient in den meisten Fällen die Blütenhülle, speziell die Krone, selten der Kelch (z. B. Seidelbast). In einigen Fällen können auch die fertilen Blütenteile den «Schauapparat» bilden (Staubblätter: Wiesenraute, Weidenarten, Mittlerer und Spitz-Wegerich; Griffeläste: Iris). Schließlich kann die Signalwirkung auch von gefärbten Hochblättern der Blütenregion ausgehen (Acker-Wachtelweizen, Wolfsmilch-Arten und viele Zierpflanzen).

3.1 Blütenfarbstoffe

Besonders häufige Blütenfarbstoffe sind

a) Anthoxanthine,
b) Anthocyane,
c) Carotinoide.

Die beiden ersten Farbstoffklassen sind chemisch nahe verwandt. Der eigentliche Farbstoffträger ist ein Flavanderivat, an das ein oder mehrere Zuckermoleküle glykosidisch gebunden sind. Diese Farbstoffe sind im Zellsaft der Vakuolen gelöst.

Bei den Nelkenähnlichen (Caryophyllidae) treten in mehreren Familien statt der Anthocyane die sog. Betalaine auf (Bezeichnung nach der Gattung *Beta*). Zu diesen gehören die Betacyane und die Betaxanthine, die zu den Alkaloiden gerechnet werden (N-haltig).

a) Anthoxanthine (griech. xanthos = gelb)

Die Nichtzucker-Bestandteile (Aglykone) der Anthoxanthine sind meistens Flavonole.

Beispiele: Primeln, Königskerzen, Dahlien-Rassen, hellgelbe Stiefmütterchen, gelbe Mohnarten u.a.

Nachweis: Ammoniakdämpfe oder Rauch einer Zigarette verursachen rasch Farbumschläge (grünlich bis bräunlich oder orange bis dunkelrot).

b) Anthocyane

Anthocyane sind Glykoside, d.h. sie bestehen aus einer Zuckerkomponente und dem eigentlichen Farbstoffträger, dem Anthocyanidin. Sie können als Reduktionsprodukte von Flavonolen aufgefaßt werden. Bei Pflanzen kommen Anthocyane vor allem gelöst in den Vakuolen von Epidermiszellen vor, bevorzugt in Blütenblättern oder in Früchten aber auch in Stengeln und Blättern. Bei hoher Anthocyan-Konzentration im Fruchtgewebe kann ein schwarzer Farbeindruck entstehen (z.B. beim Schwarzen Holunder).

Blaue oder violette Anthocyane und gelbe Anthoxanthine kommen oft bei verschiedenen Arten einer Gattung vor, z.B. bei Eisenhut, Fingerhut und Primel.

Beispiele: Kornblume, Rittersporn, Mohn, Wicke, Veilchen, Pfingstrose, Petunie, Storchschnabel, Vergißmeinnicht, Natternkopf, Lungenkraut, Wiesen-Salbei.

Nachweis: Farbumschlag bei pH-Änderung: (1) Mit Laugen (z.B. Ammoniak) von Rot nach Blau oder Grün. Die grüne Farbe kommt dabei durch eine Mischung von blauem Anthocyan mit gelben, durch Alkalien aus farblosen Vorstufen gebildeten Anthoxanthinen zustande. (2) Mit Säuren von Blau zu Rot oder Rotviolett. Diesen Umschlag kann man auch beobachten, wenn man blaue Blüten in einen Ameisenhaufen wirft (Reaktion mit Ameisensäure).

Anthocyanhaltige Blüten können ihre Farbe altersabhängig ändern. Besonders auffällig ist dies beim Lungenkraut (und anderen Boraginaceen): Die Blütenknospe zeigt rote Kronblätter, nach dem Öffnen sind sie zuerst violett, später werden sie blau. Dies hängt jedoch nicht nur mit einer Änderung des pH-Wertes, sondern mit komplexeren stoffwechselphysiologischen Vorgängen zusammen.

c) Carotinoide

Hierher zählen die Carotine und ihre Oxidationsprodukte, die Xanthophylle. Von einer bestimmten Zahl konjugierter Doppelbindungen an sind sie gelb oder orange bis rot gefärbt. Sie finden sich in den Thylakoiden[1] von Plastiden (Chloroplasten und v.a. Chromoplasten). Für die menschliche Ernährung ist β-Carotin als Vorstufe des Vitamin A wichtig.

Beispiele: Hahnenfuß, Sumpfdotterblume, Schöllkraut, Acker-Senf, Färber-Waid, Fingerkraut (gelbe Arten), Wundklee, Besenginster, Echter Steinklee,

---

[1] zur Doppelmembran gefaltete Innenmembran in Plastiden

Johanniskraut, Nachtkerze, Löwenzahn, Sonnenblume, Habichtskraut, Narzisse und viele andere.

Nachweis: Im Gegensatz zu den durch Anthoxanthine gelb gefärbten Blüten tritt hier keine Verfärbung auf, wenn man die Blütenblätter Ammoniakdämpfen oder Zigarettenrauch aussetzt.

Farbstoffkombinationen: Vielfach kommen in Blüten Mischungen verschiedener Farbstoffgruppen vor. So können beim Stiefmütterchen die Carotinoide in den Chromoplasten der Subepidermis von Anthocyanen und Anthoxanthinen in den Vakuolen der Epidermis überlagert werden.

Besonderheiten: Die weiße Blütenfarbe kommt durch Totalreflexion an lufterfüllten Interzellularen zustande. Quetscht man z.B. die Kronblätter einer Birnenblüte, so wird die Luft aus den Interzellularen gepreßt, die Blütenblätter werden farblos-durchsichtig.

Auf der anderen Seite werden die Farben vieler Blütenblätter durch die Totalreflexion an den lufterfüllten Interzellularen des Mesophylls besonders leuchtend, wie dies ähnlich bei Aquarellfarben auf weißem Papier der Fall ist.

Beim Hahnenfuß wird die Leuchtkraft der gelbgefärbten Epidermis durch ein «Stärketapetum», eine dicht mit Stärkekörnern vollgestopfte Zellschicht unter der Epidermis, erhöht, da das Licht an den Stärkekörnern reflektiert wird. Zieht man die obere Epidermis ab, so erscheinen die Blüten weiß.

Strukturfarben, wie sie v.a. bei Insekten und Vögeln vorkommen, sind von Blüten nicht bekannt, doch können Farbwirkungen durch besondere Ausbildung der Epidermis verändert werden. Der *«Fettglanz»* verschiedener Blüten (z.B. Hahnenfuß = «Butterblume») wird durch eine dünne, sehr glatte Wachsschicht auf der Epidermisoberseite hervorgerufen. Der *Seidenglanz* (z.B. bei vielen Tulpensorten und dem Alpenveilchen) wird durch parallele Längsstreifung der Epidermiszellen erreicht. Die *Samtwirkung* verschiedener Blütenblätter (z.B. beim Stiefmütterchen, bei der Nebenkrone der Narzisse, beim Usambaraveilchen und anderen Zimmerpflanzen aus der Familie der Gesneriaceen) kommt durch papillenartige Ausformungen der Epidermiszellen zustande, die – ähnlich wie die Härchen von Samtstoffen – die Reflexion des weißen Lichts verhindern und die Farben dadurch tiefer erscheinen lassen.

3.2 Saftmale: Wegweiser zum Nektar

Schon C.K. Sprengel, dem Begründer der Blütenökologie (1793), fiel beim Vergißmeinnicht der gelbe Ring am Eingang zur Blütenröhre auf. Er untersuchte daraufhin viele Blüten nach solchen Markierungen und entdeckte, daß der Weg zum Nektar durch die verschiedensten Farbmuster, Linien, Flekken, Punkte usw. vorgezeichnet ist. Oft lassen sich diese *Saftmale* als «Attrappen» von Staubblättern oder Nektarien deuten.

Strichmale (Linien) haben z.B. Sauerklee, Storchschnabel-Arten, Kapuzinerkresse, Hederich, Ehrenpreis-Arten.

Fleckenmale kommen z.B. bei Rotem Fingerhut, Vergißmeinnicht, Stiefmütterchen, Gemeinem Leinkraut vor.

3.3 Das Farbensehen der Bestäuber

Bienen, Hummeln, Tagfalter und Vögel sind recht farbtüchtig und haben, wie Versuche zeigten, auch ein gutes Farb- und Formengedächtnis. Allerdings sehen die Insekten andere Ausschnitte aus dem Farben-Spektrum als wir: Mensch, Nektarvögel und Kolibris 380–780 nm, Bienen und Hummeln 300–650 nm. Bienen und Hummeln sind also rotblind aber UV-tüchtig. Sie sehen deshalb auch Mischfarben anders als wir:

Zahlreiche weiße Blüten erscheinen Bienen blaugrün: Anemone, Christrose, Erdbeere, Apfel, Birne, Schlehe, Traubenkirsche, Kirsche, Zwetschge, Robinie, Acker- und Zaunwinde, Roßkastanie, Maiglöckchen, Weiße Narzisse.

Viele gelbe Blüten sind für Bienen purpurn: gelbblühende Hahnenfuß-Arten, Sumpfdotterblume, Schöllkraut, gelbblühende Fingerkräuter, Echte Nelkenwurz, Acker-Senf, Raps, Echter Steinklee, Springkraut, Königskerze.

Gelbe Blüten, die auch Bienen gelb empfinden, sind z.B.: Hornklee, Wundklee, Klappertopf, Schlüsselblume.

Rote Blüten, die Bienen blau erscheinen: Hauhechel, Karthäusernelke.

Einige uns einfarbig erscheinende Blüten oder Blütenköpfchen sind für Bienen zweifarbig: Klatsch-Mohn, Wiesen-Bocksbart, Rauher Löwenzahn, Kornblume.

Das Grün der vegetativen Pflanzenteile erscheint den Bienen in unterschiedlichen Graustufen.

3.4 Blumendüfte

Neben den Farben sind – besonders für die Nahorientierung – die Düfte das zweite wichtige Signal für Blütenbesucher. Dabei können verschiedene Blütenteile auch unterschiedliche Duftstoffe ausströmen. Dieses Duftmuster («Duftmal») stimmt häufig mit dem Farbmuster überein, so daß der Weg zum Nektar doppelt ausgeschildert ist. Auch für die Unterscheidung gleichfarbiger Blüten ist der Duft von Bedeutung. Für die Nachrichtenübermittlung im Stock (Tanzsprache) nehmen die Sammlerinnen Duftspuren mit, so daß die Stockgenossen wissen, wie die Nektarquelle riecht. Haben sie diese gefunden, dann lernen sie auch ihre Farbe kennen, und die Orientierung nach der Farbe gewinnt die Oberhand.

Bei Schwärmern nahm man lange Zeit an, daß die Düfte ganz entscheidend für das Erkennen der Blüten seien, da bei ihnen der Geruchsinn besonders empfindlich ist und optische Signale nachts nur schlecht wirken können. Es hat sich jedoch gezeigt, daß auch Nachtfalter farbtüchtig sind und sich selbst dann noch auf Farben dressieren lassen, wenn das menschliche Auge wegen der schwachen Lichtstärke keine Farben mehr wahrnehmen kann. Trotzdem üben die stark duftenden Blüten vieler «Nachtfalter-Blumen» (z.B. Pfeifenstrauch und Jelänger-Jelieber) eine große Wirkung auf Schwärmer aus.

4. Das Angebot der Blumen

Insekten, die Blüten besuchen, sammeln entweder Pollen oder Nektar. In nektarlosen Blüten wird Pollen oft in großer Menge angeboten, insbesondere bei Vertretern mit zahlreichen Staubblättern, wie Hahnenfuß-, Mohn-, Rosen und Johanniskrautgewächsen.

Nektar wird von besonderen Drüsengeweben, den Nektarien, gebildet. Diese sind meist gestaltlos, können aber auch z.B. als «Discus» ausgebildet sein, so bei den Doldenblütlern, bei Labkraut, Ahorn und Efeu. Bei Veilchen, Erdrauch und Lerchensporn dienen Staubblattanhängsel als Nektarien; für die Bestimmung der Wolfsmilch-Arten ist die Form der Honigdrüsen wichtig. Interessant sind die «Honigblätter» der Hahnenfußgewächse: Beim Hahnenfuß übernehmen diese die Schaufunktion der Krone (die Nektarien sitzen am Grund der «Kronblätter», von einem Schüppchen bedeckt), bei der Trollblume sind es einfache, löffelartige Gebilde, bei Christrose und Nieswurz *(Helleborus)* sind sie röhrchenförmig.

Viele Blüten haben einen Sammelbehälter für den Nektar («Safthalter») ausgebildet, den Sporn. Dadurch wird der Nektar weitgehend vor Verdünnung durch Regenwasser geschützt, was aber auch auf andere Weise erreicht werden kann, z.B. durch Überdachung mit Haaren.

Nektarien können auch außerhalb der Blüten an Laubblättern vorkommen («extraflorale Nektarien»). Hier sind insbesondere Süß- und Sauerkirsche, Pappel- und Weidenarten, Holunder, Gemeiner Schneeball, Flieder und Wicken zu nennen (ihre Funktion ist noch nicht geklärt). Extrafloral, funktionell aber floral, sind die Nektarien der Wolfsmilch-Arten.

5. Blumentypen

Hier sollten wir zunächst den Begriff «Blume» erläutern, da dieser weder mit «Blüte» noch mit «blühender Pflanze» identisch ist. Unter einer «Blume» versteht man die bestäubungsbiologische Einheit einer Samenpflanze. Sie fällt meist mit der morphologischen Einheit «Blüte» zusammen, gelegentlich ist sie aber nur ein Teil davon (Iris: eine Blüte mit drei Lippenblumen), und oft können Blumen aus zahlreichen Blüten und zusätzlichen Organen, besonders Hoch- und Tragblättern, bestehen: «Pseudanthien», z.B. die Cyathien der

Wolfsmilchgewächse, die Köpfchen der Kardengewächse und Korbblütler sowie die Kesselfallen des Aronstabes u.a.

Man kann nun bei den verschiedenen Blumen Gestalttypen und ökologische Typen unterscheiden:

5.1 Ökologische Blumentypen

Es gibt eine Reihe von Insektenblumen, die eng an bestimmte Bestäuber angepaßt sind und die man deshalb in ein «ökologisches System» einordnen kann:

a) Tagfalterblumen: Kronröhre lang, eng, Nektar an ihrer Basis, oft rot, stark duftend, Tagblüher. Außer Tagfaltern können höchstens langrüsselige Zweiflügler bestäuben. Beispiele: Karthäusernelke, Weiße Narzisse.

b) Schwärmerblumen (Nachtfalterblumen): Kronröhre eng und sehr lang oder sehr lang gespornt (bei tropischen Orchideen bis zu 20 cm!), weiß, gelb, blaßpurpurn, Nachtblüher, stark duftend. Beispiele: Nachtkerze, Rote Hekkenkirsche, Jelänger-Jelieber und andere *Lonicera*-Arten, Zweiblättrige Kukkucksorchis.

c) Bienenblumen: Meist monosymmetrischer Bau (Lippenblüten), Saftmale, angenehme Duftstoffe, geborgener Nektar, Krone bildet oft günstigen Landeplatz (Unterlippe). Beispiele: Viele Lamiaceen, Scrophulariaceen, Fabaceen, Ericaceen, Violaceen, Campanulaceen, Asteraceen, Liliaceen, Amaryllidaceen u.a.

d) Hummelblumen: Ähnlich Bienenblumen, aber größer. Beispiele: Akelei, Rittersporn, Eisenhut, Beinwell, Lungenkraut, die großblütigen Taubnessel-Arten, Löwenmäulchen, Leinkraut, Wachtelweizen, Schwertlilie, Gelbe Narzisse.

e) Fliegenblumen: Oft weißlich, gelblich, grünlich oder rotbraun (gesprenkelt). Der Nektar ist bei ihnen meist nicht geborgen, häufig sind Diskusbildungen mit Nektardrüsen. Beispiele: Viele Apiaceen, Euphorbiaceen, Efeu, Hexenkraut, Ehrenpreis.

Oft duften Fliegenblumen unangenehm («Ekelblumen»): aminhaltige Stoffe bilden Traubenkirsche, Weißdorn, Vogelbeere, Schwarzer Holunder, aasartige Gerüche haben Osterluzei und Aronstab.

5.2 Die wichtigsten Gestalttypen der Insektenblumen

a) Scheibenblumen: Durch diesen Blumentyp sind einige ganze Familien gekennzeichnet, insbesondere Ranunculaceen, Papaveraceen, Rosaceen, Geraniaceen, Malvaceen, Oxalidaceen, Euphorbiaceen, Apiaceen und Brassicaceen.

Nur Pollen bieten an z.B.: Anemone, Waldrebe, Klatschmohn, Schöllkraut, Rosen.

Nektar wird offen angeboten von vielen Apiaceen, von Ahorn, Efeu, Linde, Frauenmantel, Schneeball.

Nektar wird geborgen angeboten von Kirsche und anderen Prunus-Arten, Fingerkaut, Storchschnabel, Malve.

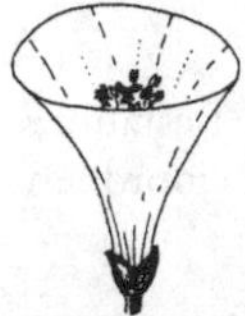

b) Trichterblumen: Hier kann man zwischen großblütigen Trichterblumen, z.B. Winde, Enzian, Tabak, Gurke, Kürbis, Herbstzeitlose, Krokus und kleinblütigen Trichterblumen unterscheiden, z.B. Liguster, Baldrian, Minze, Ackerröte.

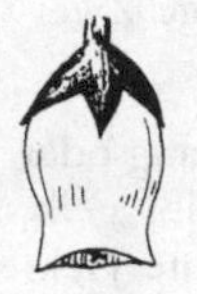

c) Glockenblumen: Diesen Blumentyp haben Ericaceen und Campanulaceen sowie Bach-Nelkenwurz, Haselwurz, Tollkirsche und Traubenhyazinthe.

d) Stieltellerblumen: Hier können wir wieder zwei Typen unterscheiden: solche, bei denen Staubblätter und Narben kurz sind und nicht aus der Kronröhre herausragen (Bestäubung durch Bienen und Hummeln), z.B. Schlüsselblume, Vergißmeinnicht, Lungenkraut, und solche, bei denen sie aus der Kronröhre herausragen (Bestäubung durch Schmetterlinge), z.B. zahlreiche Caryophyllaceen.

e) Lippenblumen: Hier werden wieder mehrere Typen unterschieden: die *«Eigentlichen Lippenblumen»* mit enger Kronröhre, charakteristisch für zahlreiche Lamiaceen und einige Scrophulariaceen, wie Klappertopf, Augentrost, Läusekraut; die *Rachenblumen* mit weiter Kronröhre, charakteristisch für einige Scrophulariaceen; die *Maskenblumen* mit verschlossener Kronröhre, wie bei Löwenmäulchen, Leinkraut, Wachtelweizen, Gauklerblume; der *Orchistyp* vieler Orchideen und der *Violatyp* der Veilchen-Arten.

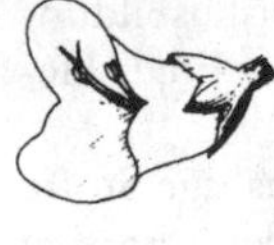

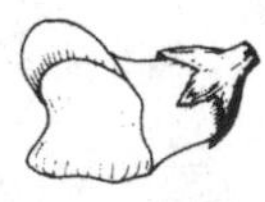

f) Schmetterlingsblumen: Bei diesem Blumentyp, charakteristisch für die Fabaceen, ist die Blütenkrone aus einer «Fahne», zwei «Flügeln» und dem «Schiffchen» aufgebaut; das Schiffchen schließt Staubblätter und Griffel ein und gibt sie beim Blütenbesuch in verschiedener Weise frei (vgl. Abschnitt 8).

g) Köpfchentyp: Dieser Blumentyp charakterisiert die Asteraceen und Dipsacaceen und tritt bei einigen Fabaceen, Apiaceen, Lamiaceen und Campanulaceen auf.

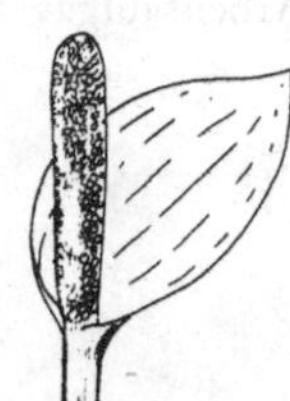

h) Kolbenblumen: Dieser Blumentyp ist nicht häufig, er ist bekannt von der Zimmercalla *(Zantedeschia)* und vom Aronstab, der gleichzeitig eine Insektenfallenblume darstellt (vgl. unten).

i) Pinsel- und Bürstenblumen: Diesen Blumentyp kennen wir von den zahlreichen Weidenarten, von Wegerich, Wiesenraute, Mimose u.ä.

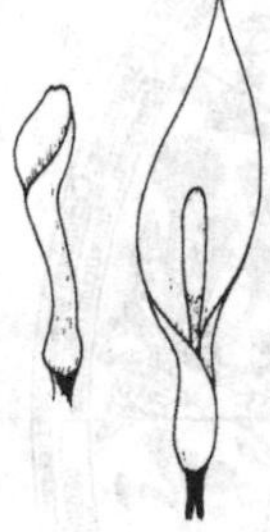

k) Insektenfallen-Blumen: Auch dieser Blumentyp ist selten, man unterscheidet wieder zwei Typen: Kessel- oder Gleitfallen, die wir bei Aronstab, Osterluzei und Frauenschuh finden, und die Klemmfallen der Schwalbenwurz.

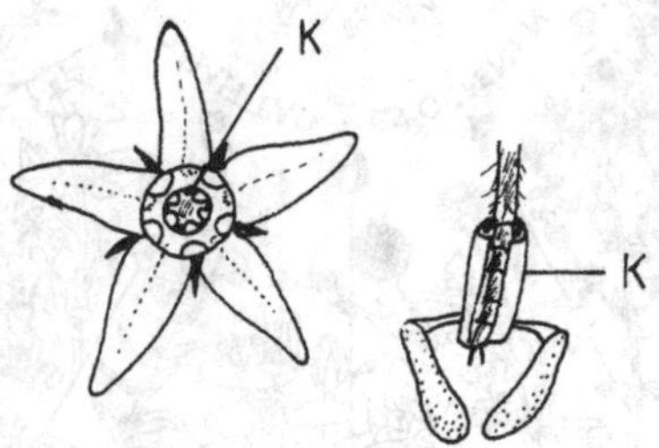

Abb. III.1: Schwalbenwurz-Blüte, rechts Klemmkörper (K) mit Pollinien, der an einem Fliegenbein hängengeblieben ist.

6. Blumenuhr

Im Zusammenhang mit der Anpassung von Blumen an bestimmte Bestäuber steht auch die Öffnungszeit der Blüten, die weitgehend mit der Hauptaktivitätszeit der betreffenden Bestäuber übereinstimmt (vgl. Arbeitsaufgaben).

Abb. III.2: Die unterschiedlichen Öffnungs- und Schließzeiten von Blumen, dargestellt als «Blumenuhr». Bereits Linné kannte die recht exakt festgelegten Öffnungszeiten verschiedener Blumen und ließ 1747 in Uppsala ein Blumenbeet entsprechend bepflanzen «... damit man, wenn man auch bei trübem Wetter auf freiem Felde sich befindet, ebenso genau wissen könne, was die Glocke sei, als wenn man eine Uhr bei sich hätte.» (Abb. und Zitat aus Molisch/Dobat, 1979)

7. Verhinderung der Selbstbestäubung

Wie schon erwähnt, besitzen viele Blütenpflanzen Einrichtungen, die die Selbstbestäubung verhindern oder wenigstens erschweren. Bereits durch entsprechende Verteilung der Geschlechter (Einhäusigkeit, Zweihäusigkeit) kann die Wahrscheinlichkeit einer Selbstbestäubung vermindert werden. Bei vielen Windblütern sind daher zumindest die Blütenstände (oft Kätzchen) eingeschlechtig. (Die ebenfalls windblütigen Gräser mit ihren Zwitterblüten sind protandrisch, s. unten sowie Kap. V). Abb. III.3 gibt einen Überblick über die wichtigsten Möglichkeiten der Geschlechtsverteilung bei Blütenpflanzen.

Weitere Einrichtungen zur Verhinderung der Selbstbestäubung:
Dichogamie: Hierunter versteht man die zeitliche Trennung der Geschlechter in einer Zwitterblüte oder einem Blütenstand:
Vormännlichkeit (Protandrie oder Proterandrie): Zuerst reifen die Staubblätter, dann die Fruchtblätter. Dies ist bei sehr vielen Arten der Fall.
Vorweiblichkeit (Protogynie oder Proterogynie): Zuerst werden die Narben befruchtungsfähig, danach reifen die Staubblätter. Dies ist selten verwirklicht, z.B. bei Wegerich, Nieswurz, Wolfsmilch, Roßkastanie.

Herkogamie: Darunter versteht man die räumliche Isolierung von Staubblättern und Narbe in einer Blüte, z.B. bei der Schwertlilie (vgl. Arbeitsaufgaben).

Heterostylie: Hierbei gibt es einen Blütendimorphismus: Individuen, deren Blüten lange Griffel und kurze Staubfäden haben und umgekehrt. Das bekannteste Beispiel dafür ist die Schlüsselblume. Beim Blutweiderich gibt es sogar drei verschiedene Niveaus von Staubbeuteln und Narben.

Selbststerilität: Genetische Inkompatibilitätsfaktoren (Unverträglichkeitsfaktoren), die in diploiden Pflanzen in Zweizahl vorhanden sind, erlauben nur Pollenkörnern mit einem anderen Inkompatibilitätsfaktor die Keimung bzw. das Pollenschlauchwachstum. So sind z.B. in einer Apfelplantage Befruchtung und späterer Ertrag nur dann gewährleistet, wenn nicht alle Bäume von derselben Pflanze abstammen, also verschiedenen Sorten angehören.

8. Einige spezielle Bestäubungseinrichtungen

Fabaceae (Bohnengewächse, Schmetterlingsblütler) (vgl. Abb. III.4)

a) *Klappmechanismus:* Unter dem Gewicht des Insekts weicht das Schiffchen gelenkig nach unten, während die Säule aus Griffel und Staubblättern ihre Lage beibehält und das Insekt an der Körperunterseite berührt. Beispiele s. Anhang.

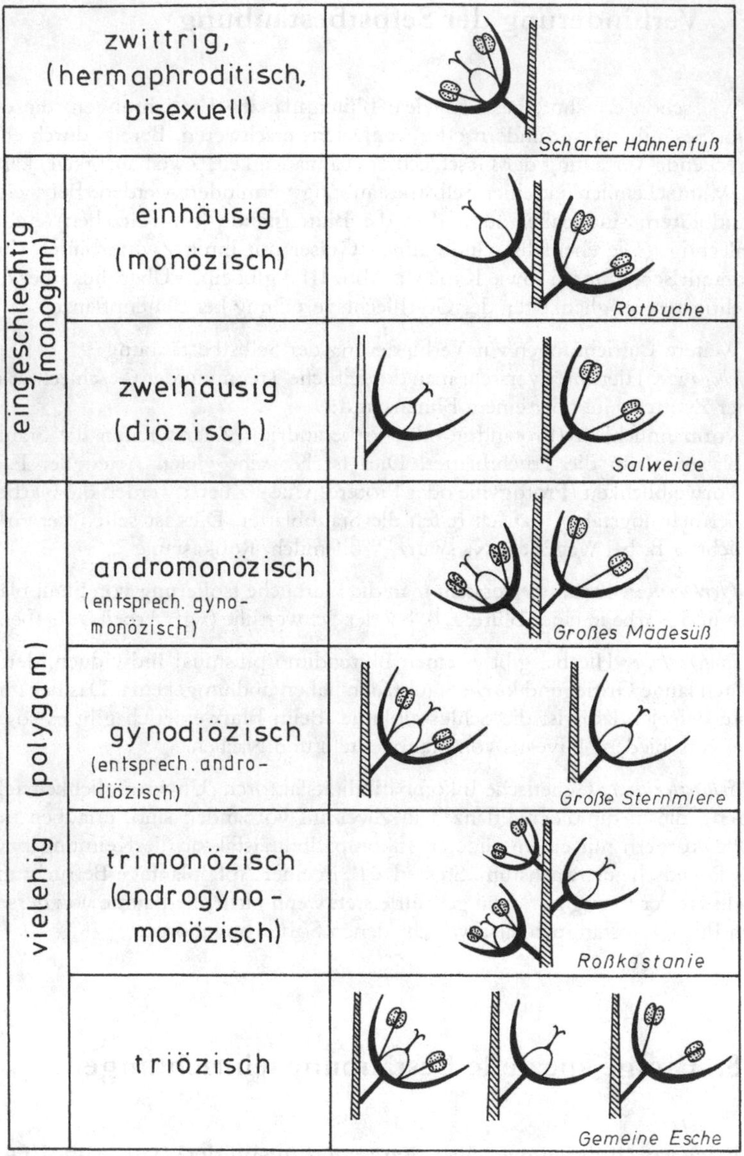

zwittrig, (hermaphroditisch, bisexuell)			Scharfer Hahnenfuß
eingeschlechtig (monogam)	einhäusig (monözisch)		Rotbuche
	zweihäusig (diözisch)		Salweide
vielehig (polygam)	andromonözisch (entsprech. gynomonözisch)		Großes Mädesüß
	gynodiözisch (entsprech. androdiözisch)		Große Sternmiere
	trimonözisch (androgynomonözisch)		Roßkastanie
	triözisch		Gemeine Esche

Abb. III.3: Die Verteilung von Androeceum und Gynoeceum bei Bedecktsamern

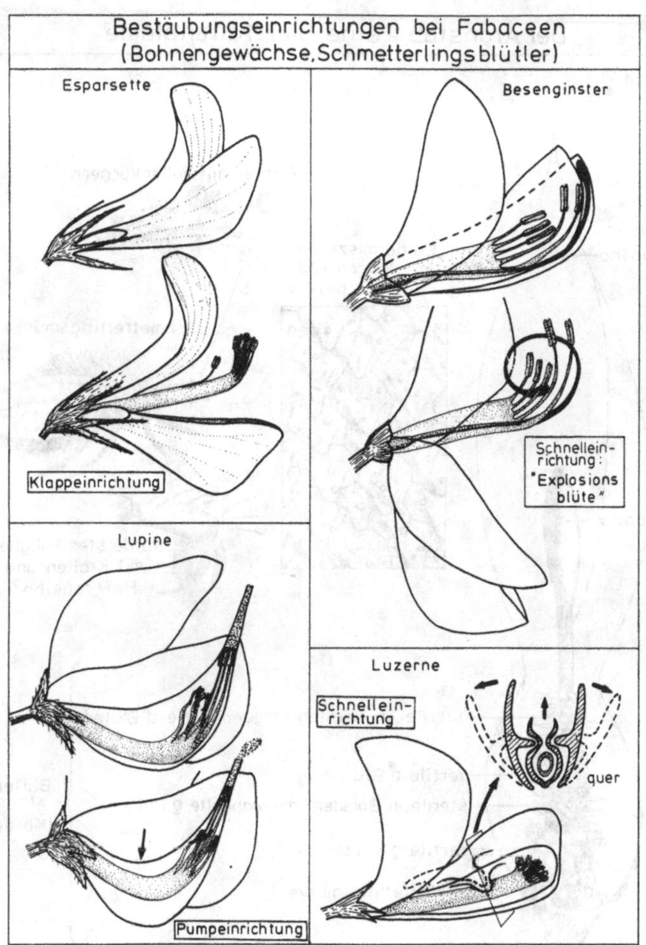

Abb. III.4: z. T. nach Kugler verändert

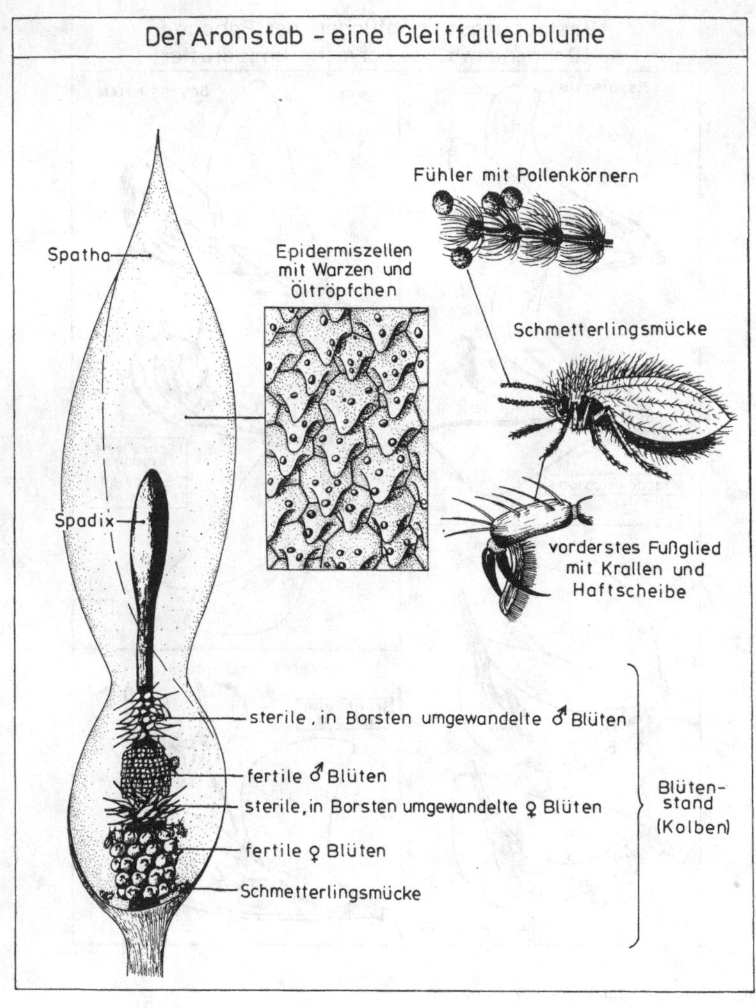

Abb. III.5: Epidermisoberfläche der Spatha und vorderstes Fußglied der Schmetterlingsmücke nach A. Bertsch, Mückenfühler (Ausschnitt) nach Knoll

b) *Pumpmechanismus:* («Nudelspritze»): Der Pollen wird schon im Knospenzustand entleert. Die Filamente sind alle oder z. T. keulenförmig angeschwollen und bilden so einen Kolben. Bei anderen Arten wird der Kolben durch die Antheren von 5 kürzeren Staubblättern gebildet. Werden Schiffchen und Flügel belastet, so weichen sie nach unten, wodurch der Pollen vom Kolben herausgepreßt wird. Später erscheint an derselben Stelle die Narbe. Beispiele s. Anhang.

c) *Explosionsmechanismus:* Bei diesen Blüten treten erhebliche Spannungen zwischen der Staubblattröhre und dem Schiffchen auf, die beim Abwärtsdrükken des Schiffchens durch ein Insekt gelöst werden. Dabei schnellt die Staubblattröhre mit Griffel aufwärts, so daß diese den Tierkörper berühren. Beispiele s. Anhang.

d) *Bürstmechanismus:* Die Antheren platzen bereits in der Knospe, der Griffel ist bürstenartig behaart. Beim Hochklappen des Schiffchens tritt er hervor und berührt zunächst mit der Narbe, dann mit der dicht mit eigenem Pollen behafteten Griffelbrüste die Unterseite des Insekts.
Beispiele s. Anhang.

Wiesensalbei: *«Schlagbaummechanismus»* (vgl. Arbeitsaufgaben).

Wiesen-Flockenblume: Seismonastie der Staubfäden (vgl. Arbeitsaufgaben).

Orchideen: Pollinien, Weibchenattrappen. (Wegen der Seltenheit der meisten Orchideen soll dies hier nicht ausgeführt werden).

Aronstab: *Kesselfallenblume* (Gleitfalle) (vgl. Abb. III.5). Die Keule verbreitet Aasgeruch (Amine), durch Temperaturerhöhung wird Verdampfung der Duftstoffe beschleunigt. Insekten, v.a. kleine Schmetterlingsmücken, werden angelockt, rutschen auf der glatten, von Öltröpfchen schlüpfrigen Epidermis der Spatha ab und fallen in den Kessel. Die Borsten wirken als Sperre und verhindern auch das Eindringen größerer Insekten. Die Wände des Kessels und die Sperrborsten sind zunächst nicht begehbar, die Mücken bleiben über Nacht in der Falle. Nach Bestäubung der weiblichen Blüten trocknen die Sperrborsten etwas ein und werden dadurch griffiger. Die Mücken können nun an der Blütenstandsachse nach oben klettern und stäuben sich beim Passieren der männlichen Blüten mit Pollen ein. Meist werden sie bald nach ihrer Befreiung von der nächsten Aronstab-Falle angelockt und eingefangen.

Anhang: Stichworte zur Blütenökologie

(geordnet nach Familien und Gattungen in alphabetischer Reihenfolge. Familien, die in der Tab. Kap. I aufgeführt sind, sind mit ● gekennzeichnet.)

● Aceraceae (Ahorngewächse): Diskus als Nektarium, z. T. Übergang zu Windblütigkeit.

● Amaryllidaceae (Narzissengewächse).
Leucojum vernum (Frühlings-Märzenbecher): Glockenblumentyp.
Narcissus (Narzisse): Stieltellerblumen.
N. poeticus (Weiße N.): Tagfalterblumen, bienen-blaugrün.
N. pseudonarcissus (Gelbe N., Osterglocke): Hummelblumen.

● Apiaceae (Selleriegewächse, Doldenblütler): Scheibenblumen, Diskus, oft protandrisch, oft andromonözisch. Bestäubung v. a. durch Fliegen und Käfer.

Araceae (Aronstabgewächse).
Arum maculatum (Aronstab): Kesselfallenblumen (Gleitfalle), Fliegenblumen, übler Geruch, Wärmeentwicklung (vgl. Abb. III.5).

Aristolochiaceae (Osterluzeigewächse).
Aristolochia clematitis (Gem. Osterluzei): Kesselfallenblumen (Reuse), Fliegenblumen, übler Geruch.
Asarum europaeum (Haselwurz): Selbstbestäubung.

Asclepiadaceae (Schwalbenwurzgewächse).
Vincetoxicum hirundinaria (Schwalbenwurz): Klemmenfallenblumen (vgl. Abb. III.1).

● Asteraceae (Asterngewächse): Köpfchenblumen, Bienenblumen, Griffelbürste, oft gynomonözisch, oft protandrisch.
Achillea millefolium (Gem. Schafgarbe): Synfloreszenz.
Centaurea (Flockenblume): reizbare Filamente.
C. cyanus (Kornblume): für Bienen zweifarbig (zentrale UV-freie Zone).
C. jacea (Gem. F.): triözisch.
Cichorium intybus (Gem. Wegwarte): Köpfchen öffnen sich um 6 Uhr.
Cirsium arvense (Kohl-Kratzdistel): gynodiözisch.
Helianthus annuus (Gem. Sonnenblume): Carotinoide, Zungenblüten steril.
Leontodon hispidus (Rauher Löwenzahn): für Bienen zweifarbig (zentrale UV-freie Zone).
Matricaria chamomilla (Echte Kamille): Flavon-Farbstoffe.
Petasites (Pestwurz): Röhrenblüten weiblich.
Taraxacum officinale (Gem. Löwenzahn): bienen-purpurn.
Tragopogon pratensis (Wiesen-Bocksbart): wie *Leontodon*.
Tussilago farfara (Huflattich): Röhrenblüten männlich, Zungenblüten weiblich, Köpfchen öffnen sich um 7 Uhr.

Balsaminaceae (Balsaminengewächse).
Impatiens (Springkraut): Rachenblumen, bienen-purpurn, Nektar im Innern des sackförmigen Kelchblattes, extraflorale Nektarien an den Blättern.

I. noli-tangere (Großes S., Rührmichnichtan): Tüpfelmale.

Berberidaceae (Sauerdorngewächse).

Berberis vulgaris (Gem. Sauerdorn, Gem. Berberitze): reizbare Filamente, Fliegenblumen, Amingeruch.

- Betulaceae (Birkengewächse): windblütig, Kätzchen, monözisch.
- Boraginaceae (Borretsch-, Rauhblattgewächse): oft Bienenblumen.

Echium vulgare (Natternkopf): Rachenblumen, gynomonözisch und gynodiözisch.

Myosotis (Vergißmeinnicht): Stieltellerblumen, Fleckenmale.

Pulmonaria (Lungenkraut): Stieltellerblumen, Hummel- und Bienenblumen, Umfärbung, Haarsaum, Heterostylie.

Symphytum officinale (Beinwell): Glockenblumentyp, Hummelblumen, Blüten geneigt. Oft sieht man «Löcher» von Nektarräubern (Schlundschuppen versperren den Eingang zur Blütenröhre).

- Brassicaceae (Kohlgewächse, Kreuzblütler): Scheibenblumen.

Brassica napus (Raps, Kohlrübe): bienen-purpurn.

Raphanus (Hederich, Rettich): Strichmale.

Sinapis arvensis (Acker-Senf): bienen-purpurn, Carotinoide.

- Campanulaceae (Glockenblumengewächse): Glockenblumentyp, oft Bienenblumen, oft protandrisch.

Campanula (Glockenblume): Nektar auf Diskus am Blütengrund, verdeckt durch die verbreiterten Filamentbasen.

- Caprifoliaceae (Geißblattgewächse).

Lonicera (Heckenkirsche, Geißblatt): Nachtfalterblumen, Blüten öffnen sich gegen Abend unter starker Duftentwicklung.

Sambucus nigra (Schwarzer Holunder): Fliegenblumen, Amingeruch, extraflorale Nektarien an den Blättern.

Viburnum lantana (Wolliger Schneeball): Fliegenblumen, Amingeruch.

V. opulus (Gem. Schneeball): extraflorale Nektarien an den Blättern.

- Caryophyllaceae (Nelkengewächse): oft Stieltellerblumen, oft protandrisch.

Agrostemma githago (Kornrade): Tagfalterblumen.

Cerastium arvense (Acker-Hornkraut): gynodiözisch.

Dianthus carthusianorum (Karthäuser-Nelke): Tagfalterblumen, bienenblau, gynodiözisch.

Saponaria officinalis (Gem. Seifenkraut): Bestäubung v.a. durch Nachtfalter.

Silene alba (= *Melandrium album*, Weißes Leimkraut, W. Lichtnelke): Nachtfalterblumen.

S. dioica (= *Melandrium rubrum*, Rotes L., Rote L.): Bestäubung durch Tagfalter und Hummeln, diözisch.

Stellaria holostea (Große Sternmiere): gynodiözisch.

S. media (Vogelmiere): z.T. autogam, Antheren krümmen sich zur Narbe hin..

- Chenopodiaceae (Gänsefußgewächse): windblütig.

Cistaceae (Zistrosengewächse).

Helianthemum (Sonnenröschen): Pollenblumen.

- Convolvulaceae (Windengewächse).
  Calystegia sepium (Zaun-Winde): bienen-blaugrün.
  Convolvulus arvensis (Acker-W.): bienen-blaugrün, Blüten öffnen sich ab 7 Uhr, nur einen Tag lang.
- Cornaceae (Hartriegelgewächse).
  Cornus mas (Kornelkirsche): ringförmiges Nektarium.
- Cucurbitaceae (Kürbisgewächse): Trichterblumen, Bestäubung v.a. durch Hautflügler.
  Bryonia dioica (Zweihäusige Zaunrübe): Strichmale, diözisch.
  Cucumis sativus (Gurke): monözisch.
  Cucurbita (Kürbis): monözisch.
- Cyperaceae (Sauergrasgewächse): windblütig, Blüten oft eingeschlechtig, z.T. eingeschlechtige Ährchen (vgl. Kap. VI).
- Dipsacaceae (Kardengewächse): oft protandrisch.
  Dipsacus silvester (Wilde Karde): Hummel- und Tagfalterblumen.
- Ericaceae (Heidekrautgewächse): oft Glockenblumentyp, Blüten geneigt.
  Calluna vulgaris (Heidekraut): wind- und insektenblütig.
- Euphorbiaceae (Wolfsmilchgewächse).
  Euphorbia (Wolfsmilch): Scheibenblumen, Fliegenblumen (sekundär insektenblütig), Honigdrüsen extrafloral, funktionell aber floral, Hochblätter als Schauorgan, Synfloreszenz, protogyn.
  Mercurialis (Bingelkraut): windblütig, meist zweihäusig.
  M. annua (Einjähriges B.): männl. Blüten öffnen sich durch Turgormechanismus explosionsartig, wobei die Staubbeutel abgeschleudert werden.
  M. perennis (Wald-B.): an dieser Pflanze entdeckte CAMERARIUS 1694 in Tübingen die Sexualität der Pflanzen.
- Fabaceae (Bohnengewächse, Schmetterlingsblütler): Schmetterlingsblumen, Bienenblumen.
  Anthyllis vulneraria (Wundklee): Pumpmechanismus, Hummelblumen.
  Cytisus (Geißklee): Klappmechanismus.
  Genista (Ginster): Explosionsmechanismus.
  Hippocrepis (Hufeisenklee): Pumpmechanismus.
  Laburnum (Goldregen): Klappmechanismus.
  Lathyrus vernus (Frühlings-Platterbse): Bürstenmechanismus, Hummelblumen.
  Lotus corniculatus (Gem. Hornklee): Pumpmechanismus.
  Medicago (Schneckenklee, Luzerne): Explosionsmechanismus.
  Melilotus officinalis (Echter Steinklee): Klappmechanismus, bienen-purpurn.
  Onobrychis viciifolia (Futter-Esparsette): Klappmechanismus.
  Ononis (Hauhechel): Pumpmechanismus, bienenblau.
  Robinia pseudoacacia (Robinie): Bürstenmechanismus, bienen-blaugrün; die Blüten der hängenden Trauben behalten ihre normale Stellung durch Drehung des Stiels bei.
  Sarothamnus scoparius (Besenginster): Explosionsmechanismus, Strichmale.

Vicia (Wicke): Bürstenmechanismus, extraflorale Nektarien an den Blättern, rotblühende Arten mit Anthocyanen.

- Fagaceae (Buchengewächse): meist windblütig, Kätzchen, monözisch.
  Castanea sativa (Edelkastanie): wind- und insektenblütig (Duft).
- Fumariaceae (Erdrauchgewächse): Sporn als Safthalter.
  Corydalis (Lerchensporn): Staubblattanhängsel als Nektarium.
  Fumaria (Erdrauch): oft Selbstbestäubung.
- Gentianaceae (Enziangewächse): Trichterblumen.
- Geraniaceae (Storchschnabelgewächse): Scheibenblumen, oft Strichmale.

Grossulariaceae (Johannisbeerengewächse): Kelch gefärbt, Diskus als Nektarium.

Hippocastanaceae (Roßkastaniengewächse).
Aesculus hippocastanum (Roßkastanie): Lippenblumen, bienen-blaugrün, protogyn, trimonözisch.

Hypericaceae (Johanniskrautgewächse): oft Pollenblumen.

- Iridaceae (Schwertliliengewächse).
  Crocus (Krokus): Trichterblumen.
  Gladiolus (Gladiole): Rachenblumen.
  Iris (Schwertlilie): Blüte besteht aus 3 Rachenblumen, die von Narbenast und Perigonblatt gebildet werden, Hummelblumen, räumliche Trennung von Narbe und Staubblatt verhindert Selbstbestäubung (Herkogamie).
- Juncaceae (Binsengewächse): windblütig.
- Lamiaceae (Taubnesselgewächse, Lippenblütler): Lippenblumen, oft Bienenblumen.
  Lamium (Taubnessel): Tüpfelmale, großblütige Arten Hummelblumen.
  L. amplexicaule (Stengelumfassende T.): fakultativ kleistogam[1].
  L. purpureum (Rote T.): Haarkranz (verhindert Eindringen von Regenwasser).
  Mentha (Minze): Trichterblumen.
  Salvia pratensis (Wiesensalbei): Schlagbaummechanismus, protandrisch.
- Liliaceae s.l. (Liliengewächse im weiteren Sinne): oft Bienenblumen.
  Allium (Lauch): Blüten geneigt.
  Colchicum autumnale (Herbstzeitlose): Trichterblumen.
  Convallaria majalis (Maiglöckchen): Glockenblumentyp, Blüten geneigt, bienen-blaugrün.
  Paris quadrifolia (Einbeere): Pollenblume, wahrscheinlich windblütig.
  Polygonatum (Salomonsiegel «Weißwurz»): Glockenblumentyp, Blüten geneigt.
  Tulipa (Tulpe): Pollenblume, Blüten öffnen sich ab 8 Uhr, Thermonastie.

Lythraceae (Blutweiderichgewächse).
Lythrum salicaria (Blut-Weiderich): Trichterblumen, Strichmale, trimorph heterostyl: drei Arten von Blüten (langgriffelige mit kurzen und mittleren Staubblättern, mittelgriffelige mit kurzen und langen Staubblättern sowie kurzgriffelige mit mittleren und langen Staubblättern).

- Malvaceae (Malvengewächse): Scheibenblumen, Strichmale, oft protandrisch, Anthocyane, Nektar auf Oberseite der Kelchblätter.

Nymphaeaceae (Seerosengewächse): Pollenblumen.

- Oenotheraceae (Onagraceae, Nachtkerzengewächse).
  - *Chamaenerion angustifolium* (schmalblättriges Feuerkraut, Weidenröschen): Blüten öffnen sich ab 6 Uhr.
  - *Oenothera biennis* (Gem. Nachtkerze): Stieltellerblumen, Nachtfalterblumen, bienen-purpurn.
- Oleaceae (Ölbaumgewächse).
  - *Forsythia* (Forsythie): Heterostylie (Griffel verschieden lang).
  - *Fraxinus* (Esche): windblütig, triözisch.
  - *Ligustrum* (Liguster): Trichterblumen.
  - *Syringa* (Flieder): extraflorale Nektarien an den Blättern.
- Orchidaceae (Knabenkrautgewächse): Lippenblumen (Orchistyp), Bienenblumen, Sporn (Safthalter), Pollen fast immer in 2 mit gestielten Klebescheiben ausgestatteten Pollinien, die am Insektenkopf festkleben.
  - *Ophrys* (Ragwurz): Weibchenattrappen.

Oxalidaceae (Sauerkleegewächse): Scheibenblumen.

- *Oxalis acetosella* (Wald-Sauerklee): Strichmale, Fleckenmal, fakultativ kleistogam (Sommerblüten), Blüten öffnen sich ab 8 Uhr.

- Papaveraceae (Mohngewächse): Scheibenblumen, oft Pollenblumen.
  - *Chelidonium majus* (Schöllkraut): Carotinoide, bienen-purpurn.
  - *Papaver rhoeas* (Klatschmohn): Anthocyane, bienen-violett, schwarze Male am Grund der Blüten sind gleichzeitig Duftmale, Blüten öffnen sich schon um 5 Uhr.
- Plantaginaceae (Wegerichgewächse).
  - *Plantago* (Wegerich): Pinsel- oder Bürstenblumen, protogyn[1], Übergang zu Windblütigkeit.
- Poaceae (Grasgewächse): windblütig.

Polygalaceae (Kreuzblumengewächse): Schmetterlingsblumen.

- Polygonaceae (Knöterichgewächse): Glockenblumentyp.
- Primulaceae (Schlüsselblumengewächse): oft Bienenblumen.
  - *Anagallis arvensis* (Acker-Gauchheil): Pollenblumen.
  - *Lysimachia vulgaris* (Gem. Gilbweiderich): Pollenblumen.
  - *Primula* (Schlüsselblume, Primel): Stieltellerblumen, Blüten geneigt, Flavonfarbstoffe, auch für Bienen gelb, Heterostylie.
- Ranunculaceae (Hahnenfußgewächse): Scheibenblumen, oft Pollenblumen, z. T. Honigblätter bzw. Honigröhrchen.
  - *Aconitum* (Eisenhut): Rachenblumen, Hummelblumen, Safthalter.
  - *Anemone nemorosa* (Buschwindröschen): Blüten neigen sich nachts, bienen-blaugrün.
  - *Aquilegia* (Akelei): Hummelblumen, fünf trichterartige Honigblätter.
  - *Caltha palustris* (Sumpfdotterblume): Carotinoide, bienen-purpurn, Blüten öffnen sich ab 8 Uhr.

[1] vorweiblich

Clematis vitalba (Waldrebe): Fliegenblumen, Amingeruch.

Consolida (= *Delphinium*, Rittersporn): Hummelblumen, Sporn als Safthalter.

Helleborus (Nieswurz): Blüten geneigt, protogyn, Honigröhrchen.

H. foetidus (Stinkende N.): bienengelb.

H. niger (Christrose): bienen-blaugrün.

Ranunculus (Hahnenfuß): Carotinoide, glänzend durch Wachsschicht auf der Epidermis, darunter «Stärke-Tapetum» als Reflektor.

- Rosaceae (Rosengewächse): Scheibenblumen, oft Pollenblumen.

Alchemilla alpina agg. (Alpen-Frauenmantel – Sammelart –): nur weibliche und männliche Blüten in monözischer und diözischer Verteilung; Pollen befruchtungsunfähig, Entwicklung des Embryos durch Apomixis. Bei anderen Alchemilla-Arten kommt normale Befruchtung vor.

Crataegus (Weißdorn): Fliegenblumen, Amingeruch, rote Saftmale.

Filipendula ulmaria (Echtes Mädesüß): andromonözisch.

Fragaria (Erdbeere): bienen-blaugrün.

Geum (Nelkenwurz): Blüten geneigt, andromonözisch und androdiözisch.

G. rivale (Bach-N.): Glockenblumentyp, Kelch gefärbt.

G. urbanum (Echte N.): bienen-purpurn.

Malus (Apfel): bienen-blaugrün, Selbststerilität durch Inkompatibilitätsfaktoren.

Potentilla (Fingerkraut): gelbblühende Arten mit Carotinoiden, bienen-purpurn.

Potentilla palustris (Sumpf-Blutauge): auch Kelch dunkelrot gefärbt.

Prunus (Kirsche, Schlehe usw.): bienen-blaugrün, extraflorale Nektarien an den Blättern, Selbststerilität durch Inkompatibilitätsfaktoren.

P. padus (Trauben-K.): Fliegenblumen, Amingeruch.

Pyrus (Birne): bienen-blaugrün, Amingeruch (trotzdem Bienenbesuch).

Rosa (Rose): Pollenblumen.

Sanguisorba (Wiesenknopf): Übergang zu Windbestäubung.

S. major (*S. officinalis*, Großer W.): Insektenbestäubung.

S. minor (Kleiner W.): Windbestäubung, trimonözisch.

Sorbus aucuparia (Eberesche, Vogelbeere): Fliegenblumen, Amingeruch.

- Rubiaceae (Rötegewächse).

Cruciata laevipes (Gem. Kreuzlabkraut): andromonözisch.

Galium (Labkraut): Diskus als Nektarium.

- Salicaceae (Weidengewächse): Kätzchen, zweihäusig, extraflorale Nektarien an den Blättern.

Populus (Pappel): windblütig.

Salix (Weide): insektenblütig (Nektarien), Pinsel- oder Bürstenblumen.

- Saxifragaceae (Steinbrechgewächse).

Chrysosplenium alternifolium (Wechselblättriges Milzkraut): Diskus als Nektarium.

Parnassia palustris (Sumpf-Herzblatt): «Täuscherblumen» (glitzernde Körperchen täuschen Nektar vor).

- Scrophulariaceae (Braunwurzgewächse, Rachenblütler): Lippen-, Rachen- und Maskenblumen, viele Bienen-, einige Hummelblumen.
  - *Antirrhinum majus* (Großes Löwenmäulchen): Maskenblumen, Hummelblumen.
  - *Digitalis purpurea* (Roter Fingerhut): Rachenblumen, Fleckenmale.
  - *Linaria vulgaris* (Gem. Leinkraut): Maskenblumen, Hummelblumen, Haarbürste vervollständigt den Verschluß, orangefarbenes Saftmal, Sporn als Safthalter.
  - *Melampyrum* (Wachtelweizen): Maskenblumen, Hummelblumen, Hochblätter mit Schaufunktion.
  - *Pedicularis* (Läusekraut): Hummelblumen.
  - *Rhinanthus* (Klappertopf): Lippenblumen, auch für Bienen gelb.
  - *Scrophularia* (Braunwurz): Rachenblumen.
  - *Verbascum thapsiforme* (Großblütige Königskerze): bienen-purpurn.
  - *Veronica* (Ehrenpreis): Saftmale, Blüten öffnen sich ab 8 Uhr.
- Solanaceae (Nachtschattengewächse).
  - *Atropa belladonna* (Tollkirsche): Glockenblumentyp.
  - *Solanum* (Nachtschatten, Kartoffel): Glockenblumentyp.
    - *S. dulcamara* (Bittersüßer N.): Scheinnektarien am Grunde der Kelchblätter.

Thymelaeaceae (Spatzenzungengewächse).

  - *Daphne mezereum* (Gem. Seidelbast): Kelch gefärbt, Stieltellerblumen.

- Tiliaceae (Lindengewächse): Nektar auf der Oberseite der Kelchblätter, auch Windbestäubung.
- Urticaceae (Brennesselgewächse): Windbestäubung.
  - *Urtica* (Brennessel): Explosionsmechanismus der Staubblätter (Erwärmen mit Streichholz).

Valerianaceae (Baldriangewächse).

  - *Valeriana officinalis* (Echter Baldrian): Trichterblumen, Strichmale.

- Violaceae (Veilchengewächse): Lippenblumen (Violatyp), Bienenblumen.
  - *Viola* (Veilchen): Saftmale, Sporn als Safthalter, Anhängsel der beiden unteren Staubblätter als Nektarien, Anthocyane, gelbe Arten: Flavonfarbstoffe und Carotinoide; Samteffekt des Stiefmütterchens durch Epidermispapillen.

Arbeitsaufgaben

1. Beobachten Sie Häufigkeit und Art von Blütenbesuchern (z.B. durch Strichlisten). Bei Fallenblumen können die eingefangenen Insekten in Alkohol abgetötet und anschließend bestimmt werden.
2. Beobachten Sie Blumen mit besonderen Bestäubungsmechanismen (wie Lupine, Besenginster, Wicke, Wiesen-Salbei, Flockenblume, Berberitze).

Lösen sie den Bestäubungsmechanismus mit Hilfe eines spitzen Bleistifts, eines Stöckchens oder eines Grashalmes aus.

3. Analysieren Sie die Irisblüte und erläutern Sie die Herkogamie.
4. Stellen Sie protandrische (vormännliche) Arten zusammen!
5. Halten Sie Öffnungszeiten und -dauer von Blüten fest (Blumenuhr).
6. Stellen Sie die Häufigkeit bestimmter Blumentypen (Gestalttypen/ökologische Typen) in einer bestimmten Pflanzengesellschaft fest: Fläche in Wiese, Wald usw. abstecken, Zahl der Blumen der verschiedenen Typen auszählen, Verteilung in einem Diagramm darstellen.
7. Stellen Sie auf einfache Weise die Farbstoffklasse von Blüten fest. (Überprüfen Sie gegebenenfalls die Ergebnisse im Labor durch Extraktion, Chromatographie, Spektralphotometrie).
8. Vergleichen Sie eine typisch windbestäubte mit einer typisch insektenbestäubten Pflanze!
9. Versuch zur Demonstration von Duftmalen (nach Bertsch): Weiße oder gelbe Blüten ohne Farbmale (z.B. Birne) werden für 2–10 Stunden in stark verdünnte Neutralrot-Lösung (1 : 10000) getaucht. Nach Abspülen zeigen sich rötlich gefärbte Felder, die den duftenden Regionen der Blüten entsprechen: Sie besitzen sehr dünne Zell-Außenwände und Kutikeln, so daß dort der Farbstoff gut eindringen kann.

Literatur

Bertsch, A.: Blüten – lockende Signale. Dynamische Biologie Bd. 2. Maier, Ravensburg 1975.

Knoll, F.: Die Biologie der Blüte. Verständliche Wissenschaft Bd. 57. Springer, Berlin, Heidelberg, New York 1956

Kugler, H.: Blütenökologie. G. Fischer, Stuttgart 1970.

Molisch, H. und K. Dobat: Botanische Versuche und Beobachtungen mit einfachen Mitteln. 5. Aufl., G. Fischer, Stuttgart, New York 1979.

IV. Wiesen und Weiden

Thematische Schwerpunkte

Entstehung der Wiesen und Weiden in Mitteleuropa
Ökologie der Mähwiesen und Weiden
Blütenstände am Beispiel der Wiesenblumen

Exkursionsziele

Mähwiesen (Futterwiesen, Streuwiesen)
Halbtrockenrasen
Weiden

Zeit

Ende Mai/Anfang bis Mitte Juni, vor dem ersten Schnitt

1. Einleitung

In unserer mitteleuropäischen Kulturlandschaft spielen Wiesen und wiesenähnliche Pflanzengemeinschaften seit dem Mittelalter eine hervorragende Rolle. Ihr Anteil dürfte heute bei 30% der Gesamtfläche liegen. Es gehören dazu die Rasen der Vorgärten und Parkanlagen unserer Städte, die verschiedenen Futterwiesen, von den dreischürigen Fettwiesen bis zur einschürigen Magerwiese, Halbtrockenrasen, Stand- und Umtriebsweisen sowie die als Streuwiesen genutzten Feuchtbiotope.

Systematisch gesehen sind v.a. drei Pflanzenfamilien am Aufbau dieser Lebensgemeinschaften beteiligt: Bei den trockenen, nicht unmittelbar von Grundwasser beeinflußten Wiesen und Rasen sind dies die Grasgewächse (Gramineae, Poaceae), bei den mengenmäßig viel weniger ins Gewicht fallenden Feuchtstandorten mit Grundwassereinfluß sind es die Sauergrasgewächse (Cyperaceae) und die Binsengewächse (Juncaceae) (vgl. Kap. V und VI). Die beiden letztgenannten Familien sind auch charakteristisch für die Verlandungsgesellschaften der Binnengewässer.

Die allgemeineren Themenkreise des Standorts «Wiese», insbesondere die ökologischen Fragen, wie Abhängigkeit der Lebensformen von der Nutzungsweise, klimatische Wiesentypen, Einfluß der Düngung usw., sollten in einer gesonderten Exkursion bearbeitet werden. Führt man diese nach einer Behandlung der Gräser und Sauergräser durch, dann ist der Blick für die schwierigeren Gruppen schon geschult, und eine differenzierte Betrachtung des Artengefüges bereitet keine Schwierigkeiten mehr.

2. Die Entstehung der Wiesen und Weiden in Mitteleuropa

Natürlicherweise wäre Mitteleuropa in den Niederungen von einem sommergrünen Laubwald bedeckt, in den Gebirgen und auf den trockenen Sandböden von Nadelwald (Fichte bzw. Kiefer). Ohne Sense und Weidevieh gäbe es bei uns unterhalb der Baumgrenze praktisch keine waldfreien Gebiete. In welchen Zeiträumen hat sich unsere heutige Kulturlandschaft entwickelt, die im wesentlichen durch drei Lebensräume gekennzeichnet ist: Wald – Wiesen und Äcker – Siedlungen und Straßen?

Tacitus beschreibt Germanien um die Zeitenwende noch als wildes, von Urwäldern und Sümpfen bedecktes Gebiet. Mag er dabei auch etwas übertrieben haben, so stimmt es doch, daß der Anteil des kultivierten Siedlungsgebietes in vorrömischer Zeit recht begrenzt war. Die ersten Landschaften, in denen der Urwald im Neolithikum zurückgedrängt wurde, waren die wärmsten und trockensten Gebiete Süddeutschlands, überwiegend mit Humus-Karbonatböden. Diese nährstoffreichen Böden waren für die anspruchsvollen Kulturpflanzen der damaligen Zeit (Hirse, Weizen, Gerste) notwendig – Düngung kannte man noch nicht.

Vermutlich haben sich die ersten Wiesen in der anschließenden Bronzezeit aus dem extensiven Weidebetrieb heraus entwickelt. Während der Römerzeit entstanden innerhalb des Limes Gutshöfe mit Feldern, Wiesen, Obst- und Weingärten. Teilweise fanden auch Rodungen in größerem Maße statt. Nach der Völkerwanderung setzte erst wieder in der Karolingerzeit eine größere Rodungsperiode ein. In wenigen Jahrhunderten wurde der Wald so weit zurückgedrängt, daß schon um 1200 eine Verteilung von Wald und landwirtschaftlicher Nutzfläche entstanden war, die der heutigen annähernd entsprach. Als Endresultat kann man das Zurückdrängen des Waldes auf die Flächen mit ungünstigeren Bodenverhältnissen ansehen.

Lange Zeit war die vorherrschende Nutzungsform durch Weidevieh die *Hut- oder Triftweide* (vgl. Abb. IV.1). Diese Weideform bedeutete eine Lichtung und teilweise Degradation der Wälder, aber noch keine Ausbildung von typischen Wiesenformationen; offenere Gesellschaften mit einer größeren Zahl an Gräsern und Kräutern konnten sich ausbreiten. Es spricht einiges dafür, daß die ersten Sicheln zum Schneiteln der Bäume und Sträucher und nicht zum Mähen eingesetzt wurden, so wie dies heute noch z.B. im Südkaspischen Waldgebiet Irans gemacht wird: Die jungen Laubäste dienen als Streu und als Futter. Regelmäßig gemäht wurden offenbar zunächst nur solche Flächen, die

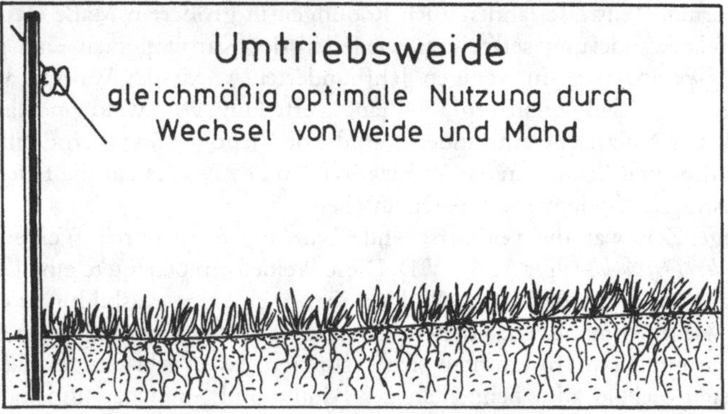

Abb. IV.1: Nutzungsformen von Weideland (nach Ellenberg, verändert).

vom Vieh gemieden wurden: Naßwiesen, genutzt als Streu *(Streuwiesen)*, die nur einmal im Jahr gemäht werden können (einschürig).

Erst die Intensivierung der Landwirtschaft in den letzten 150 Jahren brachte eine tiefgreifende Umstellung im Weidebetrieb und eine immer intensivere Nutzung der Wiesen. In Gebieten mit kleineren Weideflächen ging man dazu über, das Vieh vorzugsweise im Stall zu füttern, es entstanden reine Mähwiesen (zwei- bis dreischürig). In der Norddeutschen Tiefebene und im Alpengebiet bestand dagegen die Tendenz, das Grünland möglichst ständig zu beweiden. Dabei kannte man zunächst nur das Prinzip der *«Standweide»*, bei der das Vieh von April bis Oktober auf derselben Fläche steht. Hier kommt es rasch zu einer Auslese: Disteln, Hahnenfuß, Ampfer, Wolfsmilch und andere «Weideunkräuter» werden gemieden und können sich gut entwickeln und ausbreiten. Auf den durch Anhäufung von Exkrementen überdüngten Stellen können nur noch stark stickstoffliebende Pflanzen wachsen, die wiederum vom Vieh gemieden werden, es bilden sich «Geilstellen» und typische «Lägerfluren».

Heute versucht man, die Nachteile der Standweide dadurch zu vermeiden, daß die Weidefläche mehrfach unterteilt wird und das Vieh immer nur einige Tage auf einem Teilstück grasen darf. Während dann nacheinander die anderen Teilstücke beweidet werden, kann sich das erste wochenlang erholen. Durch zusätzliches Mähen kann man die «Verunkrautung» weiter vermindern. Solche *«Umtriebsweiden»* bestehen nur noch aus wenigen Gras- und Kleearten und sind deshalb vegetationskundlich ziemlich uninteressant.

3. Zur Ökologie der Wiesen und Weiden

Während der Winterruhe haben die Pflanzen einer Wiese ihre oberirdischen Teile mehr oder weniger stark «eingezogen» und das Wachstum eingestellt. Häufig bleiben Blattrosetten erhalten oder – wie bei den Gräsern – stark gestauchte, dicht beblätterte Sprosse. Bald nach dem Abschmelzen des Schnees blühen die ersten Frühjahrsblüher, wie Gänseblümchen und Märzenveilchen. Wenn im April die Temperaturen ansteigen (ca. 10° C), beginnen auch die Gräser neu auszutreiben, und im Mai streben die Wiesen schnell ihrem Hochstand entgegen: Zuerst erstrahlen sie im Gelb des Löwenzahns *(Taraxacum officinale)*, dann folgt das Wiesenschaumkraut mit seinen blaßvioletten Blüten, das Gelb des Hahnenfußes und das Weiß des Wiesenkerbels. Zuletzt blühen die übrigen Wiesenblumen zusammen mit den Gräsern noch vor dem ersten Schnitt (je nach Lage und Jahr Ende Mai bis Ende Juni). Dieser erste Hochstand der Wiese ist zugleich der üppigste, und das Gemisch der blühenden Arten ist jetzt am buntesten.

Noch während der Hauptblütezeit, bevor die Mehrzahl der Wiesenpflanzen Früchte auszubilden vermag, wird gemäht – die Pflanzen sind also auf vegetative Fortpflanzung angewiesen. Unter günstigen Voraussetzungen regenerieren sie schnell, der zweite Hochstand ist dann Mitte August erreicht. In der

Abb. IV.2: nach K. Bertsch, verändert

Höhe der Einzelpflanzen wie in der Artenvielfalt steht der zweite Hochstand deutlich hinter dem ersten zurück. Nach dem zweiten Schnitt erscheinen im September die Blüten der Herbstzeitlose; in milderem Klima kann noch ein dritter Schnitt erfolgen.

Das regelmäßige Mähen bzw. Abfressen gestattet nur solchen Pflanzen das Überleben, die sich entsprechend anzupassen vermögen. Wo regelmäßig gemäht wird, ist deshalb eine recht gleichförmige Lebensgemeinschaft entstanden, die viel einheitlicher ist als andere baumfreie Ökosysteme, z.B. Moore. Einjährige und Holzpflanzen können sich nicht halten, allerdings werden auch die Wiesenpflanzen selbst bis zu einem gewissen Grade geschädigt. Dem Mähen und Beweiden entgehen nur bodennahe Sproßteile. Rosettenpflanzen, Pflanzen mit Ausläufern und sehr raschwüchsige Stauden sind im Vorteil. In ein- bis zweischürigen Mähwiesen herrschen daher schnellwüchsige «Obergräser» und Stauden vor. Glatthafer, Flaumiger Wiesenhafer, Wiesenlieschgras, Wiesenfuchsschwanz, Wiesen- und Rohrschwingel, Knaulgras, Wiesenkerbel, Bärenklau. Je öfter eine Wiese gemäht wird, desto größer ist der Anteil niederwüchsiger Arten («Untergräser», Rosettenpflanzen und kriechende Pflanzen): Weidelgras, Wiesenrispengras, Kammgras, Ruchgras, Straußgras, Wolliges Honiggras, Rotschwingel, Gänseblümchen, Wegerich, Weißklee usw. (vgl. Abb. IV.2).

Kräftig gedüngte *Fettwiesen* werden zwei- bis dreimal gemäht und sind deshalb recht artenarm. Viel artenreicher und deshalb interessanter sind die ungedüngten *Magerwiesen*, die meist nur einmal im Hochsommer gemäht werden können. Am geringfügigsten ist der Einfluß der Mahd auf die ungedüngten *Streuwiesen*, die erst gemäht werden, wenn die Pflanzen im Herbst strohig geworden sind.

Beispiele zur Anpassung der Wiesenpflanzen (vgl. Abb. IV.3)

Man kann zwei Gruppen unterscheiden, wie sich Wiesenpflanzen in den Mahdrhythmus einpassen:

1. Pflanzen, deren Lebensrhythmus von Natur aus gut zum Entwicklungsgang der Wiese paßt,
2. Pflanzen mit hoher Regenerationsfähigkeit, die rasch Ersatzsprosse ausbilden können.

Hohe Schlüsselblume *(Primula elatior)*: Die Schlüsselblume ist ein Hemikryptophyt mit Blattrosette (vgl. Kap. II). Schon im Herbst werden die jungen Blätter und Blütenknospen für das nächste Frühjahr angelegt. Die kleinen, runzeligen Blättchen überwintern eingerollt und senkrecht gestellt. Bereits in den ersten warmen Frühlingstagen biegen sie sich in die Waagrechte und vergrößern sich, die Blütenstengel strecken sich, und die Schlüsselblumen blühen, bevor die anderen Wiesenpflanzen richtig zu wachsen begonnen haben. Noch vor dem ersten Schnitt reifen ihre Kapselfrüchte. Bei Trockenheit öffnen sie sich durch hygroskopische Zähnchen[1], und die Samen werden vom Wind ausgeschleudert.

---

[1] die Zähnchen bestehen aus zwei Schichten, die äußere schrumpft bei Entquellung stärker als die innere

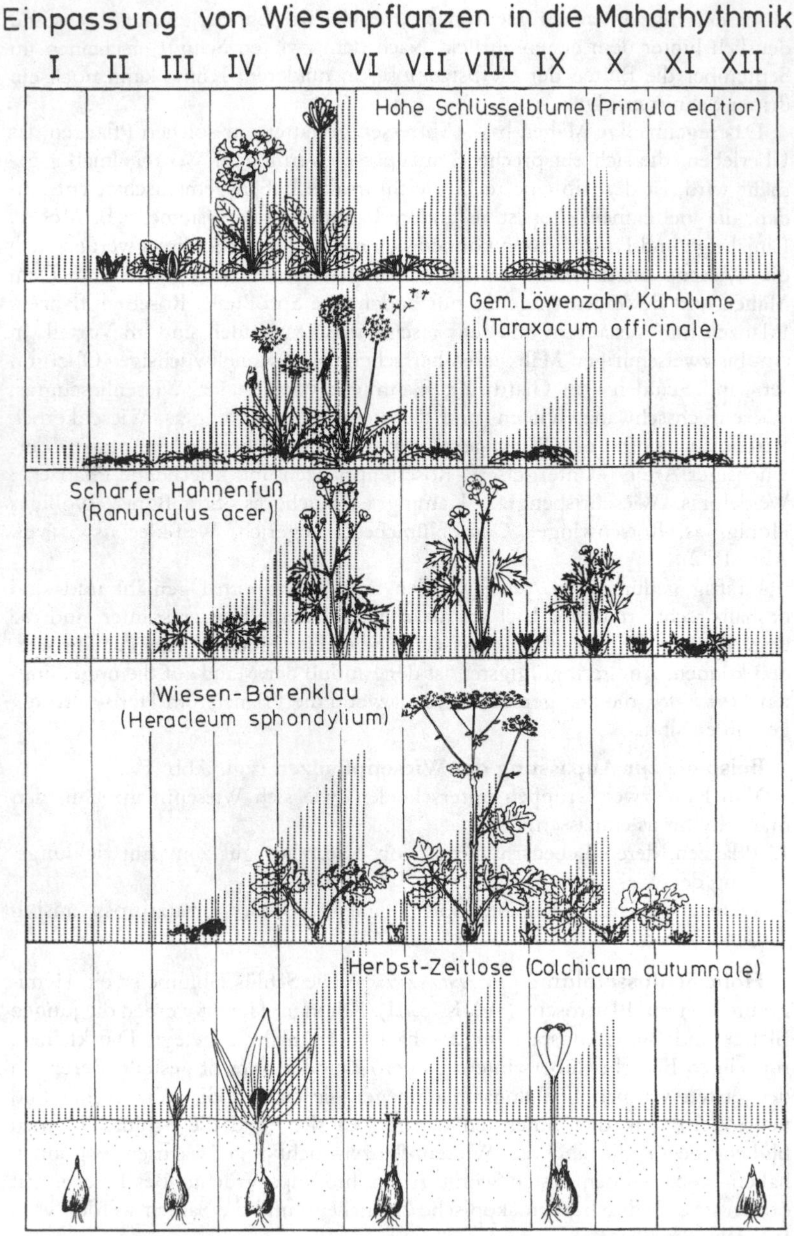

Einpassung von Wiesenpflanzen in die Mahdrhythmik

I II III IV V VI VII VIII IX X XI XII

Hohe Schlüsselblume (Primula elatior)

Gem. Löwenzahn, Kuhblume (Taraxacum officinale)

Scharfer Hahnenfuß (Ranunculus acer)

Wiesen-Bärenklau (Heracleum sphondylium)

Herbst-Zeitlose (Colchicum autumnale)

Abb. IV.3: nach K. Bertsch und Tischler, verändert

Schlüsselblumen meiden mit Jauche gedüngtes Grünland und ziehen sich dort auf ungedüngte Böschungen und Raine zurück.

Gemeiner Löwenzahn, Kuhblume *(Taraxacum officinale)*: Auch beim Löwenzahn stehen alle Blätter in einer grundständigen Rosette, die durch Mähen nicht wesentlich geschädigt wird. Selbst wenn man die ganze Rosette abreißt, kann die Pflanze aus dem Kambium ihrer Pfahlwurzel regenerieren. Die Entwicklung der blattlosen, hohlen Köpfchenstiele erfolgt im Frühjahr sehr rasch, und die Pflanzen kommen noch vor dem ersten Schnitt zum Fruchten. Zu diesem Zeitpunkt sind die übrigen Wiesenpflanzen noch nicht so hoch gewachsen, daß sie die Verbreitung der Flugfrüchte durch den Wind wesentlich behindern könnten. Vor dem zweiten und in einigen Fällen sogar vor dem dritten Schnitt kann der Löwenzahn noch einmal zum Blühen und Fruchten kommen.

Obwohl sich die Blütenköpfchen tagsüber öffnen und ihre Bestäuber mit reichlich Nektar anlocken, könnten sie auf Blütenbesucher verzichten, da sich die Samen apomiktisch aus diploiden Eizellen entwickeln (die Meiose fällt aus).

Der Löwenzahn schätzt stickstoffreichen Boden und gedeiht deshalb besonders gut auf jauchegedüngtem Grünland.

Scharfer Hahnenfuß *(Ranunculus acris)*: Der Scharfe Hahnenfuß tritt vor allem auf feuchteren Wiesen in großer Menge auf. Auch dieser Pflanze gelingt das Blühen und Fruchten noch vor dem ersten Schnitt. Beim Mähen werden hier jedoch auch die meisten Blätter abgeschnitten, so daß diese regeneriert werden müssen. Aus dem gedrungenen Wurzelstock werden immer wieder neue Triebe mit Blättern und Blüten gebildet. Die Pflanzen können durchaus noch nach dem zweiten Schnitt zum Blühen kommen.

Bärenklau *(Heracleum sphondylium)*: Bis zum ersten Schnitt entwickelt der Bärenklau eine große Rosette grundständiger Blätter. Nach dem Schnitt wird ein neuer Trieb regeneriert, der sich bis zum zweiten Schnitt zu einem hohen Blütensproß streckt. Bärenklau ist die auffälligste Pflanze des zweiten Hochstandes.

Als nitrophile Pflanze wird der Bärenklau durch Jauchedüngung stark gefördert und kann beim zweiten Schnitt («Öhmd») den größten Teil des Heus ausmachen. Bärenklau ist zwar ein gutes Grünfutter, als Heu jedoch neigt er zum Verschimmeln und ist wenig ergiebig.

Herbstzeitlose *(Colchicum autumnale)*: Der Lebensrhythmus der Herbstzeitlose stellt eine Besonderheit dar. Die Blätter werden schon im Spätherbst angelegt und entwickeln sich im zeitigen Frühjahr zu auffälligen dunkelgrünglänzenden Rosetten. Sie nutzen die Zeit, in der die anderen Wiesenpflanzen noch niedrig sind, voll zur Assimilation und zur Stoffspeicherung in der unterirdischen Knolle. Nach dem ersten Schnitt ist die Pflanze nicht mehr zu sehen. Schon vorher begannen die Blätter abzusterben, die Kapselfrucht in

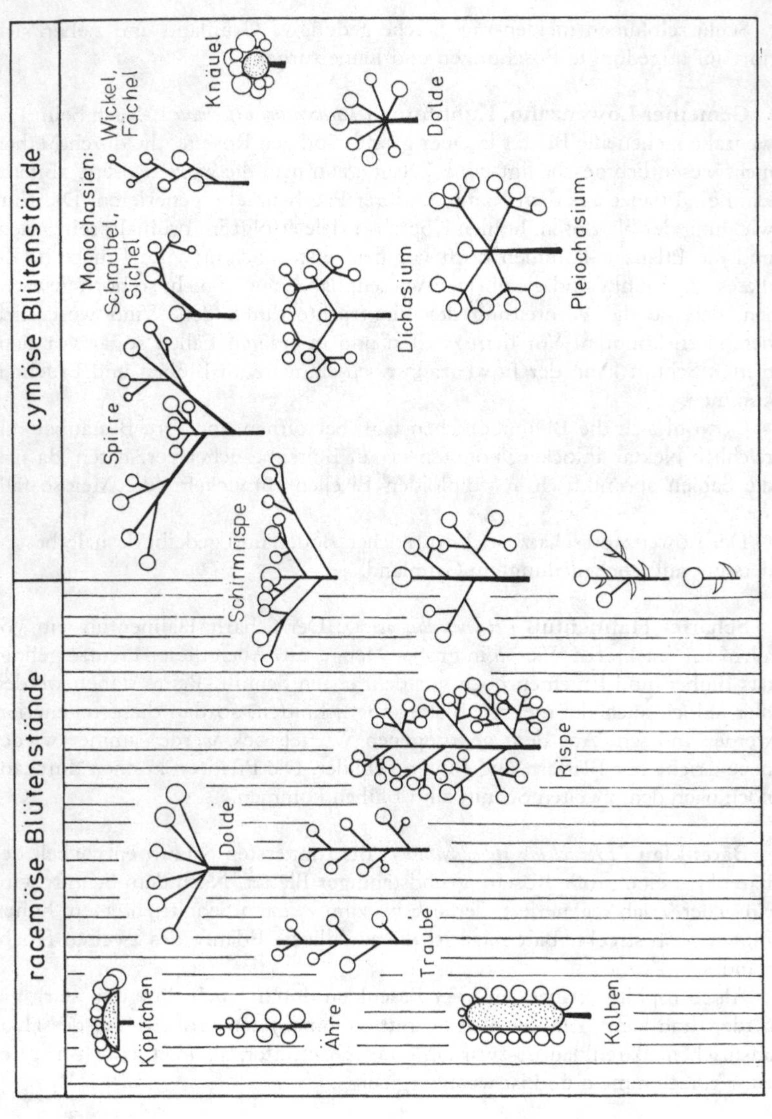

Abb. IV.4: Blütenstandstypen (teilweise nach Takhtajan, verändert)

ihrer Mitte hat sich geöffnet. Erst im Herbst, nach dem zweiten oder dritten Schnitt, erscheinen die blaßlilafarbenen, an einen Krokus erinnernden Blüten. Die lange Blütenröhre reicht bis unter die Erde, wo sich über den Winter die Frucht entwickelt und im Frühjahr durch Streckung der Achse zum Vorschein kommt.

Gänseblümchen *(Bellis perennis)*: Gänseblümchen blühen und fruchten im Frühjahr sowie zu allen Tiefständen der Wiese und selbst im Winter. Die niedrige Pflanze mit ihrer Blattrosette wird durch häufiges Mähen begünstigt, während ihr in einer hohen Wiese von den anderen Pflanzen das Licht genommen wird. Neben dem Weißklee ist sie eine der wenigen Pflanzen, die selbst auf regelmäßig kurz geschnittenen Rasenflächen zum Blühen kommt.

4. Blütenstände

Bei den meisten Bedecktsamern sind die blütentragenden Teile des Sproßsystems deutlich von den rein vegetativen Teilen abgesetzt. Solche «der Blütenbildung dienenden und dementsprechend modifizierten Achsensysteme» (Troll) nennt man Blütenstand oder Infloreszenz. Häufig sind die Laubblätter im Blütenstandsbereich verkleinert oder sogar ganz reduziert. Die Verzweigungen sind zahlreicher als im vegetativen Bereich.

Wie in Band I, Kap. I erläutert, kann man beim Aufbau von Sproßsystemen zwischen monopodialer und sympodialer Verzweigung unterscheiden, je nachdem, ob eine durchgehende Hauptachse entwickelt ist oder ob die Hauptachse ihr Wachstum nach jeder Verzweigung einstellt und einer oder mehrere Seitenzweige ihre Funktion übernehmen. Diese beiden Verzweigungstypen kennt man auch von Blütenständen. Blütenstände mit monopodialer Verzweigung werden nach Hofmeister (1868) *racemös*, solche mit sympodialer Verzweigung *cymös* genannt.

Für eine natürliche, das heißt auch die Entstehungsgeschichte berücksichtigende Typologie der Blütenstände ist dieses Einteilungskriterium allerdings nicht geeignet. In vielen Fällen läßt sich innerhalb einer Gattung der Übergang von der einen zur anderen Verzweigungsform feststellen, z. B. bei der Gattung Silene.

Nach Troll gilt die Ausbildung einer Terminalblüte oder ihr Fehlen als entscheidendes Einteilungskriterium. Ein Blütenstand mit Endblüte wird als *Monotelium* bezeichnet. Die unterhalb der Endblüte aus der Blütenstandachse hervorgehenden Seitenachsen können verzweigt oder unverzweigt sein. Da sie alle das Verhalten der Hauptachse wiederholen und mit einer Endblüte abschließen, werden sie *Wiederholungstriebe* (Parakladien) genannt, ob sie nur aus einer Blüte oder einer verzweigten Teilinfloreszenz bestehen.

Bei Blütenständen ohne Endblüte spricht Troll von *polytelen* Infloreszenzen. Der oberste Bereich des Blütenstandes, in dem die Seitenzweige mit einer

Blüte enden, wird *Hauptfloreszenz* genannt. Die tiefer stehenden Seitenzweige sind Wiederholungstriebe, die ebenfalls offen enden. Im Unterschied zur Hauptfloreszenz nennt man sie Co-Floreszenzen.

Für Monotelium und Polytelium ist charakteristisch, daß sich an die Endblüte bzw. die Hauptinfloreszenz eine Zone mit verstärkter Seitenachsenbildung, die *Bereicherungszone*, anschließt. Nach unten folgt bei den meisten Blütenständen eine Zone geringerer Verzweigung, die *Hemmungszone*. Darunter sind meist schon recht große Laubblätter entwickelt, aus deren Achseln sich insbesondere dann neue Blütenstände entwickeln können, wenn die weiter oben liegenden Teilinfloreszenzen verletzt werden oder abgeblüht sind *(Innovationszone)*.

Zwischen den verschiedenen Blütenstandstypen kommen Übergänge und Kombinationen vor. Einen Blütenstand mit monopodial verzweigter Hauptachse und sympodialen Teilblütenständen nennt man «Thyrsus».

Die Evolution der Blütenstände geht – insbesondere bei den Köpfchen der Compositen (Asterales) – so weit, daß diese wie Einzelblüten wirken («Pseudanthien») und schließlich sogar in einem Blütenstand höherer Ordnung zusammengefaßt sein können («Synfloreszenz», z.B. Kugeldistel, Schafgarbe, vgl. Abb. IV.6).

Die biologische Bedeutung der Blütenstände kann in den folgenden Punkten zusammengefaßt werden:

1. Erleichterung der Tierbestäubung: Ein Bestäuber kann in der gleichen Zeit wesentlich mehr Einzelblüten besuchen. Ein Nachteil, die geringere Chance für Fremdbefruchtung, wird teilweise durch besondere Einrichtungen (wie Protandrie, Heterostylie usw., vgl. Kap. III) wettgemacht.
2. Die Fruchtbarkeit einer Pflanze oder eines Triebes ist nicht nur von einer Blüte abhängig.
3. Durch das sukzessive Aufblühen der Einzelblüten bleibt der Blütenstand länger befruchtungsfähig; nach längerer Schlechtwetterperiode können immer noch Blüten bestäubt werden.

Auf die Samenzahl einer Pflanze hat die Zahl der Blüten nicht unbedingt einen Einfluß. Eine Einzelblüte kann u. U. mehr Samen hervorbringen als ein aus vielen Blüten zusammengesetzter Blütenstand (Beispiel Mohn – Knöterich).

Die wichtigsten Bütenstandstypen

1. Einfach verzweigte Blütenstände

Traube deutliche Internodien und gestielte Seitenblüten, ohne Terminalblüte (Endblüte)
Ähre wie Traube, aber ungestielte Seitenblüten
Dolde Internodien der Blütenstandsachse sind so stark gestaucht, daß die Blütenstiele von einem Ansatzpunkt ausstrahlen
Kolben der Ähre ähnlich, aber Blütenstandsachse verdickt

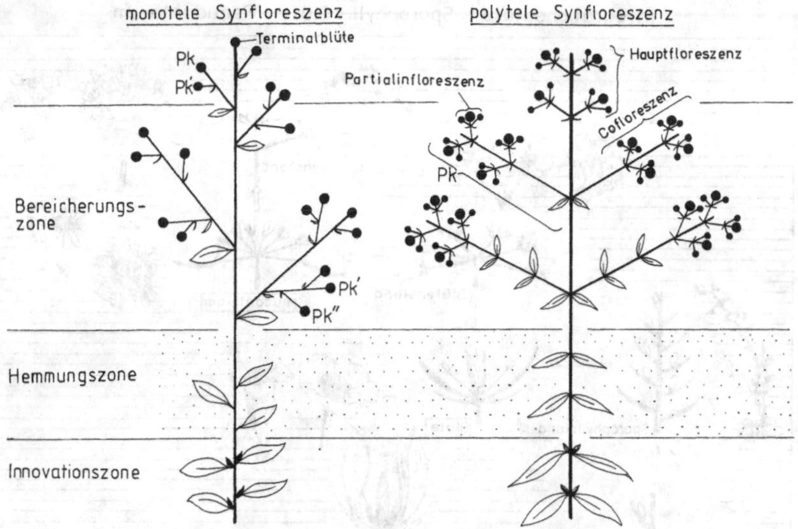

Abb. IV.5: Zusammengesetze Blütenstände (Synfloreszenzen) Pk, Pk', Pk'' Parakladien erster, zweiter, dritter Ordnung (verändert nach Weberling 1981)

Köpfchen kugelig verdickte Achse mit aufsitzenden Einzelblüten
Körbchen verbreiterte Achsen und Kranz von Hochblättern (Involucrum), der die dicht gedrängten Blüten umgibt.

2. Zusammengesetzte Blütenstände

Doppeltraube, Doppelähre, Doppeldolde Verzweigungstyp wiederholt sich, also z.B. traubig an der Hauptachse angeordnete Trauben usw. Die einzelnen Trauben werden Teilblütenstände (Partialinfloreszenzen) genannt
Rispe Blütenachse schließt mit einer Terminalblüte ab, ebenso alle Seitenzweige. Der Verzweigungsgrad der Seitenzweige nimmt von oben nach unten zu
Schirmrispe, Ebenstrauß rispenartiger Blütenstand, bei dem durch Achsenverlängerung der unteren Seitenzweige alle Blüten etwa in eine Ebene gelangen
Spirre rispenartiger Blütenstand, bei dem die unteren Seitenzweige die oberen übergipfeln
Thyrsus Blütenstand mit cymös verzweigten Teilblütenständen

3. Cymös verzweigte Blütenstände

Cymöse Verzweigung bedeutet alleinige Verzweigung aus den Achseln der Vorblätter.

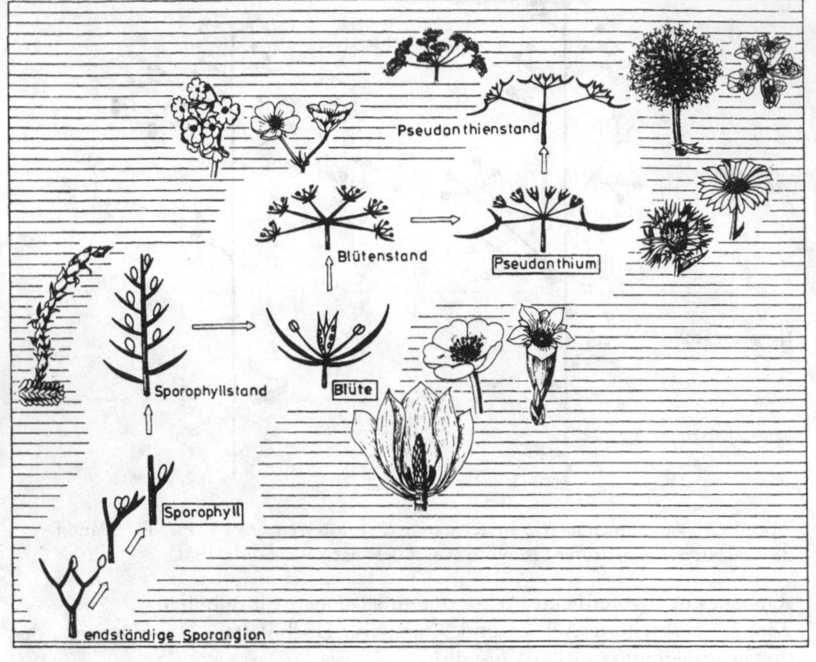

Abb. IV.6

Dichasium Verzweigung aus den Achseln beider Vorblätter: Mutterachse mit Endblüte und zwei diese übergipfelnden Seitenblütenachsen
Monochasium Verzweigung nur noch aus der Achsel eines der beiden Vorblätter: Beim *Wickel* wechselt die Lage (linkes Vorblatt – rechtes Vorblatt – linkes Vorblatt usw.)
Beim *Schraubel* entspringt die Verzweigung immer nur dem rechten oder linken Vorblatt.

Bei den Einkeimblättrigen tritt in der Regel nur ein Vorblatt auf, das auf der dem Tragblatt gegenüberliegenden Seite des Seitensprosses liegt. Die diesen Vorblättern entspringenden Seitenachsen liegen alle in einer Ebene *(Fächel)*. Beim *Sichel* entspringen die Seitenzweige jeweils auf der dem Vorblatt gegenüberliegenden Seite.
Pleiochasium unterhalb der Terminalblüte entspringen mehr als zwei übergipfelnde Seitentriebe

Übersicht

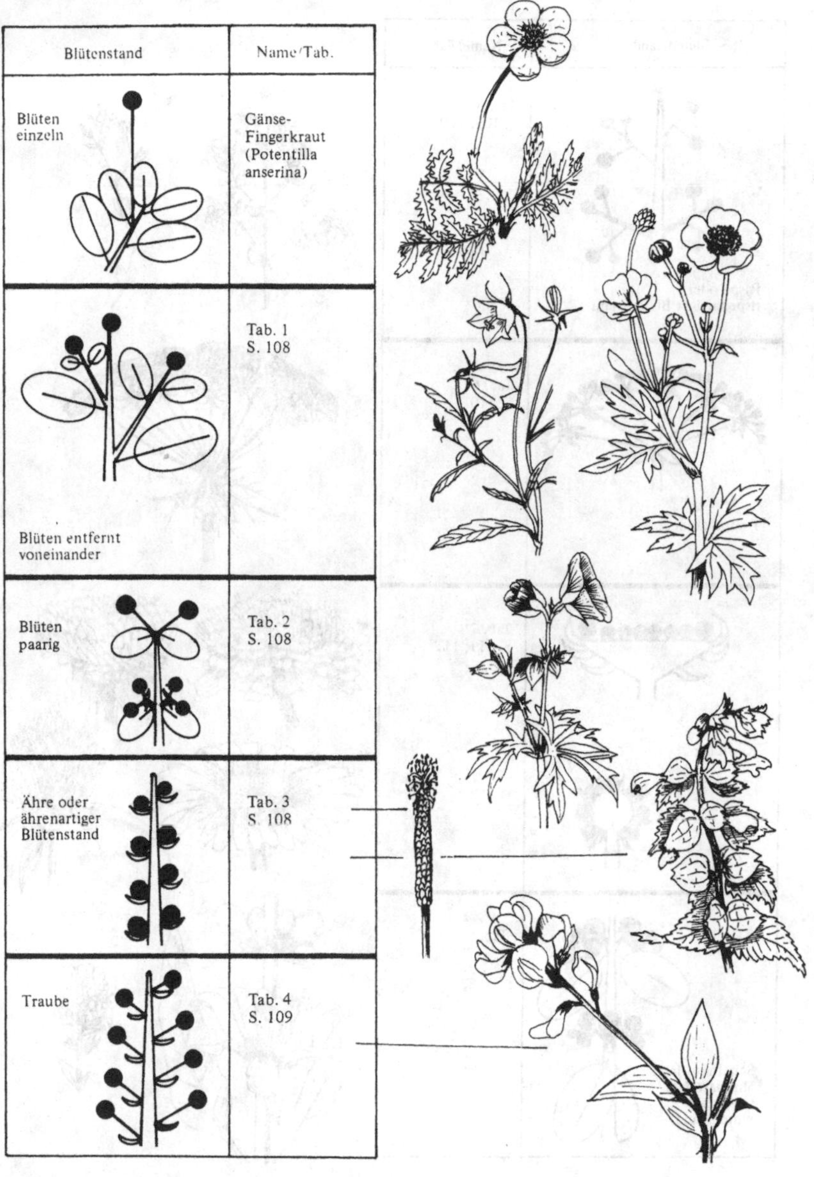

Blütenstand	Name/Tab.
Blüten einzeln	Gänse-Fingerkraut (Potentilla anserina)
Blüten entfernt voneinander	Tab. 1 S. 108
Blüten paarig	Tab. 2 S. 108
Ähre oder ährenartiger Blütenstand	Tab. 3 S. 108
Traube	Tab. 4 S. 109

Blütenstand	Name/Tab.
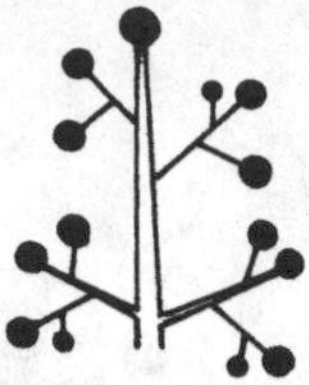 Rispe oder rispenartiger Blütenstand	Tab. 5 S. 109, 110
 Doppeldolde	Tab. 6 S. 110
 Köpfchen 	Tab. 7 S. 111, 112
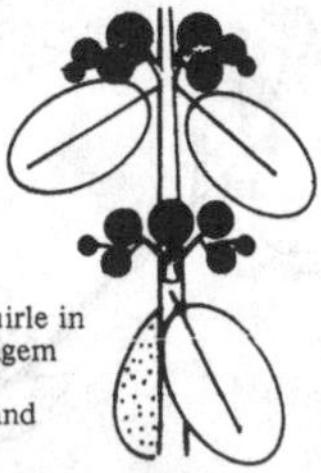 Scheinquirle in ährenartigem Gesamtblütenstand	Tab. 8 S. 113

Blütenstand	Name/Tab.
Monochasium (Wickel)	Wald-Vergißmeinnicht (Myosotis sylvatica)
Dichasium	Tab. 9 S. 113
Pleiochasium	Zypressen-Wolfsmilch (Euphorbia cyparissias)

Tab. 1: Blüten entfernt voneinander

Fam.	Blütenfarbe	weitere wichtige Merkmale	Sonstiges	Name	
Campanulaceae	blau	Krone bis zur Mitte gespalten	Fegeeinrichtung; vormännlich; verbreiterte Filamentbasen verdecken den Nektar	Glockenblume (Campanula)	Wiesen-G. (C. patula)
		Blüten meist nickend, 1/3 gespalten; Grundblätter langgestielt, nierenförmig oder rundlich bis herzförmig			Rundblättrige G. (C. rotundifolia)
Ranunculaceae	gelb	Kelch den Kronblättern anliegend, Blütenstiel glatt	giftig (Giftigkeit geht beim Trocknen verloren); feuchte Wiesen	Hahnenfuß (Ranunculus)	Scharfer H. (R. acris)
		Kelch zurückgeschlagen; Blütenstiele gefurcht	Sproßknolle; trockene Wiesen		Knollen-H. (R. bulbosus)

Tab. 2: Blüten zu 2

Fam.	Blütenfarbe	weitere wichtige Merkmale	Sonstiges	Name	
Geraniaceae	blau	Blüten nach dem Verblühen abwärts gerichtet	Name von Frucht! Strichmale; Schleudermechanismus zur Ausbreitung der Samen	Storchschnabel (Geranium)	Wiesen-S. (G. pratense)
	violett	Blüten aufrecht bleibend			Wald-S. (G. sylvaticum)

Tab. 3: Blüten in Ähren

Fam.	Blütenfarbe	weitere wichtige Merkmale	Sonstiges		Name	
Plantaginaceae	braun	Blätter lanzettlich; Stengel gefurcht	wind- und insektenblütig		Wegerich (Plantago)	Spitz-W. (P. lanceolata)
	blaß-lila	Blätter eiförmig, kaum gestielt; Staubfäden hell-lila		Blüten wohlriechend		Mittlerer W. (P. media)
Scrophulariaceae	weiß, bunt	Saftmale (Fleck- und Strichmale)	Halbschmarotzer		Augentrost (Euphrasia spp.)	
	gelb	Kelch behaart!		in den reifen, dürren Kapseln klappern die Samen im Wind oder beim Schütteln	Klappertopf (Rhinanthus)	Zottiger K., Großer K. (R. alectorolophus)
		Kelch nicht behaart				Kleiner K. (R. minor)

Tab. 4: Blüten in Trauben

Fam.	Blütenfarbe	weitere wichtige Merkmale	Sonstiges	Name
Fabaceae	gelb	mit Ranken: außer den Nebenblättern meist nur 1 Fiederblattpaar (und die Ranke): Staubblattröhre bei Lathyrus rechtwinklig abgeschnitten («L»)		Wiesen-Platterbse (Lathyrus pratensis)
	blau-violett	mit Ranken, mehrere Fiederblattpaare: Staubblattröhre bei Vicia schräg abgeschnitten («V»)	extraflorale Nektarien an der Unterseite der Nebenblätter	Zaun-Wicke (Vicia sepium)
	rosa	mehrere Fiederblattpaare: Blätter ohne Ranken, unpaarig gefiedert: Hülsen 1samig	Strichmale: Blüten mit «Klappeinrichtung»	Futter-Esparsette (Onobrychis viciaefolia)
Polygalaceae*	blau oder rot	3 kleine Kelchblätter und 2 kronblattartige („Flügel"); 3 Kronblätter	Schmetterlingsblumen	Kreuzblümchen (Polygala spp.)
Rosaceae	gelb	Blätter unterbrochen gefiedert, unterseits graufilzig	Pollenblume; Kelchbecher mit hakenförmigen Borsten	Odermennig (Agrimonia eupatoria)
Scrophulariaceae	blau	Gattung: 4, etwas ungleiche Kronblätter, 2 Staubblätter; Art: Haare am Stengel in 2 Reihen	Strichmale und weißes Ringmal: Blüten öffnen sich um 8–9 Uhr	Gamander-Ehrenpreis (Veronica chamaedrys)

* nicht in der Familientabelle (Kap. I) aufgenommen

Tab. 5: Blüten in Rispen oder rispenartigen Blütenständen

Fam.	Blütenfarbe	weitere wichtige Merkmale	Sonstiges	Name
Hypericaceae*	gelb	Stengel mit 2 Leisten	Pollenblume	Tüpfel-Johanniskraut (Hypericum perforatum)
Linaceae*	weiß	Blätter gegenständig! (Ausnahme in der Familie)	gelbes Saftmal am Grund der Krone	Purgier-Lein (Linum catharticum)
Polygonaceae	rötlich	Blätter pfeilförmig; äußere Perigonblätter zurückgeschlagen, die inneren als Fruchthülle bleibend	quirlige Teilblütenstände; windblütig	Sauer-Ampfer (Rumex acetosa)

beachte Fortsetzung!

Tab. 5. Fortsetzung

Fam.	Blütenfarbe	weitere wichtige Merkmale	Sonstiges	Name	
Rosaceae (Rosoideae)	grünlich	Blätter rund bis nierenförmig, lappig, gesägt; nur Kelch als Blütenhülle	Apomixis (Embryo ohne Befruchtung); Hydathoden (aktive Wasserausscheidung)	Gemeiner Frauenmantel (Alchemilla vulgaris)	
	weiß	spirrenartiger Blütenstand; Blätter gefiedert	Pollenblume; andromonözisch	Mädesüß (Filipendula ulmaria)	
Rubiaceae		Blätter zungenförmig	Diskus als Nektarium; Blätter enthalten Labferment	Labkraut (Galium)	Wiesen-L. (G. mollugo)
	gelb	Blätter nadelförmig			Echtes L. (G. verum)

Tab. 6: Blüten in Doppeldolden

Apiaceae	weiß	Blätter 2–3fach gefiedert	Blätter im Umriß breit	Stengel stark gerieft, kahl	vgl. «Frühjahrsblüher»; N-Zeiger	Wiesenkerbel (Anthriscus sylvestris)
				Stengel schwach gerieft, behaart; Doppeldolde vor und nach der Blüte vogelnestartig; Hüllbl. fiederteilig	beim Zerreiben Möhrengeruch; Wurzel holzig, verdickt; oft ruderal	Wilde Möhre (Daucus carota)
			Blätter im Umriß schmal; untere Fiedern der oberen Blätter am Blattgrund sitzend; Fiederchen nicht in einer Ebene; basale Fiedern: «Malteserkreuz»		beim Zerreiben aromatischer Geruch: Gewürzpflanze!	Echter Kümmel, Wiesenkümmel (Carum carvi)
		Blätter fiederteilig;		Stengel kantig gefurcht, steifhaarig; Randblüten «strahlend»	«Ist der Stengel kantig-rauh, heißt die Pflanze Bärenklau»; Geruch unangenehm	Wiesen-Bärenklau (Heracleum sphondylium)
		Blätter 1fach gefiedert		Stengel fein gerillt	Trockenrasen	Kleine Bibernelle (Pimpinella saxifraga)
	gelb			Fiedern breit eiförmig, gekerbt-gesägt	beim Zerreiben mit Möhrengeruch	Pastinak (Pastinaca sativa)

Tab. 7: Blüten in Köpfchen oder köpfchenartigen Blütenständen

Fam.	Blütenfarbe	weitere wichtige Merkmale	Sonstiges	Name
Asteraceae – Asteroideae	weiß/weiß	Köpfchen sehr klein, in Trugdolden («Synfloreszenz»); Blätter sehr fein doppelt fiederspaltig	Pappus fehlend oder klein – Blüten auch rosa; Blätter im Umriß linealisch; ätherische Öle, aromatischer Geruch	Gemeine Schafgarbe (Achillea millefolium)
Asteraceae – Asteroideae	weiß/gelb	Köpfchen klein s. «Frühjahrsblüher»	Pappus fehlend oder klein – Hüllblätter stumpf; ähnlich, aber größer: Aster bellidiastrum (Bergland, Hüllblätter spitz, Frucht mit Pappus)	Gänseblümchen (Bellis perennis)
Asteraceae – Asteroideae	weiß/gelb	Köpfchen groß – Köpfchen einzeln; Blätter gekerbt oder gesägt, die unteren spatelförmig	Pappus fehlend oder klein – unterirdische Ausläufer	Marg(u)erite (Chrysanthemum leucanthemum)
Asteraceae – Asteroideae	violett	Köpfchen groß – nur Röhrenblüten – äußere Blüten strahlend – mittlere und obere Blätter ungeteilt	Pappus fehlend oder klein – Hüllblätter mit Anhängen – 3häusig	Flockenblume (Centaurea): Wiesen-F. (C. jacea)
Asteraceae – Asteroideae	violett	Köpfchen groß – nur Röhrenblüten – äußere Blüten strahlend – Blätter fiederteilig	Pappus fehlend oder klein – Hüllblätter mit Anhängen – Hüllblattanhängsel gefranst	Flockenblume (Centaurea): Skabiosen-F. (C. scabiosa)
Asteraceae – Asteroideae	blaßgelb	nur Röhrenblüten – Köpfchen gehäuft, von bleichen, weichstacheligen Hochblättern umgeben	Pappus gefiedert; untere Blätter sehr groß, fiederteilig und gezähnt	Kohl-Kratzdistel (Cirsium oleraceum)
Asteraceae – Cichoroideae	blau	ohne Rosette – untere Blätter schrotsägeförmig; Wurzel verdickt	ohne Pappus; ssp. sativa für Kaffee-Ersatz (Zichorie)	Gem. Wegwarte (Cichorium intybus)
Asteraceae – Cichoroideae	gelb	ohne Rosette – untere Blätter buchtig bis fiederspaltig; Köpfchen in Rispen	mit Pappus – Pappus nicht gefiedert – für Bienen 2farbig (zentrale UV-freie Zone)	Wiesen-Pippau (Crepis biennis)
Asteraceae – Cichoroideae	gelb	ohne Rosette – Blätter ganzrandig, stengelumfassend, lang und spitz ausgezogen; Hüllblätter lang	mit Pappus – von 8–14 Uhr geöffnet – für Bienen 2farbig (zentrale UV-freie Zone)	Wiesen-Bocksbart (Tragopogon pratensis)
Asteraceae – Cichoroideae	gelb	mit Blattrosette – verzweigt, mit Schuppenblättern – Blätter gezähnt, zerstreut borstig; Köpfchen mit Spreublättern	mit Pappus – Pappus gefiedert – für Bienen 2farbig (zentrale UV-freie Zone)	Gemeines Ferkelkraut (Hypochoeris radicata)
Asteraceae – Cichoroideae	gelb	mit Blattrosette – verzweigt, mit Schuppenblättern – Blätter schrotsägeförmig – Pflanze meist kahl	mit Pappus – Pappus gefiedert – für Bienen 2farbig (zentrale UV-freie Zone)	Löwenzahn – Leontodon: Herbst-L. (L. autumnalis)
Asteraceae – Cichoroideae	gelb	mit Blattrosette – Stengel blattlos, unverzweigt – Blätter schrotsägeförmig – Pflanze rauhhaarig	mit Pappus – Pappus gefiedert – für Bienen 2farbig (zentrale UV-freie Zone)	Löwenzahn – Leontodon: Rauher L. (L. hispidus)
Asteraceae – Cichoroideae	gelb	mit Blattrosette – Stengel blattlos, unverzweigt – Blätter schrotsägeförmig – Stengel dick, hohl, fleischig	mit Pappus – Pappus einfach – «Pusteblume», vgl. «Frühjahrsblüher» – für Bienen 2farbig (zentrale UV-freie Zone)	Löwenzahn – Gemeiner L. (Taraxacum officinale)
Asteraceae – Cichoroideae	gelb	mit Blattrosette – Stengel blattlos, unverzweigt – Blätter verkehrt eiförmig, langhaarig, unterseits filzig; Köpfchen unterseits oft rötlich	mit Pappus – Pappus einfach – für Bienen 2farbig (zentrale UV-freie Zone)	Kleines Habichtskraut (Hieracium pilosellum)

beachte Fortsetzung!

Tab. 7. Fortsetzung

Fam.	Blütenfarbe	weitere wichtige Merkmale	Sonstiges	Name
Dipsacaceae	violett	Blätter fiederspaltig; Blüten schwach zygomorph, die äußeren «strahlend»	zeigt trockene Lagen an	Acker-Witwenblume (Knautia arvensis)
Fabaceae	gelb	Blätter mehrzählig gefiedert, Endfieder viel größer als die anderen	Bestäubung v.a. durch Hummeln; Blüten mit «Pumpeinrichtung»	Wundklee (Anthyllis vulneraria)
Fabaceae	gelb	Blätter 3zählig gefiedert: Köpfchen wenigblütig, doldenartig; Fahne oft rot angelaufen; Nebenblätter wie Fiedern	auch «bienen-gelb»; Blüten mit «Pumpeinrichtung»	Gemeiner Hornklee (Lotus corniculatus)
Fabaceae	gelb	Blätter 3zählig gefiedert: Köpfchen sehr dicht, kugelig, vielblütig: Köpfchen klein; Endfieder deutlich länger gestielt als Seitenfiedern 	Hülse gekrümmt (Name!); Mittelrippe der Fiedern zu Spitze auslaufend	Hopfen-Schneckenklee (Medicago lupulina)
Fabaceae	gelb	Blätter 3zählig gefiedert: Köpfchen sehr dicht, kugelig, vielblütig: Endfieder nicht länger gestielt als seitliche Fiedern: Köpfchen sehr klein; Fiedern ausgerandet 	Hülse nicht gekrümmt: Fiedern ausgerandet; Stengel rötlich, niederliegend	Klee (Trifolium): Zwerg-K. (T. dubium)
Fabaceae	rot-rosa	Blätter 3zählig gefiedert: Köpfchen sehr dicht, kugelig, vielblütig: Endfieder nicht länger gestielt als seitliche Fiedern: Köpfchen groß	Hülse nicht gekrümmt: oft angebaut; max. Blütenbesuch um 13 Uhr	Klee (Trifolium): Wiesen-K. (T. pratense)
Fabaceae	weiß	Blätter 3zählig gefiedert: Köpfchen sehr dicht, kugelig, vielblütig: Endfieder nicht länger gestielt als seitliche Fiedern: Köpfchen groß	Hülse nicht gekrümmt: oberirdische Ausläufer	Klee (Trifolium): Weiß-K. (T. repens)
Lamiaceae vgl. Tab. 8				
Plantaginaceae s. Tab. 3				
Rosaceae (Rosoideae)	grünlich	keine Krone: Fiedern rundlich; Köpfchen kugelig; viele Staubblätter	windblütig, untere Blüten männlich, obere weiblich, mittlere zwittrig	Wiesenknopf (Sanguisorba): Kleiner W. (S. minor)
Rosaceae (Rosoideae)	rot-braun	keine Krone: Fiedern herzförmig-länglich; Köpfchen eiförmig; Kelch gefärbt; 4 Staubblätter	insektenblütig; Blüten zwittrig; ringförmiges Nektarium	Wiesenknopf (Sanguisorba): Großer W. (S. officinalis)

Tab. 8: Blüten in Scheinquirlen, die einen ährenartigen Gesamtblütenstand bilden

Fam.	Blüten-farbe	weitere wichtige Merkmale	Sonstiges		Name
Lamiaceae	violett	Blätter ganzrandig bis schwach gekerbt; Kelch 2lippig; Krone bis 1 cm	Blätter gekerbt; Trockenrasenpflanze (Bei P. grandiflora ist die Krone ca. 2 cm lang)		Kleine Braunelle (Prunella vulgaris)
	rot-lila	Pflanze klein, niederliegend	ätherische Öle (Blätter zerreiben)	Trockenrasen Gewürzpflanze	Feld-Thymian (Thymus serpyllum)
	blau	nur 2 Staubblätter, die stark umgewandelt sind: Hebelmechanismus		Drüsenhaare	Wiesen-Salbei (Salvia pratensis)

Tab. 9: Blüten in Dichasien

Fam.	Blüten-farbe	weitere wichtige Merkmale			Sonstiges		Name	
Caryophyllaceae	weiß	Kelch frei	Kronblätter höchstens 1/3 eingeschnitten	Kronblätter wesentlich länger als Kelch; Blätter graugrün	5 Griffel	Pflanze kurz behaart; kalkliebend	Hornkraut (Cerastium)	Acker-H. (C. arvense)
				Kelch- und Kronblätter etwa gleich lang		Pflanze kahl oder behaart		Gemeines H. (C. vulgatum = C. holosteoides)
		Kelch verwachsen	Kelch aufgeblasen, blaßviolett, netzaderig		Nebenkrone; Bestäubung durch Nachtfalter		Taubenkropf (Silene vulgatum = S. inflata)	
	rot oder rosa		Kronblätter tief 2spaltig		Nebenkrone; 2häusig; Bestäubung durch Tagfalter; genotypische Geschlechtsbestimmung durch X- und Y-Chromosomen		Rotes Leimkraut, Rote Nachtnelke, Rote Lichtnelke (Silene dioica = Melandrium rubrum)	
			Kronblätter rosa, tief 4spaltig		feuchte Wiesen; oft mit «Kuckucksspeichel» (Schaum mit Larve der Schaumzikade)		Kuckucks-Lichtnelke (Lychnis flos-cuculi)	
			Dichasien doldenartig; Kronblätter gezähnt; trockenhäutige Hochblätter unter dem Kelch		Bestäubung durch Falter; «bienen-blau»; gynodiözisch		Karthäuser-Nelke (Dianthus carthusianorum)	

Arbeitsaufgaben

1. Ordnen Sie die Pflanzen einer Wiese nach ihren Blütenstandstypen (vgl. Tabelle!). Die Aufgabe kann arbeitsteilig durchgeführt werden: Jede Gruppe sucht nach ganz bestimmten Blütenständen.
2. Zeichnen Sie ein Profildiagramm einer Wiese vor dem ersten (zweiten) Schnitt. Es wird eine Fläche von ca. 2 m × 30 cm abgesteckt, vor der Längsseite wird mit der Sichel tief abgemäht, dahinter wird ein großer Pappkarton gestellt und mit Stöcken befestigt. Nun läßt sich bei horizontalem Einblick recht gut eine maßstabsgetreue Skizze des Wiesen-Aufbaus anfertigen, die einzelnen Arten können schematisch dargestellt werden. Bei Arbeitsteilung können von verschiedenen Gruppen verschiedene Wiesentypen aufgenommen werden.
3. Vergleichen Sie die Artenzusammensetzung verschiedener Wiesentypen (z. B. von den Hängen eines Tales bis in den Talgrund).
   Es werden jeweils Probeflächen von 16 m² aufgenommen. Die vorkommenden Arten werden notiert, ihre Häufigkeit nach der Schätzskala von BRAUN-BLANQUET geschätzt:

5	Deckung 76–100%	
4	Deckung 51– 75%	der Individuen- bzw. Triebzahl
3	Deckung 26– 50%	
2	Deckung 5– 25%	
1	Deckung unter 5%, 6–50 Individuen bzw. Triebe	
+	Deckung unter 5%, 2– 5 Individuen bzw. Triebe	
r	1 Individuum bzw. Trieb, auch in der Nachbarschaft der Aufnahmefläche selten.	

4. Vergleich von unterschiedlich bewirtschaftetem Grünland (Methode wie bei Aufgabe 3 oder einfach Notieren der Artenzahl). Auch der Einfluß der Jauchedüngung auf die Artenzusammensetzung ist recht aufschlußreich, oft sind Böschungen und Feldraine ungedüngt.
5. Langzeit-Beobachtung: Die Aspekte einer Wiese.
   Notieren Sie die Blütezeiten bestimmter Arten vom Frühjahr bis zum Herbst (der Zeitpunkt der Mahd muß jeweils festgehalten werden). Die einzelnen Aspekte können mit Farbfotos belegt werden.

Literatur

AICHELE, D. und H.W. SCHWEGLER: Wiesen, Weiden, Ackerland. Kosmos-Biotop-Führer. Franckh, Stuttgart 1973

BERTSCH, K.: Die Wiese als Lebensgemeinschaft. Maier, Ravensburg 1947

v. DENFFER, D.: Morphologie. In Lehrbuch der Botanik für Hochschulen (begründet von E. STRASBURGER et al.) G. Fischer, Stuttgart, 32. A., 1984

ELLENBERG, H.: Vegetation Mitteleuropas mit den Alpen. Ulmer, Stuttgart, 4. A., 1986
KLAPP, E.: Wiesen und Weiden. Parey, Berlin/Hamburg, 4. A., 1971
KNAPP, R.: Einführung in die Pflanzensoziologie. Ulmer, Stuttgart 1971
RAUH, W.: Unsere Wiesenpflanzen. Winters naturwissenschaftliche Taschenbücher. Winter, Heidelberg, 5. A., 1966
SCHMIDT, H.: Die Wiese als Ökosystem. Aulis, Köln 1979
TISCHLER, W.: Agrarökologie. G. Fischer, Jena 1965
–: Biologie der Kulturlandschaft. G. Fischer, Stuttgart, New York 1980
TROLL, W.: Die Infloreszenzen. G. Fischer, Stuttgart 1964/1969
WEBERLING, F. und H.O. SCHWANTES: Pflanzensystematik. UTB 62. 5. A., Ulmer, Stuttgart 1987
WEBERLING, F.: Morphologie der Blüten und der Blütenstände, Ulmer, Stuttgart 1981

V. Gräser

Thematische Schwerpunkte

Bedeutung der Gräser
Morphologie: Bauplan der Grasgewächse (Poaceae)
Bau der Grasährchen
Diagnostisch wichtige Merkmale
Ökologie: Wuchsformen
Biotope

Exkursionsziele

Dieses Kapitel ist in erster Linie als Hilfe für andere, biotopgebundene Exkursionen gedacht. Wenn eine spezielle Exkursion durchgeführt werden soll, so bieten sich an:
Mähwiese (vor dem ersten Schnitt im Juni)
Waldrand
Ödland
Getreidefelder

1. Die Bedeutung der Gräser

Das Fehlen auffälliger Blüten als Folge der Windblütigkeit und ihre z. T. große habituelle Ähnlichkeit läßt die Unterscheidung der verschiedenen Grasarten zunächst schwierig erscheinen. Der Anfänger hat deshalb meist eine Abneigung gegen diese Pflanzengruppe, und die Kenntnis der Gräser steht in krassem Gegensatz zu ihrer großen wirtschaftlichen und ökologischen Bedeutung. Wir haben deshalb dieser Gruppe ein eigenes Kapitel gewidmet. Auch aus didaktischen Gründen ist es sinnvoll, den Gräsern – eventuell zusammen mit den Sauergräsern und Binsengewächsen – eine eigene Exkursion zu widmen, die sich schwerpunktmäßig mit den diagnostisch wichtigen Merkmalen dieser Gruppe sowie mit leicht kenntlichen und wirtschaftlich bedeutsamen Arten befaßt.

Gräser sind seit dem Beginn menschlicher Kultur stete Begleiter des Menschen gewesen: Die ersten Kulturen des Ackerbaus und der Viehzucht entstanden vermutlich in den Grasfluren des «Fruchtbaren Halbmond». Bis in die Gegenwart stellen die Gräser mit den Getreidearten Weizen, Reis und Mais (daneben Roggen, Hirsearten, Gerste und Hafer) sowie dem Zuckerrohr die wichtigsten Nährstofflieferanten. Als Futtergräser sind sie außerdem Grundlage für die Fleisch- und Milchproduktion. Im umgekehrten Sinn spielen einige Gräser als «Unkräuter» eine Rolle, besonders Acker-Fuchsschwanz, Quecke, Flughafer und Windhalm. Schließlich nutzen wir die Gräser flächendeckend in Rasen- bzw. Parkanlagen und Sportplätzen, das Bild eines verlandenden Sees wird von weitem durch den Schilfgürtel geprägt, und in den Tropen treten die Bambusarten als einzige verholzende Gräser sogar waldbildend auf.

Die großen natürlichen Grasgebiete, die «Steppen» Asiens, die «Prärien» Nordamerikas, die «Pampas» Südamerikas und die «Savannen» Afrikas sind dort entstanden, wo geringe Niederschläge oder häufige Brände Waldwuchs nicht mehr aufkommen lassen. Dort sind Gräser die wichtigsten Primärproduzenten. In Europa sind ausgedehnte Grasfluren erst in der Folge menschlicher Besiedlung entstanden (vgl. Kap. IV). Werden Wiesen und Weiden nicht mehr bewirtschaftet, so kommt es schnell zu einer Verbuschung und schließlich Bewaldung; Gräser sind also in unserer Kulturlandschaft «überrepräsentiert».

2. Bauplan der Grasgewächse (Poaceae) (vgl. Abb. V.1)

Die Grasgewächse besitzen – wie für die Klasse der Liliatae (Einkeimblättrige Bedecktsamer) charakteristisch, aber meist nicht so ausgeprägt – lange, schmale, parallelnervige, ungestielte Blätter mit Blattscheide. Der Sproß trägt einen endständigen Blütenstand. Typisch für die Poaceen sind:

- Runde, hohle Sproßachsen mit deutlich erkennbaren Knoten («Halme»),
- vorzugsweise basale Verzweigung der Sprosse und Bildung sehr kurzer (Horstgräser), längerer (Rasengräser) oder sehr langer (Ausläufergräser) waagrechter Seitensprosse (vgl. Abb. V.2),
- zweizeilige Blattstellung,
- lange, meist offene Blattscheiden,
- zusammengesetzte Blütenstände (s. Abschnitt 2.4). Die Teilblütenstände sind selbst «Ährchen» von sehr einheitlichem Bau (s. Abschnitt 2.5).

2.1 Wurzeln

Zieht man eine Graspflanze aus dem Boden, so erkennt man ein Büschel gleichartiger, etwa gleichlanger Wurzeln. Im Gegensatz zu den meisten Zweikeimblättrigen geht bei den Gräsern und anderen Einkeimblättrigen die Keimwurzel bald zugrunde und wird durch zahlreiche sproßbürtige Wurzeln ersetzt (sekundäre Homorrhizie). Da bei den Gräsern die Seitenwurzeln jeweils oberhalb eines Knotens entspringen und die ersten Knoten sehr dicht aufeinander-

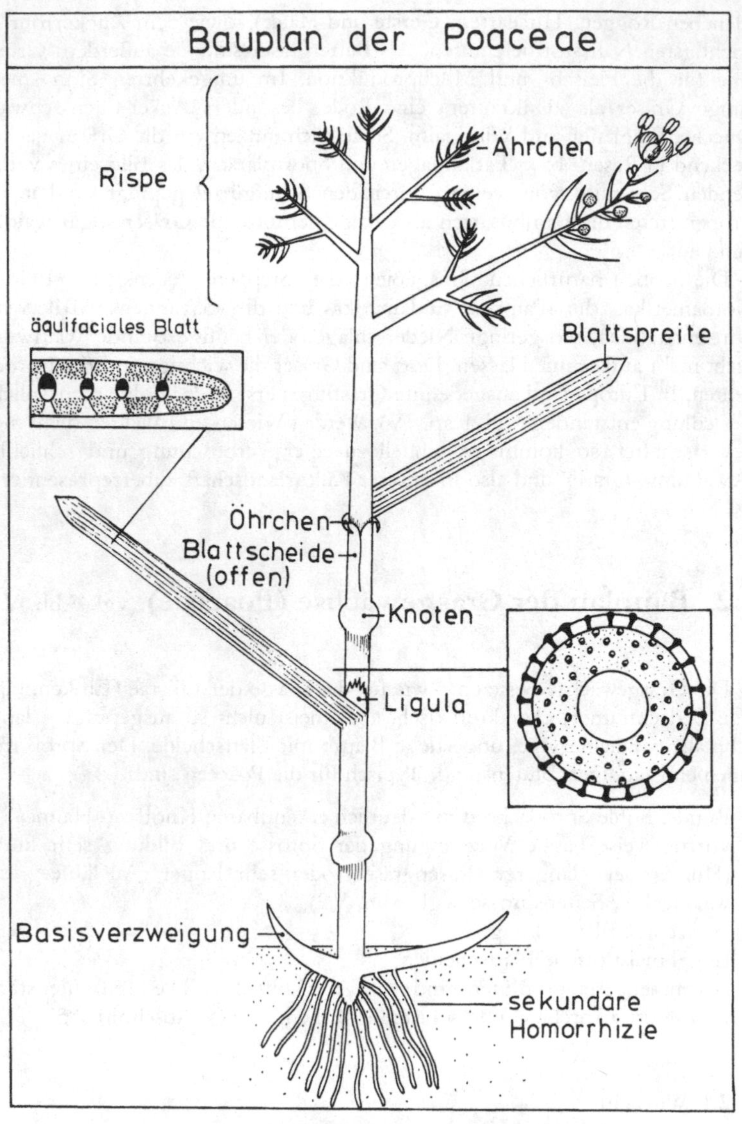

Abb. V.1: Achsenquerschnitt: Festigungsgewebe und Holzteil der Leitbündel schwarz folgen, stehen auch die Wurzeln eng beieinander. Erst wenn das (primäre) Dickenwachstum des Halmes weitgehend abgeschlossen ist, streckt sich dieser stark in die Länge. Bei Bodenkontakt, insbesondere bei Ausläufern, können sich in vielen Fällen auch noch die entfernt stehenden Knoten des Halmes bewurzeln.

Als ausgesprochene Flachwurzler können die Gräser nur oberflächliches Bodenwasser nutzen. Besonders gut gedeihen sie daher in Klimaten mit häufigen, nicht zu starken Niederschlägen («grüne Insel» Irland, Großbritannien). Nicht zu Unrecht ist der «englische Rasen» weltberühmt.

2.2 Halm

Der anatomische Bau der Grashalme ist verantwortlich für ihre hohe Biegungs- und Zugfestigkeit. Die Festigungselemente sind vorzugsweise an der Peripherie in einem Sklerenchymring angeordnet, im Zentrum ist die Markhöhle ausgespart. So wird mit geringem Materialaufwand eine hohe Biegungsfestigkeit erreicht. Lange Sklerenchymfasern bewirken die hohe Zugfestigkeit, die allerdings nicht über die Knoten hinwegreicht: Zieht man kräftig an einem Halm, so reißt er oberhalb eines Knotens, da hier die Sklerenchymfasern in einem Bereich noch teilungsfähiger Zellen (Meristem) nicht ausdifferenziert sind. Dieses Gewebe erkennt man an seiner bleichen Farbe.

Beim Wachstum addieren sich Teilungs- und Streckungswachstum der Meristeme aller Knoten. Deshalb weisen einige Grasarten so hohe Wachstumsgeschwindigkeiten auf: Roggen ca. 1 mm/h, Bambus ca. 2 cm/h! (Der Durchschnittswert bei Blütenpflanzen beträgt ca. 0,3 mm/h).

Verzweigungstypen: Seitentriebe bilden sich bei Gräsern meist nur an den untersten Knoten (basitone Förderung). Sind sie kurz und das Gras ausdauernd, so entsteht ein «Horst» (z.B. Schafschwingel). Die Seitentriebe können aber auch eine kurze Strecke unter- oder oberirdisch im Rasenfilz waagrecht wachsen, ehe sie sich bewurzeln und aufrichten. Dies ist für «Rasengräser» typisch (z.B. Gemeines Straßengras, Weidelgras). Die Verzweigung und damit die Dichte des Rasens kann durch häufigen Schnitt erhöht werden. Schließlich gibt es eine Reihe von Grasarten, bei denen die Seitentriebe mehr oder weniger lange Ausläufer bilden. Solche «Ausläufergräser» mit oberirdischen Ausläufern sind z.B. das Gemeine Rispengras und das Weiße Straußgras, mit unterirdischen Ausläufern die Gemeine Quecke und das Wiesen-Rispengras, extrem lange Ausläufer hat das Schilfrohr. Zwischen Horst-, Rasen- und Ausläufergräsern gibt es alle Übergänge.

2.3 Blätter

Die Blattscheiden junger Gräser umhüllen den Trieb und schützen den Vegetationspunkt. Einige Gräser, v.a. die Arten der Gattung *Bromus* (Trespe), haben geschlossene Blattscheiden. Die Blattspreite ist manchmal borstenför-

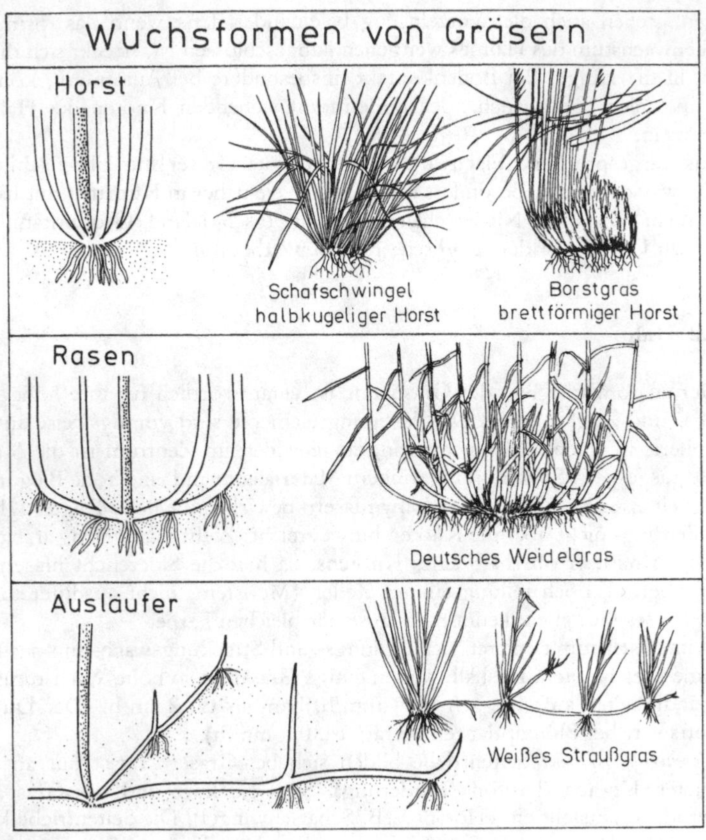

Abb. V.2

mig, so beim Schafschwingel und bei der Drahtschmiele. In diesen Fällen bleiben die ohnehin sehr schmalen Spreiten mehr oder weniger zusammengefaltet bzw. -gerollt.

Bei den Gräsern mit flacher Blattspreite können die jungen Blätter gefaltet oder gerollt sein. Die Blattspreiten können glatt (Schilf) oder mehr oder weniger stark gerillt (gerieft) sein (extrem stark bei der Rasenschmiele, «Stresemanngras»). Eine charakteristische Doppelrille («Skispur») weisen manche Rispengras-Arten *(Poa)* auf.

Auch an der Stelle, wo die Blattscheide in die Spreite übergeht, befinden sich wichtige Unterscheidungsmerkmale: das Blatthäutchen (Ligula) und evtl. die «Öhrchen» (vgl. Abb. V.3). Beim Schilf und beim Pfeifengras ist die Ligula durch einen Haarkranz ersetzt.

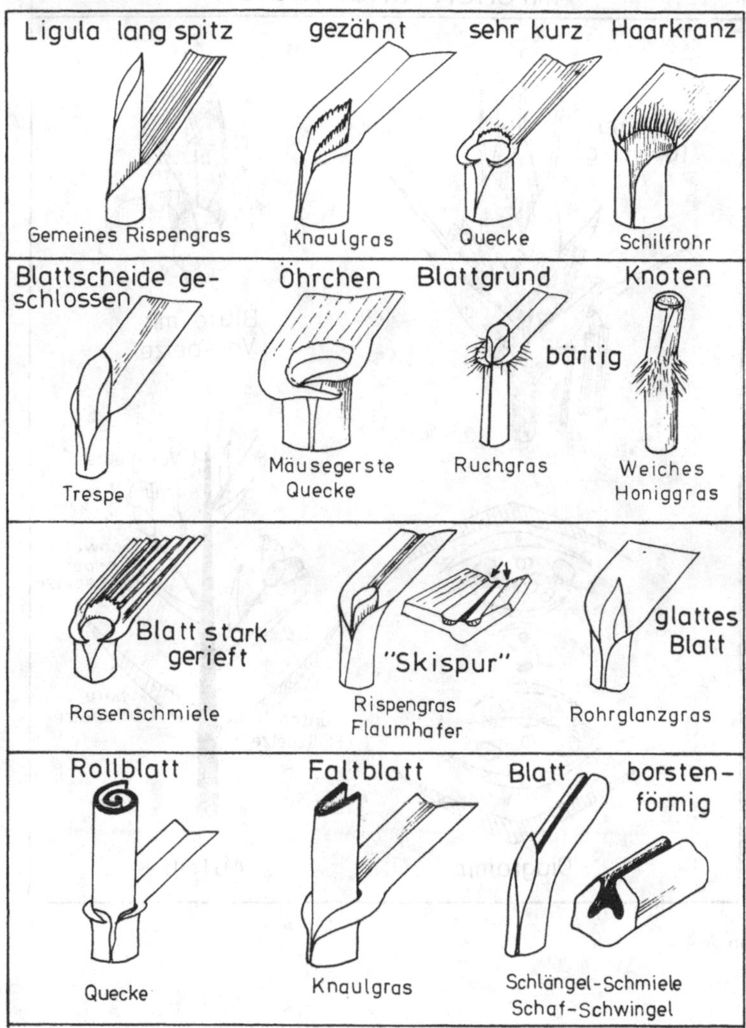
Merkmale von Blattspreite und Blattgrund
Ligula lang spitz
gezähnt
sehr kurz
Haarkranz
Gemeines Rispengras
Knaulgras
Quecke
Schilfrohr
Blattscheide geschlossen
Öhrchen
Blattgrund
bärtig
Knoten
Trespe
Mäusegerste
Quecke
Ruchgras
Weiches Honiggras
Blatt stark gerieft
"Skispur"
glattes Blatt
Rasenschmiele
Rispengras
Flaumhafer
Rohrglanzgras
Rollblatt
Faltblatt
Blatt borstenförmig
Quecke
Knaulgras
Schlängel-Schmiele
Schaf-Schwingel

Abb. V.3

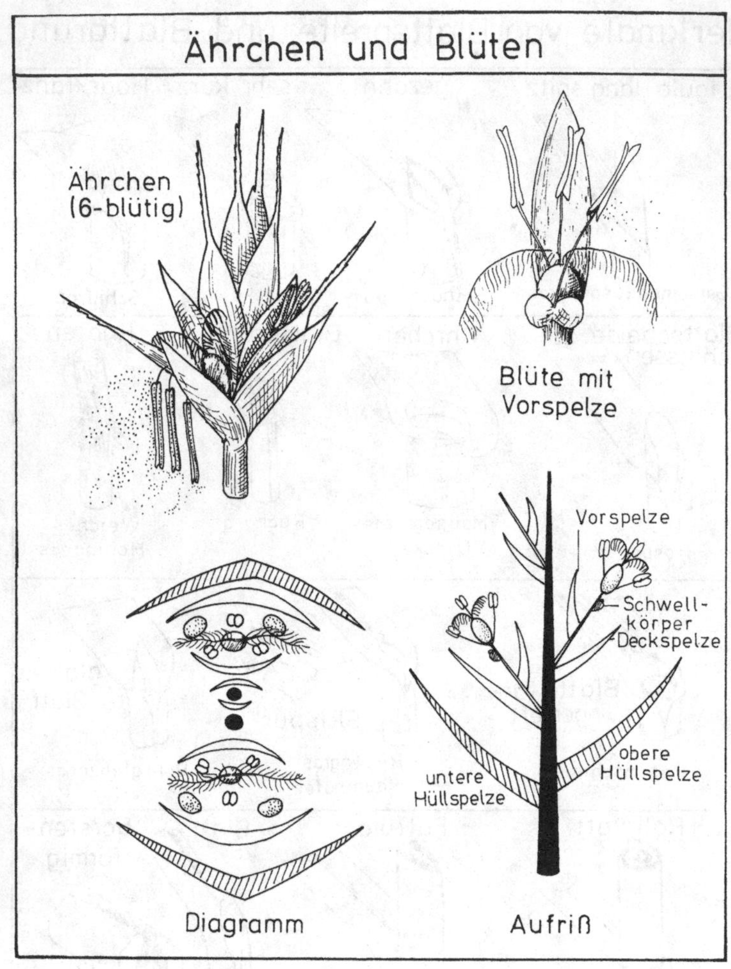

Abb. V.4

2.4 Blütenstände

Was der Anfänger für die Blüten der Gräser halten mag, sind in Wirklichkeit kleine Teilblütenstände, die «Ährchen». Diese sind ihrerseits in rispigen, traubigen oder ährigen Blütenständen angeordnet (vgl. Abb. V.5). Die Rispen der Gräser sind übrigens dadurch ausgezeichnet, daß sie sehr oft mehrere Äste an einer Spindelstufe tragen.

2.5 Ährchen und Blüten

Die Blüten der Gräser sind sehr stark vereinfacht. Sie bestehen aus 3 Staubblättern, einem Fruchtknoten mit einer einzigen Samenanlage und 2 langen fiederigen Narbenästen. Wie in Abb. V.4 dargestellt, wird die Blüte von einer Vorspelze umgeben und entspringt der Achsel einer Deckspelze. Die Deckspelzen tragen oft eine Granne auf ihrer Rückseite. Zwischen der Vorspelze und den fertilen Blütenteilen liegen 2 Schwellkörperchen (Lodiculae), die die Blüte durch Anschwellen öffnen. Bei den meisten Arten sind mehrere Blüten pro Ährchen vorhanden, seltener nur eine (z. B. Straußgras). Alle Blüten eines Ährchens werden von (meist) 2 Hüllspelzen umschlossen.

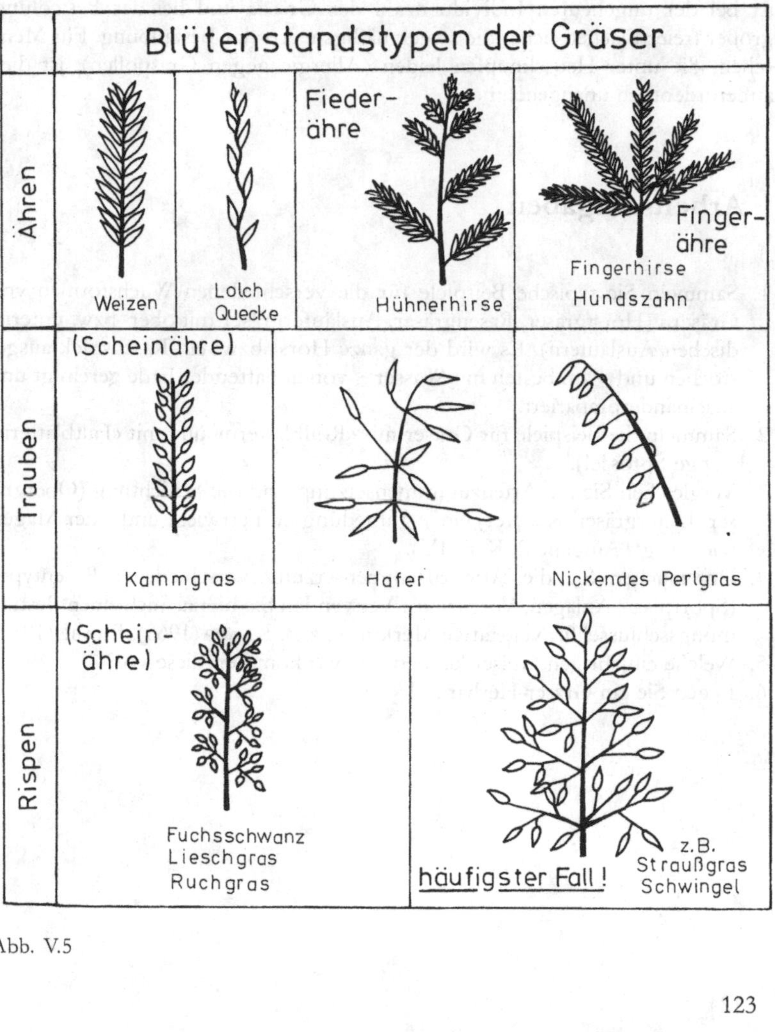

Abb. V.5

Es ist letztlich noch ungeklärt, ob z. B. die Vorspelze als Rest eines Perigons zu deuten ist. Wichtig ist, sich zu merken, daß die Zahl der Blüten der Zahl der Deckspelzen entspricht, da man diese und die Hüllspelzen von außen gut sehen kann.

Die Grasblüten sind hervorragend an die Windbestäubung angepaßt: Die Filamente strecken sich bei Pollenreife sehr schnell und schieben die Antheren aus den Spelzen hinaus (schnellstes Streckungswachstum bei höheren Pflanzen). Sie sind sehr dünn, so daß die Antheren vom leisesten Windhauch geschüttelt werden. In kurzer Zeit werden diese entleert, danach spreizen die Schwellkörperchen die Spelzen auseinander, die Narbenäste entfalten sich und hängen aus der Blüte heraus. Die fiederig verästelten Narben stellen eine Reuse für die mit dem Wind herangewehten Pollenkörner dar. Die Windbestäubung ist bei der ungeheuren Individuenzahl der Gräser und bei der Besiedlung großer freier Flächen sicher die zweckmäßigste Art der Bestäubung. Für Menschen, die unter Heuschnupfen leiden (Allergie gegen Graspollen), ist dies außerordentlich unangenehm.

Arbeitsaufgaben

1. Sammeln Sie typische Beispiele für die verschiedenen Wuchsformen von Gräsern (Horstgräser, Rasengräser, Ausläufergräser mit ober- bzw. unterirdischen Ausläufern). Es wird der ganze Horst bzw. ein Rasenstück ausgestochen und – am besten mit Wasser – von anhaftender Erde gereinigt und auseinanderpräpariert.
2. Sammeln Sie Beispiele für Gräser mit «Rollblättern» und mit «Faltblättern» (junge Sprosse!).
3. Vergleichen Sie die Artenzusammensetzung und die Schichtung (Obergräser, Untergräser, Kräuter) einer gutgedüngten Fettwiese und einer Magerwiese (vgl. Aufgabe 2, Kap. IV).
4. Untersuchen Sie die Artenzusammensetzung verschiedener Rasentypen (Sportplatz, Anlagen, Vorgärten). Verwenden Sie hierzu auch einen Bestimmungsschlüssel für vegetative Merkmale, z. B. Klapp (1965), Raabe (1951).
5. Welche einjährigen Gräser kennen Sie, wo kommen diese vor?
6. Legen Sie ein Gräser-Herbar an!

Übersicht

Getreidegräser s. Tab. 1 a/b, S. 126

Gräser der Dünen und Sandheiden s. Tab. 2 a/b, S. 127

Blütenstand				Ährchen	Sonstiges	Name/Tab.
Ähre				2zeilig, vielblütig, begrannt oder unbegrannt		Tab. 3 S. 128
Scheinähre				± dicht-schraubig, begrannt oder unbegrannt, 1- oder vielblütig	Zeichnung schematisch	Tab. 4 S. 129
mehrere Ähren						Tab. 5 S. 130
Rispe (oder Traube)	ohne deutliche Grannen	eng beisammen		an den Zweigenden knäuelig gehäuft vielblütig, grün	Rispe einseitswendig, Äste einzeln; Scheide 2schneidig; Ligula lang; Pflanze rauh, horstbildend, bis 1 m; im Wald Dactylis aschersoniana	Knäuelgras (Dactylis glomerata)
Rispe (oder Traube)	ohne deutliche Grannen	eng beisammen		nicht an den Zweigenden knäuelig gehäuft, 1- oder mehrblütig	Rispe allseitig, oft ± eng zusammengezogen	Tab. 6 S. 131
Rispe (oder Traube)	ohne deutliche Grannen	entfernt voneinander		wenigblütig (1–2blütig, selten bis 4blütig), klein		Tab. 7 S. 132, 133
Rispe (oder Traube)	ohne deutliche Grannen	entfernt voneinander	vielblütig	klein, eiförmig	Spreite z.T. mit «Kahnspitze», z.T. mit «Skispur»; Scheide halb geschlossen	Rispengras (Poa), Tab. 8 S. 134
Rispe (oder Traube)	ohne deutliche Grannen	entfernt voneinander	vielblütig	rundlich-herzförmig, zusammengedrückt, nickend	Rispe klein, locker, mit wenigen langgestielten Ährchen; bis 30 cm Wiesen; ab V.	Zittergras (Briza media)
Rispe (oder Traube)	ohne deutliche Grannen	entfernt voneinander	vielblütig	groß, länglich		Tab. 9 S. 135
Rispe (oder Traube)	deutlich begrannt	entfernt voneinander	vielblütig	unterschiedlich	Blattscheiden weit geöffnet; 1–2 Äste auf der unteren Stufe der Rispe	Schwingel (Festuca) Tab. 10 S. 136
Rispe (oder Traube)	deutlich begrannt	entfernt voneinander	vielblütig	sehr groß, mit langen Grannen	Blattscheiden weit geschlossen, oben V-förmig sich öffnend; Pflanze meist stark behaart	Trespe (Bromus) Tab. 11 S. 137
Rispe (oder Traube)	deutlich begrannt	entfernt voneinander		wenigblütig (nur 1–4 Grannen)		Tab. 12 a–c S. 138, 139

Tab. 1.: Getreide (vgl. auch S. 234)

a) Ährengräser

Ähre		Ährchen		Grannen	Blätter	Sonstiges	Name
2zeilig	mit Gipfelährchen 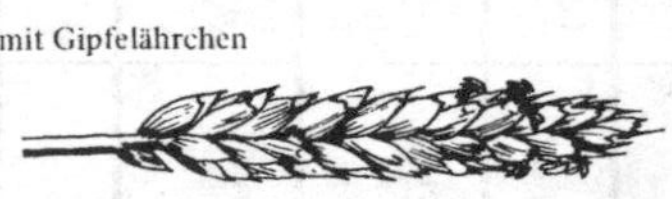	einzeln auf jeder Stufe	mehrblütig 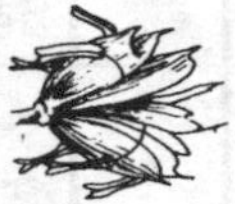	lang, kurz oder fehlend	Öhrchen behaart	Ähre lange aufrecht, erst spät nickend	Weizen (Triticum)
	ohne Gipfelährchen		2blütig	sehr lang	Öhrchen klein oder fehlend	Ähre nickend	Roggen (Secale cereale)
2-, 4- oder 6zeilig; Gipfelährchen verkümmert 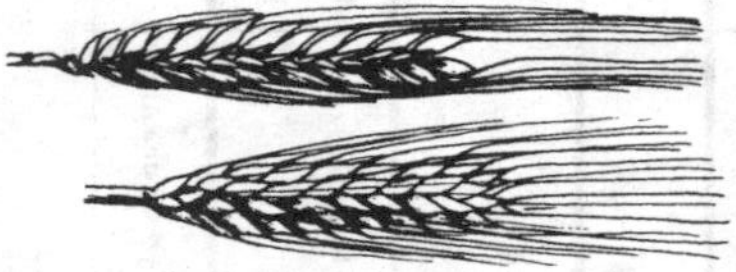		auf jeder Stufe 3 1blütige Ährchen nebeneinander 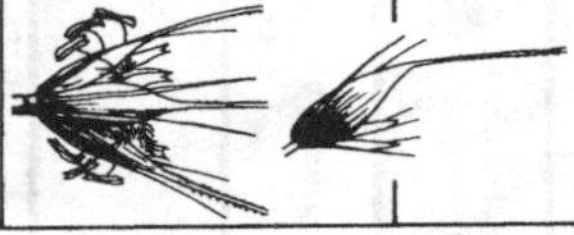		extrem lang	sehr große umgreifende Öhrchen	Ähre nickend; fruchtbar sind entweder alle 3 Blüten eines Ährchens oder nur die beiden äußeren oder nur das mittlere	Gerste (Hordeum), meist Zweizeilige G. (H. distichon), seltener Mehrzeilige G. (H. vulgare)

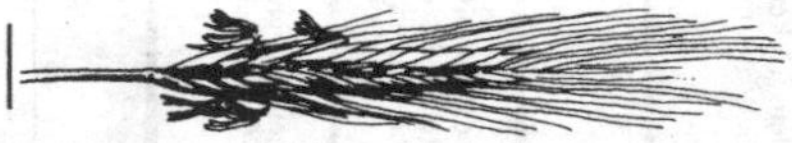

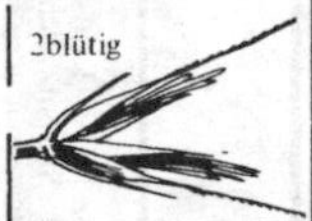

b) Rispengräser:

Saathafer (Avena sativa): Rispe groß, allseitig bis schwach einseitig; Ährchen dick, unbegrannt, hängend; keine Öhrchen.

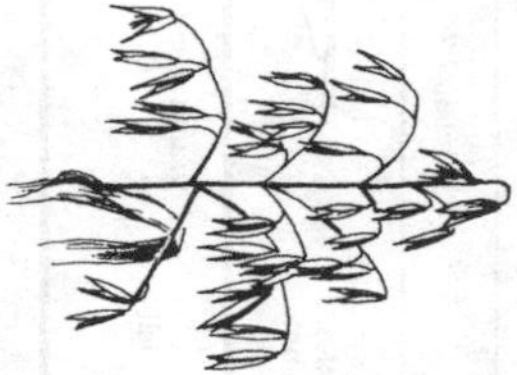

Mais, Welschkorn (Zea mays): Blüten eingeschlechtig, in rein männlichen bzw. weiblichen Ährchen, die in getrennten Blütenständen (1häusig) stehen: die männlichen in großer lockerer Rispe am Ende des Stengels, die weiblichen in Kolben weiter unten am Stengel; Blätter bis 1 m lang, bis ca. 8 cm breit; Stengel mit Mark erfüllt; Heimat S-Amerika.

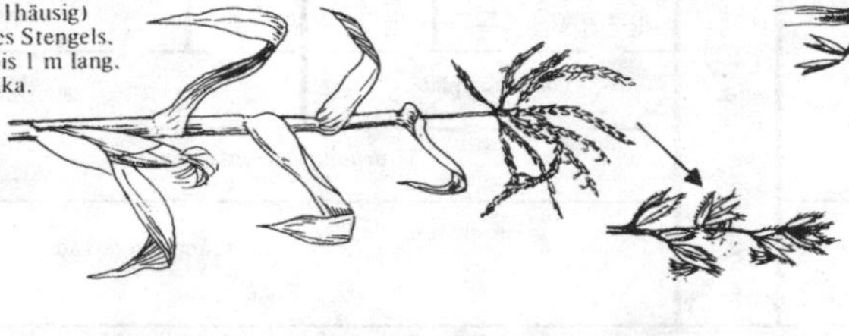

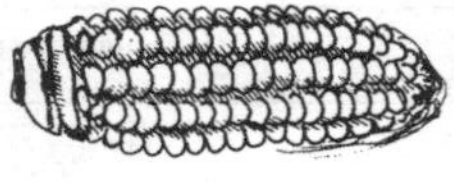

Tab. 2: Gräser der Dünen und Sandheiden

a) Ährengräser

Blütenstand	Ährchen		Blätter	Sonstiges/Habitus	Name
1 Ähre	unbegrannt	einzeln, abgeflacht, Breitseite gegen Hauptachse	bläulichgrau, oft eingerollt, oberseits deutlich gerippt	bis 60 cm, lange Ausläufer; VI–VIII 	Binsen-Quecke (Agropyron junceum)
1 Ähre	unbegrannt	zu 2 	blaugrau, breit oder eingerollt, steif, scharf zugespitzt	großes Gras (bis über 1,5 m), mit langen Ausläufern; V–VII 	Strandroggen (Elymus arenarius = Leymus arenarius)
Scheinähre	unbegrannt			s. diese Tabelle b): Rispengräser	
mehrere Ähren	unbegrannt			s. Tab. 5, S. 130	Schlickgras (Spartina)

b) Rispengräser

Ährchen			Blätter	Sonstiges/Habitus	Name
unbegrannt bzw. undeutlich begrannt	1blütig		graugrün, oberseits weißlich, schmal und lang, z.T. eingerollt, steif	Rispe sehr dicht, scheinährenartig; großes Gras (bis 1,2 m), horstbildend; kräftige verzweigte Rhizome; VI–VII 	Strandhafer, («Dünengras») (Ammophila arenaria)
unbegrannt bzw. undeutlich begrannt	2blütig	Grannen kaum herausragend 	grau, borstlich (fest eingerollt); Scheiden violett	kleines Gras, bis 30 cm, dichte kleine Horste Rispe nach der Blüte sehr eng; V!–VII 	Silbergras (Corynephorus canescens)
begrannt	2blütig		eingerollt	Rispenäste sehr kurz, Rispe daher scheinährenartig; bis 20 cm; V–VI, einjährig 	Frühe Schmiele (Aira praecox)
begrannt	2blütig		fadenförmig (borstlich, aber weich)	Rispe locker; s. Tab. 12 c, S. 139	Deschampsia (Avenella) flexuosa

Tab. 3: Wildwachsende Ährengräser (bei der Zwenke sind die Ährchen kurz gestielt)

Ährchen / Abb.: Ähre	Grannen	Blätter	Größe	Standort	Blütezeit	Sonstiges	Name
abgeflacht – Schmalseite gegen Hauptachse 	+ oder –	mit Öhrchen	bis 60 cm	Wege, Rasen, Wiesen	ab V	horstbildend	Weidelgras, Lolch, Raygras (Lolium, meist L. perenne)
abgeflacht – Breitseite gegen Hauptachse 	+ oder –	mit Öhrchen	bis über 1 m	Zäune, Hecken, Gärten, Äcker	ab VI	unterirdische Ausläufer	Quecke (Agropyron); meist Gemeine Q. (A. repens)
abgeflacht – Breitseite gegen Hauptachse; was zunächst als 1 Ährchen erscheint, sind tatsächlich 3 einblütige Ährchen nebeneinander 	sehr lang	mit Öhrchen	bis 40 cm	Straßenränder, Schuttplätze usw.	ab VI	obere Blattscheide aufgeblasen	Mäusegerste (Hordeum murinum)
spindelförmig 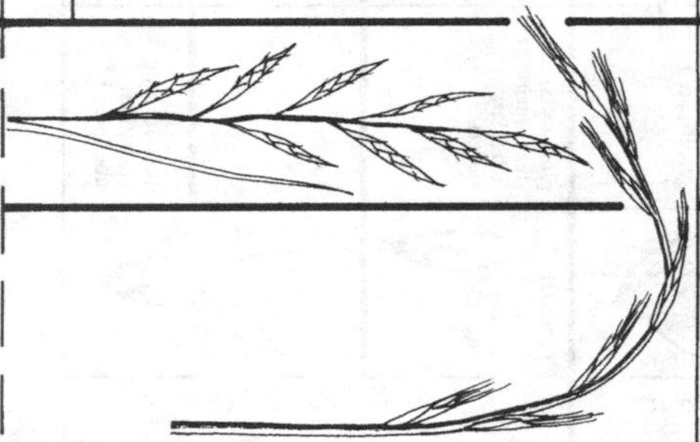	kurz	ca. 6 mm breit	bis 1 m	Waldrand, Böschungen, Wiesen	ab VI	Halme meist unbehaart	Zwenke (Brachypodium): Fieder-Z. (B. pinnatum)
spindelförmig	lang, fein	bis 12 mm breit, stark überhängend	bis 60 cm	Wald, Waldrand	ab VII	Ähre stark überhängend; Halm dicht behaart	Zwenke (Brachypodium): Wald-Z. (B. silvaticum)

Tab. 4: Scheinährengräser

Blütenstand	Grannen	Ährchen	Größe	Standort	Blütezeit	Sonstiges	Name
allseitig; sehr dicht walzenförmig 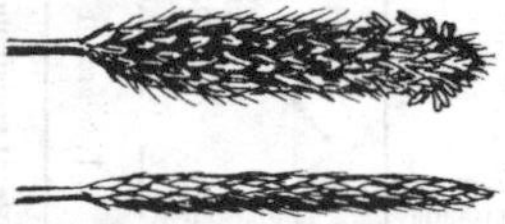	1 Granne pro Ährchen		bis ca. 1 m	Wiesen, Äcker, Brachland	ab V	Acker-F. (A. myosuroides) mit sehr schlanker Scheinähre	Fuchsschwanz (Alopecurus), meist Wiesen- und Acker-F. (A. pratensis und A. myosuroides)
 allseitig; sehr dicht walzenförmig	je 2 kurze Grannen, ein U bildend (Stiefelknecht)		bis ca. 1 m	Wiesen	ab VI		Lieschgras (Phleum), meist Wiesen-L. (P. pratense)
 allseitig; sehr dicht walzenförmig	lange borstliche Haare, die Ährchen überragend		bis ca. 60 cm	Brachland, Wegränder, Schuttplätze	ab VII	Halme meist aufsteigend; horstbildend; Haare oft rotviolett	Borstenhirse (Setaria), meist Grüne B. (S. viridis)
allseitig; aufgelockert, kurz 	kurz 	länglich-spindelförmig 	bis ca. 60 cm	Wiesen	ab IV	trocken mit Cumarin-Geruch, Wurzeln mit Kuhstallgeruch	Ruchgras (Anthoxanthum odoratum)
einseitswendig, kurz, dicht 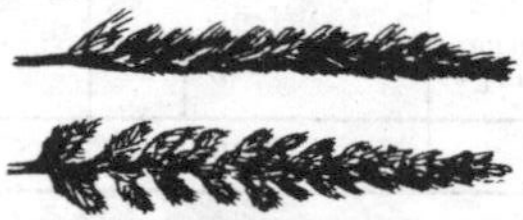		kammartig (fertiles Ährchen wird von einem sterilen Ährchen verdeckt)	bis ca. 60 cm	Wiesen	ab VI	von der Rückseite ist die Ährenachse als Zickzack-Linie zu sehen	Kammgras (Cynosurus cristatus)

Tab. 5: Gräser mit mehreren Ähren

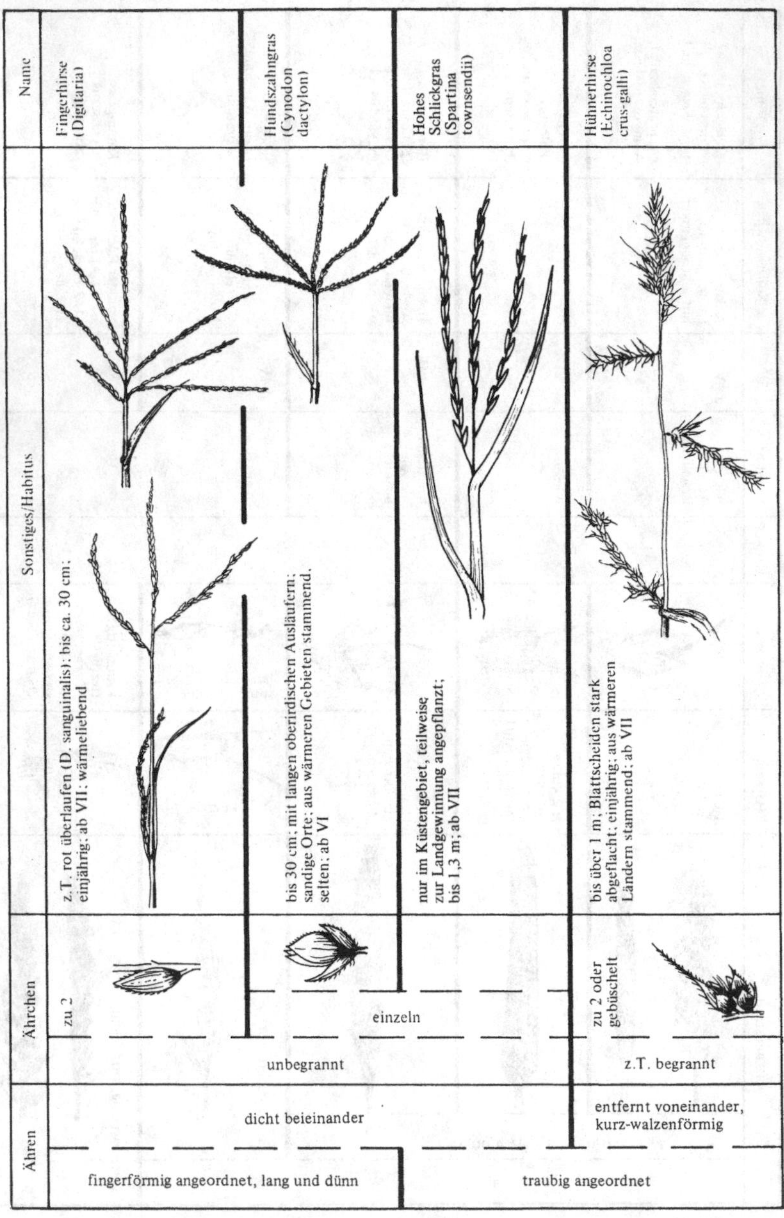

Ähren		Ährchen		Sonstiges/Habitus	Name
fingerförmig angeordnet, lang und dünn	dicht beieinander	unbegrannt	zu 2	z.T. rot überlaufen (D. sanguinalis); bis ca. 30 cm; einjährig; ab VII; wärmeliebend	Fingerhirse (Digitaria)
			einzeln	bis 30 cm; mit langen oberirdischen Ausläufern; sandige Orte; aus wärmeren Gebieten stammend. selten; ab VI	Hundszahngras (Cynodon dactylon)
traubig angeordnet				nur im Küstengebiet, teilweise zur Landgewinnung angepflanzt; bis 1,3 m; ab VII	Hohes Schlickgras (Spartina townsendii)
	entfernt voneinander, kurz-walzenförmig	z.T. begrannt	zu 2 oder gebüschelt	bis über 1 m; Blattscheiden stark abgeflacht; einjährig; aus wärmeren Ländern stammend; ab VII	Hühnerhirse (Echinochloa crus-galli)

Tab. 6: Rispengräser ohne deutliche Grannen; Ährchen eng beieinander, aber nicht geknäuelt; Rispe allseitig, oft zusammengezogen

Ährchen	Habitus	Blätter	Größe	Standort	Blütezeit	Sonstiges	Name
weißlich, rosa oder violett (hell); 2blütig; Spelzen breit	Spindelstufen 1–2ästig	schmal; Scheiden rotgestreift	bis 80 cm	Wiesen, Brachland, Kahlschläge	ab VI	ganze Pflanze samtartig weich behaart; horstbildend, kalkmeidend	Wolliges Honiggras (Holcus lanatus)
weißlich, rosa oder violett (hell); 1blütig; schlank länglich	Spindelstufen vielästig	z.T. recht breit und lang	bis über 1 m	meist Wald	ab VII	längere Haare zwischen den Spelzen	Reitgras (Calamagrostis), meist Land-R. (C. epigeios) od. Wald-R. (C. canescens)
weißlich, rosa oder violett (hell); 1blütig; Spelzen breit	Spindelstufen 1–2ästig	breit, steif, spitz; Ligula groß	bis über 1.5 m	Ufer, Sümpfe	ab VI	Halm verzweigt sich später an den Knoten	Rohrglanzgras (Typhoides = Phalaris arundinacea)
dunkelviolett, mehrblütig, behaart		breit, steif, spitz; Haarkranz statt Ligula	bis über 3 m	Ufer, Sümpfe	VIII	sehr lange Ausläufer; Spindelstufen vielästig	Schilf (Phragmites communis = P. australis)

Tab. 7: Rispengräser ohne deutliche Grannen; Ährchen entfernt voneinander, klein, wenigblütig

Rispe	Ährchen	Blätter	Größe	Standort	Blütezeit	Sonstiges	Name
meist viele Äste auf der unteren Stufe 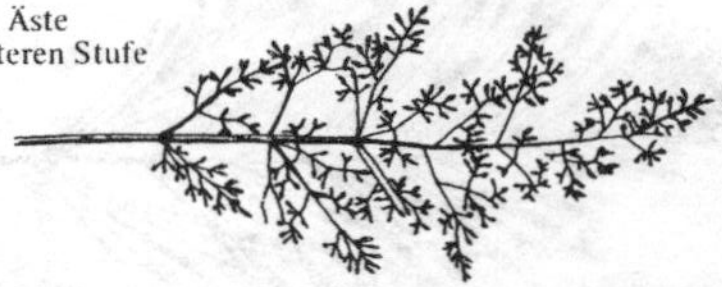	rotviolett oder weiß; 1blütig	relativ kurz, lanzettlich	meist weit unter 1 m	ver-schieden	ab VI	Rispenäste zart; Ausläufer, Rasenfilz	Straußgras (Agrostis, meist A. tenuis)
langgezogen 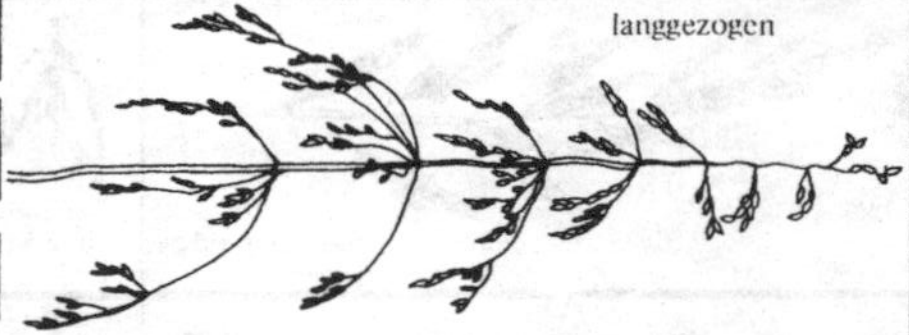	blaßgrün; 1blütig	Spreite breit, oft verdreht; Ligula lang, zerschlitzt	bis über 1 m	Laubwald	ab V	untere Rispenäste abwärts gerichtet	Waldflattergras, Waldhirse (Milium effusum)
groß, vielästig 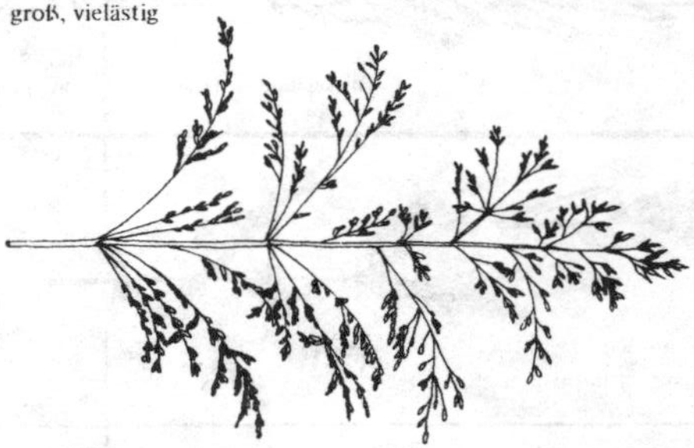	2blütig, weißlich 	dunkelgrün, schmal, stark gerieft, sehr rauh, im Gegenlicht stark gestreift (vgl. Name!)	bis über 1 m	feuchte Stellen, Wald, Waldrand, Kahlschläge, Gräben usw.	ab VII	Rispenäste überhängend; horstbildend; Spelzen sehr kurz begrannt	Rasen-Schmiele, «Stresemann-gras» (Deschampsia caespitosa)
Äste ± waagrecht abstehend, Rispe daher meist pyramidal (vgl. Fortsetzung!)							
mit vielen Ährchen (vgl. Fortsetzung)							

Tab. 7, Fortsetzung

Rispe		Ährchen		Blätter	Größe	Standort	Blütezeit	Sonstiges	Name	
mit vielen Ährchen	Äste in spitzem Winkel abstehend; locker verzweigt 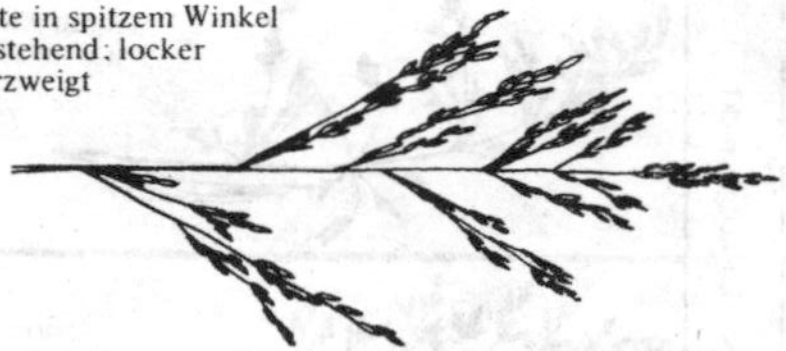	1–4blütig, dunkelviolett gescheckt 		sehr lang, schmal; Haarkranz statt Ligula	bis über 1 m	feuchter Laubwald, Moore (dort kleinere Form)	ab VII	Halm knoten- und blattlos, zäh, oft sehr lang; horstbildend	Pfeifengras (Molinia caerulea)	
mit wenigen Ährchen	Äste einseitig überhängend 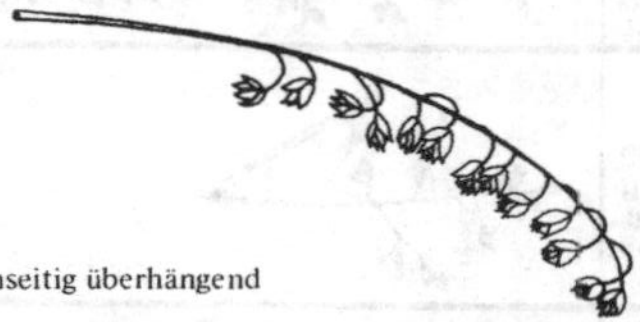	bräunlich-violett mit weiß	2–3-blütig 	überhängend	bis 30 cm	Waldrand	ab V	Halme schräg stehend	Perlgras (Melica)	Nickendes P. (M. nutans)
mit wenigen Ährchen	Äste steif aufrecht abstehend 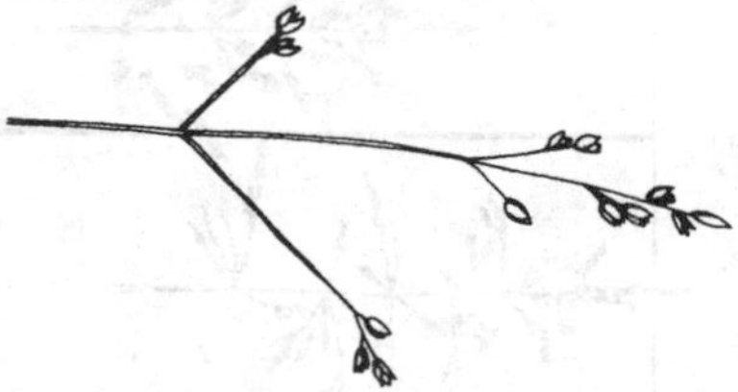	bräunlich-violett mit weiß	1blütig 	überhängend; Ligula mit spitzem Anhängsel gegenüber der Spreite	bis 30 cm	Waldrand	ab V	Halme schräg stehend; Ährchen entfernt voneinander	Perlgras (Melica)	Einblütiges P. (M. uniflora)

Tab. 8: Rispengras (Poa)

Rispe	Halm	Blatt	Ligula	Größe	Standort	Blütezeit	Sonstiges	Name
 pyramidal; mehrere Äste auf der unteren Stufe	dünn	Spreiten kürzer als ihre Scheiden	lang und spitz	bis 80 cm	Wiesen und angrenzende Gebiete	ab V	oberirdische Ausläufer	Gemeines R. (Poa trivialis)
			kurz	bis 60 cm			unterirdische Ausläufer; Grundblätter oft haarförmig	Wiesen-R. (P. pratensis)
etwas einseitswendig; 1–2 Äste auf der unteren Stufe  klein, wenigästig, mit wenigen Ährchen	dick, weich etwas flachgedrückt		länglich	bis 20 cm	Rasen, Wege, Äcker, Gärten	fast ganzjährig	Blätter relativ breit, rinnig; Name irreführend, da nicht immer 1jährig	Einjähriges R. (P. annua)
1–3 Äste auf der unteren Stufe 	stark flachgedrückt; dünn		kurz	bis 40 cm	Kies	ab VI	Pflanze graugrün, unterirdische Ausläufer	Flaches R. (P. compressa)
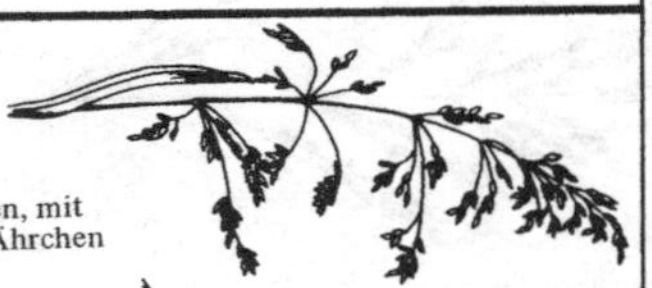 langgezogen, mit kräftigen Ährchen	stark flachgedrückt; dick			bis 80 cm	Wald, Waldrand		Blätter breit, glatt, glänzend; horstbildend; kalkmeidend	Berg-R. (P. chaixii)
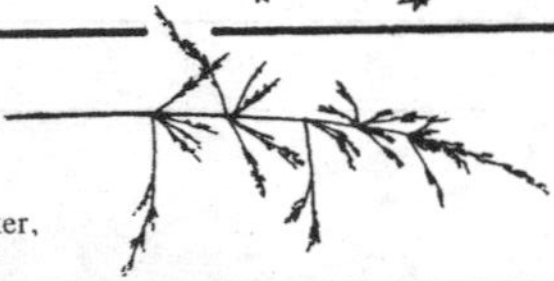 sehr locker, sehr zart	dünn	Spreiten länger als ihre Scheiden		bis 40 cm			Blattspreiten auffallend gerade abstehend: «Wegweisergras»	Hain-R. (P. nemoralis)

Tab. 9: Rispengräser ohne deutliche Grannen; Ährchen entfernt voneinander, groß, länglich, vielblütig

Ährchen	Rispe	Blätter	Größe	Standort	Blütezeit	Sonstiges	Name
spindelförmig 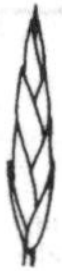	locker, langgezogen, einseitswendig, meist mit 2 Ästen auf der unteren Stufe 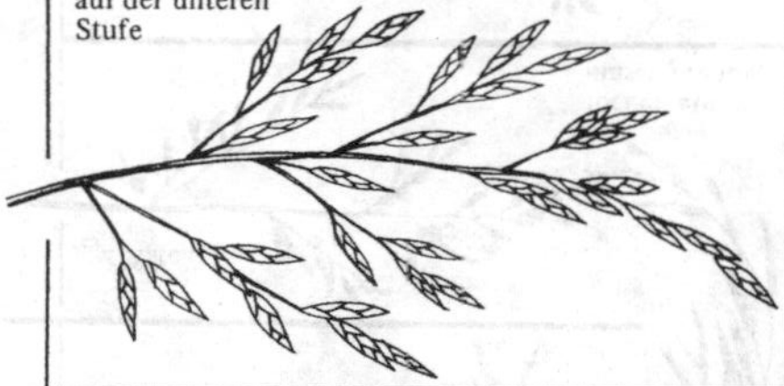	Scheide bis zum Knoten offen	bis 1,2 m	Gräben, Wiesen	ab VI	Halme oft schräg stehend; z.T. horstbildend	Schwingel (Festuca), hier Wiesen- und Rohr-S. s. Tab. 10 S. 136
spindelförmig	groß, locker, aufrecht, mit meist 5–6 Ästen auf der unteren Stufe 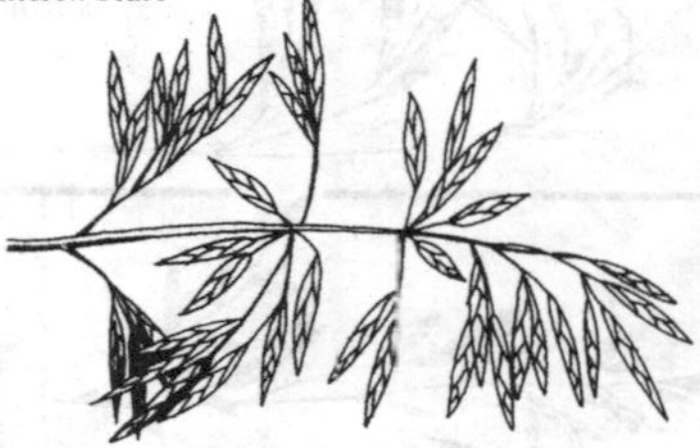	Scheide weit geschlossen; ohne Queraderung	bis 1 m	Straßenränder, Böschungen	ab VI	Rispenäste überhängend; Ausläufer; untere Äste meist zu 5–6	Wehrlose Trespe (Bromus inermis) S. Tab. 11 S. 137
lang, lineal oder kurz, wirken quergestreift 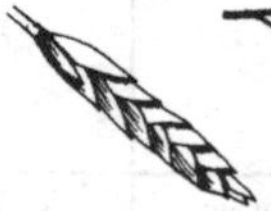	sehr groß, sehr locker 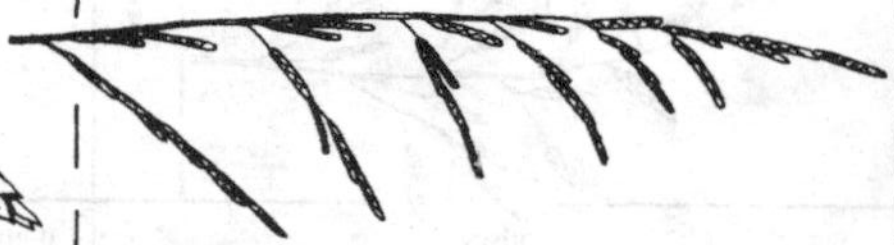	Scheide weit geschlossen; mit Queraderung	bis über 1 m	nasse Orte, z.T. im Wasser flutend	ab VI	Halme weich, sehr leicht knickend	Schwaden (Glyceria)

Tab. 10: Schwingel (Festuca)

Blätter	Grannen	Rispe	Rispenäste	Größe	Standort	Blütezeit	Sonstiges	
alle Blätter flach	–	locker, einseitswendig 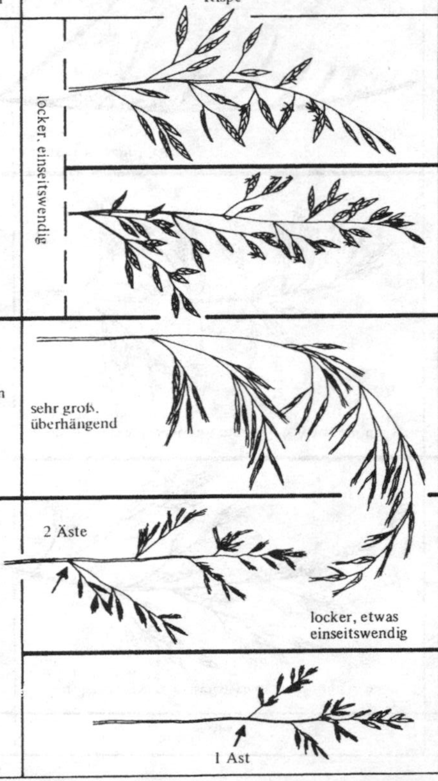	kurzer Ast der unteren Stufe mit 1–3 Ährchen	bis 80 cm	Wiesen	ab VI	Halme ± schräg stehend; Blätter hellgrün	Wiesen-S. (F. pratensis)
alle Blätter flach	–	locker, einseitswendig	kurzer Ast der unteren Stufe mit mehr als 3 Ährchen	bis 1,2 m	feuchte Wiesen, Gräben usw.	ab VI	Halme ± schräg stehend; Blätter steif, dunkelgrün, rauh, zäh, mit umgreifenden Öhrchen	Rohr-S. (F. arundinacea)
alle Blätter flach	lang, fein, 4 pro Ährchen	sehr groß, überhängend	lang, überhängend	bis 1,5 m	Wald, Waldrand	ab VII	Blätter breit, glänzend, am Rand rauh	Riesen-S. (F. gigantea)
Stengelblätter flach; Grundblätter borstlich	kurz	locker, etwas einseitswendig; 2 Äste	langer Ast der unteren Stufe halb so lang wie die Rispe	bis 60 cm	Brachland, Straßenränder, Triften, lichte Wälder	ab VI	Knoten oft dunkelviolett	Rot-S. (F. rubra) Sammelart
Stengelblätter borstlich; Grundblätter borstlich	kurz	1 Ast	kurz	bis 40 cm	Trockenrasen, Straßenränder	ab V	kleine dichte Horste	Schaf-S. (F. ovina) Sammelart

Tab. 11: Trespe (Bromus), hier die begrannten Arten; Wehrlose T. (B. inermis) s. Tab. 9

Ährchen	Rispe	Blätter	Größe	Standort	Blütezeit	Sonstiges	Name
kurz, dick, eiförmig; nach vorne verschmälert	eng; kurz; aufrecht, höchstens schwach überhängend	schmal	bis 80 cm	Brachland, Wege, Wiesen	ab V	ganze Pflanze weichhaarig; untere Äste zu 2–4	Weiche T. (B. mollis)
spindelförmig				(trockene) Wiesen		Blattrand bewimpert; kalkliebend	Aufrechte T. (B. erectus)
	groß, locker			Ödland	ab VI	untere Äste zu 4–6, bis 15 cm lang; Knoten und untere Scheiden behaart	Acker-T. (B. arvensis)
	sehr groß, weit überhängend; überhängend	bis 2 cm breit	bis 1,5 m	Wald		Äste lang, überhängend, die unteren zu 2; Knoten stark behaart; Ligula lang, bis 7 mm	Wald-T. (B. ramosus)
nach vorne verbreitert, groß, 3eckig	groß, sperrig, schwach überhängend	schmal	bis 60 cm	Ödland, Schuttplätze, Bahndämme	ab V	untere Äste zu 4–5; Ligula bis 4 mm lang	Taube T. (B. sterilis)
	klein, schlaff hängend		bis 30 cm			untere Äste zu 3–5; Ligula bis 2 mm lang; im S selten	Dach-T. (B. tectorum)

Tab. 12: Rispengräser mit deutlichen Grannen;

a) Wiesengräser mit wenigblütigen, glänzenden Ährchen; untere Spindelstufe mehrästig

Rispe	Ährchen	Grannen	Blätter	Größe	Blütezeit	Sonstiges	Name
schlank, etwas einseitswendig	meist hellgrün	1 «geknietete» Granne pro Ährchen, wenn 2, dann 1 kürzer	Spreite lang, schmal, spitz, rauh	bis 1 m	ab VI	Ligula kurz	Glatthafer (Arrhenatherum elatius)
allseitig aufrecht	groß, etwas violett	2–3 «geknie-te» Grannen pro Ährchen	Spreiten kahnförmig, die oberen sehr kurz; untere Scheiden behaart		ab V	Ligula groß	Flaumiger Wiesenhafer (Avena = Helictotrichon pubescens)
klein, pyramidal, zierlich, mit vielen Abastungen	gelb, klein	2–4 feine Grannen pro Ährchen	spitz	bis 50 cm	ab VI	Ligula kurz; viel zierlicher als die obigen Arten	Goldhafer (Trisetum flavescens)

Tab. 12 b): Rispengräser mit deutlichen Grannen: (Getreide-) Unkräuter mit wenigblütigen Ährchen

Rispe	Ährchen	Grannen	Blütezeit	Sonstiges	Name
sehr groß, etwas einseitswendig 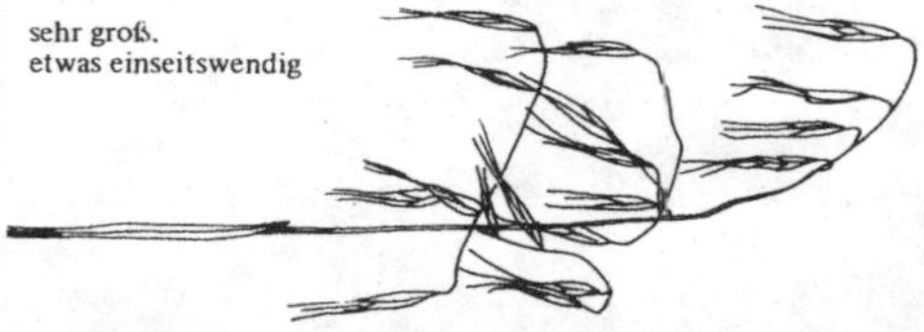	sehr kräftig, 2–3blütig 	3 Grannen pro Ährchen, davon 1 kürzer, oder nur 2 Grannen	ab VI	das Getreide überragend; Rispe größer und lockerer als die des Saathafers	Flug-, Windhafer (Avena fatua)
groß, allseitswendig; vielästig, sehr locker und zart 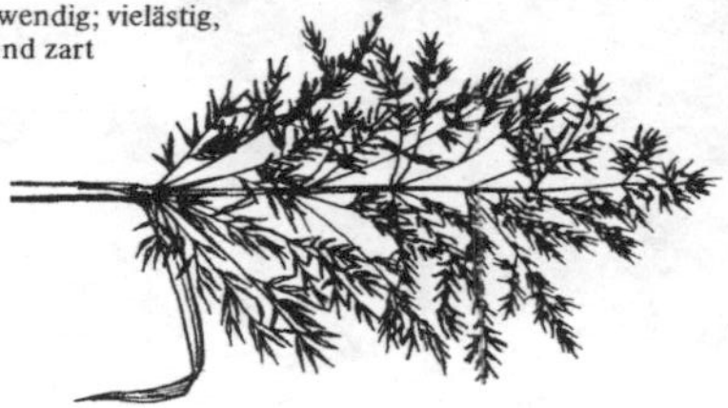	sehr zierlich 	sehr fein; 1 Granne pro Ährchen		kaum höher als das Getreide; Ligula lang, zerschlitzt	Windhalm (Apera spica-venti)

Tab. 12 c): Gras sandiger bzw. saurer Böden in Wäldern und auf Heiden

Rispe	Ährchen	Grannen	Blütezeit	Sonstiges	Name
Rispe locker, Äste zu 2, z.T. geschlängelt 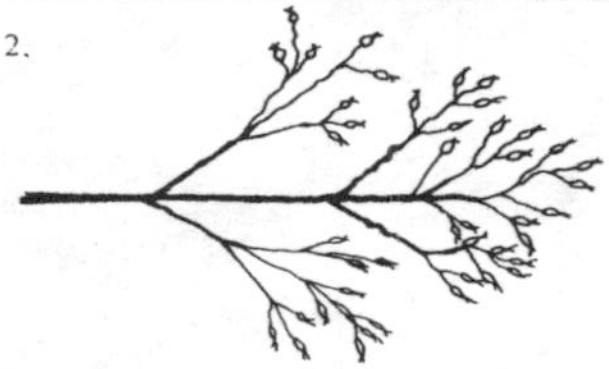	2blütig, glänzend 	sehr fein; 2 Grannen pro Ährchen	VI–VIII	Blätter fadenförmig (borstlich, aber lang und weich); meist bis ca. 40 cm, z.T. dicht-horstförmig; ähnlich ist Aira caryophyllea: Blätter kurz, nicht häufig	Draht-Schmiele (Deschampsia flexuosa = Avenella flexuosa)

Literatur

Aichele, D. und H.W. Schwegler: Unsere Gräser, Kosmos-Naturführer. Franckh, Stuttgart 8. A., 1986

Christiansen, M.S. und Hancke, V.: BLV-Bestimmungsbuch Gräser. BLV, München, Wien, Zürich 1980

Hubbard, C.E.: Gräser, UTB 233, Ulmer, Stuttgart 2. A., 1985

Kiffmann, R.: Illustriertes Bestimmungsbuch für Wiesen- und Weidepflanzen des mitteleuropäischen Flachlandes. Teil A, Echte Gräser (Gramineae). Selbstverlag, Freising-Weihenstephan 1970

Klapp, E.: Taschenbuch der Gräser. Parey, Hamburg/Berlin 11. A., 1983

– (neubearb. v. P. Boeker): Gräserbestimmungsschlüssel. Parey, Hamburg/Berlin 3. A., 1987

Petersen, A.: Das kleine Gräserbuch. Akademie-Verlag, Berlin 1961

Raabe, W.: Über die Gräser in Schleswig-Holstein. Mitt. der AG für Floristik in Schl.-Holst. u. Hambg. 3 (1951).

Weymar, H.: Buch der Gräser und Binsengewächse. Neumann, Radebeul und Berlin 1963

VI. Binsen- und Sauergrasgewächse (Juncaceae und Cyperaceae)

Thematische Schwerpunkte

Morphologie: Sproßaufbau (Ausläufer, Rasen, Horste)
Unterscheidungsmerkmale zu echten Gräsern
Reduktionen im Blütenbereich

Ökologie: Feuchtbiotope, Verlandung, Moorbildung

Exkursionsziele

Dieses Kapitel ist in erster Linie als Hilfe für andere, biotopgebundene Exkursionen gedacht. Wenn eine spezielle Exkursion durchgeführt werden soll, eignen sich feuchte Wiesen und Gräben, Verlandungszonen, Moore.

1. Vorkommen

Binsen- und Sauergrasgewächse sind grasähnliche windblütige Einkeimblättrige, die ihren Verbreitungsschwerpunkt – im Gegensatz zu den «echten» oder «Süßgräsern» – in Feuchtbiotopen haben. Davon kommt auch der Name «Sauergras»: Feuchte Wiesen neigen zum Vermooren, und die Bodenreaktion solcher wenig produktiven Wiesen ist oft sauer. Cyperaceen sind jedoch auch in nährstoffreichen Flachmooren, in den Verlandungszonen eutropher Gewässer sowie an Bachrändern und in Gräben häufig. Hier ist der Name irreführend. Die Bodenreaktion in einem Kalkflachmoor mit dem Breitblättrigen Wollgras ist z.B. nicht sauer, sondern sogar alkalisch. Einzelne Sauergräser haben sich auch an trockene Standorte angepaßt (Pillen-Segge, Blaugrüne Segge).

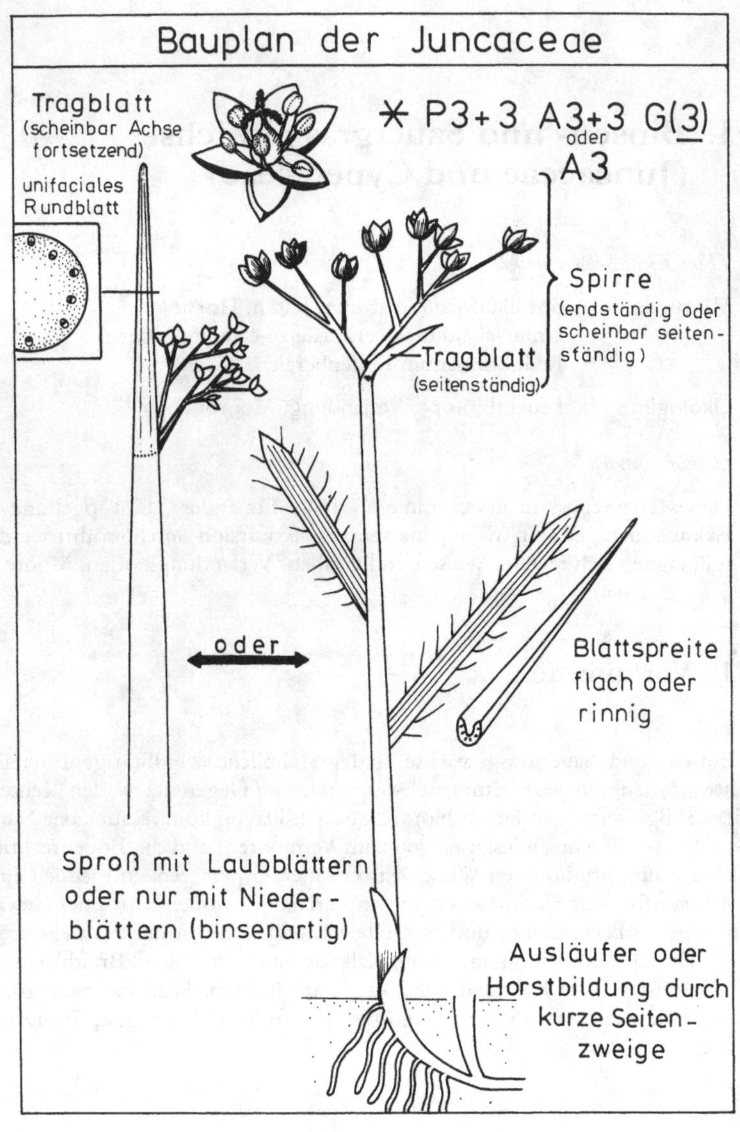
Bauplan der Juncaceae
Tragblatt
(scheinbar Achse
fortsetzend)
unifaciales
Rundblatt
∗ P3+3 A3+3 G(3)
oder
A3
Spirre
(endständig oder
scheinbar seiten-
ständig)
Tragblatt
(seitenständig)
oder
Blattspreite
flach oder
rinnig
Sproß mit Laubblättern
oder nur mit Nieder-
blättern (binsenartig)
Ausläufer oder
Horstbildung durch
kurze Seiten-
zweige

Abb. VI.1

2. Die Binsengewächse (Juncaceae, Ordnung Juncales)

Die Juncaceen entsprechen in ihrem Blütenbau den Lilienverwandten: P 3+3 A 3+3 oder A 3 G (3). Allerdings ist die Blütenhülle meist recht unscheinbar; die Perigonblätter sind klein, spelzenartig und bräunlich, gelblich oder weißlich. Meist sind viele Einzelblüten zu spirrigen oder kopfigen Blütenständen vereinigt (vgl. Abb. VI.1). Der dreiblättrige Fruchtknoten reift zu einer Kapselfrucht. Die Samen besitzen z. T. nährstoffreiche Anhängsel (Elaiosomen), die von Ameisen gefressen werden (Myrmekochorie, vgl. Kap. I). Elaiosomen sind besonders bei Waldarten verbreitet, was als eine besondere Anpassung ursprünglich anemochorer[1] Gattungen an das windarme Waldklima gedeutet wird.

In Mitteleuropa kommen zwei Gattungen der Familie vor: *Luzula* (Hainsimse) hat flache, relativ breite, am Rand gewimperte Blätter und endständige Blütenstände. Bei *Juncus* (Binse) sind die Blätter dagegen schmal, rinnig oder sogar stielrund. Die Blütenstände erscheinen teilweise seitenständig, da das unterste Tragblatt die Verlängerung der Hauptachse bildet (z.B. Flatterbinse). Das Markgewebe der Binsenarten ist meist sehr locker (Sternparenchym) und dient der Durchlüftung, eine Anpassung an nasse Standorte (vgl. Kap. VII).

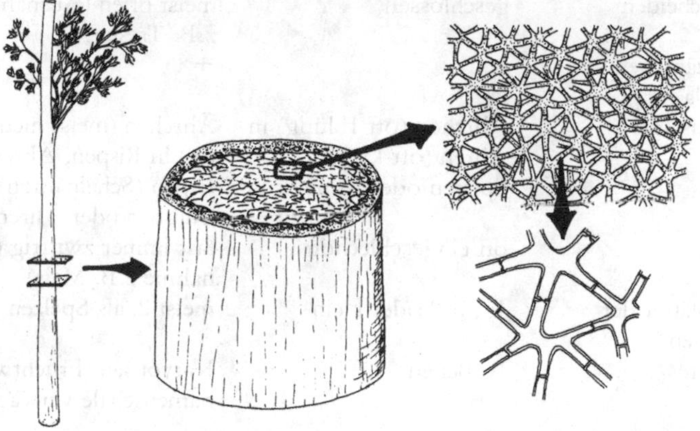

Abb. VI.2: Das Durchlüftungsgewebe (Aerenchym) der Flatter-Binse.
Das Mark von Binsen-Stengeln besteht aus einem sehr lockeren Sternparenchym, über das Wurzeln und Wurzelstock im nassen, sauerstoffarmen Boden mit Luftsauerstoff versorgt werden. Der sternartige Aufbau dieses styroporähnlichen Stengelmarks läßt sich mit der Lupe erkennen.

[1] Anemochorie = Windverbreitung

3. Sauergrasgewächse (Cyperaceae, Ordnung Cyperales)

Innerhalb der Cyperaceen kann man eine schrittweise Rückbildung der ursprünglich dreizähligen zwittrigen Liliaceenblüte verfolgen: Verschiedene Simsen zeigen noch Zwitterblüten mit 6 widerhakigen Borsten, die als Perigon gedeutet werden können und als Verbreitungsorgan an der Frucht bleiben. Beim Wollgras *(Eriophorum)* sind diese Perigonborsten zu einem Schopf langer weißer Haare vermehrt (Anemochorie). Bei den Seggen *(Carex)* dagegen sind die Blüten stark reduziert: Die männlichen Blüten bestehen nur aus einem Tragblatt und drei Staubblättern, die weiblichen aus einem Fruchtknoten, der von einem «Schlauch» (Utriculus) umhüllt wird (Deutung als ein in sich verwachsenes Tragblatt) (vgl. Abb. VI.3).

Zur sicheren Unterscheidung von Cyperaceen und Poaceen seien hier die wichtigsten Unterscheidungsmerkmale zusammengestellt:

Merkmal	Cyperaceae (Sauergrasgewächse)	Poaceae (Grasgewächse)
Stengel	meist dreikantig, markhaltig	rund, hohl
Blattstellung	meist dreizeilig	zweizeilig
Blattscheiden	geschlossen	meist offen (Ausnahme z. B. Trespe)
Blatthäutchen (Ligula)	–	+
Blütenstand	Ährchen (oft 1blütig) in Ähren (oft klein), Spirren oder Köpfchen	Ährchen (meist mehrblütig) in Rispen, Ährenrispen (Scheinähren), Trauben oder Ähren
Blüten	oft eingeschlechtig	fast immer zwittrig (Ausnahme z. B. Mais)
Hüllblätter der Ährchen	1, groß oder klein	meist 2, als Spelzen
Früchte	Nüßchen	Karyopsen (Fruchtwand u. Samenschale verwachsen)

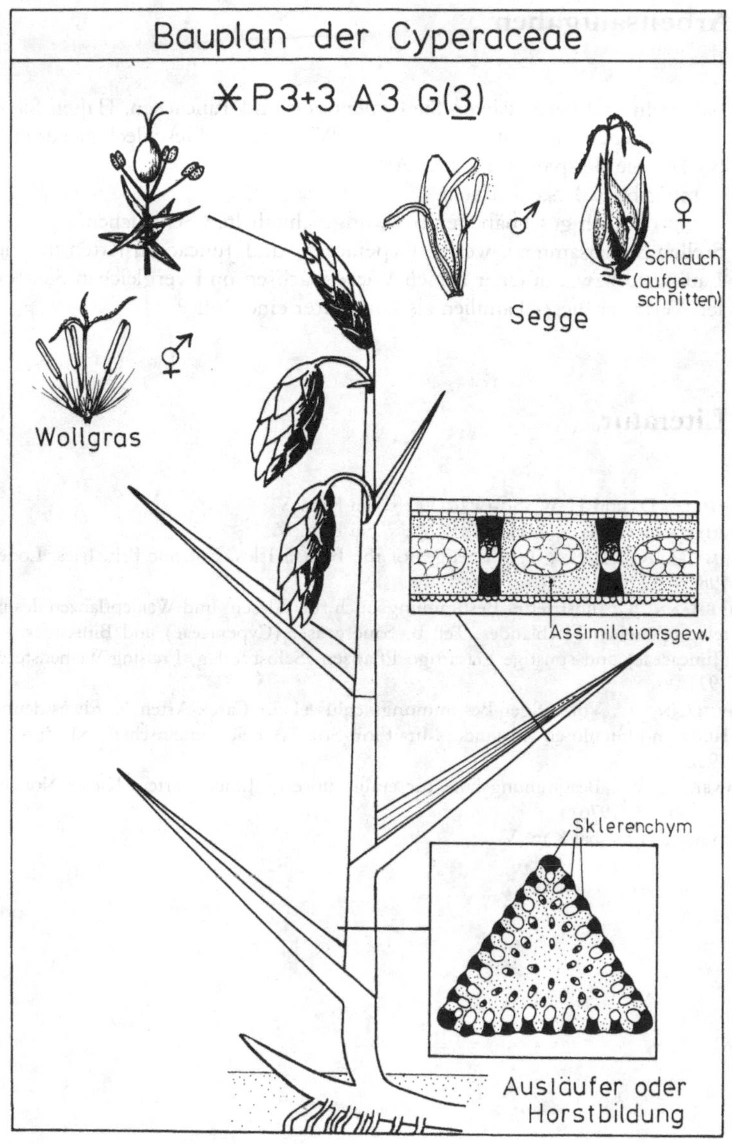

Abb. VI.3: In den Querschnitten Festigungsgewebe (Sklerenchym) schwarz

Arbeitsaufgaben

1. Sammeln und herbarisieren Sie Cyperaceen und Juncaceen. Halten Sie die verschiedenen Blütenstandstypen fest. Wie sind die Geschlechter verteilt?
2. Suchen Sie Beispiele für *Carex*-Arten
   - mit 2 bzw. 3 Narbenästen
   - mit deutlich geschnäbelten bzw. ungeschnäbelten Schläuchen.
3. Stellen Sie zusammen, welche Cyperaceen- und Juncaceen-Arten in einem Laubwald bzw. auf einer nassen Wiese wachsen und vergleichen Sie. Spielen Vertreter dieser Familien als Unkräuter eine Rolle?

Literatur

AICHELE, D. und H.W. SCHWEGLER: s. bei Kap. V

CHRISTIANSEN, M. S. u. HANCKE, V.: s. bei Kap. V.

JERMY, A. C., TUTIN, T.G.: Sedges of the British Isles. Bot.Soc.Brit. Isles, London 1982

KIFFMANN, R.: Illustriertes Bestimmungsbuch für Wiesen- und Weidepflanzen des mitteleuropäischen Flachlandes. Teil B, Sauergräser (Cyperaceae) und Binsengewächse (Juncaceae) und sonstige grasartige Pflanzen. Selbstverlag, Freising-Weihenstephan 1971

NEUMANN, A.: Vorläufiger Bestimmungsschlüssel für Carex-Arten Nordwestdeutschlands im blütenlosen Zustande. Mitt.Flor.-Soz.- Arbeitsgemeinschaft, NF *3*: 44–77, 1952

RAABE, E.-W.: Bestimmungshilfe für einige unserer Juncus-Arten. Kieler Notizen *8* (4): 50–63 (1976)

WEYMAR, H.: s. bei Kap. V.

Binsengewächse (Juncaceae); Übersicht

Blätter	Kapsel	Sonstiges/Abbildung	Name/Tab.
stielrund (Fortsetzung des Stengels)	vielsamig	Blütenstand scheinbar seitenständig	Binse (Juncus) Tab. 1 S. 148
borstlich oder grasartig flach, aber schmal, kahl		Blütenstand endständig	Binse (Juncus) Tab. 2 S. 149
grasartig flach, am Rand lang bewimpert	3samig		Hainsimse (Luzula) Tab. 3 S. 150

Tab. 1: Binse (Juncus): Pflanzen «binsenartig», scheinbar ohne Blätter; Blütenstand scheinbar seitenständig – das Hüllblatt bildet als stielartiges Blatt die Fortsetzung des Stengels (vgl. auch einige ähnliche Sauergräser, Cyperaceen – dortige Tab. 3)

Größe	Spirre	Stengel	Standort	Blütezeit	Sonstiges/Abbildung	Name
bis ca. 70 cm	dicht kugelig geknäuelt	matt – gerillt – graugrün	Gräben, nasse Böden	V–VI	Teilblütenstände einander genähert; Niederblätter matt	Knäuel-B. (J. conglomeratus)
bis ca. 70 cm	locker	matt – gerillt – graugrün	Gräben, nasse Böden	VI–VIII	Teilblütenstände einander genähert; Mark gekammert! Niederblätter glänzend	Graugrüne B. (J. inflexus = J. glaucus)
bis 1 m	locker	glänzend – glatt – grün	Gräben, nasse Böden	VI–VIII	Teilblütenstände einander genähert; Niederblätter matt	Flatter B. (J. effusus)
bis 1 m	locker	glänzend – glatt – grün	Strandwiesen der Nord- und Ostseeküste: salzliebend	VI–VIII	Teilblütenstände weit voneinander entfernt: Hüllblatt mit steifer, stechender Spitze: Niederblätter mit stechender Spitze 	Strand-B. (J. maritimus)

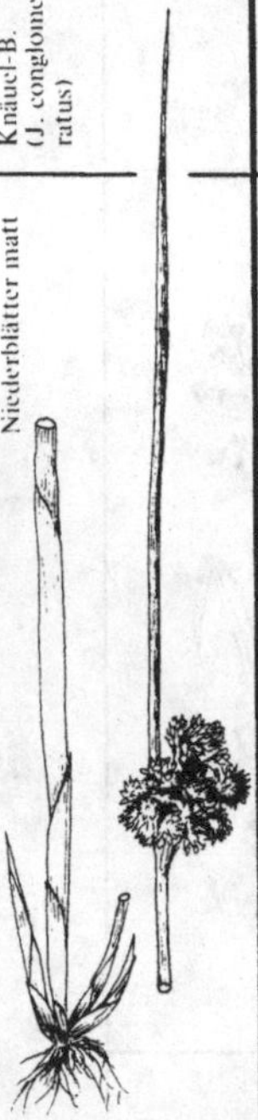

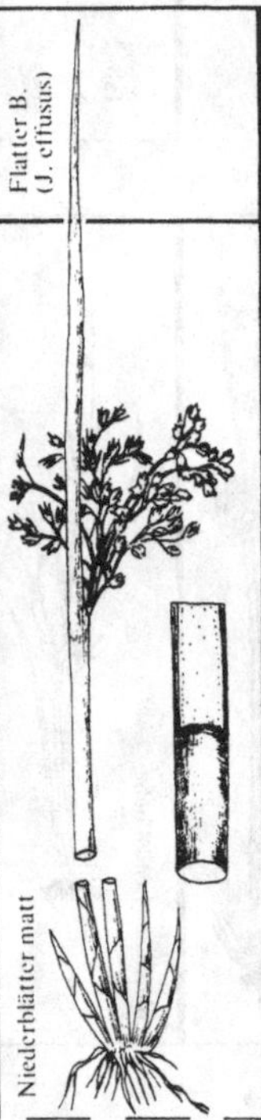

Tab. 2: Binse (Juncus): Blütenstand endständig

Wuchs	Größe	Spirre	Blätter	Standort	Sonstiges/Abbildung	Name
Blätter nur grund-ständig (außer den Trag-blättern)	bis 40 cm	mehrere Blüten beisammen: keine Köpfchen	grasartig, flach, schmal, glänzend	nasse (Wald-) Wege, Heiden	VI–IX, Neophyt (N-Amerika) 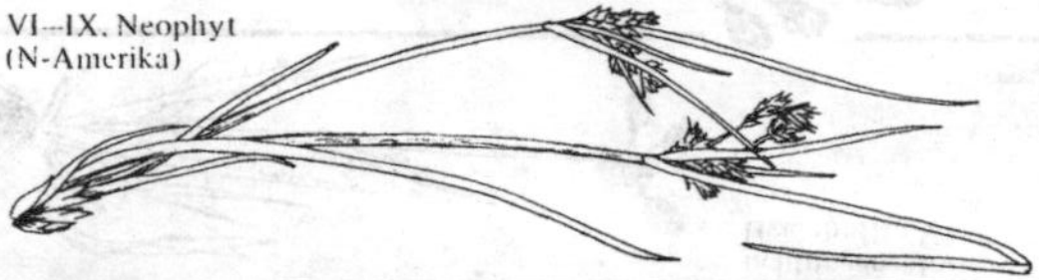	Zarte B. (J. tenuis = J. macer)
auch Stengel beblättert	bis 60 cm	Köpfchen bildend	stielartig, in senkrechter Ebene zusammengedrückt, deutlich querfächerig	Gräben, Ufer, Kiesgruben	Früchte glänzend schwarzbraun; 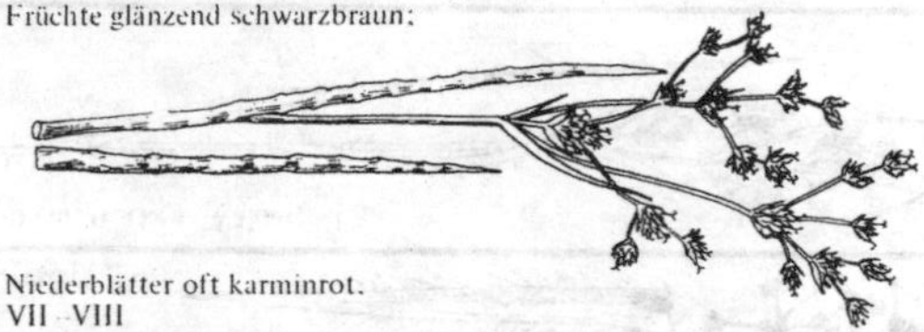 Niederblätter oft karminrot, VII–VIII	Glanzfrüchtige B. (J. articulatus = J. lampocarpus)
	bis ca. 30 cm	Blüten einzeln	grasartig flach, haarförmig	Waldwege, nasse Äcker, Heiden	Pflanze vom Grund an verzweigt; Blätter hellgrün; VII–IX; Kosmopolit 	Kröten-B. (J. bufonius)
				nasse Wiesen, Wegränder	Pflanze erst im Blütenstandsbereich verzweigt; Stengel am Grunde zusammengedrückt; VI–VIII 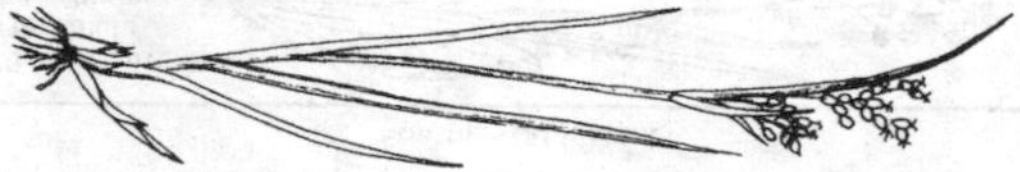	Zusammengedrückte B. (J. compressus)

Tab. 3: Hainsimse (Luzula)

Blütenstand	Perigon	Hüllblatt	Blätter	Sonstiges/Abbildung	Name
Blüten der Spirre einzeln, entfernt voneinander	braun	kürzer als der Blütenstand	bis 10 mm breit; Scheiden dunkelrot	bis 30 cm; Spirrenäste nach der Blüte herabgeschlagen; lockerrasig; Wälder; III–V	Behaarte H. (L. pilosa)
Blüten der Spirre gebüschelt zu 2–8			bis 15 mm breit, dunkelgrün, glänzend, starr	bis 90 cm; vor allem Bergwälder; IV–V	Wald-H. (L. silvatica)
	weißlich oder rötlich	so lang oder länger als der Blütenstand	bis 5 mm breit	bis 60 cm; trockene Wälder; VI	Weiße H. (L. albida = L. luzuloides, = L. nemorosa)
Blüten der Spirre zu 6–10 in 3–6 Köpfchen	braun	etwas kürzer als der Blütenstand	2–4 mm breit	bis 30 cm; kurze Ausläufer; trockene oder feuchte Standorte: Wiesen, Waldlichtungen, Moore, Heiden; III–V	Feld-H. (L. campestris)
Blüten zu 8–15 in 5–10 Ährchen		etwas länger als der Blütenstand		bis 50 cm; ohne Ausläufer; auf sauren, nährstoffreichen Böden	Vielblütige H. (L. multiflora)

Blütenstand		Blüten/Ährchen	verlängerte Perigonborsten	Beblätterung	Name/Tab.
ein einziges endständiges Ährchen		alle Ährchen gleich, Blüten zwittrig	+	Blätter borstlich	Eriophorum, Trichophorum Tab. 1
ein einziges endständiges Ährchen		alle Ährchen gleich, Blüten zwittrig	–	Blätter borstlich	 Rasen-Haarsimse (Trichophorum caespitosum)
ein einziges endständiges Ährchen		alle Ährchen gleich, Blüten zwittrig	–	 binsenartig	Sumpfsimse (Eleocharis)
ein einziges endständiges Ährchen		 Blüten eingeschlechtig, die weiblichen von Schlauch (Utriculus) umgeben	–	3zeilig 	Segge (Carex) Tab. 4 S. 155: Primocarex
wenige bis viele Ährchen	Ährchen seitlich oder in Ähre, Traube oder Rispe	Blüten eingeschlechtig, die weiblichen von Schlauch (Utriculus) umgeben	–	3zeilig	 Segge (Carex) Tab. 4 S. 155: Eucarex und Vignea
wenige bis viele Ährchen	Ährchen in einem endständigen Blütenstand (Trugdolde, Spirre oder Köpfchen): Trugdolde 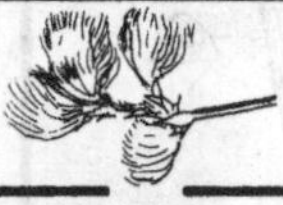	alle Ährchen gleich, Blüten zwittrig	+	3zeilig	Wollgras (Eriophorum) Tab. 1 S. 152
wenige bis viele Ährchen	Ährchen in einem endständigen Blütenstand (Trugdolde, Spirre oder Köpfchen): Köpfchen oder Spirre 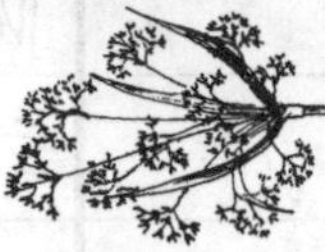	alle Ährchen gleich, Blüten zwittrig	–	3zeilig	Bolboschoenus, Scripus Tab. 2 S. 153
wenige bis viele Ährchen	Ährchen in einem endständigen Blütenstand (Trugdolde, Spirre oder Köpfchen): Köpfchen oder Spirre	alle Ährchen gleich, Blüten zwittrig	–	 binsenartig	Schoenoplectus, Schoenus Tab. 3 S. 154
wenige bis viele Ährchen	Ährchen auch in seitenständigen Köpfchen oder Spirren: 2–4 Köpfchen 	alle Ährchen gleich, Blüten zwittrig	–	3zeilig: schmal, lineal, nicht gesägt	Schnabelried (Rhynchospora)
wenige bis viele Ährchen	Ährchen auch in seitenständigen Köpfchen oder Spirren: mehrere seitenständige Blütenstände aus kopfigen Teilblütenständen 	alle Ährchen gleich, Blüten zwittrig	–	3zeilig: Blätter breit, gekielt, am Rand und Kiel scharf gesägt	Schneide (Cladium mariscus)

Tab. 1: Sauergräser mit Ährchen, die nach der Blüte einen weißen Wollschopf ausbilden

Blütenstand	Wollschopf	Stengel und Blätter		Standort	Ausläufer	Blütezeit	Abbildung/Sonstiges	Name	
ein endständiges Ährchen	schütter	Blätter borstlich	oberstes Blatt ohne aufgeblasene Scheide, aber mit Spreite	Hoch- und Zwischenmoore (auf Bulten)	–	IV–V		Alpen-Haarsimse (Trichophorum alpinum)	
	dicht		oberstes Blatt spreitenlos, aber mit aufgeblasener Scheide			III–IV	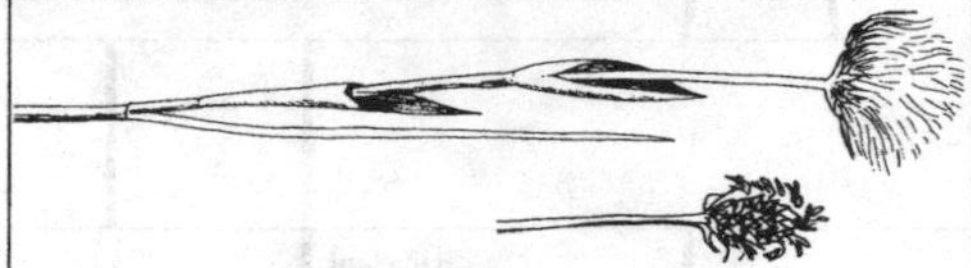	Wollgras (Eriophorum)	Scheidiges W (E. vaginatum)
mehrere Ährchen an der Stengelspitze in doldenartiger Spirre		Blätter flach	obere Scheide nicht aufgeblasen; Blätter bis 8 mm breit; Stengel stumpfkantig	(kalkhaltige) Flachmoore und Quellsümpfe		IV–V	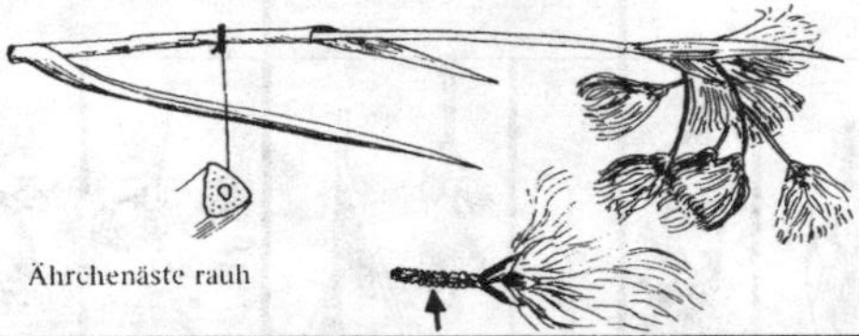 Ährchenäste rauh		Breitblättriges W. (E. latifolium)
			oberste Scheide aufgeblasen; Blätter bis 6 mm breit; Stengel rund	saure Flach-, Zwischenmoore, Hochmoorschlenken	+	III–IV	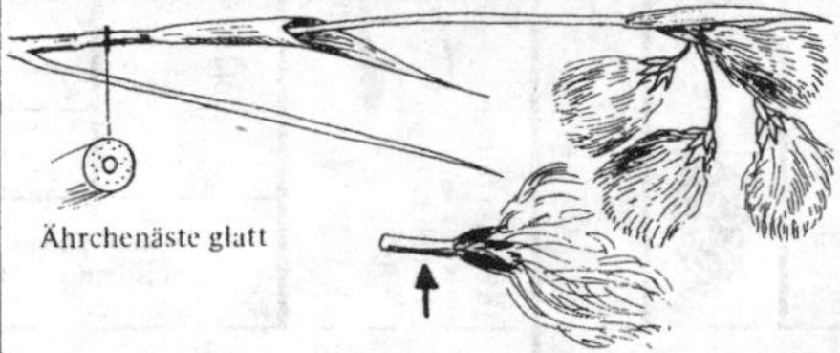 Ährchenäste glatt		Schmalblättriges W. (E. angustifolium

Tab. 2: Sauergräser mit endständiger Spirre und 3kantigem Stengel

Blütenstand	Ährchen	Stengel	Standort	Blütezeit	Sonstiges		Name
	sehr zahlreich, graugrün, klein (unter 5 mm) 	stumpf dreikantig	feuchte Waldstellen, Gräben, Sumpfwiesen	VI VIII	unterirdische Ausläufer	Blätter gekielt, am Rand und Kiel sehr rauh; bis 80 cm	Wald-Simse (Scirpus silvaticus)
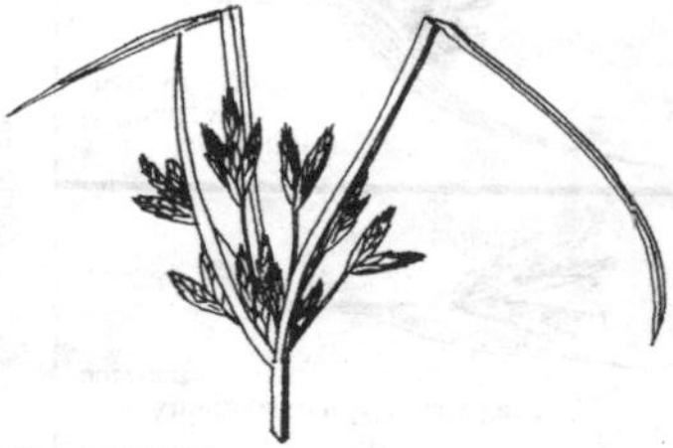	wenige große (über 5 mm), braun 	scharf dreikantig	salzliebend, Meeresstrand, Gräben, Ufer	VII VIII	unterirdische Ausläufer	bis 1 m	Strand-Simse (Bolboschoenus maritimus)

Tab. 3: Binsenartige Sauergräser mit endständiger Spirre oder endständigem Köpfchen

Blütenstand		Stengel ϕ	Stengel Höhe	Stengel Farbe	Standort	Blütezeit	Sonstiges		Name	
Köpfchen	2–3 Ährchen, vom Hüllblatt kaum überragt	0,5–1,5 mm	bis 30 cm	gelbgrün	basische Flachmoore	V–VI	Horste	Köpfchen aus 2–3 Ährchen, diese rostbraun; Blattscheiden dunkelrotbraun	Kopfried (Schoenus)	Rostrotes K. (S. ferrugineus)
	5–10 Ährchen, vom Hüllblatt weit überragt							Köpfchen aus 5–10 Ährchen, diese schwärzlich; Blattscheiden schwarzbraun		Schwarzes K. (S. nigricans)
Spirre		5–20 mm	bis 1,5 m	graugrün	Röhricht des Brackwassers	VI–VIII	Ausläufer	Spelzen rauh, dunkel punktiert; 2 Narbenäste	Seebinse (Schoenoplectus)	Blaugrüne S. (Salzbinse, S. tabernaemontanus)
			bis 3 m	grasgrün, glänzend	Teiche, Seen, langsam fließende Gewässer			Spelzen glatt, fransig; 3 Narbenäste; kann aromatische Verbindungen abbauen, z.B. Phenol		Gemeine S. (Teichbinse, S. lacustris)

Tab. 4: Segge (Carex), Übersicht

Merkmale			Name/Tab.	
Pflanze mit einem einzigen endständigen Ährchen			Einährige Seggen (Primocarex)	Torf-S. (C. davalliana
				Floh-S. (C. pulicaris)
Pflanze mit mehreren gleichen Ährchen mit männlichen und weiblichen Blüten	alle Ährchen deutlich voneinander entfernt und als Einzelährchen zu erkennen; obere Blüten weiblich, untere männlich		Gleichährige Seggen (Vignea)	4.1 S. 156
	Ährchen nicht alle deutlich voneinander entfernt, v.a. im oberen Teil des Blütenstandes			4.2 S. 157
Pflanze mit männlichen (oben) und weiblichen Ährchen (unten), männliche und weibliche Blüten also in verschiedenen Ährchen derselben Pflanze 	weibliche Ährchen sehr lockerfrüchtig, zwischen den Schläuchen ist die Achse sichtbar; 1 männliches, längliches endständiges Ährchen		Verschiedenährige Seggen (Eucarex)	4.3 S. 158, 159
	weibliche Ährchen dichtfrüchtig, die Achse der Ährchen zwischen den Schläuchen ist nicht zu sehen	weibliche Ährchen kurz (bis 4 cm lang) 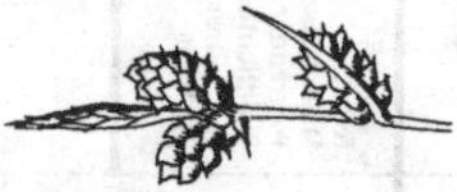		4.4 S. 160, 161
		Großseggen mit langen weiblichen Ährchen (über 4 cm lang) 		4.5 S. 162, 163

Tab. 4.1: Gleichährige Seggen (Vignea); alle Ährchen deutlich voneinander entfernt und als Einzelährchen zu erkennen; obere Blüten weiblich, untere männlich

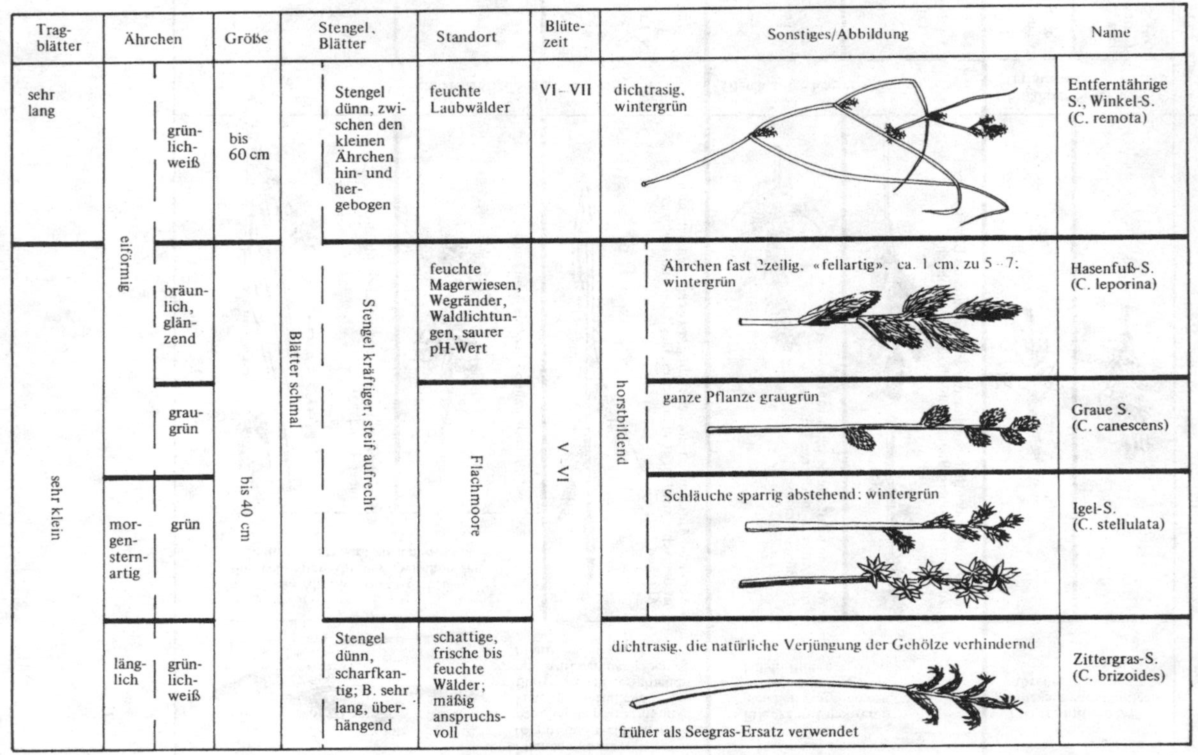

Tragblätter	Ährchen (Form)	Ährchen (Farbe)	Größe	Stengel	Blätter	Standort	Blütezeit	Sonstiges/Abbildung	Name
sehr lang	eiförmig	grünlich-weiß	bis 60 cm	Stengel dünn, zwischen den kleinen Ährchen hin- und hergebogen	Blätter schmal	feuchte Laubwälder	VI–VII	dichtrasig, wintergrün	Entferntährige S., Winkel-S. (C. remota)
sehr klein		bräunlich, glänzend	bis 40 cm	Stengel kräftiger, steif aufrecht		feuchte Magerwiesen, Wegränder, Waldlichtungen, saurer pH-Wert	V–VI	horstbildend; Ährchen fast 2zeilig, «fellartig», ca. 1 cm, zu 5–7; wintergrün	Hasenfuß-S. (C. leporina)
		graugrün				Flachmoore		horstbildend; ganze Pflanze graugrün	Graue S. (C. canescens)
	morgensternartig	grün						horstbildend; Schläuche sparrig abstehend; wintergrün	Igel-S. (C. stellulata)
	länglich	grünlich-weiß		Stengel dünn, scharfkantig; B. sehr lang, überhängend		schattige, frische bis feuchte Wälder; mäßig anspruchsvoll		dichtrasig, die natürliche Verjüngung der Gehölze verhindernd; früher als Seegras-Ersatz verwendet	Zittergras-S. (C. brizoides)

Tab. 4.2: Gleichährige Seggen (Vignea); Ährchen nicht alle deutlich voneinander entfernt, v.a. im oberen Teil des Blütenstandes

Ährchen			Größe	Stengel, Blätter		Standort	Blütezeit	Sonstiges/Abbildung	Name
eng 2zeilig	länglich	braun	bis 80 cm	Blätter bis 5 mm breit	Stengel scharfkantig, glänzend	Sumpfwiesen, Ufer	V–VI	untere und obere Ährchen weiblich, die mittleren männlich, aber gleich aussehend	Zweizeilige S. (C. disticha)
nicht zweizeilig			bis 30 cm		Blätter lang überhängend	Sandböden, Dünen, nur in N-Deutschland		Blütenstand geneigt; lange gerade unterirdische Ausläufer («Nähmaschine Gottes»); wintergrün	Sand-S. (C. arenaria)
	eiförmig		bis 1 m	Blätter bis 7 mm breit	Stengel kräftig, scharfkantig	Sümpfe, Gräben, Ufer		horstbildend, wintergrün; untere Ährchen deutlich gestielt	Rispen-S. (C. paniculata)
		grünlich	bis 80 cm		Stengel dick, fast geflügelt	feuchte Wiesen, Gräben, Waldwege	V–VII		Fuchs-S. (C. vulpina)
			bis 50 cm	Blätter bis 4 mm breit	Stengel dünn				Stachel-S. (C. muricata)

Tab. 4.3: Verschiedenährige Seggen (Eucarex) mit lockerfrüchtigen weiblichen Ährchen und

Blütezeit	Standort		Größe	Tragblätter	weibl. Ährchen				Blätter	
III–IV	trockenere Standorte, kalkliebend	Trockenrasen, Kiefernwälder	bis 10 cm	unauffällig	sitzend	bis 1 cm	Spelzen weiß-braun gescheckt	Schläuche nicht geschnäbelt	fast borstlich	am Rand eingerollt und rauh
IV–V	trockenere Standorte, kalkliebend	lichte Wälder, grasige Hänge	bis 30 cm	unauffällig	kurz gestielt	bis 2 cm	Spelzen braun bis dunkelbraun	Schläuche nicht geschnäbelt	bis 5 mm breit	
IV–V	trockenere Standorte, kalkliebend	lichte Wälder, grasige Hänge	bis 20 cm	unauffällig	kurz gestielt	bis 1 cm	Spelzen bräunlich-grün	Schläuche nicht geschnäbelt	bis 3 mm breit	
IV–V	trockenere Standorte, kalkliebend	Bergwälder	bis 20 cm	unauffällig	das untere lang gestielt	bis 1 cm	Spelzen silbrig-weiß	Schläuche nicht geschnäbelt	bis 3 mm breit	sehr lang, aufrecht, hellgrün
IV–V	feuchtere Standorte	feuchte Wiesen, Moore	bis ca. 40 cm	kurz	das untere lang gestielt	bis ca. 3 cm	Spelzen dunkelbraun	Schläuche nicht geschnäbelt	bis 3 mm breit	graugrün, aufrecht
IV–V	feuchtere Standorte	feuchte Laubwälder	bis ca. 40 cm	kurz	lang gestielt	bis ca. 3 cm	Spelzen bräunlich	Schläuche deutlich geschnäbelt	bis 5 mm breit	am Rand dicht und lang bewimpert
V–VI	feuchtere Standorte	feuchte Laubwälder	bis 60 cm	sehr lang	lang gestielt	bis 5 cm	Spelzen grünlich	Schläuche deutlich geschnäbelt	bis 8 mm breit	etwas schlaff, hellgrün, etwas glänzend

einem länglichen männlichen (endständigen) Ährchen

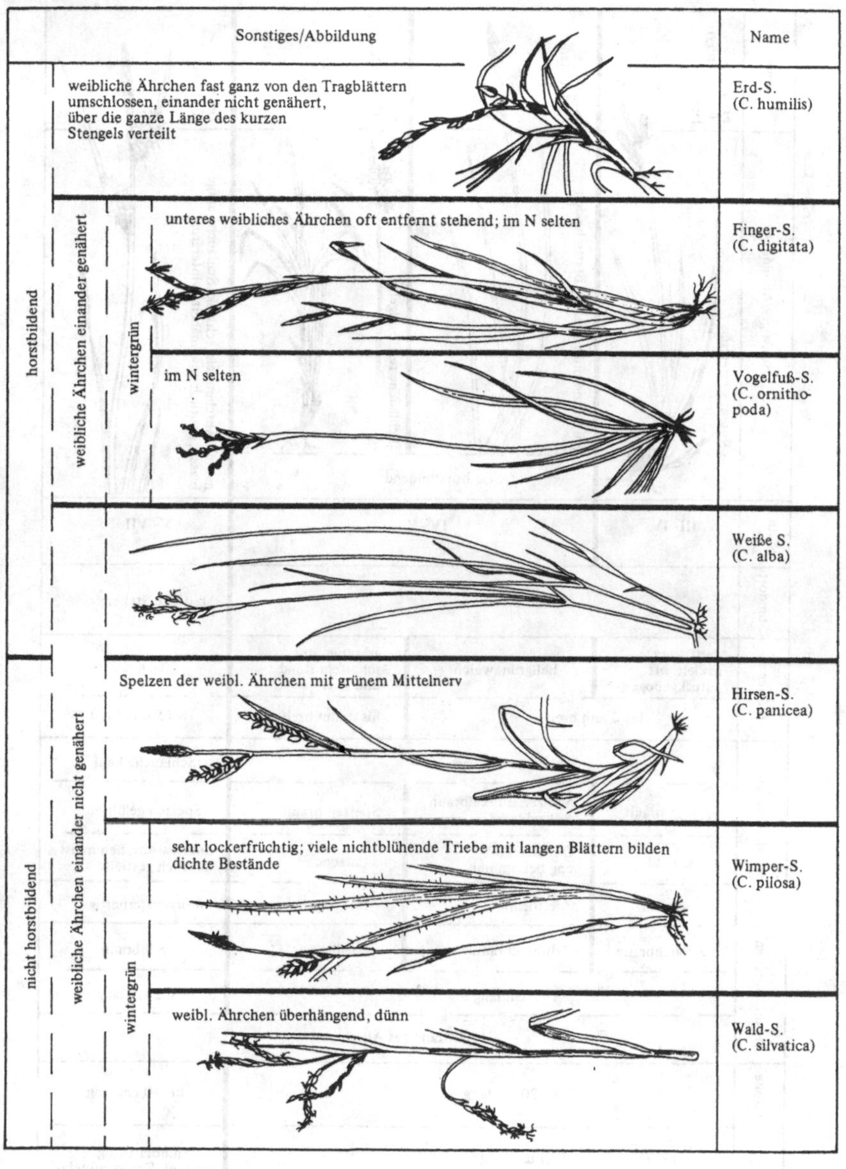

			Sonstiges/Abbildung	Name
horstbildend			weibliche Ährchen fast ganz von den Tragblättern umschlossen, einander nicht genähert, über die ganze Länge des kurzen Stengels verteilt	Erd-S. (C. humilis)
horstbildend	weibliche Ährchen einander genähert	wintergrün	unteres weibliches Ährchen oft entfernt stehend; im N selten	Finger-S. (C. digitata)
horstbildend	weibliche Ährchen einander genähert	wintergrün	im N selten	Vogelfuß-S. (C. ornithopoda)
horstbildend	weibliche Ährchen einander nicht genähert			Weiße S. (C. alba)
nicht horstbildend	weibliche Ährchen einander nicht genähert		Spelzen der weibl. Ährchen mit grünem Mittelnerv	Hirsen-S. (C. panicea)
nicht horstbildend	weibliche Ährchen einander nicht genähert	wintergrün	sehr lockerfrüchtig; viele nichtblühende Triebe mit langen Blättern bilden dichte Bestände	Wimper-S. (C. pilosa)
nicht horstbildend	weibliche Ährchen einander nicht genähert	wintergrün	weibl. Ährchen überhängend, dünn	Wald-S. (C. silvatica)

Tab. 4.4: Verschiedenährige Seggen (Eucarex) mit kurzen, dichtblütigen weiblichen Ährchen (unter 4 cm):

		Frühlings-S. (C. caryophyllea)	Berg-S. (C. montana)	Pillen-S. (C. pilulifera)	Gelbe S. (C. flava)
Sonstiges/Abbildung		kleine Rasen; wintergrün 	am Grund mit rötlichen Blattscheiden 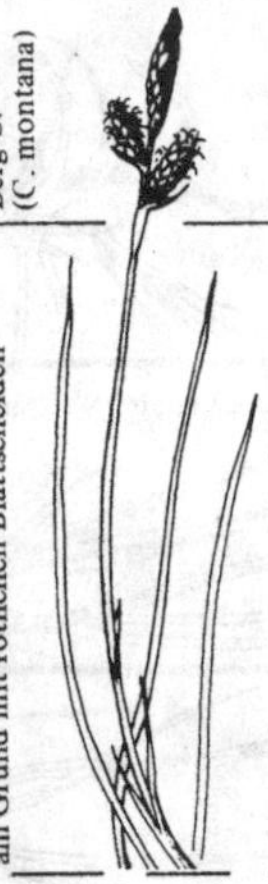	Schläuche reif ± kugelig 	männl. Ährchen sehr schlank; Schläuche aufgeblasen, deutlich geschnäbelt; wintergrün 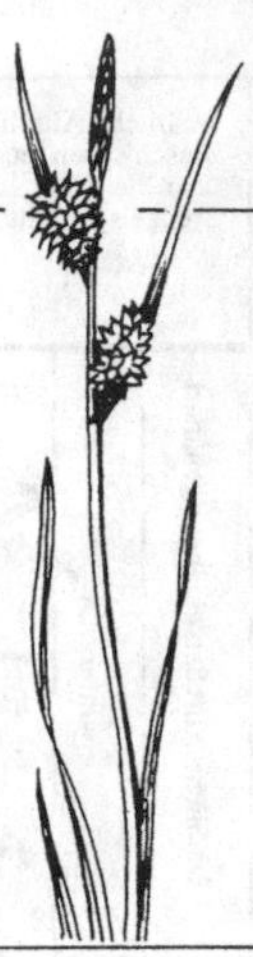
		horstbildend			
Blütezeit		III–IV	IV–V		V–VII
Standort		trockene Stellen			feuchte Stellen
Blätter		derb, kurz, gekielt, oft zurückgebogen	hellgrün, weich	grasgrün, mit scharfem Rand und Kiel	flach
		bis 2 mm breit		bis 3 mm breit	bis 5 mm breit
weibl. Ährchen		Schläuche behaart			Schläuche kahl
		Spelzen braun	Spelzen dunkelbraun, fast schwarz	Spelzen braun	Spelzen gelbbraun
		sitzend	fast sitzend, eng beisammen	sitzend	unteres Ährchen meist deutlich gestielt
		länglich	eiförmig	fast kugelig	morgensternartig
männl. Ährchen		gelblichbraun	dunkelbraun	hellbraun	gelbbraun
		1–2 cm lang			ca. 2 cm lang
		1 endständiges Ährchen			
Größe		bis 20 cm lang			bis 40 cm lang
Tragblätter		nicht laubblattartig			laubblattartig (vgl. Fortsetzung!)

beachte Fortsetzung!

Tab. 4.4, Fortsetzung

Name	Bleiche S. (C. pallescens)	Wiesen-S. (C. nigra = C. fusca = C. vulgaris)	Blaugrüne S. (C. flacca)	Behaarte S. (C. hirta)
Sonstiges/Abbildung	rasenbildend; ganze Pflanze gelbgrün 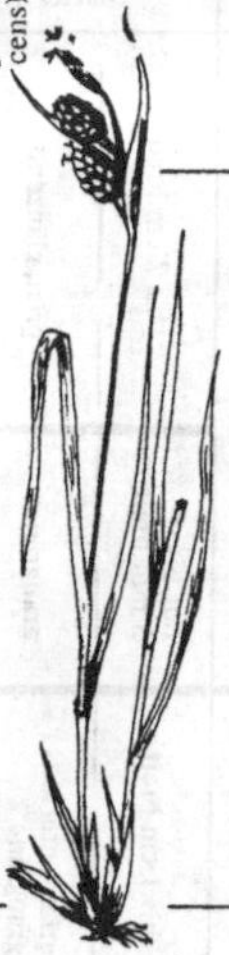	lockere Rasen 	wintergrün; Schläuche zuletzt schwarz 	Schläuche geschnäbelt 
Blütezeit	ab IV			
Standort	nasse Stellen		Wald- und Wegränder, feuchte Wiesen	
Blätter	flach, zerstreut behaart	graugrün	blaugrün, steif	v.a. Scheiden stark behaart
	bis 3 mm breit		bis 5 mm breit	
weibl. Ährchen	Schläuche kahl			Schläuche behaart
	S. und Sp. grün, glänzend	Sp. schwärzlich, etwas grün	Sp. rot- bis schwarzbraun	S. und Sp. grünlich
	kurz gestielt, nickend	aufrecht, sitzend	später gestielt, überhängend	gestielt, aber von Blättern angedrückt
	± oval	lang-zylindrisch		
männl. Ährchen	gelblichbraun	dunkelbraun	braun	hellbraun, grün gescheckt
	ca. 1 cm lang		2–3 cm lang	
	1 endständiges Ährchen		2–3 Ährchen	
Größe	bis 30 cm		bis 50 cm	
Tragblätter	laubblattartig			

S = Schläuche, Sp = Spelzen

Tab. 4.5: Verschiedenährige Seggen (Eucarex) mit dichtfrüchtigen, langen weiblichen Ährchen (über 4 cm lang)

Standort	Größe	weibliche Ährchen						männliche Ährchen		Blätter		Blütezeit
quellige Waldstellen (im N selten)	bis 1,5 m	bis 15 cm	langgestielt, überhängend	dünn	Schläuche nicht aufgeblasen	Schläuche nicht geschnäbelt	Spelzen im reifen Zustand verdeckt	1–2 Ährchen	schlank	bis 2 cm breit	grün, glänzend	V–VI
Verlandungszone von Seen (Großseggengürtel), Flach- und Wiesenmoore, Ufer, Erlenbrüche	bis 1 m	bis 5 cm	sitzend, aufrecht				Spelzen schwarzbraun			nur bis 5 mm breit	graugrün	IV–V
	bis 1,2 m	bis 8 cm	kurz oder länger gestielt, die unteren z.T. überhängend			Schläuche deutlich geschnäbelt	Spelzen rot- bis schwarzbraun	1–4 Ährchen	dick	bis 1 cm breit	grün, unterseits graugrün	V–VI
				dick			Spelzen braun	3–6 Ährchen		bis 3 cm breit!	graugrün, später grün	
	bis 70 cm	bis 5 cm			Schläuche aufgeblasen		Spelzen im reifen Zustand von den Schläuchen verdeckt	2–3 Ährchen	schlank	bis 8 mm breit	grün	
										nur bis 5 mm breit	graugrün	

und langen männlichen Ährchen; Tragblätter laubblattartig

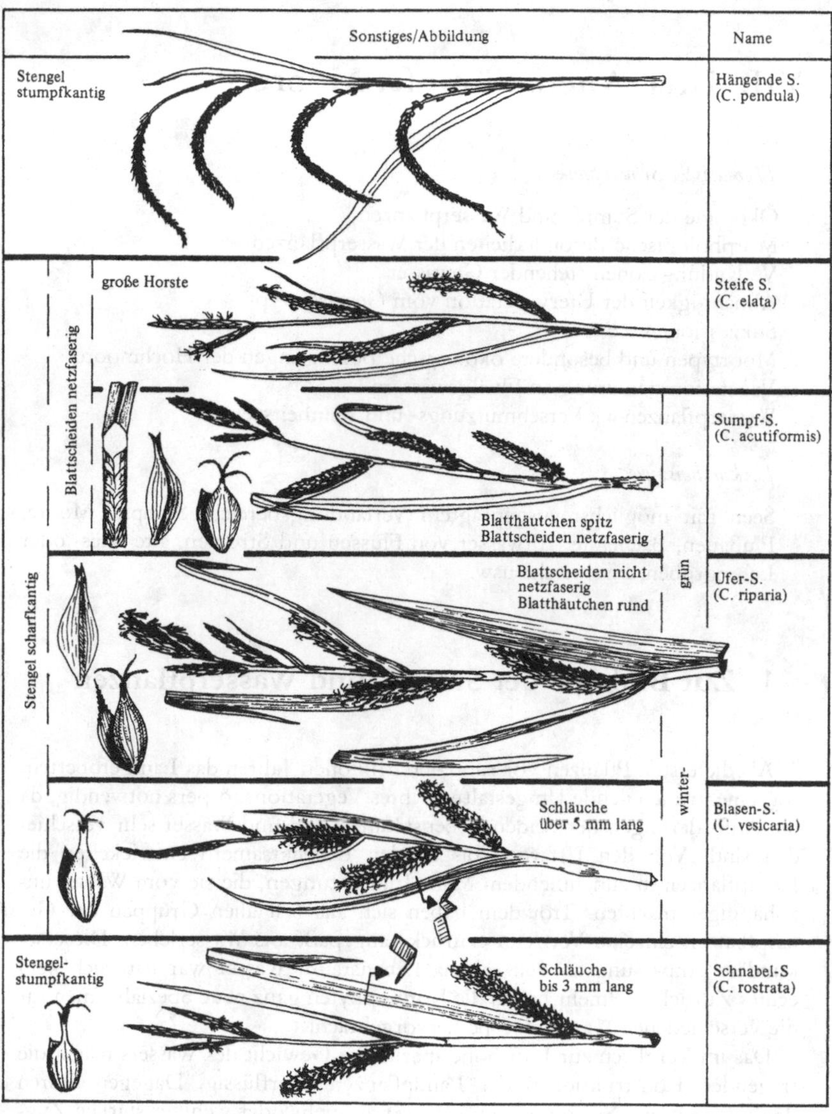

Sonstiges/Abbildung
Name
Stengel stumpfkantig
Hängende S. (C. pendula)
große Horste
Steife S. (C. elata)
Blattscheiden netzfaserig
Sumpf-S. (C. acutiformis)
Blatthäutchen spitz
Blattscheiden netzfaserig
Stengel scharfkantig
Blattscheiden nicht netzfaserig
Blatthäutchen rund
grün
Ufer-S. (C. riparia)
winter-
Schläuche über 5 mm lang
Blasen-S. (C. vesicaria)
Stengel-stumpfkantig
Schläuche bis 3 mm lang
Schnabel-S (C. rostrata)

VII. Ufer, Auen, Sümpfe, Moore

Thematische Schwerpunkte

Ökologie der Sumpf- und Wasserpflanzen
Morphologische Besonderheiten der Wasserpflanzen
Verlandungszonen stehender Gewässer
Abhängigkeit der Ufervegetation vom Gewässertyp
Sukzessionen
Moortypen und besondere ökologische Bedingungen der Hochmoore
Vegetationszonierung an Fließgewässern
Wasserpflanzen als Verschmutzungs- und Reinheitszeiger

Exkursionsziele

Seen mit möglichst ausgeprägtem Verlandungsbereich, Sümpfe, Moore, Flußauen, Bachläufe, Altwasser von Flüssen und Strömen, alte Kies- oder Lehmgruben, Fischteiche usw.

1. Zur Biologie der Sumpf- und Wasserpflanzen

Als die ersten Pflanzen vor rund 400 Millionen Jahren das Land eroberten, war eine grundlegende Umgestaltung ihres Vegetationskörpers notwendig, da die Anforderungen der beiden Lebensräume Land und Wasser sehr verschieden sind. Von den Urfarnen bis zu den Bedecktsamern entwickelten die Landpflanzen in zunehmendem Maße Einrichtungen, die sie vom Wasser unabhängiger machten. Trotzdem haben sich aus fast allen Gruppen der Gefäßpflanzen einzelne Vertreter «zurück» angepaßt ans Wasserleben. Diese sekundäre Anpassung an den «alten» Lebensraum Wasser war natürlich kein echtes Zurück, vielmehr haben die Kormophyten ganz neue Spezialformen für die verschiedenen Wasserbiotope hervorgebracht.

Das im Vergleich zur Luft hohe spezifische Gewicht des Wassers macht die tragenden Konstruktionen der Landpflanzen überflüssig. Dagegen führen Turbulenzen und Strömungen im Wasser zu mehr oder weniger starken Zugbeanspruchungen. Dementsprechend sind die Festigungsgewebe der Sprosse von Landpflanzen vorwiegend peripher angeordnet und gewähren damit hohe Biegungsfestigkeit, während die Sprosse und Blätter von Wasserpflanzen zentral gelagerte Festigungselemente besitzen, was einerseits Zugfestigkeit, andererseits Biegsamkeit gewährleistet.

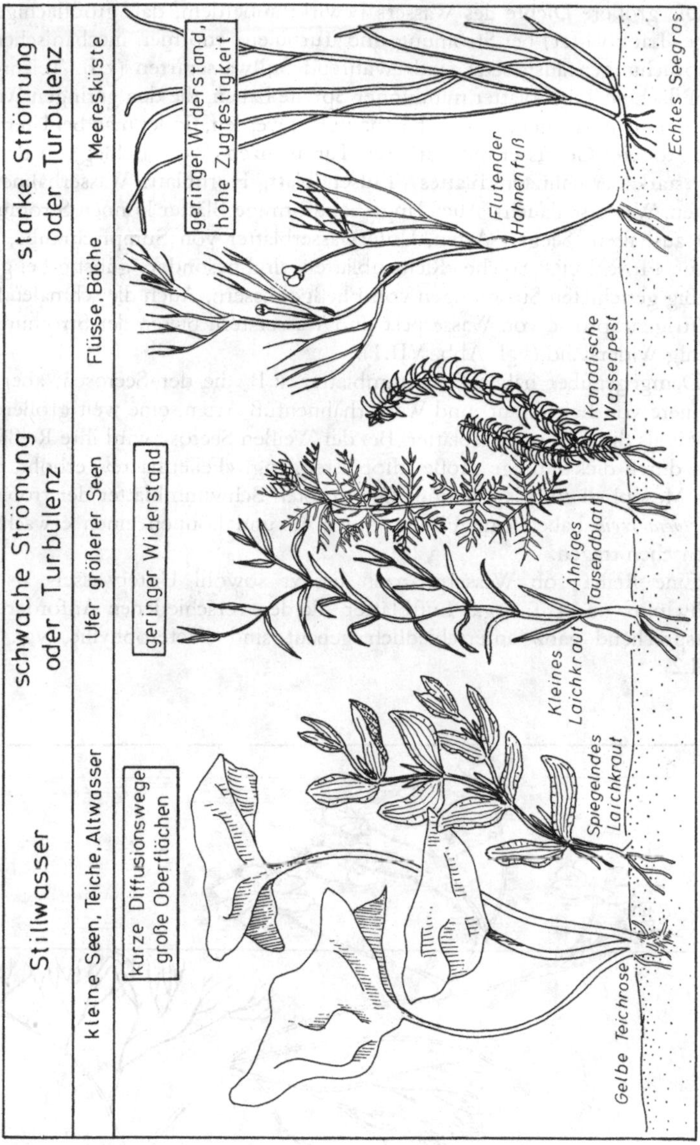

Funktionsgestalten von Unterwasserpflanzen

Stillwasser	schwache Strömung oder Turbulenz	starke Strömung oder Turbulenz	
kleine Seen, Teiche, Altwasser	Ufer größerer Seen	Flüsse, Bäche	Meeresküste
kurze Diffusionswege große Oberflächen	geringer Widerstand	geringer Widerstand, hohe Zugfestigkeit	

Gelbe Teichrose

Spiegelndes Laichkraut

Kleines Laichkraut

Ähriges Tausendblatt

Kanadische Wasserpest

Flutender Hahnenfuß

Echtes Seegras

Abb. VII.1

Die größere Dichte des Wassers bewirkt außerdem, daß großflächige Organe (Laubblätter) bei Strömung und Turbulenz enormen mechanischen Beanspruchungen ausgesetzt sind. Während Stillwasserarten (z. B. Teichrosen) großflächige Tauchblätter mit dünner Spreite haben, die den geringen Wasserbewegungen nachgeben, ohne beschädigt zu werden, findet man bei Uferpflanzen größerer Gewässer mit stärkeren Turbulenzen (Wellenschlag) oft den Typ des stark zerschlitzten Blattes (Tausendblatt, Hornblatt, Wasserhahnenfuß-Arten, Wasserschlauch). Auch lange bandförmige Blätter können Strömungen gut aushalten: Seegras-Arten, Unterwasserblätter von Sumpfschraube, Pfeilkraut, Froschlöffel. Solche «Riemenblätter» sind besonders günstig bei gleichmäßig gerichteten Strömungen von Fließgewässern. Auch die schmalen kleinblättrigen Sprosse von Wasserpest und Wasserstern bieten der Strömung nur wenig Widerstand (vgl. Abb. VII.1).

Demgegenüber haben Schwimmblätter, z. B. die der Seerosen, aber auch kleinere von Laichkraut- und Wasserhahnenfuß-Arten, eine weit größere Stabilität als die Unterwasserblätter. Bei der Weißen Seerose wird ihre Reißfestigkeit durch dickwandige große Idioblasten, sog. «Feilenhaare», erhöht, die in das Mesophyll eingelagert sind. Die größten Schwimmblätter der tropischen *Victoria regia* haben eine Fläche von 3 m² und können einen erwachsenen Menschen tragen.

Eine Reihe von Wasserpflanzen besitzt sowohl Unterwasser- als auch Schwimm- und z. T. sogar Luftblätter, die den verschiedenen Anforderungen entsprechend ganz unterschiedlich gebaut sind (Heterophyllie, vgl. Abb. VII.2).

Abb. VII.2: Heterophyllie beim Wasser-Hahnenfuß: Gelappte Schwimmblätter und feinzerschlitzte Unterwasser-Blätter.

Unterwasserpflanzen können häufig mit der gesamten Oberfläche Wasser aufnehmen, eine verstärkte Aufnahme erfolgt teilweise durch besonders dünnwandige Epidermiszellen, die Hydropoten. Umgewandelte Spaltöffnungen oder anders gestaltete «Wasserdrüsen» (Hydathoden) dienen der Wasserabscheidung und sorgen dadurch für einen gewissen Wassertransport, der für die Osmoregulation und die Mineralsalzzufuhr notwendig ist. Im übrigen ist das Wasserleitungssystem mehr oder weniger stark zurückgebildet.

Der Gasaustausch kann bei Unterwasserpflanzen zum Problem werden. Während der CO_2-Gehalt von Luft und Wasser weitgehend gleich ist, enthält Wasser von 20° C selbst bei Sättigung nur $1/30$ des Sauerstoffanteils der Luft. Außerdem ist die Diffusion der Gase im Wasser um ein Vielfaches langsamer als in der Luft. Dies kann – insbesondere in chlorophyllfreien Sproß- und Wurzelgeweben – zu O_2-Engpässen bei der Atmung führen. Die Unterwasserpflanzen begegnen dieser Gefahr durch die Ausbildung eines besonderen Durchlüftungssystems mit einem speziellen Durchlüftungsgewebe (Aerenchym): Der ganze Vegetationskörper wird von großen gaserfüllten Interzellularen durchzogen, durch die der photosynthetisch erzeugte Sauerstoff rasch in alle Teile der Pflanze diffundieren kann. Bei Sumpfpflanzen ist dies besonders für die im anaeroben Bodenschlamm kriechenden Rhizome von Bedeutung (z. B. Sumpf-Blutauge, Fieberklee). Es kann sogar die Verbindung zum Luftsauerstoff hergestellt sein (Atemwurzeln der Mangrove-Pflanzen). Das Durchlüftungsgewebe sorgt außerdem für den Auftrieb der Wasserpflanzen und damit für ein dem Licht zugewandtes Wachstum.

2. Stehende Gewässer

2.1 Typen stehender Gewässer

Stehende Gewässer kann man wie folgt einteilen (vgl. Schmidt, 1978):

1. Zeitweilig austrocknend: Tümpel
2. Perennierend
   - 2.1 Natürlich (oder künstlich und nicht ablaßbar)
     - 2.1.1 Flach: Weiher
     - 2.1.2 Tief: See
   - 2.2 Künstlich und ablaßbar
     - 2.2.1 Flach: Teich
     - 2.2.2 Tief: Stausee, Speicherbecken

Stehende Gewässer sind in sich abgeschlossen und klar umgrenzt, weshalb sie zu den ersten gut untersuchten Ökosystemen gehörten. Solche Untersuchungen führten schon vor etwa 60 Jahren zu der klassischen Einteilung der stehenden Gewässer nach ihrem Mineralsalzgehalt und ihren physikalisch-chemischen Eigenschaften.

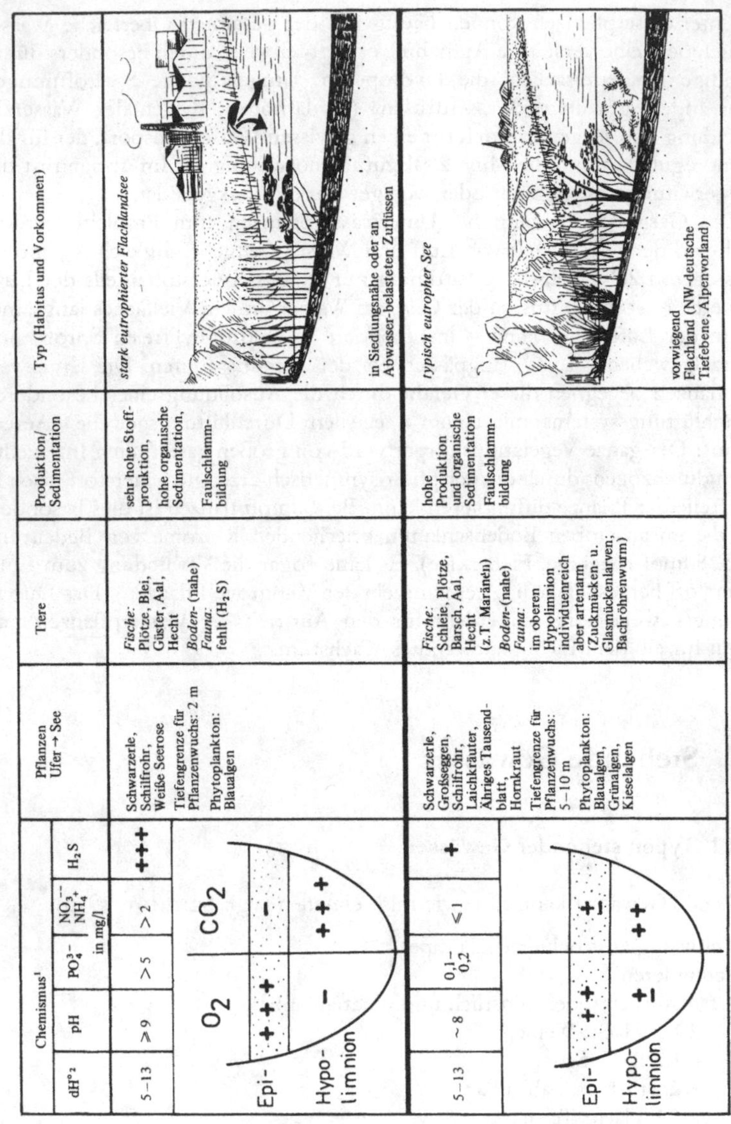

Chemismus[1]					Pflanzen Ufer → See	Tiere	Produktion/ Sedimentation	Typ (Habitus und Vorkommen)
dH°[2]	pH	PO_4^{3-}	NO_3^{-} NH_4^{+}	H_2S				
		in mg/l						
5–13	≥9	>5	>2	+++	Schwarzerle, Schilfrohr, Weiße Seerose Tiefengrenze für Pflanzenwuchs: 2 m Phytoplankton: Blaualgen	*Fische:* Plötze, Blei, Güster, Aal, Hecht *Boden-* (nahe) *Fauna:* fehlt (H_2S)	sehr hohe Stoffprouktion, hohe organische Sedimentation, Faulschlammbildung	*stark eutrophierter Flachlandsee* in Siedlungsnähe oder an Abwasser-belasteten Zuflüssen
O_2: Epi- +++, Hypolimnion –		CO_2: Epi- –, Hypolimnion +++						
5–13	~8	0,1–0,2	≤1	+	Schwarzerle, Großseggen, Schilfrohr, Laichkräuter, Ähriges Tausendblatt, Hornkraut Tiefengrenze für Pflanzenwuchs: 5–10 m Phytoplankton: Blaualgen, Grünalgen, Kieselalgen	*Fische:* Schleie, Plötze, Barsch, Aal, Hecht (z.T. Maränen) *Boden-*(nahe) *Fauna:* im oberen Hypolimnion individuenreich aber artenarm (Zuckmücken- u. Glasmückenlarven; Bachröhrenwurm)	hohe Produktion und organische Sedimentation Faulschlammbildung	*typisch eutropher See* vorwiegend Flachland (NW-deutsche Tiefebene, Alpenvorland)
O_2: Epi- ++, Hypolimnion ±		CO_2: Epi- ±, Hypolimnion ++						

Abb. VII.3: Die wichtigsten Seentypen (in Anlehnung an E. Schmidt)

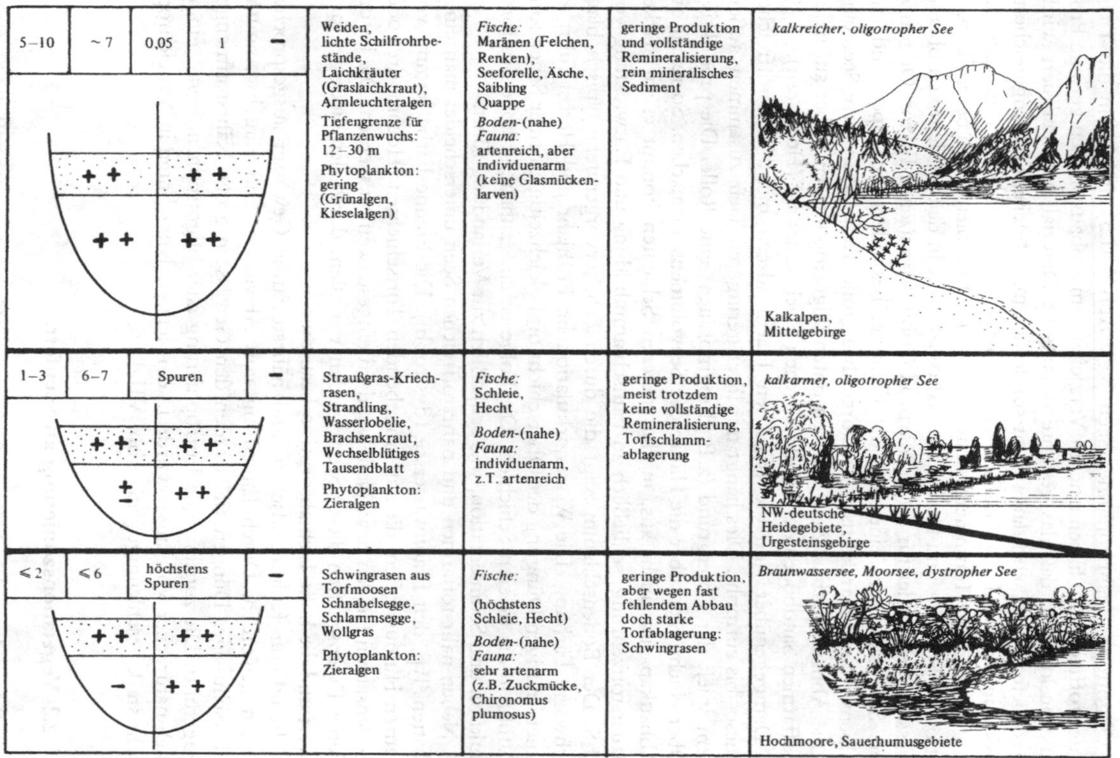

5–10	~ 7	0,05	1	–	Weiden, lichte Schilfrohrbestände, Laichkräuter (Graslaichkraut), Armleuchteralgen Tiefengrenze für Pflanzenwuchs: 12–30 m Phytoplankton: gering (Grünalgen, Kieselalgen)	*Fische:* Maränen (Felchen, Renken), Seeforelle, Äsche, Saibling Quappe *Boden-*(nahe) *Fauna:* artenreich, aber individuenarm (keine Glasmückenlarven)	geringe Produktion und vollständige Remineralisierung, rein mineralisches Sediment	*kalkreicher, oligotropher See*
1–3	6–7	Spuren		–	Straußgras-Kriechrasen, Strandling, Wasserlobelie, Brachsenkraut, Wechselblütiges Tausendblatt Phytoplankton: Zieralgen	*Fische:* Schleie, Hecht *Boden-*(nahe) *Fauna:* individuenarm, z.T. artenreich	geringe Produktion, meist trotzdem keine vollständige Remineralisierung, Torfschlammablagerung	*kalkarmer, oligotropher See*
⩽ 2	⩽ 6	höchstens Spuren		–	Schwingrasen aus Torfmoosen Schnabelsegge, Schlammsegge, Wollgras Phytoplankton: Zieralgen	*Fische:* (höchstens Schleie, Hecht) *Boden-*(nahe) *Fauna:* sehr artenarm (z.B. Zuckmücke, Chironomus plumosus)	geringe Produktion, aber wegen fast fehlendem Abbau doch starke Torfablagerung: Schwingrasen	*Braunwassersee, Moorsee, dystropher See*

1 Die Angaben zum pH-Wert beziehen sich auf die Sommermonate, PO_4^{3-} und NH_4^+, NO_3^- auf den Spätsommer/Herbst, das Auftreten von H_2S beschränkt sich auf die Tiefenschicht.
2 dH° = Grad deutscher Härte (Maß für Ca^{++} und Mg^{++}-Gehalt des Wassers; 1° = 10 mg CaO/l = 7,2 mg MgO/l

Oligotrophe (nährstoffarme) Seen (vgl. Abb. VII.3) sind bis in die Tiefe sauerstoffreich und haben eine im Vergleich zum Abbauvolumen geringe Produktionskraft, so daß das gesamte organische Material remineralisiert wird. Das Tiefenwasser wird dabei nicht sonderlich mit Mineralsalzen angereichert, insbesondere wird ein Großteil der Phosphate an den Seengrund und an eingeschwemmte Tonmineralien adsorbiert. Deshalb bleibt auch bei Vollzirkulation im Frühjahr und Herbst die Nährsalzzufuhr in den produktiven oberen Wasserschichten der für die Primärproduktion begrenzende Faktor. Oligotrophe Seen sind zum einen für die Gebirge, besonders die Alpen und das Alpenvorland, charakteristisch: Durch ihre große Tiefe haben diese Seen eine hohe Abbaukapazität. Zum anderen traten oligotrophe Seen früher auf nährstoffarmen Sandböden des Norddeutschen Flachlandes auf (Heideseen).

Demgegenüber sind die typischen Flachlandseen meist nährstoffreicher (meso- bis eutroph). Dies hängt mit ihrer geringeren Tiefe zusammen, außerdem spielt der Untergrund (z.B. Jungmoränen) eine Rolle. Die produktive Oberschicht kann über die Hälfte des Seevolumens ausmachen. So reicht die Abbaukapazität nicht aus, in den tieferen Schichten kommt es zu starker Sauerstoffzehrung, schließlich zu Faulschlammbildung und Entwicklung von H_2S. Der Bodenschlamm zeigt die durch FeS hervorgerufene typisch blauschwarze Färbung. Die Wasserzirkulation im Frühjahr und Herbst führt zu einer kräftigen Düngung der Oberschicht und gleichzeitig zu einer Sauerstoffzufuhr in die tieferen Schichten. Die Folge ist eine anhaltend hohe Stoffproduktion und Sedimentation, was schließlich zur Verlandung führt.

Neben nährstoffarmen und nährstoffreichen Seen unterscheidet man einen dritten Typ, den Braunwassersee (dystroph[1]). Die braune Farbe stammt von sauren Humusstoffen, die aus umgebenden Torfschichten (Hochmoore) oder bodensauren Heiden bzw. Nadelwäldern eingeschwemmt werden. Die besonderen Eigenschaften dieser Seen werden vor allem durch den niedrigen pH-Wert und die hohe Lichtabsorption bestimmt.

In unserer Kulturlandschaft sind nährstoffarme Gewässer ausgesprochen selten geworden. Durch Einleitung von Abwässern und Einschwemmung überschüssiger Düngemittel werden den Gewässern große Nährstoffmengen zugeführt. Die zunehmende Eutrophierung aller oligotrophen Seen – ein an sich natürlicher Vorgang – wurde in den letzten Jahrzehnten in Mitteleuropa sehr stark beschleunigt (vgl. Abb. VII.4).

2.2 Vegetationszonierung an Seeufern

Mit zunehmendem Nährstoffgehalt eines Gewässers übertrifft die Stoffproduktion schließlich den Stoffabbau, und die zunehmende Sedimentation führt zu einer Verflachung. Die Gefäßpflanzenreste der Uferregion werden langsa-

(Fortsetzung S. 175)

[1] von gr. ‹dys‹: gegen-, miß; gr. ‹tropheín‹: ernähren

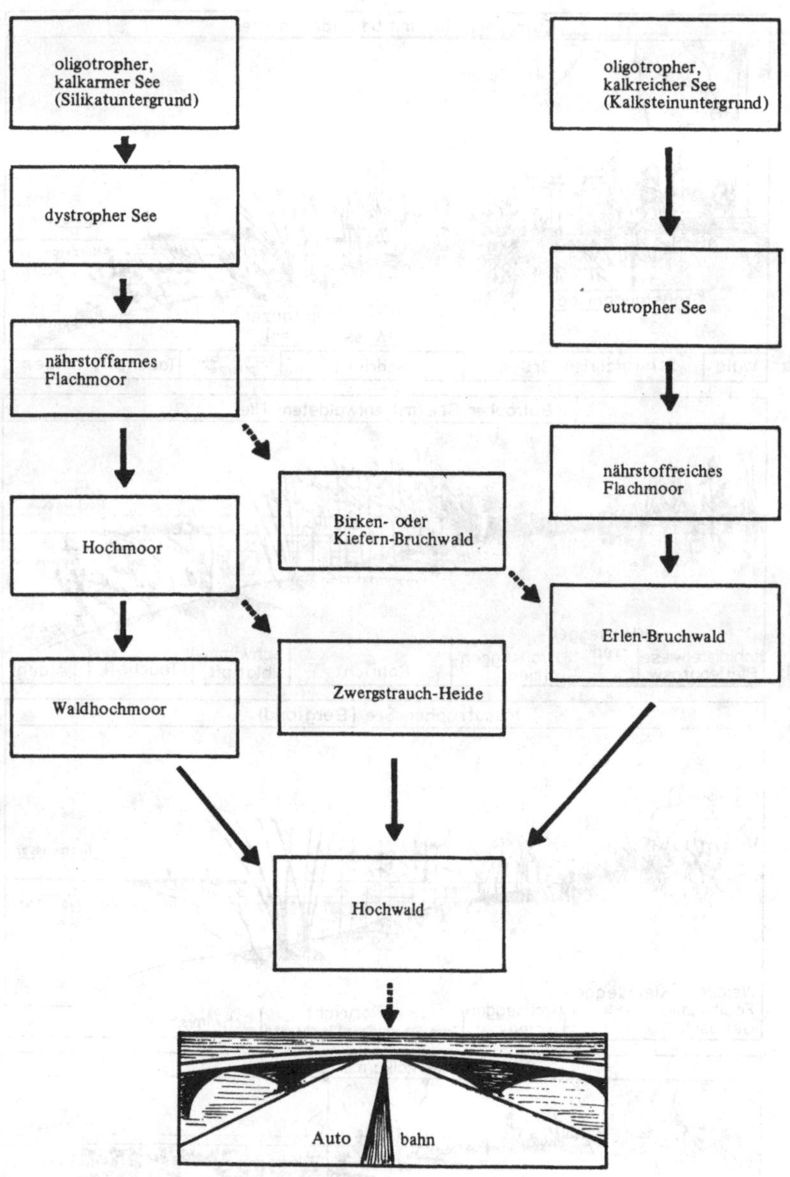

Abb. VII.4: Mögliche Entwicklung stehender Gewässer (Verlandungssukzession)

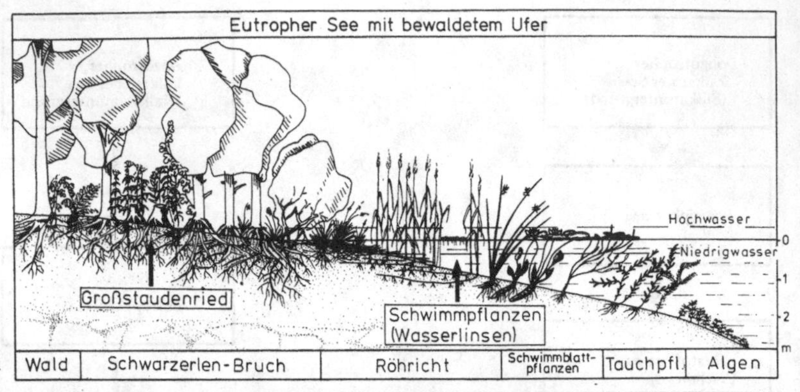
Eutropher See mit bewaldetem Ufer
Hochwasser
Niedrigwasser
0
1
2
m
Großstaudenried
Schwimmpflanzen (Wasserlinsen)
a
Wald
Schwarzerlen-Bruch
Röhricht
Schwimmblatt-pflanzen
Tauchpfl.
Algen

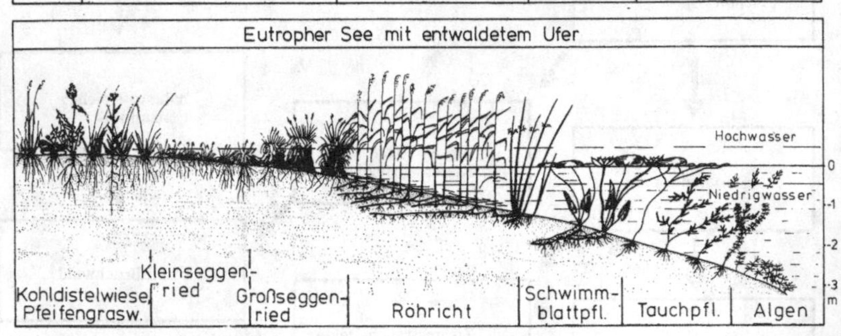
Eutropher See mit entwaldetem Ufer
Hochwasser
Niedrigwasser
0
-1
-2
-3
m
b
Kohldistelwiese, Pfeifengrasw.
Kleinseggen-ried
Großseggen-ried
Röhricht
Schwimm-blattpfl.
Tauchpfl.
Algen

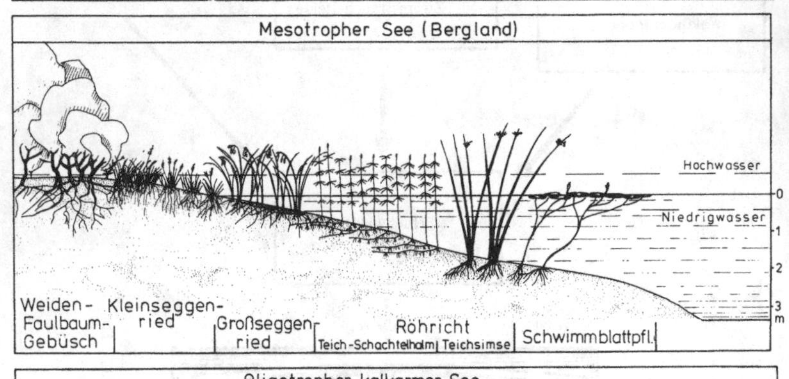
Mesotropher See (Bergland)
Hochwasser
Niedrigwasser
0
1
2
3
m
c
Weiden-Faulbaum-Gebüsch
Kleinseggen-ried
Großseggen-ried
Röhricht
Teich-Schachtelhalm
Teichsimse
Schwimmblattpfl.

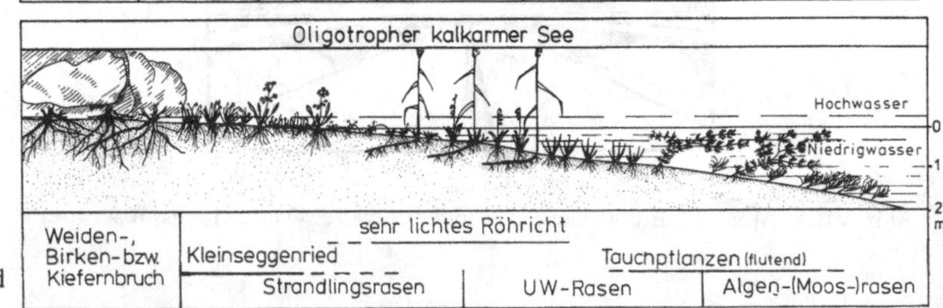
Oligotropher kalkarmer See
Hochwasser
Niedrigwasser
0
1
2
m
d
Weiden-, Birken- bzw. Kiefernbruch
sehr lichtes Röhricht
Kleinseggenried
Tauchpflanzen (flutend)
Strandlingsrasen
UW-Rasen
Algen-(Moos-)rasen

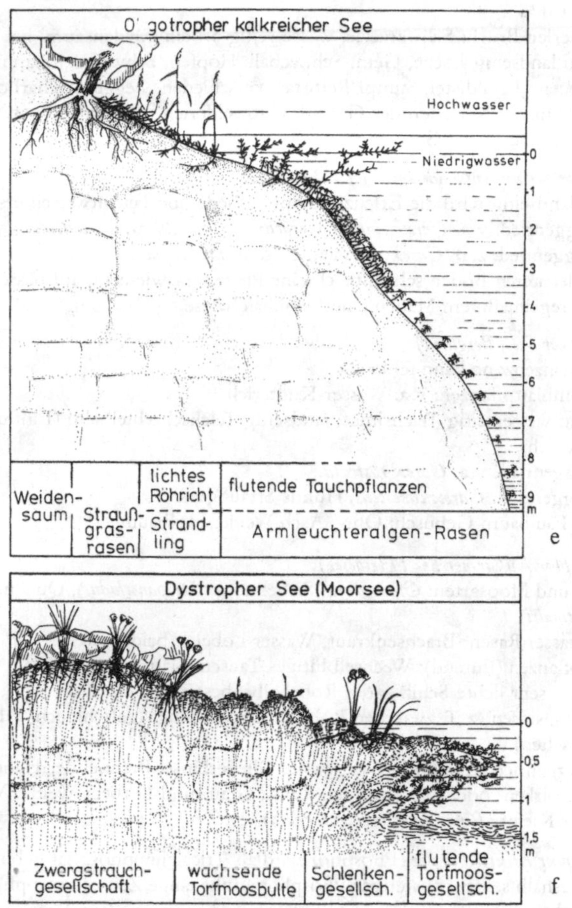

Abb. VII.5 a–f: Vegetationszonierung an Seeufern

a. *Eutropher See mit bewaldetem Ufer*

Tiefenalgen: Armleuchteralgen, Schlauchalge (*Vaucheria*) u.a.

Tauchpflanzen: Verschiedene Laichkraut-Arten, Ähriges Tausendblatt, Hornblatt, Wasserpest.

Schwimmblattpflanzen: Schwimmendes Laichkraut, Wasserknöterich, Weiße Seerose, Gelbe Teichrose.

Röhricht: Schilfrohr, landseitig z. T. von Seggenbulten (*Carex paniculata, C. rostrata* usw.) und Stauden (Wasserampfer, Wasserdost, Gilbweiderich, Zottiges Weidenröschen, Engelwurz) durchsetzt, wasserseitig oft ein schmaler Gürtel der Teichsimse. Bei Uferbeweidung kann die Teichsimse dominieren. An nährstoffreichen Zuflüssen kann der Große Schwaden Röhrichtbestände ausbilden, auf Schlammböden treten Rohrkolben-Arten auf. In Lücken bilden sich Schwimmpflanzengesellschaften (Wasserlinsen, Froschbiß-Krebsscheren-Gesellschaft).

(zu Abb. VII.5a–f)

Schwarzerlen-Bruch: Schwarzerle, wasserseitig oft ein Weidensaum, bei besseren Böden landseitig Esche, Gem. Schneeball, Hopfen, Schwarze Johannisbeere, Himbeere, Kohldistel, Sumpf-Reitgras, verschiedene Seggen, Scharbockskraut, Gundermann, Kriechernder Günsel, Gilbweiderich, Wasserdost usw. In Lichtungen dominieren die Großstauden.

b. Eutropher See mit entwaldetem Ufer

Wie a., landseitig wird die Erlenzone durch Riede und Feuchtwiesen ersetzt.
Großseggenried: v.a. *Carex elata, C. gracilis, C. paniculata, C. disticha.*
Kleinseggenried: z.B. *Carex canescens, C. echinata, C. flava.*
Auf schlechteren Böden schließt sich eine Pfeifengraswiese an, auf besseren Böden und bei regelmäßigem Mähen eine Kohldistelwiese.

c. Mesotropher See (Bergland)

Tauchpflanzenzone kann fehlen.
Schwimmblattpflanzen: v.a. Wasser-Knöterich.
Röhricht: wasserseitig Teichsimse, landseitig Teichschachtelhalm (Einfluß von Weidevieh).
Großseggenried: v.a. *Carex rostrata.*
Kleinseggenried: *Carex canescens,* Hunds-Straußgras.
Weiden-Faulbaum-Gebüsch: Ohr-, Asch-Weide, Faulbaum.

d. Oligotropher kalkarmer See (Heidesee).

Algen- und Moosarten: *Cladophora*, Sichelmoos (*Drepanocladus*), Quellmoos (*Fontinalis*).
Unterwasser-Rasen: Brachsenkraut, Wasser-Lobelie (beide selten).
Tauchpflanzen (flutend): Wechselblütiges Tausendblatt.
Röhricht: sehr lichte Schilf- oder Rohrkolbenbestände.
Strandlingsrasen (z.T. zwischen Röhricht): Strandling, Igelschlauch, Pillenfarn (alle selten).
Kleinseggenried: *Carex nigra, C. limosa*, Gliederbinse, Brennender Hahnenfuß Weiden-, Birken- oder Kiefernbruch: Ohr-, Grau- und Lorbeer-Weide, Moor-Birke, Moor-Kiefer (*Pinus mugo* ssp. *rotundata*)

e. Oligotropher kalkreicher See (Phosphor wird als Tricalciumphosphat gebunden, See bleibt deshalb selbst bei stetiger Phosphorzufuhr lange Zeit oligotroph).

Armleuchteralgen-Rasen: Üppig entwickelt und bis in größere Tiefe (max. 30 m) reichend.
Flutende Tauchpflanzen: Kleinblättrige Laichkraut-Arten.
Lichtes Röhricht/Strandlingsrasen: Schilf, Strandling, Igelschlauch (beide selten), Brennender Hahnenfuß; als Reliktgesellschaft: Schwertried-Röhricht (*Cladium mariscus*).
Straußgras-Rasen: Weißes Straußgras auf dem schmalen Spülsaum.
Weidensaum: Bruch-, Silber- und Lavendel-(Grau-)Weide.

f. Dystropher See (Braunwassersee, Moorsee).

Flutende (Torf-)Moosgesellschaft: v.a. *Sphagnum fallax, Sph. cuspidatum*, Schmalblättriges Wollgras.
Wachsende Torfmoosbulte: *Sphagnum medium, Sphagnum fallax*, Rundblättriger Sonnentau, Moosbeere, Rosmarinheide, Scheidiges Wollgras.
Zwergstrauchgesellschaft: Glockenheide, Krähenbeere, Besenheide, Steifes Haarmützenmoos (*Polytrichum strictum*), Rentierflechte, Scharlachflechte.

mer abgebaut als die Plankton-Sedimente des freien Wassers. In der Uferregion schreitet die Auffüllung durch Sedimente deshalb besonders rasch voran.

Je nach Nährstoffgehalt, Untergrund, Topographie (Steil- oder Flachufer) und Beschaffenheit (Geröll, Sand oder Schlamm) sowie Nutzung durch den Menschen können die Verlandungs- bzw. Uferzonen eines Sees ganz unterschiedlich ausgebildet sein (vgl. Abb. VII.5).

In den Verlandungsbereichen nährstoffreicher, flacher Gewässer können im typischen Fall folgende Vegetationszonen auftreten (sie sind gleichzeitig als Verlandungssukzessionen aufzufassen):

1. *Algenrasen* (v.a. Armleuchteralgen)
2. *Tauchblatt-Gesellschaften* (Untergrenze 8 m):
   Die meisten Tauchblattgesellschaften bestehen aus wenigen Arten. So kann der Zufall der ersten Ansiedlung darüber entscheiden, welche Art einer bestimmten Wuchsform zur Herrschaft gelangt, z.B. Laichkraut- und Tausendblatt-Arten, Hornblatt, Wasserpest u.a.
3. *Schwimmblatt-Gesellschaften:*
   Freischwimmend: Wasserlinsen, Krebsschere, Froschbiß, Schwimmfarne.
   Wurzelnd: Gelbe Teichrose, Weiße Seerose (bevorzugt seichtere Gewässer, da sie keine Unterwasserblätter ausbildet), Schwimmendes Laichkraut.
4. *Röhricht:*
   Wichtigste Art ist das Schilfrohr, das sich durch Ausläufer rasch ausbreitet und die unterschiedlichsten Bedingungen, selbst Salzwassereinfluß, erträgt. In ruhigeren Gewässern bildet die Teichsimse (*Schoenoplectus lacustris*, bei Salzeinfluß *S. tabernaemontani*) Bestände vor dem Schilf, weil ihre grünen Stengel auch noch bei Überflutung assimilieren können. Wellenschlag erträgt die Teichsimse allerdings schlechter als Schilf, da ihre Stengel wegen des schwammigen Aerenchyms nicht sehr knickfest sind. Dagegen hält sie Verbiß besser aus und kann an beweideten Ufern das Schilfrohr ersetzen.
   Die Rohrkolben-Arten kommen bevorzugt auf schlammig-torfigem Grund vor, daneben spielen Igelkolben, Kalmus und – in stark eutrophen Gewässern – Großer Schwaden eine Rolle.
5. *Seggenriede:*
   Landseitig folgen teilweise Großseggenbestände (z.B. Steife und Rispen-Segge) auf den Schilfgürtel. Diese Seggenarten bilden bis über 1 m hohe Bulte, die immer dichter zusammenrücken und zuletzt eine fast geschlossene Schicht bilden. Solche Bestände können schon als einschürige Streuwiese genutzt werden (vgl. Kap. IV und VI). Unter natürlichen Bedingungen entwickelt sich das Seggenried zum Erlenbruch weiter (s. unten). Bei geringerem Nährsalz-Angebot wird der Großseggengürtel durch kleinere, rasenbildende Arten, insbesondere die Schnabelsegge, ersetzt. Eine räumliche Differenzierung in Großseggen- und Kleinseggenzone ist nur stellenweise deutlich, z.B. am Federsee/Oberschwaben.
6. *Bruchwälder:*
   Bruchwälder sind bei uns die Gehölzformationen, die den höchsten Grundwasserstand ertragen. Sie schließen sich unter natürlichen Bedingungen den Seggenbeständen an oder ersetzen diese. Durch den hohen Grundwasser-

stand wird der Abbau organischer Stoffe verlangsamt, wodurch sich Bruchwaldtorf bildet. Demgegenüber stocken die verwandten Auenwälder der Flußniederungen auf mineralischem Sediment (s.u.).

Die Artenzusammensetzung des Bruchwaldes wird wiederum vom Nährstoffgehalt des Gewässers, aber auch von Stärke und Dauer der Frühjahrs-Überflutung bestimmt. Bei höherem Nährsalz- und Basengehalt entwickelt sich ein Schwarzerlenbruch mit Schwarzerle, Grau-, Ohr-, Lorbeerweide, Schwarzer Johannisbeere, Himbeere, Wolfstrapp, Bittersüßem Nachtschatten, Sumpf-Haarstrang, Reitgras, Blasen- und Langähriger Segge. Bei geringerem Nährsalz- und Basengehalt entsteht ein Birken- oder ein Kiefernbruch mit Moorbirke bzw. Gem. Kiefer (z.T. auch Moor-Kiefer). Unter der lockeren Baumschicht gedeihen noch verschiedene Sträucher (z.B. Vogelbeere und Faulbaum) sowie Zwergsträucher, wie Trunkelbeere, Heidel- und Preiselbeere. Häufige Kräuter sind Siebenstern, Sauerklee und Dorniger Wurmfarn. Im Kiefernbruch spielen auch Sumpfporst, Scheidiges Wollgras, Rosmarinheide, Moosbeere und Besenheide eine wichtige Rolle.

3. Moore

3.1 Entstehung und Moortypen

Moore entstehen auf wasserdurchtränkten Böden, in denen die anfallenden Pflanzenreste wegen des Sauerstoffmangels nur sehr langsam abgebaut werden. Da die Produktion organischer Substanz schneller erfolgt als ihre Remineralisierung, kommt es zur Ansammlung mehr oder weniger mächtiger mineralarmer Humussubstanz (Torf). Geologisch werden Moore definiert als Boden mit einer mindestens 30 cm dicken Torfschicht, deren Gehalt an brennbarer organischer Substanz 30% übersteigt. Ist ihre Mächtigkeit geringer oder der Anteil der organischen Substanz niedriger, so spricht man von Anmoor.

Botanisch werden Moose aufgrund ihrer ökologischen Bedingungen und der davon abhängigen Vegetation definiert und unterteilt:

Flachmoore entstehen an den tiefsten Stellen des Reliefs, wo Quellwasser austritt, oder aus den Verlandungsstadien stehender Gewässer. Je nach Qualität des Wassers und des Mineraluntergrundes können sie mehr oder weniger nährsalz- und basenreich sein. Sie sind vom Grundwasserstand abhängig und daher auf kein bestimmtes Klima angewiesen. Unter ariden Bedingungen entstehen (bei entsprechend hohem Grundwasserstand) Salzsümpfe.

Hochmoore (vgl. Abb. VII.6) sind vom Grundwasser unabhängige, allein auf den atmosphärischen Niederschlag angewiesene («ombrogene») Moore. Sie sind charakteristisch für humides, gemäßigtes Klima mit hohen Niederschlägen (über 600 mm/Jahr) und geringer Verdunstung. Sie entstehen, wenn sich auf nassem Untergrund (z.B. Flachmoor) Torfmoose ansiedeln. Diese können aufgrund ihres anatomischen Baus (vgl. Band I, Kap. VI) das bis zu 20fache

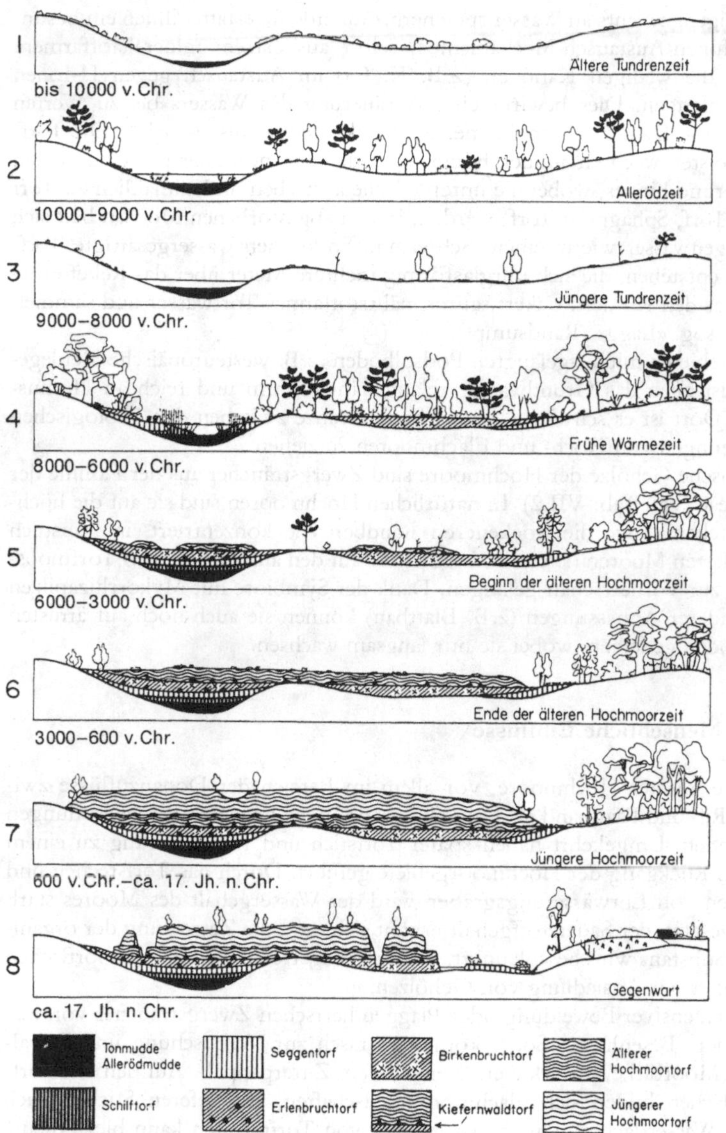

Abb. VII.6: Entwicklung eines Hochmoors im nordwestdeutschen Flachland. Etwa 6000 v. Chr. – mit Beginn der mittleren Wärmezeit (Atlantikum) – wird das Klima wärmer und niederschlagsreicher. Zum ersten Mal entstehen in großem Umfang Hochmoore. In der folgenden, etwas trockeneren Späten Wärmezeit (Subboreal) entsteht vor allem wollgras- und heidereicher Schwarztorf. Etwa 600 v. Chr. wird das Klima wieder feuchter (Nachwärmezeit, Subatlantikum) und ein erneutes starkes Hochmoorwachstum setzt ein (nach Overbeck aus Ellenberg 1986, verändert)

ihres Eigengewichts an Wasser speichern. Außerdem gestattet ihnen ein besonderer Ionen-Austausch-Mechanismus, selbst aus extrem mineralstoffarmem Wasser die wenigen Kationen (z.B. K, Ca) im Austausch gegen H-Ionen herauszufangen. Dies bewirkt eine Ansäuerung des Wassers bis zu Werten unter pH 4. Damit werden die meisten Konkurrenten ausgeschaltet. Die Torfmoospolster wachsen immer höher über den Grundwasserspiegel und den Untergrund hinaus, wobei die unteren Teile absterben und allmählich zu Torf (Weiß-Torf, Sphagnum-Torf) werden. In den abgestorbenen Moosen hält sich das Regenwasser wie in einem Schwamm. So können wassergesättigte Torfschilde entstehen, die sich uhrglasförmig mehrere Meter über das Relief erheben. Aus den Rändern sickert saures, nährstoffarmes Torfwasser und sammelt sich im sog. «Lagg» (Randsumpf).

In Gebieten mit ausgelaugten Podsolböden (z.B. westeuropäische Heidegebiete) ist auch das Grundwasser relativ nährstoffarm und reich an Humus-Solen. Dort ist es schwierig, eine scharfe Grenze zwischen den ökologischen Bedingungen von Hoch- und Flachmooren zu ziehen.

Typische Gehölze der Hochmoore sind Zwergsträucher aus der Familie der Ericaceae (vgl. Tab. VII.2). In natürlichen Hochmooren sind sie auf die höchsten Stellen sowie die trockeneren Randbereiche konzentriert, in künstlich veränderten Mooren (s. unten) können sie auf den austrocknenden Torfmoosbulten zur Vorherrschaft gelangen. Dank der Symbiose mit Mykorrhizapilzen und anderer Anpassungen (z.B. Blattbau) können sie auch noch auf ärmsten Torfböden gedeihen, wobei sie nur langsam wachsen.

3.2 Menschliche Einflüsse

Viele unserer Hochmoore, vor allem im Bereich der Donauzuflüsse zwischen Riß und Paar, sind als Folge jungstein- bzw. bronzezeitlicher Rodungen entstanden. Umgekehrt haben später Torfstich und Entwässerung zu einem starken Rückgang der Hochmoorgebiete geführt. Durch das Torfstechen und Anlegen von Entwässerungsgräben wird der Wassergehalt des Moores stark herabgesetzt, der Sauerstoffgehalt erhöht sich, und die Zersetzung der organischen Substanz wird beschleunigt. Auf den ausgetrockneten Hochmoorflächen kommt es zur Ansiedlung von Gehölzen.

Bei extensiver Beweidung oder Plaggen herrschen Zwergsträucher vor, insbesondere Besenheide. Sonst kommt es rasch zur Verbuschung und Bewaldung (Moorbirke, Moorkiefer, Weidenarten, Zitterpappel). Auf den abgetorften Flächen bilden sich Flachmoorgesellschaften, bei tieferen Stichen auch offene Wasserflächen. Durch Ansiedlung von Torfmoosen kann hier erneute Hochmoorbildung einsetzen (Regeneration). Durch Kalkdüngung können Torfflächen in Weide- oder sogar Ackerland überführt werden.

In Mitteleuropa findet man heute keine unberührten Hochmoore mehr, zahlreich sind sie dagegen noch in Fennoskandien und Osteuropa.

4. Vegetation der Flußauen

4.1 Zonierung

Die Vegetation der Flußauen hängt in Aussehen und Artengefüge stark von der Wasserführung des Flusses ab. Nur soweit mindestens einmal im Jahr eine Überflutung auftritt, rechnet man die Pflanzengesellschaften und Böden zur Aue. Die Anpassung an diese Überflutungen einerseits und an längere Perioden verminderter Wasserzufuhr andererseits kennzeichnen die Vegetation der Flußauen. Längere Trockenperioden sind dabei auf den oft recht durchlässigen Böden geringer Wasserkapazität für die Vegetation meist gefährlicher als Überschwemmungen.

Manche breiten Flußtäler neigen allerdings auch zur Versumpfung. Dies hängt damit zusammen, daß durch das Abschmelzen der Gletscher am Ende der Eiszeit große Ströme entstanden und breite Täler ausgeräumt wurden, die für die heutigen Bäche viel zu weiträumig sind (z.B. «Urdonautal» der Aitrach bei Tuttlingen). Wenn inzwischen mehr oder weniger undurchlässige Feinsedimente abgelagert wurden, so können Sümpfe entstehen.

Durch die Überflutungen werden den Auenböden viele Nährstoffe zugeführt. Diese natürliche Düngung ist dort am stärksten, wo sich Spülsäume absetzen und Pflanzen- bzw. Tierreste ablagern. Hier konzentrieren sich typische Nitratzeiger (z.B. Große Brennessel und Pestwurz).

Die Vegetationsgliederung an den Flußufern hängt einmal vom Flußabschnitt ab (s. Abb. VII.7), zum anderen von der Überflutungsdauer, was häufig mit der Entfernung zum Fluß korrespondiert. Die Reihe der Pflanzengesellschaften, die von der Flußmitte bis zum Auenrand aufeinander folgen, sind im mittleren und unteren Bereich des Flusses am vollständigsten, am Oberlauf spielt die zufällige Veränderung des Flußbettes (durch Hochwasser) eine entscheidende Rolle. In den meisten Fällen ist allerdings die Vegetation durch den Eingriff des Menschen völlig verändert. Die folgende Zonierung ist daher nur selten in ungestörter Abfolge vorzufinden:

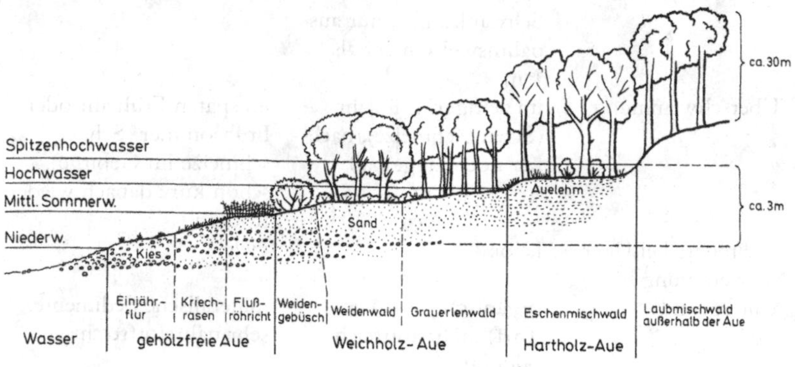

Abb. VII.7

1. Flußbett: Oft frei von höheren Pflanzen, z. T. Flutender Hahnenfuß, Laichkrautarten, Wasserpest.
2. Amphibischer Uferbereich: Raschwüchsige Annuelle, wie Gänsefuß-, Knöterich- und Zweizahn-Arten; auch Kamille, Klatsch- und Sandmohn, Einjähriges Rispengras, Windhalm.
3. Flußröhricht: Oberhalb einer gewissen Grenze der Überflutungsdauer herrscht Röhricht des Rohrglanzgrases vor. Im Gegensatz zum Schilf ertragen dessen biegsamere Halme die Strömung gut.
4. Weichholzaue: Als erste Gehölze siedeln sich buschige, raschwüchsige Weidenarten an, z.B. Purpur- und Mandelweide. Diese bilden meist nur einen schmalen Saum und leiten unmittelbar über zur waldartigen Weichholzaue mit Bruch- und Silberweide, Pappelarten u.a. In den Alpen werden die Weichholzauen von der Grau-Erle beherrscht.
5. Hartholzaue: Diese höchste Stufe innerhalb des Überschwemmungsbereiches wird von kräftigen Baumarten wie Gemeine Esche, Stieleiche, Ulmenarten gebildet. Im Unterwuchs überwiegen typische Waldkräuter: Riesen-Schachtelhalm, Milzkraut, Großes Springkraut, Waldmeister, Entferntährige Segge.

4.2 Vergleich von Bruch- und Auenwald

Beides sind Gehölzformationen mit sehr hohem Grundwasserstand und zumindest zeitweilig auftretenden Überschwemmungen. Während Bruchwälder i.a. als Endstadium einer Verlandungssukzession (s.o.) aufzufassen sind, siedeln Auwälder im Überschwemmungsbereich von Fließgewässern. Im folgenden sind die wichtigsten Unterschiede tabellarisch zusammengefaßt. Beide Vegetationstypen sind allerdings durch Übergänge miteinander verbunden.

	Bruchwald	Auenwald
Grundwasserstand	dauernd sehr hoch, Schwankungen nur ausnahmsweise mehr als 1 m	stark schwankend
Überschwemmung	im zeitigen Frühjahr (Schneeschmelze), nachher noch lange naß	im späten Frühjahr oder Frühsommer (Schneeschmelze im Gebirge), schon kurz danach wieder trocken
Sedimente bei Überschwemmung	keine	viele
Untergrund	organisch (> 10 cm Torf), nährstoffreich oder -arm	mineralische Sedimente, sehr nährstoffreich

4.3 Wasserpflanzen der Fließgewässer als Gütezeiger

Ähnlich wie bei stehenden Gewässern führt auch bei Fließgewässern die zunehmende Einleitung von Abwässern, Düngemitteln etc. zu einer Eutrophierung, mit der eine Abnahme des Sauerstoffgehalts einhergeht. Im «Saprobiensystem» unterscheidet man folgende Begriffe: Oligosaprob: sauerstoffreich, nährstoffarm; mesosaprob: Sauerstoff noch ausreichend, nährstoffreich; polysaprob: starkes Sauerstoffdefizit, sehr nährstoffreich.

Je nährstoffärmer ein Fließgewässer, desto besser läßt es sich für die Trinkwasserversorgung verwenden. Für die Zuordnung zu einer Saprobienstufe bzw. einer bestimmten Güteklasse lassen sich chemische Wasseranalysen, aber auch die im Gewässer vorkommenden Lebewesen verwenden. Häufig wird hier besonders auf die Mikroflora und -fauna verwiesen, die größeren Wasserpflanzen («Makrophyten») sind jedoch als Zeigerorganismen ebenfalls geeignet und lassen sich auf einer Exkursion leichter demonstrieren und registrieren. So können Gefärbtes Laichkraut und die Armleuchteralge *Chara hispida* als Zeiger für sauberes Wasser gelten, während Flutender Hahnenfuß, Wasserpest und Wassersternarten höheren Nitratgehalt anzeigen.

Anhang: Stichworte zu einigen Sumpf- und Wasserpflanzen

(Die mit einem Punkt gekennzeichneten Familien sind in der Familientabelle, Kap. I, berücksichtigt).

- Alismataceae (Froschlöffelgewächse).

  Alisma plantago-aquatica (Froschlöffel): Heterophyllie: zunächst bandförmige Wasserblätter und langgestielte Schwimmblätter, dann eiförmige, langgestielte Luftblätter. Achselknospen bilden im nächsten Jahr eine neue Pflanzengruppe (truppweises Auftreten).

- Apiaceae (Selleriegewächse, Doldenblütler).

  Cicuta virosa (Wasserschierling): Stengel stark ausgehöhlt, kaum gerillt, Blattstiele hohl; Rhizom hohl, gekammert; Röhricht; eine der gefährlichsten Giftpflanzen (v.a. Rhizom): Muskelkrämpfe, Atemlähmung. Selten.

  Hydrocotyle vulgaris (Wassernabel): Blätter rund, schildförmig, gekerbt; sehr kleine 3–5blütige Dolden; kriechendes Rhizom; 3 Standortformen.

- Asteraceae (Asterngewächse).

  Eupatorium cannabinum (Wasserdost): Blätter meist 3teilig; nur Röhrenblüten, Synfloreszenz, Falterblume, N-Zeiger.

- Brassicaceae (Kohlgewächse, Kreuzblütler).

  Cardamine amara (Bitteres Schaumkraut, Bitterkresse): Keine Grundrosette, ähnlich Brunnenkresse, Staubblätter violett, Geschmack bitter.

Nasturtium officinale (Echte Brunnenkresse): Stengel hohl; Kronblätter weiß, mit violettem Fleck, Staubblätter gelb, Geschmack scharf.

Callitrichaceae (Wassersterngewächse).

Callitriche ssp. (Wasserstern): Unterwasser- oder Schwimmblattpflanzen, bilden üppige Polster zarter, gegenständig beblätterter Triebe in Gräben, Bächen, Tümpeln usw.; Blättchen am Gipfel rosettenartig; Blüten grün, blattachselständig; nährstoffliebend; Arten schwer zu unterscheiden.

Ceratophyllaceae (Hornblattgewächse).

Ceratophyllum demersum (Gemeines Hornblatt): Wurzellose Unterwasserpflanze; Blätter gabelteilig, mit 2–4 linealischen starren Zipfeln mit rauher Oberfläche, in Quirlen zu 4–12.

● Cyperaceae (Sauergrasgewächse) vgl. Kap. VI.

Haloragaceae (Tausendblattgewächse).

Myriophyllum (Tausendblatt): Feinzerteilte Blätter.

M. alterniflorum (Wechselblütiges T.): Blätter in 3–4zähligen Quirlen; Ährchen wenigblütig, anfangs überhängend, oben mit wechselständigen Blüten. Nährstoff- und kalkarme Gewässer über Torfschlamm.

M. spicatum (Ähriges T.): Blätter in Quirlen zu 4, mit sehr schmalen und annähernd gegenständigen Zipfeln; Tragblätter sehr klein; weibl. Blüten oben; in sehr nährstoffreichen Seen; verwertet Hydrogenkarbonat (vgl. *Potamogeton*).

M. verticillatum (Quirlblättriges T.): Blätter in 5- oder 6zähligen Quirlen, wie bei *M. spicatum* gestaltet; Blütenstände mit größeren Tragblättern; weibl. Blüten unten; bildet Hibernakeln[1], in meso- bis eutrophen, oft kalkarmen Seen.

Hippuridaceae (Tannenwedelgewächse).

Hippuris vulgaris (Gemeiner Tannenwedel): Heterophyllie: Blätter außerhalb des Wassers kürzer und steif, submers länger, schlaff, linealisch, quirlständig zu 6–12; drei Standortmodifikationen: Unterwasser, Seichtwasser, Land.

Hydrocharitaceae (Froschbißgewächse).

Elodea canadensis (Kanadische Wasserpest): Unterwasserpflanze, Blätter in Quirlen zu 3; seit Mitte des vorigen Jahrhunderts hat sich die Pflanze in Europa eingebürgert und so ungeheuer vermehrt, daß sie die Schiffahrt behinderte und zur «Wasserpest» wurde. Die Ausbreitung erfolgte rein vegetativ, in Europa wurden fast nur weibliche Pflanzen beobachtet; selten werden Hibernakeln[1] gebildet.

● Iridaceae (Schwertliliengewächse).

Iris pseudacorus (Wasser-Schwertlilie): Dichotom verzweigtes Rhizom, das dicht mit pferdehaarähnlichen Borsten bedeckt ist (Gefäßbündelreste, abgestorbene Blätter); Rhizomunterseite mit «Zugwurzeln». Geschützt.

● Juncaceae (Binsengewächse) vgl. Kap. VI.

---

[1] Überwinterungsknospen: gestauchte Seitentriebe, die im Herbst vom Hauptsproß abfallen und im Frühjahr austreiben.

• Lamiaceae (Taubnesselgewächse, Lippenblütler).

Lycopus europaeus (Gemeiner Wolfstrapp): Heterophyllie: die Unterwasserblätter mit feinen, linealischen Zipfeln, die unteren Luftblätter am Grund fiederspaltig (einem Wolfseisen ähnlich), die oberen grob gesägt; Blüten fast radiär.

Mentha aquatica (Wasserminze): Blüten in Köpfchen, endständig und blattachselständig; unterirdische Ausläufer; Gräben, Sümpfe.

Lemnaceae (Wasserlinsengewächse).

Wasserlinsen sind die kleinsten Blütenpflanzen. Die typische Gliederung der Gefäßpflanzen in Wurzel, Sproßachse und Blätter ist hier teilweise aufgehoben, die abgeflachten blattähnlichen Vegetationskörper pflanzen sich vegetativ fort.

Lemna minor (Kleine Wasserlinse): Schwimmend und oft die gesamte Wasserfläche bedeckend; einwurzelig; als Entenfutter verwendet («Entengrütze»). Andere Arten seltener.

Lentibulariaceae (Wasserschlauchgewächse).

Utricularia vulgaris (Gemeiner Wasserschlauch): Wurzellose, untergetaucht-flutende, fleischfressende Pflanze. Blätter stark zerteilt, mit Fangblasen, die in «gespanntem» Zustand Unterdruck aufweisen; bei Berührung durch ein Beutetier (Wasserfloh) wird dieser plötzlich aufgehoben und das Beutetier eingesaugt. Selten.

Lythraceae (Blutweiderichgewächse).

Lythrum salicaria (Blutweiderich): Lange Scheinähre, Blüten 6zählig; trimorphe Heterostylie (vgl. Kap. III); Blätter mit herzförmigem Grund sitzend.

Nymphaeaceae (Seerosengewächse).

Nuphar lutea (Gelbe Teichrose, Nixblume): Stengel mit Luftkanälen; neben Schwimmblättern (ähnlich wie bei *Nymphaea alba*) im Frühjahr und Herbst auch große «salatartige» Unterwasserblätter; auch in tieferes Wasser gehend. Geschützt!

Nymphaea alba (Weiße Seerose): Schwimmblätter derb, mit wasserabstoßender Oberfläche, oberseitigen Spaltöffnungen und Feilenhaaren zur Stabilisierung; Stiele mit 4 großen Luftkanälen (durchblasen!). Keine UW-Blätter. Geschützt!

• Poaceae (Grasgewächse) vgl. Kap. V.

• Polygonaceae (Knöterichgewächse).

Polygonum amphibium (Wasser-Knöterich): Blattstiel in der Mitte der Ochrea entspringend; als flutende Wasser- und aufrechte Landform auftretend.

Rumex hydrolapathum (Fluß-Ampfer): Grundblätter sehr groß, lang zugespitzt; windblütig.

• Potamogetonaceae (Laichkrautgewächse).

Potamogeton ssp. (Laichkraut): Kommt mit zahlreichen, oft schwer unterscheidbaren Arten in fließenden und stehenden Binnengewässern vor. Nach ihrer Gestalt kann man drei Typen unterscheiden:

1. Arten mit langgestielten, derben Schwimmblättern, v.a. *P. natans*

(Schwimmendes L.): Schwimmblattzone eutropher bis mesotropher Seen.

2. Arten mit ausschließlich untergetauchten, sitzenden oder kurz gestielten Blättern: *P. crispus* (Krauses L.) und *P. lucens* (Glänzendes L.) in nährstoffreichen Seen und langsam fließenden Gewässern.
3. Arten mit grasartig schmalen Blättern: Fließwasserarten (nicht häufig).

Die Blätter der Laichkraut-Arten haben Netzadern, die Mittelader endigt mit einem Wasserporus. Die Pflanzen können CO_2 aus HCO_3^- zur Photosynthese aufnehmen, wobei OH^- abgegeben wird:
$HCO_3^- \rightarrow CO_2 + OH^-$. An der Blattoberfläche entsteht Kalk, der sich als weißlicher Belag auf den Blättern ablagert (besonders deutlich bei *P. crispus* und *P. lucens*): $OH^- + HCO_3^- + Ca^{++} \rightarrow CaCO_3 + H_2O$. Diese Kalküberzüge springen später ab und tragen zur Kalksedimentation bei (ebenso: Wasserpest, Hornblatt, Ähriges Tausendblatt, Wasser-Hahnenfuß und einige Algen).

- Salicaceae (Weidengewächse) vgl. Tab. S. 186f.
- Ranunculaceae (Hahnenfußgewächse)

  Caltha palustris (Sumpf-Dotterblume): Blätter nierenförmig, glänzend, fein gekerbt; keine Honigblätter, Balgfrüchte; Stengel hohl.
- Scrophulariaceae (Braunwurzgewächse, Rachenblütler)

  Veronica anagallis-aquatica (Gauchheil-Ehrenpreis, Wasser-E.): Stengel stumpf vierkantig, Blätter sitzend, zugespitzt; Blüten violett, gestreift.

  Veronica beccabunga (Bachbungen-Ehrenpreis): Stengel rund; Blätter kurz gestielt, abgerundet, glänzend; Blüten himmelblau, in blattachselständigen Trauben.
- Solancaceae (Nachtschattengewächse)

  Solanum dulcamara (Bittersüßer Nachtschatten): Halbstrauch, dessen obere, krautige Teile im Winter absterben; Blüten violett, Staubbeutel gelb, Beeren rot; giftig!

Sparganiaceae (Igelkolbengewächse)

Sparganium ramosum (Ästiger Igelkolben): Blätter lang, schmal, aufrecht, gekielt, an der Basis 3kantig; kugelige Teilinfloreszenzen, die reifen weiblichen Fruchtstände sehen wie kleine Morgensterne aus; langsam fließende oder stehende, schlammreiche Gewässer, windblütig.

Typhaceae (Rohrkolbengewächse)

Typha latifolia (Breitblättriger Rohrkolben): Blätter bis 2 (3) cm breit, derb, lang, blaugrün; der männliche Teil des Blütenstandes sitzt fast unmittelbar über dem weiblichen (Kolben); windblütig.

Zosteraceae (Seegrasgewächse)

Die einzigen untergetaucht lebenden marinen Samenpflanzen

Zostera marina (Echtes Seegras): Blätter bis 10 mm breit; bildet Wiesen auf sandigem Grund in 1–4 m Tiefe (Nord- und Ostsee). Aus den Seegras-Arten wurden früher die Füllungen der Seegrasmatratzen hergestellt. Von der Brandung können «Seebälle» gebildet werden, wie man sie an manchen Sandstränden des Mittelmeers findet (hier meist *Posidonia*).

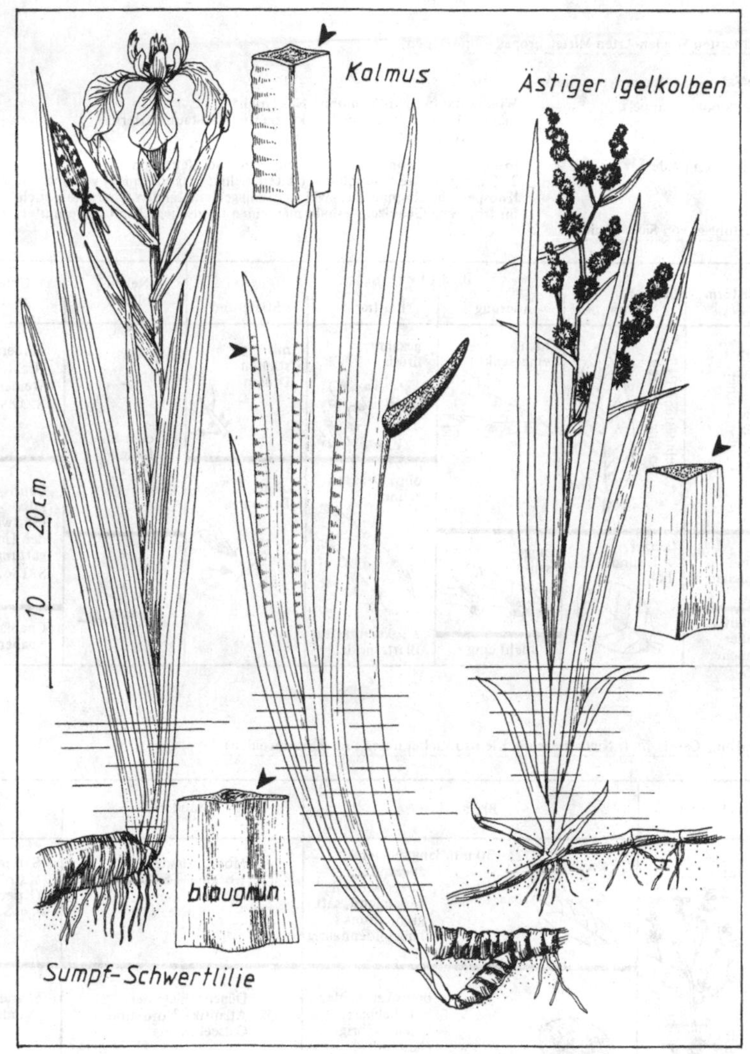

Abb. VII.8: Drei Arten des Uferröhrichts stehender und langsam fließender Gewässer, die vegetativ leicht verwechselt werden können

Tabelle 1

Die wichtigsten Weiden-Arten Mitteleuropas (ohne Alpen)

Familie Salicaceae (Weidengewächse)

Gattung Populus (Pappel) — Windbestäubung, Blüten ohne Nektarien, männl. Blüten mit zahlreichen kurzgestielten Staubblättern; Tragblatt gelappt, Knospen mehrschuppig

Gattung Salix (Weide) — Insektenbestäubung; Blüten mit ein oder zwei Nektarien, 2–3 langgestielte Staubblätter (selten mehr); Tragblatt nicht gelappt. Knospen einschuppig, aus zwei Blattanlagen entstanden (charakteristisch für tropische Gehölze, weshalb man einen tropischen Ursprung vermutet)

Untergattungen von Salix (Weide)

Wuchsform	Blätter: Form	Blätter: Aderung	Blätter: Blattrand	Blätter: Stielgrund	Nebenblätter	Untergattung
Bäume und Großsträucher	mindestens 3 x so lang wie breit 	nicht eingesenkt 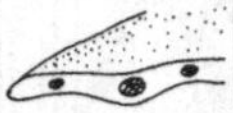	gezähnt, drüsig 	mit ± gestielten Drüsen 	– oder hinfällig	Armeria (Echte Weiden) S. 188
			ohne Drüsenzähne, 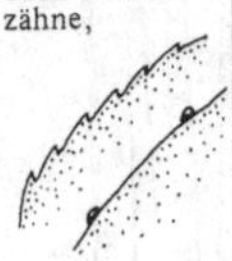 z.T. vereinzelte Blattranddr.	ohne Drüsen 		Caprisalix (Saalweiden-Untergattung) S. 186, 187
Kleinsträucher	kürzer, z.T. rundlich 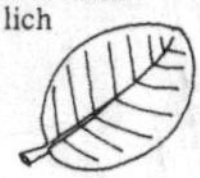	eingesenkt 			+ 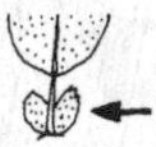	
niederl. Spaliersträucher		nicht eing.				Chamaetia Spalierw.

Untergattung Caprisalix I: Niederliegende Kleinsträucher unter 1 m (Kriechweiden)

Wuchsform	Blatt	Standort	Art
Achsen teilweise unterirdisch 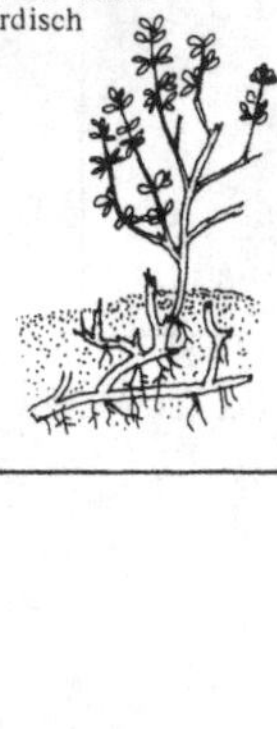	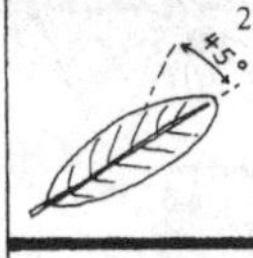 25–30 mm lang, beiderseits zugespitzt; obers. schnell verkahlend, satt grün, unters. lang seidenhaarig (45°)	Moore, Heiden, trockene Torfböden	S. repens s. str. (Kriech-W. i. e. S.)
	 breitoval, beiderseits behaart, U.seite silbrig glänzend	Dünengebiete der Atlantik-, Nord- und Ostseeküsten	S. arenaria (Sand-W.)

Untergattung Caprisalix II (ohne Kriechweiden)

Wuchsform	Zweige: 3–5jährig	Zweige: 1–2jährig		Blätter: Länge	Blätter: Behaarg.	Blätter	Neben-blätter	Art
Baum oder großer Strauch ca. 6–18 m	keine Striemen am Holz	mindestens kurz behaart	grünlich	mehr als 40 mm	unterseits deutlich behaart	Rand nach unten umgebogen 	±	S. viminalis (Korb-W., Hanf-W.)
	Holz mit deutl. Striemen 		oben rötl. unten olivgrün			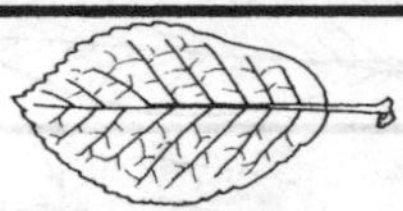		S. caprea (Saal-W.)
mittelgroßer Strauch bis ca. 6 m			zimtbraun schwärzl.			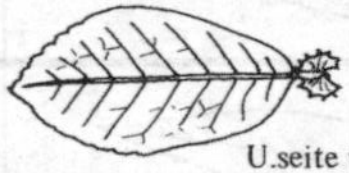 U.seite weichflaumig		S. cinerea (Asch-W., Grau-W.)
			braun bis rötlich	15 bis 40 mm			++	S. aurita (Ohr-W.)
	keine Striemen am Holz		oft kurz behaart, rötlich	mehr als 40 mm		Spitze hellgrün 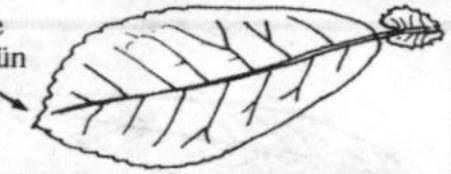		S. nigricans (Schwarz-W.)
		kahl	bräunlich bis purpurn		kahl	O.seite blaugrün 	–	S. purpurea (Purpur-W.)
	rötlich, mit hellbläulichem, abwischbarem Wachsbelag	rötlich, mit hellbläulichem, abwischbarem Wachsbelag	rötlich, mit hellbläulichem, abwischbarem Wachsbelag		verkahlend	O.seite glänzend 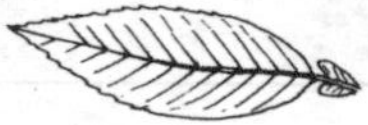	+	S. daphnoides (Reif-W.)

Untergattung Armeria (Echte Weiden)

Wuchs	junge Zweige: Bruch	junge Zweige: Oberfläche		Stomata	Blatt: Behaarung	Blatt	Nebenblätter	Art
(großer) 	an der Basis nicht leicht brechend	behaart	schmutzig braun bis rot-gelb	(Oberseite)	beidseitig seidig behaart	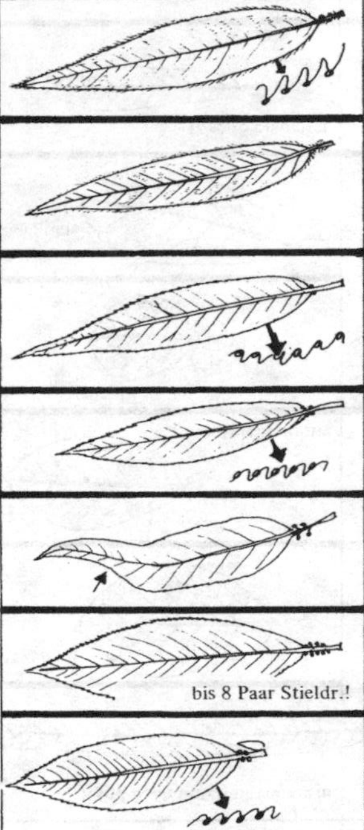		S. alba (Silber-W.) (formenreich)
	–	kahl	gelbl. bis grünlich	(der Spitze zu: helle Punkte			–	S. babylonica (Hybriden) (Trauer-W.)
Baum	mit Knack brechend + +			+	kahl		+	S. fragilis (Knack-W., Bruch-W.)
	+	schwach behaart	bräunl. bis grau	Lupe!)	jung seidenhaarig			S. rubens (Fahl-W.)
kleiner Baum oder Strauch	+						–	S. alopecuroides (Fuchsschwanz-W.)
	–	kahl	gelb-rötl.-braun	–	kahl	bis 8 Paar Stieldr.!		S. pentandra (Lorbeer-W.)
	+		gelb-grünl.				±	S. triandra (Mandel-W.)

Tab. 2: Ericaceae und Empetraceae (ohne Hochgebirgsarten)

Blätter				Blüten		Habitus/Sonstiges	Name
nadelförmig	schraubig	immergrün	dunkelgrün, glänzend 	unscheinbar	windblütig, zweihäusig	 IV–V	Krähenbeere (Empetrum nigrum)
nadelförmig	wirtelig	immergrün	kahl 	rosarot, z.T. weiß	Krone glockig 	 Blüten in einseitswendigen Trauben: Alpen; oft in Gärten; ab III	Erica: Schneeheide (E. carnea)
nadelförmig	wirtelig	immergrün	am Rand bewimpert (drüsig) 	rosarot	Krone glockig	 Blüten doldig bis kopfig gehäuft: atlant. Moore, feuchte Heiden: VII–VIII	Erica: Glockenheide (E. tetralix)
schuppenförmig	gegenständig	immergrün		rosarot	 Krone tief viergeteilt, kleiner als Kelch; Kelch mit grünem Außenkelch	Heiden, Sandböden, weit verbreitet: VII–X 	Besenheide (Calluna vulgaris)
flächig	schraubig oder zweizeilig	immergrün	Rand umgerollt: unterseits rostrot, filzig	weiß	5 Kronblätter nahezu frei	 Waldmoore, Moorgebüsch; giftig! V–VI	Sumpfporst (Mottenkraut, Ledum palustre)
flächig	schraubig oder zweizeilig	immergrün	oben dunkelgrau, zugespitzt; unterseits blaugrau	rosa bis rötlich		offene Hochmoore mit Sphagnum;  V–VI	Gemeine Moosbeere (Oxycoccus palustris)
flächig	schraubig oder zweizeilig	wintergrün	linealisch, Rand umgerollt, oben dunkelgrün, unten blaugrün	rosa bis rötlich	glockig	 offene Hochmoore mit Sphagnum; giftig! V–VI	Rosmarinheide, Moor-Gränke (Andromeda polifolia)
flächig	schraubig oder zweizeilig	laubwerfend	blaugrün, am Rand umgerollt 	rosa bis rötlich	glockig; Fruchtknoten unterständig	 Beeren oft mit Pilz (Sclerotinia megalospora): rauschartige Erregungszustände	Vaccinium: Rauschbeere (V. uliginosum)
flächig	schraubig oder zweizeilig	laubwerfend	grün	rosa bis rötlich	glockig; Fruchtknoten unterständig	 Zweige scharfkantig; bodensaure Wälder: V–VI 	Vaccinium: Heidel-, Blaubeere (V. myrtillus)
flächig	schraubig oder zweizeilig	wintergrün	grün, am Rand umgerollt, unterseits drüsig punktiert	weiß	glockig; Fruchtknoten unterständig	 bodensaure Wälder, nördliche Verbreitung; V–VII	Vaccinium: Preisel-, Kronsbeere (V. vitis-idaea)
flächig	schraubig oder zweizeilig	wintergrün	nicht umgerollt, unterseits netzadrig	weiß	glockig	 niederliegend; in Alpen und im Norden	Bärentraube (Arctostaphylos uva-ursi)

Arbeitsaufgaben

1. Sammeln Sie Wasserpflanzen aus unterschiedlichen Biotopen (Bach, See, Tümpel usw.), und ordnen Sie die verschiedenen Arten nach Wuchs und Blattformen. Welche Typen lassen sich unterscheiden, und wie könnte man dies als Anpassung an den entsprechenden Lebensraum deuten?
2. Kartieren Sie die Ufervegetation eines stehenden Gewässers. In vorbereitete Umrißkarten (1 : 1000 bis 1 : 5000) werden die verschiedenen Vegetationsformen eingetragen (dabei genügt es, die dominanten Arten zu berücksichtigen). In einer zweiten Karte wird die Nutzungsform bzw. Beeinflussung des Uferbereichs eingetragen: Weide, Mähwiese, Wald, Wellenschlag (windexponiert – windgeschützt), Spülsaum, Uferform (steil, flach, künstlich befestigt usw.), Badebetrieb, Bootsbetrieb, Zuflüsse, Einleitung von Abwässern, Nutzung des umliegenden Geländes (Ackerland, Grünland, Brachland usw.). Für verschiedene Stellen eines stehenden Gewässers werden Zonierungsschemata entsprechend der Abb. VII.5 erstellt.
3. Aufnahme von Vegetationstransekten entlang ausgeprägter linearer Umweltgradienten (z. B. vom Ufer zum freien Wasser eines Sees, von einem Torfriegel in einen Torfstich, von einer Hochmoorfläche über Randgehänge und Randsumpf in den umgebenden Wald, durch eine Talniederung mit Bachlauf u. a.).
   Methode:
   - Abstecken des Transekts (die Breite sollte etwa 10–20% der Länge betragen, Vermessen des Oberflächenprofils und der Pflanzendecke, halbschematische Darstellung der Vegetation (vgl. Abb. VII.5).
   - Um quantitative Daten zur Häufigkeit einzelner Arten zu bekommen, eignet sich das Auslegen mehrfach unterteilter Holzrahmen entlang des Transekts. Es wird jeweils ermittelt, in wieviel Teilquadranten eine Art vorkommt. Die Größe der Quadrate richtet sich nach der Größe der vorkommenden Pflanzenarten. Diese Methode läßt sich bei niedriger Vegetation (z. B. Moor) gut durchführen und kann auch stichprobenartig gemacht werden: Entlang des Transekts werden in regelmäßigen Abständen Probequadrate (je nach Art der Vegetation 1 × 1 m bis 10 × 10 m) abgesteckt, alle vorkommenden Arten werden notiert und ihr Deckungsgrad geschätzt (in % der Flächendeckung).
4. Beurteilung der Wassergüte eines Fließgewässers mit Hilfe höherer Pflanzen. Als Untersuchungsobjekt eignet sich ein Bachsystem, das hinsichtlich seiner Verschmutzung deutliche Unterschiede aufweist, z. B. ein Bach, der in seinem Oberlauf keine Siedlung berührt, dann aber beim Durchfluß durch eine Ortschaft entsprechend belastet wird. Zunächst wird eine Karte des Gewässernetzes gezeichnet (1 : 5000 bis 1 : 10000). Besonders wichtig ist es, alle Abwasserzuflüsse genau zu kartieren. Da die Zeit bei einer Exkursion für eine vollständige Kartierung nicht ausreicht, empfiehlt es sich, mehrere ausgewählte Bachabschnitte von je einer Arbeitsgruppe untersuchen zu lassen. Für jede vorkommende Art wird die Häufigkeit geschätzt,

wobei die Einteilung in drei Häufigkeitsklassen genügt (+, + +, + + +). Arten, die nicht genau bestimmt werden können, z.B. Wasserstern-Arten, sollten nicht berücksichtigt werden.

Literatur

AICHELE, D. und H.W. SCHWEGLER: Seen, Moore, Wasserläufe, Kosmos-Biotop-Führer. Franckh, Stuttgart 1974

BERTSCH, K.: Der See als Lebensgemeinschaft, Maier, Ravensburg 1946

–: Sumpf und Moor als Lebensgemeinschaft. Maier, Ravensburg 1947.

CASPAR, S.J., KRAUSCH, H.D.: Pteridophyta und Anthophyta, 1. und 2. Teil. In: Ettl, H., Gerloff, J., Heynig, H. (Hrsg.): Süßwasserflora von Mitteleuropa, G. Fischer, Stuttgart, New York 1980 und 1981

CHMELAR, J., MEUSEL, W.: Die Weiden Europas. Die Neue Brehm-Bücherei, Ziemsen, Wittenberg Lutherstadt 1979

EIGNER, J., SCHMATZLER, E.: Bedeutung, Schutz und Regeneration von Hochmooren. Kilda, Greven 1980

ENGELHARDT, H.: Was lebt in Tümpel, Bach und Weiher? Franckh, Stuttgart 1983

GESSNER, F.: Hydrobotanik, Bd. I–II. Deutscher Verlag der Wissenschaften, Berlin 1955–59

GÖTTLICH, K. (Hrsg.): Moor- und Torfkunde. Stuttgart, 2. A. 1980.

GLÜCK, J.: Pteridophyten und Phanerogamen, In Pascher, A.: Die Süßwasserflora Mitteleuropas, Heft 15. G. Fischer, Jena 1935

GRAF, J.: Wanderer durch die Binnengewässer. Lehmann, München 1958

JUNGE, F.: Der Dorfteich als Lebensgemeinschaft. Nachdruck, Lühr und Dircks, St. Peter-Ording 1985.

KELLE, A.: Lebendige Heimatflur. 4. Teil: Gewässer, Moor und Heide im Jahrverlauf. Dümmler, Bonn 1974

LAUTENSCHLAGER, E.: Atlas der Schweizer Weiden (Gattung Salix L.). Schwabe, Basel 1983

LEHRER-SERVICE (BUND, DBF, WWF): Das Moor, Nr. 18, Freiburg 1984

MEYER, G. (Hrsg.): Moor. Themenheft von Unterricht Biologie, Heft 109. Friedrich-Verlag, Seelze 1985

OVERBECK, F.: Botanisch-ökologische Moorkunde unter besonderer Berücksichtigung der Moore Nordwestdeutschlands als Quellen zur Vegetations-, Klima- und Siedlungsdichte. Wachholtz, Neumünster 1975

RAUH, W.: Unsere Sumpf- und Wasserpflanzen. Winters naturwissenschaftliche Reihe. Winter, Heidelberg 1954

RUTTNER, F.: Grundriß der Limnologie. De Gruyter, Berlin (3. Aufl.) 1962

SCHMIDT, E.: Ökosystem See. Quelle und Meyer, Heidelberg (3. Aufl.) 1978

SCHUBERT, A.: Praxis der Süßwasserbiologie. Berlin 1972

SCHWOERBEL, J.: Einführung in die Limnologie. UTB 31. G. Fischer, Stuttgart (4. Aufl.) 1980

SCHWOERBEL, J.: Methoden der Hydrobiologie Süßwasserbiologie. G. Fischer, Stuttgart, New York (2. Aufl.) 1980.

STEINECKE, F.: Der Süßwassersee. Studienbücher deutscher Lebensgemeinschaften. Quelle und Meyer, Leipzig 1940

THIENEMANN, A.: Die Binnengewässer in Natur und Kultur. Verständliche Wissenschaft Bd. 55. Springer, Berlin 1955

VIII. Ruderalpflanzen

Thematische Schwerpunkte

Geobotanik: Ökologie der Ruderalstellen
Adventivpflanzen

Systematik: Typische Ruderalfamilien

Exkursionsziele

Wegränder, frisch aufgeschüttete Straßenböschungen, Bahnhöfe (v.a. Güter-) und Bahndämme, Schutthalden, Müllplätze, Kiesgruben
Zeit: Juli bis September

1. Ruderale Pflanzengesellschaften

Das Wort «ruderal» kommt vom lateinischen «rudus» = Ruine, Schutt, Mörtelmassen. Unter Ruderalpflanzen verstehen wir entsprechend Pflanzen, die bevorzugt auf Bauschutt, Müll, an Wegrändern, in Kiesgruben oder ähnlichen vom Menschen offengehaltenen Flächen gedeihen. Eng verwandt und ebenfalls an künstlich offengehaltene Flächen gebunden sind die Unkrautgesellschaften («segetale» Pflanzengesellschaften, vgl. Kap. IX). Vergleichbare natürliche Situationen können durch Erdrutsch (v.a. im Gebirge: Murenbildung), in wenig befestigten Schutt- und Blockhalden sowie in Dünenlandschaften gegeben sein. Auch Brände, Windbruch usw. sind Naturerscheinungen, die eine ähnliche Neubesiedlung offener Standorte einleiten. Den Brandstellen ist zudem der hohe Nährsalzgehalt mit vielen anthropogenen Ruderalstellen gemein. Tiersuhlen, Wildwechsel und Tiertränken schaffen ebenfalls kleinräumig Bedingungen, die für einige Ruderalpflanzen günstig sind. Schließlich sind die Pioniergesellschaften im Überflutungsbereich der Flüsse (Uferfluren, Flutrasen) zu nennen, für deren Existenz die regelmäßige Vegetationsvernichtung durch Überflutung notwendig ist.

Viele unserer heutigen Ruderalpflanzen sind – ebenso wie die Wildpflanzen der Äcker und Gärten – ursprünglich nicht in Mitteleuropa heimisch, sie stammen aus den Trockengebieten der gemäßigten Zone.

Frühere Vegetationskundler und Pflanzensoziologen hielten die Ruderalgesellschaften für ziemlich uninteressant, da sie die Besiedlung solcher Standorte für zufällig und daher vegetationskundliche und ökologische Aussagen nicht für möglich hielten. Erst genauere Untersuchungen der letzten Jahrzehnte ergaben, daß ihr Artengefüge ebenso fein auf besondere Standortsbedingungen abgestimmt ist wie das anderer Pflanzengemeinschaften.

Bei ruderalen Pflanzengesellschaften lassen sich kurzlebige und ausdauernde Formen unterscheiden:

Kurzlebige Ruderalfluren: Je nach Lokalklima entwickelt sich eine charakteristische, etwas unterschiedliche Vegetation. Schmalblättriges Weidenröschen, Raukenarten, Knoblauchshederich, Gänsefuß- und Melde-Arten, Weg-Malve, Besenrauke (Sophienkraut), Fuchsschwanz-Arten, Stachel-Lattich, Taube Trespe und Mäuse-Gerste sind typische Arten solcher Standorte, wobei ländliche Gebiete eine etwas andere Artenzusammensetzung aufweisen als städtische.

Ausdauernde Ruderalfluren: Diese folgen oft den kurzlebigen Ruderalfluren. Nach ihren Ansprüchen lassen sie sich in drei Gruppen gliedern:

1. Wärmeliebend und gegen Trockenheit wenig empfindlich sind Eselsdistelfluren (mit Eselsdistel, Schwarzem Bilsenkraut, Stachel-Distel), Natternkopffluren (mit Natternkopf, Weißem und Echtem Steinklee, Nachtkerze) und Wollkopf-Kratzdistel-Fluren.
2. In feuchterem und kühlerem Klima werden diese Gesellschaften durch Kletten, Beifuß, Rainfarn, Großer Brennessel, Weg-Malve, Gutem Heinrich, Weißer Taubnessel und Eisenkraut ersetzt.
3. Schließlich gehört auch jene Pflanzengesellschaft, die sich im Gebirge um Almhütten sowie an den Lager- und Sammelplätzen des Viehs einfindet («Lägerflur»), zu den ausdauernden Ruderalgesellschaften. Hier dominieren v.a. Alpen-Ampfer und Guter Heinrich.

Bei der Besiedlung einer frischen Ruderalstelle fassen zuerst kurzlebige Gesellschaften Fuß, später werden sie von beständigeren Pflanzengemeinschaften abgelöst. So lassen sich beispielsweise verschiedene Besiedlungswellen von Müllplätzen unterscheiden, die im Einzelfall stark variieren und z.B. folgendermaßen ablaufen können:

1. Besiedlungswelle: Kulturpflanzen als Müllbegleiter (z.B. Tomate) sowie Ein- bis Zweijährige Gräser (Windhalm, Einjähriges Rispengras, Taube Trespe), Weißer Gänsefuß, Hirten-Täschelkraut, Schutt-Kresse, Hohe Rauke, Weiße Lichtnelke, Wilde Möhre, Gemeine Kratzdistel, Gemeines Greiskraut, Strahlenlose Kamille, Geruchlose Strandkamille.
2. Besiedlungswelle mit Ausdauernden, z.B. Große Brennessel, Schmalblättriges Weidenröschen, Breit- und Spitz-Wegerich, Gemeiner Beifuß, Acker-Kratzdistel, Gemeine Schafgarbe, Rainfarn.
3. Besiedlungswelle: Gehölzarten, z.B. Salweide, Schwarzer Holunder, Zitter-Pappel und Hänge-Birke, seltener auch Berg- und Spitz-Ahorn, Gemeine Esche, Berg-Ulme und Wald-Kiefer.
4. Besiedlungswelle: Bodenständiger Wald. Diese Entwicklung wird nur selten ungestört verlaufen, doch würden sich bei längerem ungehindertem Wachstum des Vorwald-Gebüsches schließlich immer mehr Gehölze des bodenständigen Waldtyps durchsetzen.

2. Adventivpflanzen in Ruderalgesellschaften

Eine bedeutende Rolle in Ruderal- und Unkrautgesellschaften spielen Neuankömmlinge (Adventivpflanzen), da sie in abgeschlossenen Pflanzenbeständen nicht Fuß fassen können. Viele vermögen sich jedoch auch hier nicht länger zu behaupten und verschwinden rasch wieder, während sich andere Arten immer weiter ausbreiten und zu einem festen Bestandteil bestimmter Pflanzengesellschaften werden. So wie gegenwärtig etwa Zottiges Franzosenkraut und Virginische Kresse immer mehr an Boden gewinnen, haben sich auch in früheren Jahrhunderten Pflanzen aus anderen Ländern bei uns festgesetzt und ausgebreitet. Man kann diese Adventivpflanzen unter verschiedenen Gesichtspunkten gliedern: nach der Einwanderungszeit, der Einbürgerungsstufe und der Einwanderungsweise.

Nach der *Einwanderungszeit* unterscheidet man *Archaeophyten* und *Neophyten*:

1. *Archaeophyten* (im Altertum oder bereits in früh- und vorgeschichtlicher Zeit eingewanderte bzw. eingeschleppte Arten):
   a) Jüngere Steinzeit: In dieser Zeit kamen zu uns: Gemeine Quecke, Taumel-Lolch, Kornrade, Vogelmiere, Weißer Gänsefuß, Guter Heinrich, Spieß-Melde, Vogel-Knöterich, Vogel-Wicke, Schwarzer Nachtschatten, Spitz-Wegerich, Kleb-Labkraut, Große und Kleine Klette, Gemeine Kratzdistel.
   b) Bronzezeit: Während der Bronzezeit wanderten folgende Arten bei uns ein: Krauser Ampfer, Echtes Seifenkraut, Acker-Senf, Hopfen-Schneckenklee, Sonnwend-Wolfsmilch, Japanischer Klettenkerbel, Acker-Vergißmeinnicht.
   c) Römerzeit: Mit den Römern wanderten Schöllkraut, Acker-Röte und Schwarznessel nach Norden.
2. *Neophyten* (in jüngerer geschichtlicher Zeit eingewanderte oder eingeschleppte Arten, die insbesondere durch die besseren Verkehrsverbindungen, v.a. Schiffahrt und Eisenbahn, verbreitet wurden):

   Bis zum 18. Jahrhundert wurden z.B. Meerrettich, Gemeine Nachtkerze und Stachel-Lattich eingeführt, im 19. Jh. z.B. Gelber Wau, Kanadische Wasserpest, Pfeilkresse, Kleinblütiges Franzosenkraut, Frühlings-Greiskraut, Zarte Binse. Diese Arten fanden zum Teil erst in diesem Jahrhundert eine allgemeinere Verbreitung in Mitteleuropa, und ihre weitere Ausbreitung kann noch verfolgt werden. In neuester Zeit breitet sich z.B. das große rotblühende Indische Springkraut bei uns aus (feuchte Ruderalstellen usw.).

Nach der *Einbürgerungsstufe*, dem Grade also, in dem sich die Zuwanderer in ihrer neuen Heimat «eingelebt» haben, unterscheidet man *Neubürger* (alle Archaeophyten und diejenigen Neophyten, die in einem Gebiet längere Zeit regelmäßig beobachtet wurden), *Siedler* (auch Epökophyten genannt), bei denen noch nicht bewiesen ist, ob sie auch unter extremen klimatischen Verhältnissen den heimischen Arten standhalten können, und *Gäste* (auch Passanten oder Emerophyten genannt), die nur ausnahmsweise zur Fortpflanzung gelangen.

Nach der *Einwanderungsweise* schließlich unterscheidet man:

Eindringlinge: Arten, die – unabhängig vom Menschen – mit Hilfe ihrer eigenen Verbreitungseinrichtungen in ein neues Gebiet eindringen, z. B. Frühlings-Greiskraut: aus Osteuropa 1850 bis zur Oder, 1860 bis zur Elbe, 1925 deutsche Westgrenze.

Verwilderte: Entwichene Kulturpflanzen, z. B. Topinambur-Sonnenblume, Neuenglische Aster, Spieß-Knöterich, Indisches Springkraut.

Kulturrelikte: Arten, die früher kultiviert wurden, dann aber ohne Hilfe des Menschen über Jahrhunderte erhalten blieben, z. B. Färber-Waid, Echte Meisterwurz, Schild-Ampfer, Pastinak, Färber-Wau, Portulak, Weißer Steinklee, Gemeine Nachtkerze (zeitweilig als Küchenpflanze wegen ihrer schwarzwurzelähnlichen Wurzel kultiviert, dann im 19. Jh. Ausbreitung längs des Eisenbahnnetzes).

Eingeschleppte: Arten, die durch Handel und Verkehr unbewußt vom Menschen eingeschleppt wurden. Sie stellen die größte Zahl der Adventivpflanzen und finden sich zunächst bevorzugt im Umkreis von Umschlaghäfen, Güterbahnhöfen, Öl- und Getreidemühlen, Baumwollspinnereien, Wollkämmereien («Wollflora»), Großmarkthallen und ähnlichen Güterumschlagplätzen, z. B. Kanadische Wasserpest, Pfeilkresse, Gauklerblume, Zarte Binse u. a.

Beispiele für die Herkunft adventiver Ruderalpflanzen

Südamerika: Kleinblütiges und Zottiges Franzosenkraut.
Nordamerika: Gemeiner Stechapfel, Virginische Kresse, Gemeine Nachtkerze, Kanadisches Berufkraut, Kanadische Goldrute.
Vorderasien und Mittelmeergebiet: Weg-Rauke, Hirten-Täschelkraut, Hederich, Pfeilkresse, Mauer-Doppelsame, Acker-Senf, Einjähriges Bingelkraut, Wilde Karde, Gemeine Wegwarte, Pyrenäen-Storchschnabel.
Ostasien: Japanischer Strauchknöterich.
Nordeuropa: Guter Heinrich, Gemeiner Beifuß.

3. Der Stickstoffgehalt der Ruderal-Standorte

Je nachdem, ob es sich um Dorfplätze und Standorte in der Nähe menschlicher Siedlungen, um Müll- und Abfallplätze, aufgeschüttetes Gelände oder Trümmerschuttflächen handelt, ist der Mineralsalzgehalt des Bodens recht unterschiedlich. Müllböden sind i. a. sehr nitrat- und phosphatreich. An dörflichen Ruderalstellen ist insbesondere der Ammoniumgehalt hoch. Schuttflächen sind dagegen meist arm an Nitraten, dafür ist der Kalkgehalt ziemlich hoch.

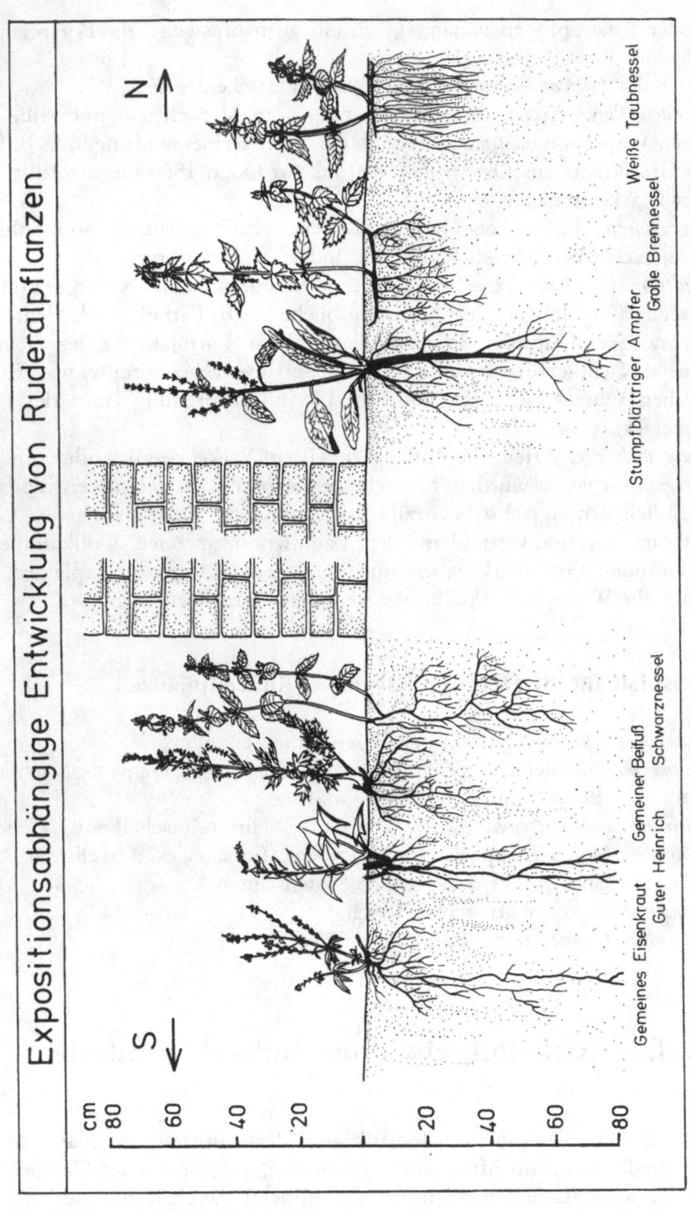

Abb. VIII.1: In S-Exposition können infolge der Wärmerückstrahlung von Mauern und Wänden recht trockene Standorte entstehen (nach Grosse-Brauckmann aus Ellenberg 1978)

Eine Reihe typischer Ruderalpflanzen können als Stickstoffzeiger gelten, z.B. Weißer Gänsefuß, Krummer Fuchsschwanz, Pfeilkresse, Hohe Rauke, Stechapfel, Gemeine Quecke, Giersch. Andere Ruderalpflanzen zeigen eher N-Armut an, so Glanzmelde, Ackerröte, Aufgeblasenes Leimkraut, Hungerblümchen, Reiherschnabel und Kleiner Storchschnabel.

4. Typische Ruderalfamilien

Drei Familien stellen besonders viele Vertreter der Ruderalflora: Chenopodiaceen, Asteraceen und Brassicaceen. Nach Rikli sind z.B. von den 134 in der Schweiz vorkommenden Brassicaceen 70 Ruderalpflanzen. Diese Familien haben auch einen Verbreitungsschwerpunkt in den Trockengebieten Zentralasiens. Sie zeigen besondere Anpassungstendenzen an offene Vegetationsformen auf ionenreichen Böden. Vermutlich entstanden diese Anpassungen im Laufe des frühen Tertiärs, als sich am Rande des zurückweichenden Tethysmeeres große Trockenräume bildeten.

Übersicht

(Wenn nicht anders angegeben, sind die Pflanzen mehrjährig)

Blattstellung	Blattform			Tab.
wechselständig, z. T. grundständig 	gefingert oder gefiedert (einfach oder mehrfach)			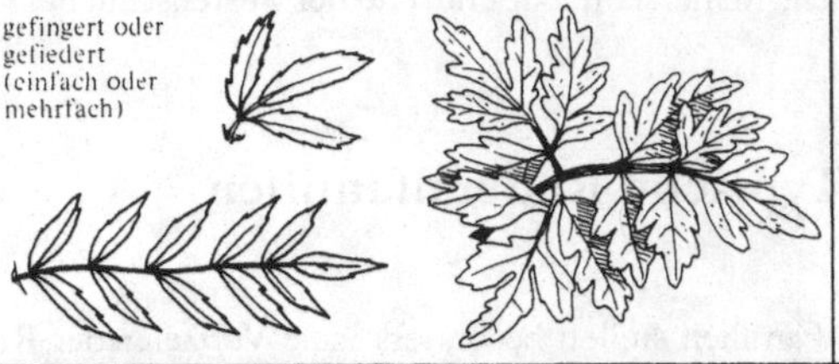 1 a, b S. 199 f.
wechselständig, z. T. grundständig	nicht gefiedert	tief geteilt	fiederspaltig (einfach oder doppelt) oder mit haarfeinen Endabschnitten	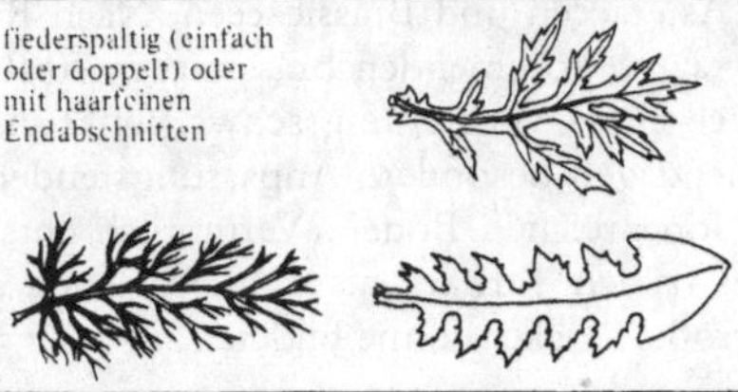 2 a–d S. 201 ff.
wechselständig, z. T. grundständig	nicht gefiedert	tief geteilt	handförmig geteilt	 3 S. 204
wechselständig, z. T. grundständig	nicht gefiedert	nicht tief geteilt	gesägt, gezähnt oder gekerbt	 4 S. 205 f.
wechselständig, z. T. grundständig	nicht gefiedert	nicht tief geteilt	± ganzrandig	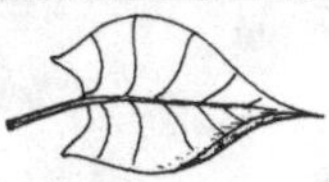 5 S. 207 f.
gegenständig 	nicht gefiedert	nicht tief geteilt	gesägt, gezähnt oder gekerbt	 6 S. 209
gegenständig	nicht gefiedert	nicht tief geteilt	± ganzrandig	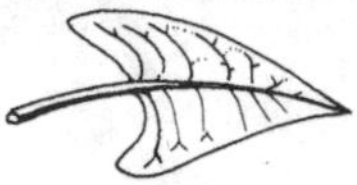 7 S. 210
quirlständig (wirtelig)	nicht gefiedert	nicht tief geteilt	± ganzrandig	 8 S. 210

Tab. 1: Blätter gefiedert oder gefingert, wechselständig:

a) Blätter 1fach gefiedert oder gefingert

Fam.	Blätter	Blüte	Sonstiges	Name
Apiaceae	Fiedern eiförmig, gekerbt 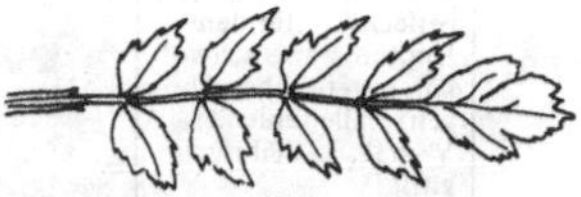	gelb	Blüten sehr klein; Stengel gerieft; Blätter beim Zerreiben mit Möhrengeruch; wegen Wurzel früher auch angepflanzt; Nutzung wie Möhre; VII–IX; 2jährig	Pastinak (Pastinaca sativa)
Fabaceae	3zählig gefingert; Fiedern gesägt 	weiß gelb	Trauben; Blüten mit «Klappeinrichtung»; VI–VII, 2jährig; enthalten Cumarin, vorwiegend als Glykosid gebunden	Steinklee (Melilotus): Weißer S. (M. albus) Echter S. (M. officinalis)
Geraniaceae	Fiedern fiederspaltig 	rot	Blüten in Dolden; Stengel rauhhaarig; Fruchtschnabel löst sich mit ab; mit Hilfe der gewundenen Granne kann sich die Teilfrucht bei wechselnder Feuchtigkeit in die Erde bohren; Sand- und N-Zeiger; IV–VII; 1jährig	Reiherschnabel (Erodium cicutarium)
	3–5zählig; Fiedern fiederteilig 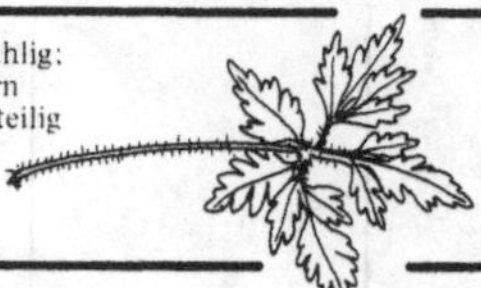	rosa	Blüten zu 2; Stengel oft rot; unangenehmer Geruch; VI–X; 1jährig; schattige Standorte	Stinkender Storchschnabel (Geranium robertianum)
Papaveraceae	Fiedern breit, grob gekerbt, unterseits blaugrün 	gelb	Blüten in Dolden oder einzeln; gelber Milchsaft; Schoten; Pollenblume; V–VIII	Schöllkraut (Chelidonium majus)
Ranunculaceae	3teilig, Fiedern wieder 3teilig 		Blüten einzeln; Ausläufer; V–VII	Kriechender Hahnenfuß (Ranunculus repens)
Rosaceae	Fiedern grob gesägt, dicht seidig behaart (bes. unterseits), daher silbrig 		Blüten einzeln; Ausläufer; ringförmiges Nektarium am Grund der Staubblätter; nitrophil; V–VII	Gänse-Fingerkraut (Potentilla anserina)

Tab. 1 b): Blätter mindestens 2fach gefiedert bzw. gefingert

Fam.	Blätter		Blüte	Sonstiges	Name
Apiaceae	2fach gefiedert	graugrün, oft braunschwarz gefleckt 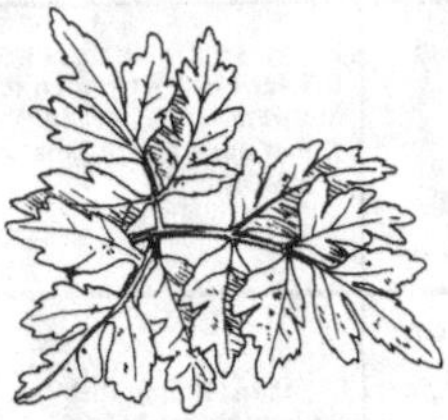	weiß	Stengel hohl, rund, nicht gerieft, am Grund steifhaarig, dunkelviolett bis rot gefleckt, unter den Knoten ± angeschwollen, hin- und hergebogen; Hülle fehlend; V–VII; 1–2jährig; giftig!	Taumel-Kälberkropf (Chaerophyllum temulum)
	2–3 fach gefiedert	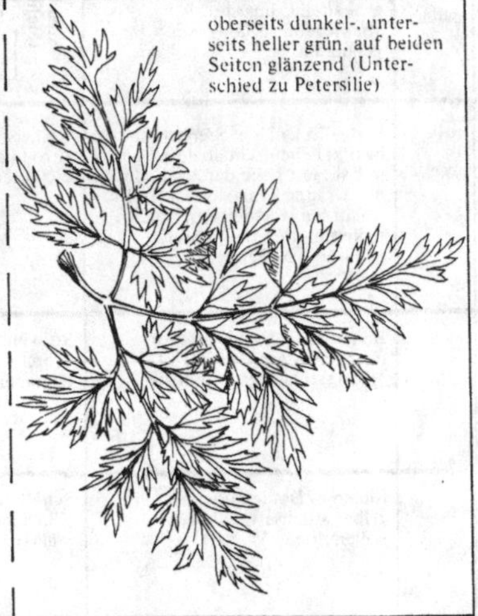 oberseits dunkel-, unterseits heller grün, auf beiden Seiten glänzend (Unterschied zu Petersilie)		Hüllchen aus 3 Blättern, einseitswendig; Hülle fehlend; VI–IX, 2jährig; giftig!	Hunds-Petersilie (Aethusa cynapium)
	2–4fach gefiedert	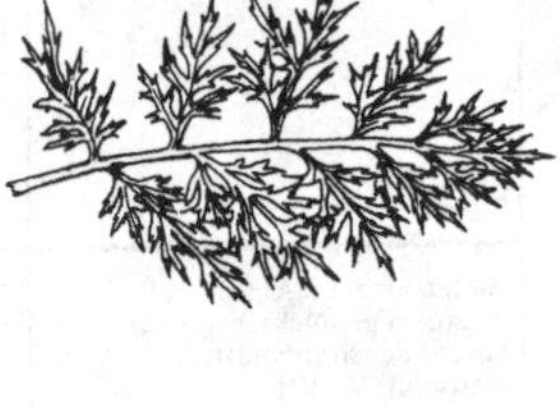		Doppeldolde zuerst kugelig zusammengezogen, dann vogelnestartig, mit zentraler Mohrenblüte (steril); Hülle und Hüllchen vorhanden, zumindest Hüllblätter fiederspaltig; Karottengeruch! VI–VIII, 2jährig	Wilde Möhre (Daucus carota)

Tab. 2 a): Blätter 1fach fiederspaltig, Korbblütler

Fam.	Blätter	Blüte	Sonstiges	Name
Asteraceae	harte Stacheln; herablaufend	violett	nur Röhrenblüten; Stengel bewehrt, Köpfchen groß; 2jährig; Pappus nicht gefiedert; Köpfchen nickend, fast kugelig; VII–VIII	Nickende Distel (Carduus nutans)
Asteraceae	harte Stacheln; herablaufend	violett	nur Röhrenblüten; Stengel bewehrt, Köpfchen groß; 2jährig; Pappus gefiedert; VII–IX	Kratzdistel (Cirsium): Gemeine K. (C. vulgare)
Asteraceae	harte Stacheln; nicht herablaufend, buchtig bis fiederspaltig, meist wellig, kahl, oft graugrün	blaßlila	nur Röhrenblüten; Pappus gefiedert; Stengel unbewehrt; Köpfchen kleiner; unvollständig 2häusig; Wurzelteile vermehrungsfähig; VII–IX	Kratzdistel (Cirsium): Acker-K. (C. arvense)
Asteraceae	weiche Stacheln; mit aufrechten Öhrchen	gelb	nur Zungenblüten mit Pappus; vgl. Tab. 4	Gänsedistel (Sonchus): Rauhe G. (S. asper)
Asteraceae	weiche Stacheln; meist blaugrün, mit waagrechten, umgreifenden Öhrchen	gelb	nur Zungenblüten mit Pappus; Stengel hohl, fleischig; VI–IX, 1jährig	Gänsedistel (Sonchus): Kohl-G. (S. oleraceus)
Asteraceae	weiche Stacheln; mit anliegenden, abgerundeten Öhrchen	gelb	nur Zungenblüten mit Pappus; Hülle und Stiele stark gelbdrüsig; VII–X	Gänsedistel (Sonchus): Acker-G. (S. arvensis)
Asteraceae	weiche Stacheln; stengelumfassend, auf dem Mittelnerv unterseits stark bewehrt	gelb	nur Zungenblüten mit Pappus; Blätter senkrecht stehend und ungefähr in N-S-Richtung weisend (Kompaßpflanze); VII–IX, 1- bis mehrjährig	Stachel-Lattich (Lactuca serriola)
Asteraceae	nicht stachelig bewehrt; untere Blätter leierförmig, mit großem Endabschnitt	gelb	Köpfchen armblütig; Einzelblüten ohne Pappus; Hülle eng; VI–VIII, 1jährig	Gemeiner Rainkohl (Lapsana communis)

Tab. 2 b): Blätter 1fach fiederspaltig, Kreuzblütler

Fam.	Blätter	Blüte	Sonstiges	Name
Brassicaceae	tiefgrün, kahl, stengelumfassend, mit großem Endabschnitt 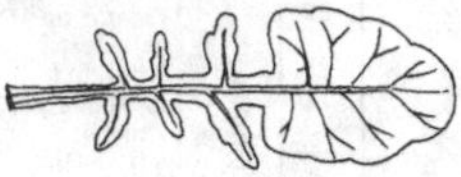	gelb	Stengel kantig, kahl; V VI, 2jährig	Gemeines Barbarakraut (Barbarea vulgaris)
			Stengel unten blauviolett; Schoten pfriemlich, dem Stengel aufrecht angedrückt; VI–IX; 1jährig	Weg-Rauke (Sisymbrium officinale)

Tab. 2 c): Blätter doppelt fiederspaltig (vgl. auch Tab. 2 a)

Fam.	Blätter	Blüte	Sonstiges			Name
Asteraceae	meist behaart 	weiß/gelb	Köpfchenboden mit Spreublättern; Pflanze geruchlos, säureliebend; V–IX, 1jährig		Einzelblüten ohne Pappus	Hundskamille (Anthemis spp., v.a. A. arvensis)
	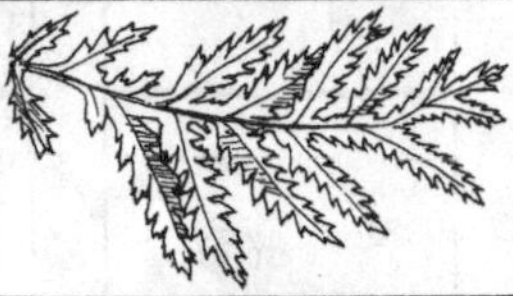	kräftig gelb	nur Röhrenblüten	Köpfchen in Trugdoldolden «Synfloreszenz»; VII–IX		Gemeiner Rainfarn (Chrysanthemum = Tanacetum vulgare)
	unterseits weißfilzig 			Köpfchen sehr klein; Stengel braunviolett; VII–IX		Gemeiner Beifuß (Artemisia vulgaris)
Resedaceae		blaßgelb	Blüten monosymmetrisch, in langen Trauben; Karpelle lange oben offen bleibend; VI–VIII, 2jährig			Gelber Wau, Gelbe Resede (Reseda lutea)

Tab. 2 d): Blätter mit haarfeinen Endabschnitten, „Kamillen"

Fam.	Blätter	Blüte	Sonstiges		Name
Asteraceae		Zungenblüten weiß, Röhrenblüten gelb	Köpfchen ohne Spreublätter, Frucht ohne Pappus (vgl. Tab. 2 b, Hundskamille)	Köpfchenboden hohl, Köpfchenstiele gefurcht; kräftiger Kamillengeruch; VI–X, 1jährig	Echte Kamille (Chamomilla recutita)
	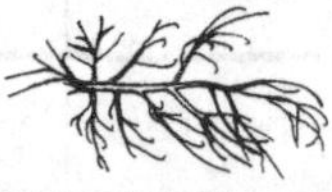			Köpfchenboden markig; Pflanze fast geruchlos; Lehmzeiger; VI–X, 1–2jährig oder ausdauernd	Strandkamille, Geruchlose oder Falsche Kamille (Matricaria maritima)
				Köpfchenboden hohl, fast kugelig; Zungenblüten fast immer fehlend; wohlriechend; Heimat O-Asien; VI–VIII, 1jährig	Strahllose Kamille (Chamomilla suaveolens)

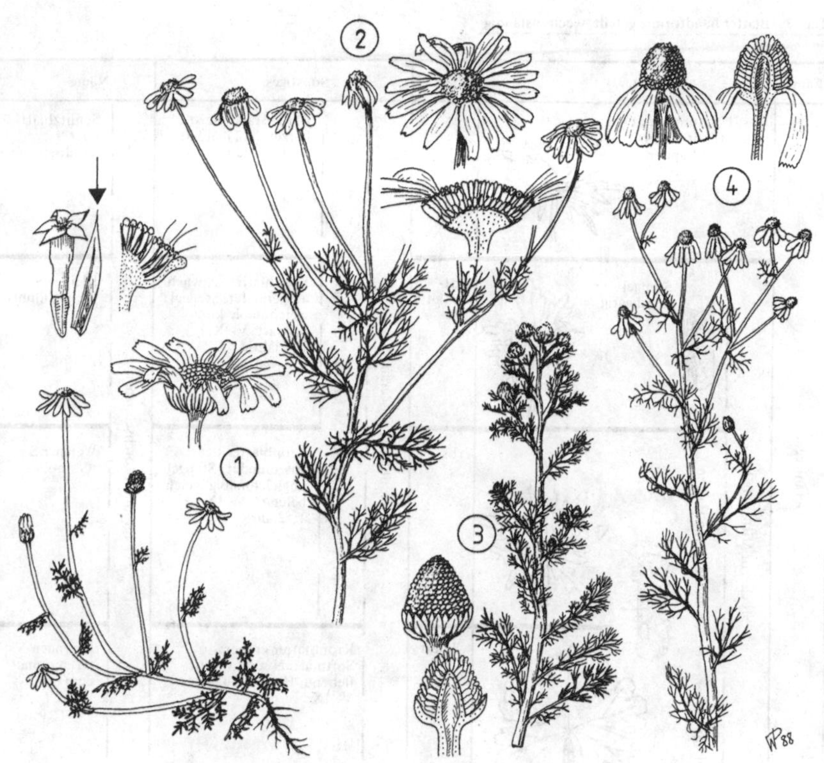

Abb. VIII.2: Kamillen und Acker-Hundskamille
1 Acker-Hundskamille (Anthemis arvensis) mit Spreuschuppen im Köpfchen (Pfeil);
2 Geruchlose Kamille (Matricaria maritima);
3 Strahlenlose K. (Chamomilla suaveolens);
4 Echte K. (Chamomilla recutita)

Tab. 3: Blätter handförmig geteilt, wechselständig

Fam.	Blätter	Blüte	Sonstiges	Name
Geraniaceae	fast bis zum Grund geteilt, mit fiederspaltigen Lappen 	rot	Kronblätter ausgerandet; Kronblätter höchstens so lang wie Kelchblätter; Blütenstand meist kürzer als Tragblatt; V–IX; 1jährig	Geranium (Storchschnabel): Schlitzblättriger S. (G. dissectum)
	bis ca. zur Mitte geteilt:  Stengel kurzhaarig 	rot-violett	Kronblätter schwach ausgerandet; Stengel gleichmäßig kurz behaart; V–X; 1–2jährig	Kleiner S. (G. pusillum)
	Stengel mit kurzen, weichen und längeren Haaren  	rosa	Kronblätter tief ausgerandet; Stengel ungleichmäßig weich behaart; V–IX; 1–2jährig	Weicher S. (G. molle)
	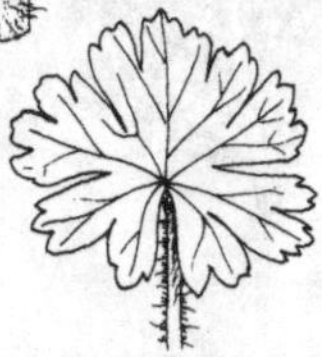	violett	Kronblätter größer; Saftmale; N- und wärmeliebend, Heimat Spanien; V–IX	Pyrenäen-S. (G. pyrenaicum)
Malvaceae		rosa-violett	Blüten mit dunkleren Streifen (Strichmale), zu wenigen gebüschelt in den Blattachseln; Nektar auf der Oberseite der Kelchblätter; V–IX; 2jährig	Wilde Malve (Malva silvestris) vgl. Tab. 4: Malva neglecta

Tab. 4: Blätter gesägt, gezähnt oder gekerbt, wechselständig (z.T. grundständig)

Fam.	Blätter	Blüte	Sonstiges	Name
Unterfam. Asteroideae	lanzettlich, vorne gesägt 	gelb	Köpfchen klein, in Rispen: Zungenblüten kaum länger als Röhrenblüten; VII–X	Kanadische Goldrute (Solidago canadensis)
	grundständig, groß, herzförmig, entfernt und ungleich gesägt, unterseits graufilzig 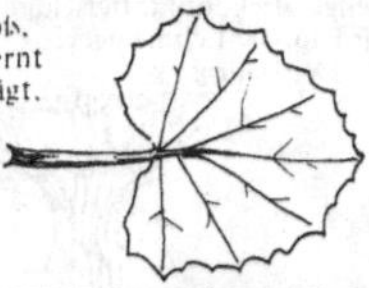		Blattstiel rotbraun überlaufen, rinnig; mehrjährig; vgl. Kap. «Frühjahrsblüher» S. 60 für Hustentee (Schleimstoffe, Gerbstoffe) mit Pappus	Huflattich (Tussilago farfara)
Brassicaceae	herzförmig, buchtig gezähnt 	weiß	Blätter beim Zerreiben nach Knoblauch riechend; 2jährig; vgl. Kap. «Frühjahrsblüher» S. 55	Knoblauchsrauke (Alliaria petiolata)
	buchtig gezähnt, die oberen stengelumfassend, bis über 2 cm breit 		Pflanze gelbgrün; Trugdolden stark süß riechend; Ausläufer; Selbstbestäubung? V–VI	Pfeilkresse (Cardaria draba)
	schwach gezähnt, halbstengelumfassend, unter 2 cm breit 		Pflanze graugrün, geruchlos, oft kronleuchterartig verzweigt; V–VI; 1jährig	Feld-Kresse (Lepidium campestre)
Chenopodiaceae	breit 3eckig, mit Zähnen 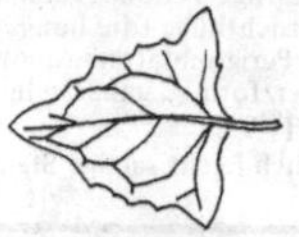	grünlich, unscheinbar	Blüten geknäuelt – Blüten eingeschlechtig, 1häusig, die männlichen mit 5, die weiblichen mit 2 Perigonblättern; N-Zeiger; 1jährig – aufrecht; VII–IX	Melde (Atriplex) – Spieß-M. (A. hastata)
	± lanzettlich, am Grund meist mit 2 größeren Zähnen 		Blüten geknäuelt – Blüten eingeschlechtig, 1häusig, die männlichen mit 5, die weiblichen mit 2 Perigonblättern; N-Zeiger; 1jährig – weit ausgebreitet; VII–IX	Melde (Atriplex) – Gemeine M. (A. patula)
	oft mehlig bestäubt (Blasenhaare) 		Blüten geknäuelt – Blüten zwittrig, mit 5 Perigonblättern; N-Zeiger; bis zu 20000 Samen je Pflanze; VII–IX; 1jährig	Weißer Gänsefuß (Chenopodium album)

beachte Fortsetzung!

Tab. 4. Fortsetzung

Fam.	Blätter	Blüte	Sonstiges	Name
Unterfam. Cichorioideae	buchtig, rauhhaarig 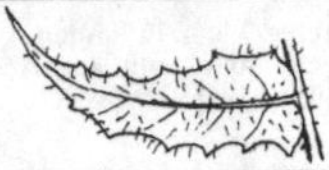	gelb	Stengel und Blätter rauhhaarig; mit Pappus; VII–X; 2jährig	Habichts-Bitterkraut (Picris hieracioides)
	stechend dornig gezähnt; 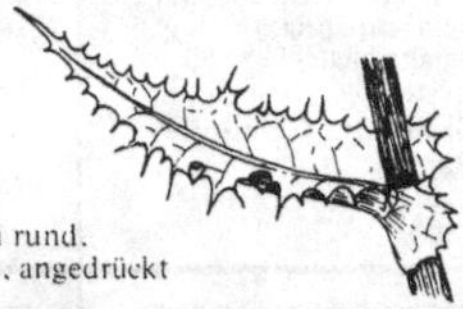 Öhrchen rund, aufrecht, angedrückt		Stengel dick, hohl, fleischig; mit Pappus; Lehmzeiger; VI–IX; 1jährig 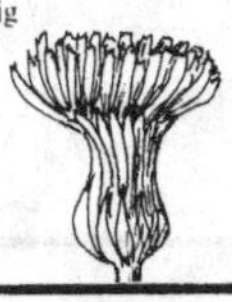	Rauhe Gänsedistel (Sonchus asper)
Malvaceae	fast kreisrund, leicht oder fast handförmig gelappt 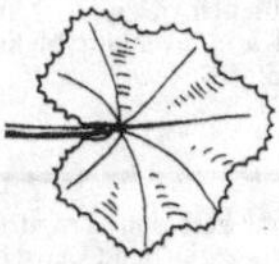	rosa	Blüten zu wenigen gebüschelt in den Blattachseln; Nektar auf der Oberseite der Kelchblätter; VI–IX; 1–mehrjährig	Weg-Malve (Malva neglecta)
Oenotheraceae	nur schwach und entfernt gezähnt 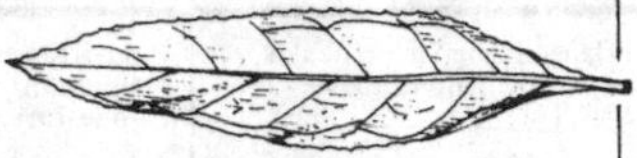	gelb	Ähren; Bestäubung durch Nachtfalter; VI–VIII; 2jährig; früher als Wurzelgemüse kultiviert	Nachtkerze (Oenothera biennis)
Polygonaceae	schmal, am Rand sehr kraus gewellt 	grünlich	quirlige Teilblütenstände; Fruchthülle (die inneren 3 Perigonblätter) rundlich-herzförmig, ganzrandig; VI–VII; auch leicht salzige Standorte	Krauser Ampfer (Rumex crispus)
Scrophulariaceae	sehr groß, gekerbt, oft filzig behaart, die unteren rosettig 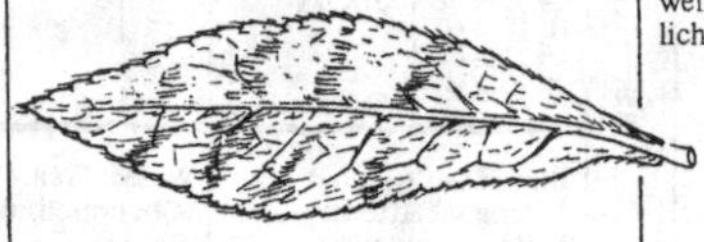	gelb oder weißlich	lange Trauben (Scheinähren); Pollenblumen; 2jährig	Königskerze (Verbascum spp.)
Solanaceae	buchtig gezähnt 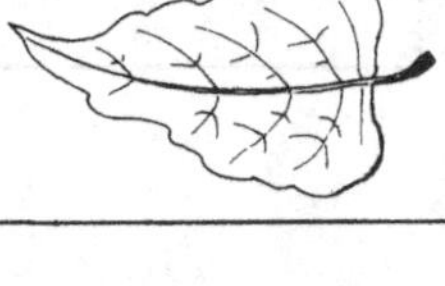	weiß	Staubbeutel kegelförmig zusammenneigend; Beeren schwarz (oder grünlich-gelb); N-Zeiger; VI–IX; 1jährig	Schwarzer Nachtschatten (Solanum nigrum)

Tab. 5: Blätter ganzrandig, wechselständig

Fam.	Blätter	Blüte	Sonstiges	Name
Asteraceae	untere Blätter sehr groß, ± herzförmig-3eckig; Stiele der Grundblätter markhaltig 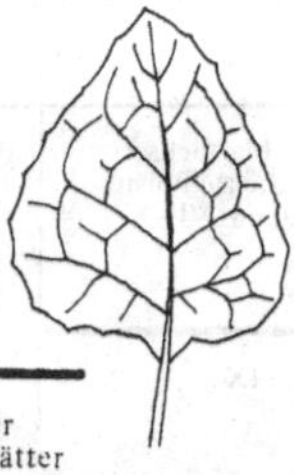	rotviolett	Hüllblätter an der Spitze hakig einwärts gekrümmt (Verbreitung des ganzen Köpfchens!); alle Blüten röhrenförmig, mit Pappus; 2jährig; Köpfchen in Doldentrauben; Köpfchen 3–4 cm; VII–IX	Klette (Arctium): Große K. (A. lappa)
Asteraceae	untere Blätter sehr groß, ± herzförmig-3eckig; Stiele der Grundblätter markhaltig	rotviolett	Hüllblätter an der Spitze hakig einwärts gekrümmt (Verbreitung des ganzen Köpfchens!); alle Blüten röhrenförmig, mit Pappus; 2jährig; Köpfchen in Doldentrauben; Köpfchen 2–3 cm; Hülle rötlich, mit weißem Filz; VII–IX	Klette (Arctium): Filzige K. (A. tomentosum)
Asteraceae	untere Blätter sehr groß, ± herzförmig-3eckig; Stiele der Grundblätter hohl	rotviolett	Hüllblätter an der Spitze hakig einwärts gekrümmt (Verbreitung des ganzen Köpfchens!); alle Blüten röhrenförmig, mit Pappus; 2jährig; Köpfchen 1–2 cm, in lockeren Trauben; VII–IX	Klette (Arctium): Kleine K. (A. minus)
Asteraceae	lanzettlich 	weiß	Köpfchen sehr klein, zahlreich; Zungenblüten in mehreren Reihen; mit Pappus; Heimat N-Amerika; VII–IX 1–2jährig	Kanadisches Berufkraut (Conyza = Erigeron canadensis)
Boraginaceae	rauhhaarig; linealisch 	blau	Blüten schwach zygomorph, mit herausragenden Staubblättern und gespaltener Narbe (Name!); an den Teilblütenständen (Wickeln) ist stets nur eine Blüte voll entfaltet; gynomonözisch und gynodiözisch; VI–IX; 2jährig	Natternkopf (Echium vulgare)
Boraginaceae	rauhhaarig; schmal, herablaufend 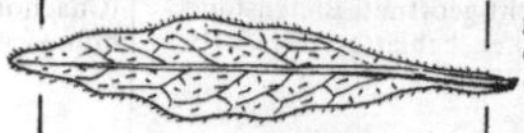	blaßgelb oder violett	Blüten geneigt; Wickel als Teilblütenstände; Schlundschuppen; Hummelblume; feuchte Stellen; V–IX	Beinwell (Symphytum officinale)
Chenopodiaceae	spießförmig 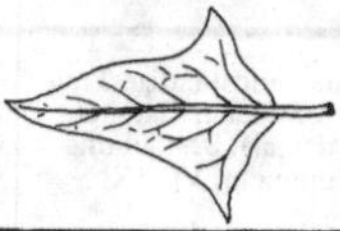	grünlich	zusammengesetzte Ähren; stark nitrophil; V–VIII	Guter Heinrich (Chenopodium bonus-henricus)
Convolvulaceae	pfeilförmig 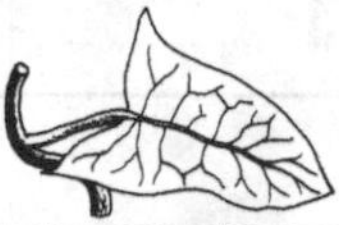	rosa bis weiß	windend oder liegend; Blüten einzeln; wulstförmiges Nektarium am Grund des Fruchtknotens; VI–X	Acker-Winde (Convolvulus arvensis)
Convolvulaceae	pfeilförmig 	weiß selten blaßrosa	windend, Schleiergesellschaft der Ufer, Röhrichte, Weidengebüsche	Zaun-Winde (Calystegia sepium)
Plantaginaceae	in grundständiger Rosette; breit, eiförmig, lang gestielt 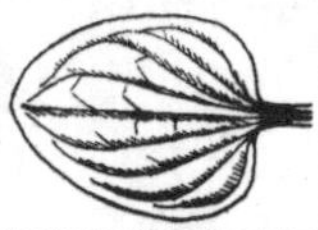	grünlich	Ähre lang, dünn (ca. so lang wie der übrige Stiel); bis 20000 Samen pro Pflanze; VI–X	Breit-Wegerich (Plantago major)

beachte Fortsetzung!

Tab. 5, Fortsetzung

<table>
<tr><th>Fam.</th><th>Blätter</th><th>Blüte</th><th colspan="3">Sonstiges</th><th colspan="2">Name</th></tr>
<tr><td colspan="8">Poaceae: Bromus sterilis (Taube Trespe), Bromus tectorum (Dach-Trespe), Digitaria sanguinalis (Blut-Fingerhirse), Hordeum murinum (Mäuse-Gerste), Lolium perenne (Deutsches Weidelgras), Poa compressa (Flaches Rispengras) s. Kap. «Gräser», S. 125 ff.</td></tr>
<tr><td rowspan="4">Polygonaceae</td><td>klein, oval, fast sitzend</td><td rowspan="3">rosa oder weiß</td><td colspan="2">Blüten einzeln, blattachselständig; meist dichte Polster auf Wegen bildend; VI–X</td><td rowspan="3">1jährig</td><td rowspan="3">Knöterich (Polygonum)</td><td>Vogel-K. (P. aviculare)</td></tr>
<tr><td rowspan="2">lanzettlich, oft mit einem dunklen Fleck</td><td rowspan="2">endständige dichte Scheinähren</td><td>VII–IX</td><td>Ampfer-K. (P. lapathifolium)</td></tr>
<tr><td>der obigen Art sehr ähnlich; Ochrea mit langen Wimpern; VII–IX</td><td>Floh-K. (P. persicaria)</td></tr>
<tr><td>grob, oval</td><td>grünlich</td><td colspan="3">quirlige Teilblütenstände: Fruchthülle (die 3 inneren Perigonblätter) breit, mit mehreren Zähnen; N-Zeiger; VI–VIII</td><td colspan="2">Stumpfblättriger Ampfer (Rumex obtusifolius)</td></tr>
<tr><td rowspan="2">Scrophulariaceae</td><td rowspan="2">linealisch</td><td>hell-lila</td><td rowspan="2">Maskenblumen, Sporn!</td><td colspan="2">Sporn kurz; Schlund gelb, leicht geöffnet; Blütenstand locker, beblättert; VI–VIII; 1jährig</td><td colspan="2">Kleiner Orant (Chaenorrhinum minus)</td></tr>
<tr><td>gelb</td><td colspan="2">Sporn lang; endständige Traube; orangefarbener Gaumenfleck (Saftmal); Bestäubung durch Hummeln; VI–IX</td><td colspan="2">Gemeines Leinkraut (Linaria vulgaris)</td></tr>
</table>

Tab. 6: Blätter gegenständig, gesägt, gezähnt oder gekerbt

Fam.	Blätter	Blüte	Sonstiges	Name
Dipsacaceae	sehr groß, oval, paarweise verwachsen 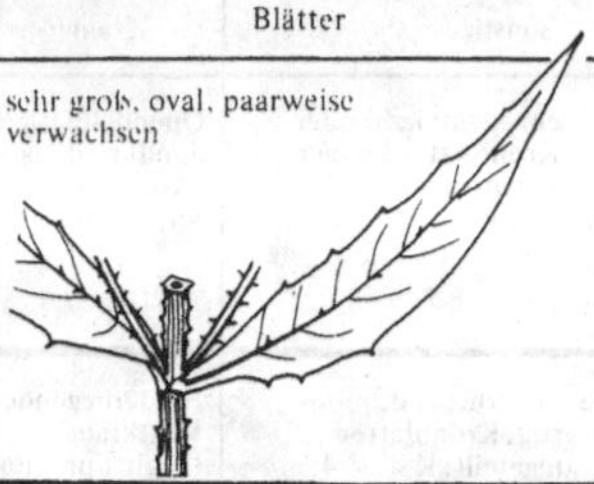	violett	Stengel stachelig; Köpfchen eiförmig, sehr groß; Hüllblätter lang, aufrecht, stechend; Spreublätter steif, spitz, länger als Blüten; Entfaltung der Blüten geht von 1 oder 2 ringförmigen Zonen aus; Bestäubung durch Hummeln und Falter; VII–VIII; 2jährig	Wilde Karde (Dipsacus silvester)
Euphorbiaceae	spitz eiförmig 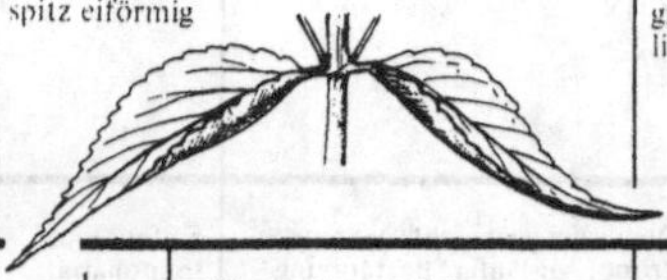	grünlich	Stengel 4kantig; Blüten in Scheinähren, windblütig, meist 2häusig; männliche Staubbeutel werden z.T. abgeschossen; V–X; 1jährig	Einjähriges Bingelkraut (Mercurialis annua)
Lamiaceae	«nesselartig»; ohne Brennhaare; eiförmig-lanzettlich 	rot, rosa, weiß	gelber, purpur umrandeter Gaumenfleck; Unterlippe mit 2 hohlen Zähnen (Name!); Stengel borstig behaart, an den Knoten verdickt; VII–IX; 1jährig	Gemeiner Hohlzahn (Galeopsis tetrahit)
Lamiaceae	«nesselartig»; ohne Brennhaare; herz-eiförmig 	weiß	Unterlippe mit spitzen Seitenlappen; Nektar von Haarkranz überdeckt; vgl. «Frühjahrsblüher» S. 60; Hummelblumen, Blüten groß; IV–VIII	Taubnessel (Lamium): Weiße T. (L. album)
Lamiaceae	«nesselartig»; ohne Brennhaare; herz-eiförmig	rot	Unterlippe mit spitzen Seitenlappen; Nektar von Haarkranz überdeckt; vgl. «Frühjahrsblüher» S. 60; Hummelblumen, Blüten groß; Tüpfelmale: IV–IX	Taubnessel (Lamium): Gefleckte T. (L. maculatum)
Lamiaceae	«nesselartig»; ohne Brennhaare; herz-eiförmig 	rot	Unterlippe mit spitzen Seitenlappen; Nektar von Haarkranz überdeckt; vgl. «Frühjahrsblüher» S. 60; Pflanze oft rot überlaufen; IV–X; 1jährig; Blüten klein	Taubnessel (Lamium): Rote T. (L. purpureum)
Urticaceae	«nesselartig»; mit Brennhaaren; spitz-eiförmig 	grünlich-gelb	hängende Rispen; Blüten unscheinbar, mit 4 Perigonblättern; windblütig; 2häusig; Rispen lang; Ausläufer; Staubblätter «explodieren» bei Wärme; N-Zeiger; VI–IX	Brennessel (Urtica): Große B. (U. dioica)
Urticaceae	«nesselartig»; mit Brennhaaren; eiförmig 	grünlich-gelb	hängende Rispen; Blüten unscheinbar, mit 4 Perigonblättern; windblütig; einhäusig, Rispen kurz; stark nitrophil; VI–IX; 1jährig	Brennessel (Urtica): Kleine B. (U. urens)

Tab. 7: Blätter ganzrandig, gegenständig, Nelkengewächse

Fam.	Blätter	Blüte	Sonstiges	Name
Caryophyllaceae	klein, eiförmig bis lanzettlich, sitzend	weiß	Pflanze sehr klein: kahl oder behaart; Kronblätter kleiner als Kelch-, ganzrandig; VI–IX; 1jährig	Quendelblättriges Sandkraut (Arenaria serpyllifolia)
	nadelförmig, büschelig	weiß	Pflanze niederliegend, moos- bis grasartig; Kronblätter winzig, ungeteilt; K 4, C 4; oberirdische Ausläufer; V–IX	Niederliegendes Mastkraut (Sagina procumbens)
		rosa	Dichasien gestaucht; Nebenkrone; Ausläufer; Bestäubung v.a. durch Nachtfalter (Blüten duften abends stärker); VII–IX	Seifenkraut (Saponaria officinalis)

Tab. 8: Blätter quirlständig, ± ganzrandig, Labkraut

Fam.	Blätter	Blüte	Sonstiges	Name
Rubiaceae	Blattrand rauh behaart Frucht (ca. nat. Größe)	weißlich	rispenartiger Blütenstand; Spreizklimmer: Stengel durch rückwärts gerichtete Stacheln sehr rauh und haftend, scharf 4kantig; Diskus als Nektarium; Klettfrüchte; N-Zeiger, VI–IX; 1jährig	Kleb-Labkraut (Galium aparine)

Arbeitsaufgaben

1. Vergleichen Sie die Artenzusammensetzung von nord- und südexponierten Ruderalstellen, z.B. an einer Mauer (vgl. Abb. VIII.1).
2. Vergleichen Sie die Artenzusammensetzung verschiedener Ruderalgesellschaften (z.B. auf einem Bauernhof, in einer alten Kiesgrube, an einer frisch aufgeschütteten Straßenböschung, einem Bahndamm, in einem Kahlschlag usw.). Stellen Sie jeweils ein Biospektrum (Lebensformen-Spektrum) auf (vg. Kap. II). Können Sie Besiedlungswellen erkennen?
3. Stellen Sie an mehreren Ruderalstandorten (Arbeitsgruppen!) fest, zu welchen Familien die vorkommenden Pflanzenarten gehören. Welche Familien sind mit den meisten Arten vertreten?
4. Untersuchen Sie die Verbreitungseinrichtungen von Ruderalpflanzen. Stellen Sie zusammen, welche und wieviel Arten durch den Wind und durch Tiere verbreitet werden oder sich rein bzw. überwiegend vegetativ fortpflanzen (Ausläufer, Rhizome usw.).
5. Langzeitbeobachtung: Protokollieren Sie die Neubesiedlung einer frisch aufgeschütteten Stelle über mehrere Vegetationsperioden hinweg. Die Probefläche wird jedes Jahr mehrfach besucht, die Arten werden – möglichst mit Mengenangabe, z.B. Triebzahl – notiert, die Fläche wird fotografiert.

Literatur

Ellenberg, H.: Vegetation Mitteleuropas mit den Alpen in ökologischer Sicht. Ulmer, Stuttgart, 4. A., 1986

Köhler, P.K. (Hrsg.): Naturraum Menschenlandschaft. Meyster, München 1984

Lohmann, M.: Naturinseln in Stadt und Dorf. BLV, München/Wien/Zürich 1986

Raabe, U., Wolff-Straub, R.: Hilfsprogramm für dörfliche Ruderalfluren. Merkbl. Biotop- und Artenschutz Nr. 58, LÖLF Recklinghausen 1984

Schulte, W.: Lebensraum Stadt. BLV-Naturführer 137. München/Wien/Zürich 1984

Straka, H.: Arealkunde, Floristisch-historische Geobotanik. Ulmer, Stuttgart 1970

Tischler, W.: s. Kap. IV

Weber, R.: Ruderalpflanzen und ihre Gesellschaften. Neue Brehmbücherei Bd. 280. Ziemsen, Wittenberg/Lutherstadt 1961.

Wilmanns, O. und J. Baumert: Zur Besiedlung der Freiburger Trümmerflächen – eine Bilanz nach zwanzig Jahren. Ber. Naturf. Ges. Freiburg i.Br. *55*: 399–411. 1965

IX. Kulturpflanzen und «Unkräuter»

Thematische Schwerpunkte

Entstehung und Herkunft der Kulturpflanzen
Typische Eigenschaften der Kulturpflanzen
Erbliche Grundlagen der Entstehung von Kulturpflanzen
Morphologische Besonderheiten der Kulturpflanzen, insbesondere Rüben, Knollen, Zwiebeln, Kopfbildung
Der Begriff «Unkraut»
Ökologie der Unkräuter, Unkrautgesellschaften
Unkrautbekämpfung

Exkursionsziele

Ackerland, Kleingartengelände (sehr empfehlenswert, da besonders abwechslungsreich), Weinberge
Als Ergänzung: Wochenmarkt

Zeit

Frühjahr (Weinberge), Juni bis August; Unkrautgesellschaften können auch noch nach der Ernte bis in den Spätherbst hinein studiert werden.

1. Entstehung der Kulturpflanzen

1.1 Vom Sammler zum Ackerbauern

Vor der Erfindung des Ackerbaus lebten die Frühmenschen lange Zeit als Jäger und Sammler in Regionen mit offener Vegetation, in Gras- und Krautfluren, Savannen oder Offenwald-Landschaften. Der stetige Bedarf an eßbaren Pflanzen führte zu einer Verarmung dieser Arten und dürfte schließlich den Anstoß zu einer Entwicklung gegeben haben, die ganz allmählich zur Entstehung des Ackerbaus führte. Erst dieser hat der Menschheit Seßhaftigkeit und Muße gebracht, Voraussetzungen für die Bildung von Hochkulturen. Durch die Kulturpflanzen wurde auch die gewaltige Bevölkerungszunahme ermöglicht: Ein jagender und sammelnder Frühmensch benötigte für sich allein eine Fläche von 20 km^2; wird diese Fläche ackerbaulich genutzt, so können von ihr 6000 Menschen leben!

Zweifellos sind die ersten Kulturpflanzen aus Sammelpflanzen hervorgegangen, die ja bis in die Gegenwart eine Rolle spielen: Viele Beeren und Pilze, Haselnüsse sowie viele Heilpflanzen und einige Wildgemüse werden auch heute noch gesammelt. Frühere Sammelpflanzen in Mitteleuropa waren darüber hinaus z.B. Wasserschwaden, Wassernuß, Strandroggen, Strandhafer, Sandsegge.

1.2 Zentren der Kulturpflanzenentstehung

Die meisten Kulturpflanzen haben heute ein sehr weites Verbreitungsgebiet und sind überall anzutreffen, wo Klima und Boden den Anbau gestatten. Die Wanderung von ihrem Ursprungsgebiet aus hat schon früh eingesetzt, so daß eine Rekonstruktion der Entstehungsgebiete schwierig ist. In aller Regel dürften die Entwicklungszentren der alten Kulturpflanzen in den Siedlungszentren der frühen Menschenpopulationen gelegen haben. Ein solches Siedlungsgebiet ist der «Fruchtbare Halbmond», das Areal der Eichen-Offenwald- und Grasflur-Vegetation Vorderasiens. Wahrscheinlich wurde hier schon vor 10000 Jahren die Wildgerste *(Hordeum spontaneum)* kultiviert. Die Auslese geeigneter Kulturmutanten war sicherlich leicht möglich, da nur zwei Gene den Wildcharakter «Ährenbrüchigkeit» steuern. Auch der Weizen wurde wohl hier zum ersten Mal kultiviert, da sich dort noch heute die beiden vermutlichen Stammarten finden (vgl. Abschnitt 1.5).

Ähnliche offene Vegetationsgebiete in anderen Teilen der Erde dürften für andere Arten der Ausgangspunkt gewesen sein, so z.B. die baumarmen Regionen der Anden-Ostflanke (Kartoffel, Mais, Bohnen) sowie Zentralasien, Zentralchina und Abessinien.

Genzentren-Theorie: Als erster hat sich der russische Botaniker VAVILOV bemüht, dem Ursprung der Kulturpflanzen auf die Spur zu kommen. Er stellte fest, daß es verhältnismäßig wenig «Mannigfaltigkeitszentren» gibt, die fast alle in den Gebirgen der Subtropen liegen, und stellte deshalb die Hypothese auf, daß diese auch die Ursprungsgebiete der entsprechenden Kulturpflanzen seien. Neuere Untersuchungen zeigten jedoch, daß es sich bei diesen «Genzentren» meist um Gebiete handelt, in denen Kulturpflanzen lange Zeit auf relativ primitive Weise angebaut wurden. So konnte hier – nach Aussetzen des scharfen natürlichen Selektionsdruckes – unter der mehr oder weniger zufälligen Auslese durch die einfachen Bauern eine Vielzahl von Sorten entstehen. Die ökologische Vielfalt der Gebirge mag dabei außerdem eine Rolle gespielt haben. Für die praktische Züchtung sind diese «Genzentren» von großer Bedeutung, können doch von hier immer wieder wertvolle Erbanlagen in moderne Sorten eingekreuzt werden.

1.3 Typische Eigenschaften von Kulturpflanzen

Die planmäßige Aussaat oder Nutzung einer Pflanzenart macht aus dieser noch keine echte Kulturpflanze – wir sprechen hier von Nutzpflanzen. Zur Kulturpflanze gehört, daß sie sich in erblich bedingten Eigenschaften von der Wildart unterscheidet. Solche Eigenschaften sind:

1. *Riesenwuchs:* Oft zeigen Kulturpflanzen einen größeren Wuchs als ihre wilden Arten. Dieser Riesenwuchs kann die gesamte Pflanze oder nur die genutzten Teile betreffen. Im allgemeinen liegt dem Riesenwuchs eine Vermehrung der genetischen Substanz durch Polyploidisierung zugrunde; Vermehrung der DNS führt in der Regel zur Vergrößerung der ganzen Pflanze.
2. *Verminderte Fruchtbarkeit:* Bei vielen Kulturpflanzen sind die Früchte zwar größer als bei den Wildformen, die Zahl der Samen ist jedoch stark vermindert (Citrusfrüchte, Bananen). Auch die Zahl der Früchte ist oftmals kleiner, dafür aber der Anteil des Fruchtfleisches höher (Tomaten, Äpfel, Birnen, Pflaumen). Da die Kulturpflanzen vom Menschen verbreitet werden, müssen sie nicht mehr selbst für ihre Fortpflanzung sorgen. Eine Folge davon ist auch der
3. *Verlust der natürlichen Verbreitungseinrichtungen:* Spezielle Verbreitungseinrichtungen sind bei Kulturarten nicht nur überflüssig, sondern oft auch störend, da sie die Ernte erschweren bzw. den Ertrag mindern. So kultivieren wir heute Getreidearten mit bruchfesten Ährenspindeln. Leguminosen mit Hülsen, die geschlossen bleiben, Kartoffeln mit kurzen Ausläufern und Schließmohn.
4. *Verlust von Schutzeinrichtungen gegen Tierfraß:* Viele Wildpflanzen haben mechanische Schutzeinrichtungen, die sie vor Tierfraß bewahren: Wildobstsorten starren meist von verdornten Kurztrieben, während Kulturformen weitgehend dornenlos sind.
5. *Verschwinden des Keimverzugs:* Bei Wildpflanzen keimen in der Regel nicht alle Samen gleichzeitig aus (Keimverzug). Ein Teil der Nachkommen kann dadurch Zeiten schlechter Bedingungen umgehen. Bei Kulturpflanzen wurden immer nur solche Pflanzen zur Weiterzucht verwendet, die sofort gekeimt waren. Deshalb haben heutige Sorten diese Eigenschaft verloren.
6. *Gleichzeitiges Reifen:* Ähnlich wie beim Keimen der Samen ist auch die unterschiedliche Reifezeit der Früchte für die Erhaltung der Art in der Natur nützlich, für Kulturpflanzen jedoch ein ausgesprochener Nachteil. Gleichzeitiges Reifen der Früchte ist deshalb für Kulturpflanzen ein charakteristisches Merkmal. In neuester Zeit werden allerdings, etwa bei Erdbeeren, Sorten gezüchtet, die über lange Zeit Früchte tragen und so den Bedürfnissen des Klein- und Hobbygärtners besonders gerecht werden.
7. *Raschere Entwicklung – verzögerte Entwicklung:* In vielen Fällen haben Kulturpflanzen eine kürzere Entwicklungs- und Lebensdauer als Wildpflanzen. Kulturroggen ist z.B. 1–2jährig, während Wildroggen eine ausdauernde Staude ist.

Zum Teil tritt jedoch auch eine Verlängerung des Entwicklungszyklus ein: Bei Pflanzen, deren vegetative Teile genutzt werden (Blattgemüse, Knollen- oder Rübenpflanzen), entwickeln sich diese um so üppiger, je länger sie Zeit zum Wachsen haben. Die im ersten Jahr erzeugten Reservestoffe werden in den vegetativen Teilen für Blüte und Fruchtbildung im zweiten Jahr gespeichert. So sind z.B. Kohl- und Stoppelrübe zweijährig, während Raps und Rübsen, bei denen die Samen genutzt werden, einjährig sind und keine Rübe bilden.

8. *Formenmannigfaltigkeit:* Viele Kulturpflanzen zeigen eine große Formenmannigfaltigkeit, insbesondere der Gemüsekohl und viele Zierpflanzen (z.B. Rose, Tulpe). Mangold, Zucker-, Futter- und Rote Rübe sind die vier recht unterschiedlichen Kultursorten der Wilden Rübe.

1.4 Erbliche Grundlagen der Entstehung von Kulturpflanzen

Wie schon erwähnt, unterscheiden sich Kulturpflanzen in erblich bedingten Merkmalen von den Wildpflanzen. Die genetischen Veränderungen sind vor allem folgende:

1. *Genmutationen:* Beispiele hierfür sind die Kohlsorten (vgl. Abb. IX.1), die Nichtbrüchigkeit der Ährenspindel bei Getreide, verschiedene Merkmale bei Zierpflanzen, z.B. bei Löwenmäulchen, Edelwicke, Levkoje, Chinesischer Primel.
2. *Bastardierung:* Durch die Vereinigung des Genoms zweier nahverwandter Arten ist oft erst die Grundlage für eine anpassungsfähige und ertragreiche Kulturpflanze geschaffen worden. Viele Obstarten, Beerensträucher und Zierpflanzen gehen auf Artbastarde zurück, z.B. Pflaume (hexaploider Bastard aus Schlehe und Kirsch-Pflaume), Garten-Petunie, Garten-Aurikel, Gartenformen von Phlox, Pfingstrose, Lilie, Schwertlilie, Narzisse u.a.
3. *Chromosomenmutationen:* Stückaustausch zwischen verschiedenen Chromosomen eines Genoms haben z.B. bei der Entstehung von Kulturformen der Gerste und des Weizens eine wichtige Rolle gespielt.
4. *Genommutationen:* Viele Kulturpflanzen sind durch Polyploidisierung aus Wildpflanzen hervorgegangen, wobei Auto- und Allo(poly)ploidie möglich sind. Autopolyploide Kulturpflanzen sind z.B. Kartoffel, Hafer, Erdbeere, Sauerkirsche, Luzerne, Weinrebe, Himbeere, Brombeere, Apfel, Birne, Dahlie. Allopolyploide Kulturpflanzen sind z.B. Pflaume bzw. Zwetschge, Raps, Weizen.

   Auch Verlust bzw. Vermehrung einzelner Chromosomen (Aneuploidie) sind bei der Entstehung verschiedener Kulturpflanzen von Bedeutung. Die 17 Chromosomen der Kernobstarten z.B. gehen auf den ursprünglichen einfachen Satz von 7 zurück. Dadurch, daß drei dieser 7 Chromosomen verdreifacht sind, ist $2n = 17$ entstanden. Ähnliches gilt für den Gemüsekohl ($2n = 9$; $6+3$) und den Weizen ($2n = 12$; $10+2$).

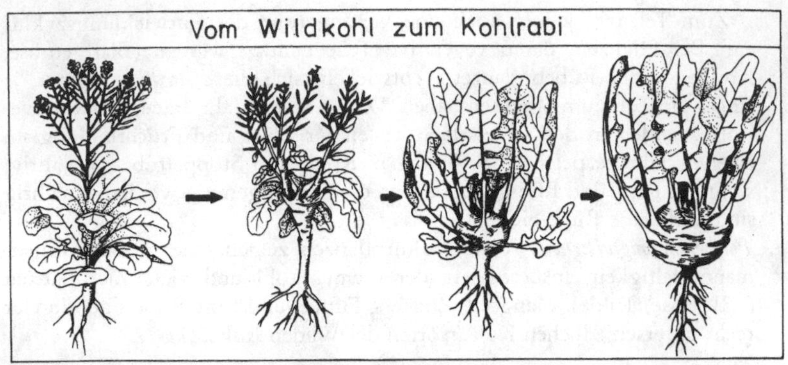

Abb. IX.1: Kohlrabi als Beispiel für die Entwicklung einer Kulturpflanze (nach zeitgenössischen Darstellungen, aus Schwanitz, etwas verändert)

Wie aus den angeführten Beispielen schon hervorgeht, ist oft nicht nur eine einzige genetische Veränderung verantwortlich für die Entstehung von Kulturpflanzen, sondern die Kombination verschiedener Vorgänge, z.B. Artbastardierung + Polyploidisierung usw. Dabei können Chromosomensätze entstehen, die eine normale sexuelle Fortpflanzung unmöglich machen. Solche Pflanzen müssen dann vom Menschen vegetativ vermehrt werden.

1.5 Beispiele für die Geschichte von Kulturpflanzen

a) Die Kartoffel

Die Kartoffel wird seit gut 200 Jahren in Deutschland feldmäßig angebaut und gehört damit zu den jüngsten Kulturpflanzen Mitteleuropas. Wie Mais, Tabak, Tomate, Paprika und Bohne stammt sie aus Südamerika, wo sie schon lange eine wichtige Kulturpflanze der Indianer in den Andenhochländern war.

Bereits 1588 kamen die ersten Kartoffeln nach Spanien und Italien und wurden dort vor allem als Zierpflanzen, aber auch für Speise- und Futterzwecke angepflanzt. Von dem italienischen «Tartufa» (= Trüffel) leitet sich der Name «Kartoffel» ab. Als Feldfrucht setzte sich die Kartoffel in Deutschland nur sehr langsam durch, der von den Regierungen verordnete Anbau stieß auf erheblichen Widerstand der Bauern. Dies hatte allerdings Gründe: Damals herrschte noch die Dreifelderwirtschaft. Sollten auf den Brachfeldern Kartoffeln angebaut werden, so war eine verstärkte Düngung und damit eine Vermehrung des Viehbestandes nötig. Diese wichtige Voraussetzung wurde aber erst durch die Einführung neuer Futterpflanzen (Runkelrübe, Kleearten u.a.) ermöglicht.

Die Kulturkartoffeln setzen sich aus vier Gruppen zusammen: diploide (2n = 24), triploide (2n = 36), tetraploide (2n = 48) und pentaploide Sorten (2n = 60). Aus den diploiden Wildkartoffeln wurden zunächst Formen mit verkürzten Ausläufern gewonnen. Durch Autopolyploidie entstanden dann tetraploide Sorten, von denen sich unsere heutigen Sorten herleiten.

Die Kartoffel ist sehr anpassungsfähig: Von den Subtropen bis zum 70. Breitengrad (Höhe von Narvik) kann sie angebaut werden und bringt auch auf relativ armen Sandböden noch gute Erträge. Trockenheit wird gut ertragen, doch ist später mehr Regen nötig, sonst bleiben die Knollen zu klein. Züchtungsziele sind heute Frostresistenz sowie Resistenz gegen Pilz- und Viruskrankheiten.

Eine verheerende Kartoffelkrankheit, die 1831 von Chile nach Europa eingeschleppt wurde, wird von dem Oomyceten *Phytophthora infestans* hervorgerufen: Der Pilz verursacht eine Krautfäule und geht dann auch auf die Knollen über. In nassen Jahren können bei uns auch heute noch größere Anteile der Ernte durch diesen Schädling vernichtet werden. Die hohen Ernteverluste im Jahre 1916 hatten in Deutschland den sog. «Kohlrübenwinter» zur Folge.

Von seiner Heimat Colorado breitete sich der Kartoffelkäfer 1874 bis zur Atlantikküste Nordamerikas aus. Von dort wurde er mehrfach nach Europa eingeschleppt, wo er sich trotz intensiver Bekämpfung ab 1936 auch in Deutschland immer weiter ausbreitete. Erst moderne Insektizide konnten ihn zurückdrängen.

b) Die Zuckerrübe

Beta vulgaris ssp. maritima ist die Stammform von vier wichtigen Kulturpflanzen, der Runkelrübe, der Zuckerrübe und der Roten Rübe (alle drei ssp. rapacea) und des Mangold (ssp. vulgaris). Während die an den Atlantik- und Mittelmeerküsten Europas vorkommenden Wildpflanzen ein- und zweijährige sowie ausdauernde Formen aufweisen, sind alle Kultursorten zweijährig. Als Sammelpflanzen sind die zuckerhaltigen Wildrüben mit oft schwach verdickten Pfahlwurzeln schon im Neolithikum nachgewiesen. Auf Abfall- und Komposthaufen fanden sie günstige Lebensbedingungen. Hildegard von Bingen beschreibt eine Weiße Rübe (cicula), die wohl von den Römern nach Deutschland gebracht wurde. Auch der Mangold ist eine sehr alte, schon den Römern bekannte Kulturpflanze. Aus ihm wurden später Futter- und Zuckerrübe gezüchtet.

Die Geschichte der Zuckerrübe:

4. Jh.:	Der griechische Arzt Diphylos von Siphnos entdeckt den Zukkergehalt der Mangold-Rübe.
um 1600:	O. de Seres stellt Ähnlichkeit des Rübensaftes mit Zuckerrohrsaft fest.
1747:	A.S. Marggraf weist auf die Möglichkeit hin, aus Mangold-Rüben Zucker herzustellen.

1786: Der Chemiker F.K. Achard beginnt mit seinen Versuchen, Rübenzucker fabrikmäßig herzustellen. Gleichzeitige Zuchtversuche mit Mangold führen zur «schlesischen Sorte», der Ausgangsform der Zuckerrübe.

1803: Die Kontinentalsperre Napoleons führt zu sprunghaftem Anstieg des Rohrzuckerpreises. Die Rübenzuckerproduktion gewinnt zunehmend an Bedeutung.

Nach der Aufhebung der Kontinentalsperre geht die Rübenzuckerindustrie zunächst wieder zurück. Erst in der zweiten Hälfte des 19. Jh. kommt es durch die zunehmende Verbesserung der Rübensorten wieder zu einem Anstieg. 1836 betrug der durchschnittliche Zuckergehalt 5,5 %, 1881 9,5 % und 1930 ca. 18 %.

c) Der Kulturweizen

Die Getreidearten Weizen, Reis und Mais sind die für die menschliche Ernährung wichtigsten Kulturpflanzen. «Derjenige, der zwei Kolben Korn oder zwei Halme Gras auf einem Flecken Erde wachsen lassen kann, wo vordem nur einer wuchs, hat für die Menschheit mehr getan als die ganze Spezies der Politiker zusammen.» Diesen Satz Jonathan Swifts (Gullivers Reisen, 1726) hat sich das Nobelpreiskomitee 1970 zu Herzen genommen, als es dem amerikanischen Weizenzüchter BORLAUG den Friedenspreis verlieh. BORLAUG kreuzte japanischen Zwergweizen mit amerikanischen und europäischen Sorten und zog Nachkommen an zwei völlig verschiedenen Anbauorten. Dadurch züchtete er neue Zwergsorten, die in bemerkenswerter Weise an sehr unterschiedliche Wachstumsbedingungen angepaßt sind.

Die Geschichte des Kulturweizens beginnt mit dem Wilden Einkorn *(Triticum boeoticum)*. Aus diesem im Vorderen Orient verbreiteten Gras entstand einerseits das Kultur-Einkorn *(Triticum monococcum)*. Andererseits ist *Triticum boeoticum* eine der beiden Stammarten des allopolyploiden Wildemmers *(Triticum dicoccoides)*, entstanden aus *Aegilops speltoides* und *Triticum boeoticum*. Der tetraploide Kulturemmer, *Triticum dicoccum*, leitet sich von dieser Wildform ab. Durch Einkreuzen des Wildgrases *Aegilops squarrosa* über erneute Allopolyploidisierung entstand schließlich der hexaploide Kulturweizen, *Triticum aestivum* (vgl. Schema).

Entstehung des Kulturweizens:

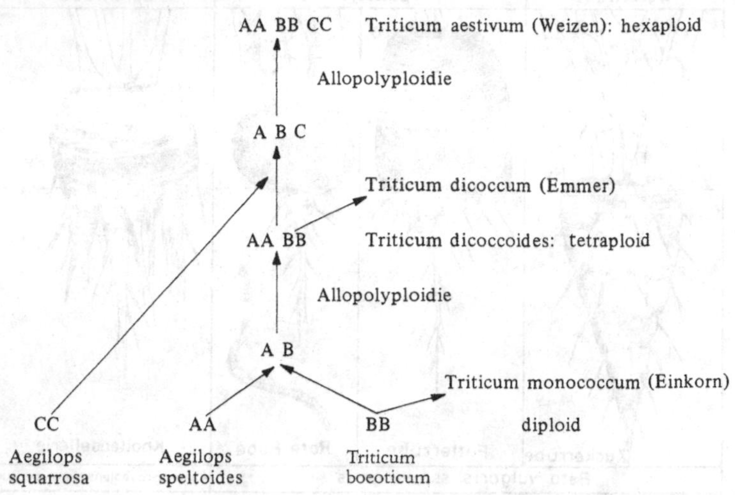

2. Morphologie der Kulturpflanzen

Die meisten Kulturpflanzen zeichnen sich durch Pflanzenteile aus, die Nährstoffe speichern. Neben dem Fruchtfleisch zur Anlockung von Tieren dienen Nährgewebe von Samen und vegetative Teile der Nährstoffspeicherung, um nach der winterlichen Ruheperiode das erneute Austreiben zu ermöglichen. Die Stoffspeicherung erfolgt hierbei in Speicherwurzeln. Wurzelknollen, Rüben, Rhizomknollen, Zwiebeln, im Sproß selbst oder auch in Blättern.

2.1 Speicherwurzeln, Wurzelknollen, Rüben

Die meisten Speicherwurzeln gehören zu den «Rüben». Außer der verdickten Primärwurzel ist auch noch ein mehr oder weniger großes Stück der basalen Sproßachse an der Verdickung beteiligt. Man kann den Wurzelanteil an den fädigen Seitenwurzeln erkennen, die dem «Hypokotyl» fehlen. Bei Zuckerrübe, Mohrrübe und Rettich ist der Anteil der Wurzel groß, der des Hypokotyls klein. Bei der Futterrübe ist der Anteil des Hypokotyls größer, Rote Rübe und Radieschen bestehen fast nur aus Hypokotyl. Beim Knollensellerie und der Kohlrübe sind auch noch die untersten Internodien des Sprosses in die Verdickung miteinbezogen, was man an den Blattnarben im oberen Bereich der Rübe erkennt (vgl. Abb. IX.2).

Je nach Art des Dickenwachstums unterscheidet sich auch der histologische

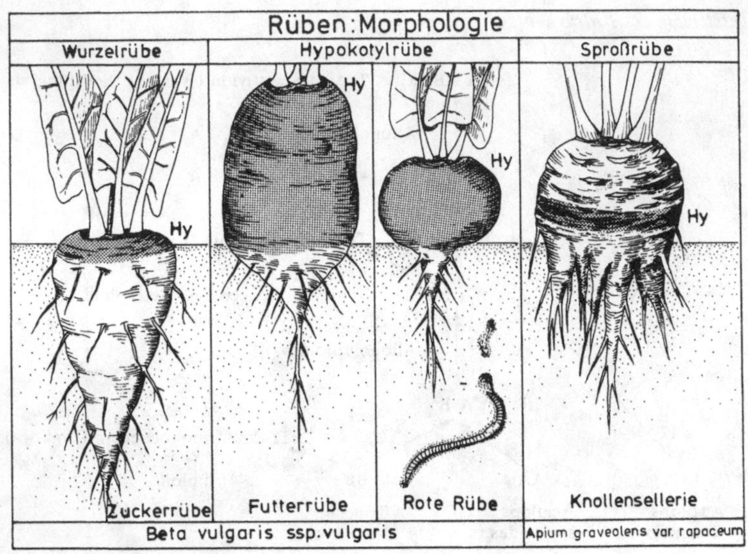

Abb. IX.2

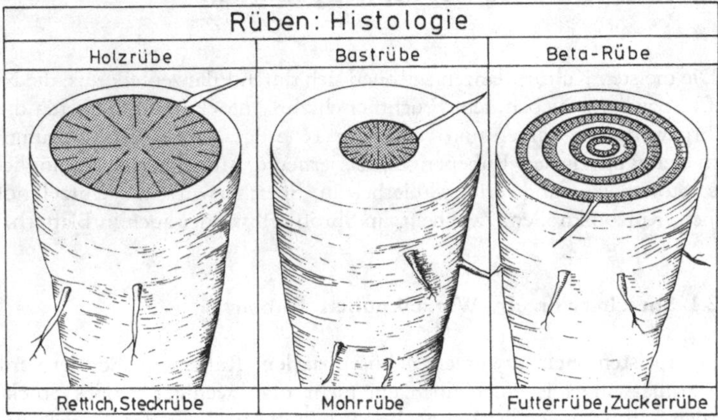

Abb. IX.3

Aufbau der Rüben. Gibt der Kambiumring v.a. nach innen Zellen ab, so wird der Holzteil stark vergrößert, man spricht von einer «Holzrübe». Allerdings besteht dieser Holzteil normalerweise aus parenchymatischen Zellen, wohl kann aber ein Rettich auch recht holzig sein. Gibt der Kambiumring v.a. nach außen Zellen ab, so entsteht eine «Bastrübe», wie sie für die Karotte charakteristisch ist. Eine Sonderform zeigen die Rüben der Gattung *Beta*: Hier werden nacheinander mehrere Kambiumringe angelegt, die jeweils eine Zeitlang nach innen Holz-, nach außen Bastparenchym bilden. Beim Anschnitt zeigen diese Rüben deshalb ein Muster konzentrischer Ringe, die an die Jahresringe der Holzgewächse erinnern, damit aber nichts zu tun haben («Beta-Rüben»). Dieser Mechanismus ähnelt dem, den wir vom Korkkambium der Holzgewächse kennen (Abb. IX.3).

Auch sproßbürtige Wurzeln und Seitenwurzeln können zu Knollen verdickt sein. Solche Wurzelknollen können sich – wie bei den Dahlien – an der Basis der Sproßachse ausbilden oder – wie beim Yams – an den Knoten der niederliegenden Sproßachse. Batate, Maniok und Yams (jeweils mit Wurzelknollen) ersetzen in den Tropen die Kartoffel.

2.2 Die Sproßachse

Die Festigungs- und Leitungselemente der Sproßachsen sind die genutzten Teile einiger Faserpflanzen, wie Lein (Flachs), Hanf und Jute. Aber auch die gesteigerte Speicherfunktion der Sproßachse kann genutzt werden. Eine gleichmäßig verdickte Achse hat z.B. der Markstammkohl, in anderen Fällen bilden sich «Sproßknollen», z.B. Kohlrabi (vgl. Abb. IX.1), oder die Sproßachse kann am Aufbau der Rübe beteiligt sein (s.o.). Auch die plagiotropen[1] Sprosse, insbesondere Erdsprosse, sind teilweise verdickt: Bei der Kartoffel (vgl. Abb. IX.4) werden nur einige Internodien am Ende des Erdsprosses vom sekundären Dickenwachstum erfaßt. Bei der Seerose ist das ganze Rhizom zu einem Speicherorgan umgebildet, in Notzeiten wurde dies zur Mehlgewinnung genutzt. Pfeilwurz *(Maranta arundinacea)* und Taro *(Colocasia esculenta)* sind wichtige Rhizomstärke-Lieferanten der Tropen.

Die Sproßnatur von Sproßknollen kann man zum einen an dem Fehlen von Seitenwurzeln, zum andern an dem Besitz von Blättern erkennen. Bei der Kartoffelknolle sind es schraubig gestellte kleine Schuppenblättchen, die «Augen», aus deren Achseln die neuen Sprosse treiben.

Auch bei der Verdickung der Sproßachse ist das sekundäre Dickenwachstum entscheidend. Bei Nacktsamern und den Zweikeimblättrigen Bedecktsamern ist dies normalerweise (wie bei der Wurzel) von einem Kambiumring abhängig. Werden jedoch Sproßknollen gebildet, so finden mehr oder weniger diffuse Zellteilungen im Parenchym der Rinde (corticaler Typ) oder des Marks

[1] plagiotrop: horizontal wachsend
orthotrop: aufrecht wachsend

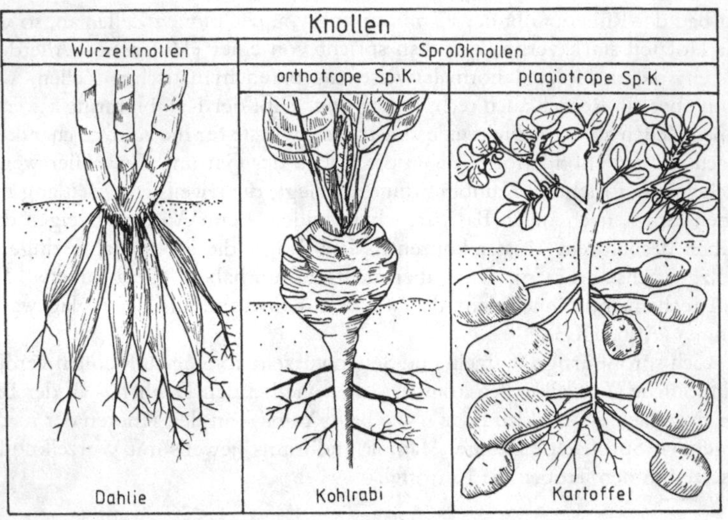

Abb. IX.4

(medullarer Typ) statt. Nur Einkeimblättrige Bedecktsamer erreichen i.a. mit dem primären Dickenwachstum die endgültige Stärke der Achse. Ein Beispiel dafür ist der Gemüsespargel *(Asparagus officinalis)*: Alljährlich werden am Rhizom Luftsprosse gebildet, die schon als Knospe auf ihre endgültige Dicke heranwachsen. Das anschließende Streckungswachstum kann man durch Anhäufeln von Erde verlängern und außerdem die Bildung von Bitterstoffen und Festigungselementen verhindern, so daß man die gleichmäßig dicken und zarten «Stangen» erhält.

2.3 Die Blätter

Bei den meisten Kulturpflanzen, die wegen ihrer Blätter gezogen werden, dienen diese der Zubereitung von Gemüse oder Salat. Wichtig für die Nutzbarkeit ist das Fehlen stark verholzter Gewebe, rauher Haare sowie von Bitterstoffen. Besonders zart sind junge, noch in den Knospen liegende Blätter (mechanische Gewebe und Bitterstoffe werden oft erst unter Lichteinfluß gebildet). Das lange Verharren in der Knospenlage (Kopfbildung) ist deshalb bei Kulturpflanzen häufig, deren Blätter gegessen werden. Besonders geschätzt werden seit dem Altertum die Blätter des Gemüsekohls. Verdickung, Vergrößerung, Kräuselung und Kopfbildung haben hier zur Bildung ergiebiger Kulturpflanzen geführt. Andere Arten sind infolge fleischig verdickter Stiele (Rhabarber) oder Blattbasen (Fenchel, Bleichsellerie) ertragreich. Rhabarber und Spinat enthalten große Mengen an Oxalsäure, was bei häufigem Genuß zur Bildung von Nierensteinen (Ca-Oxalat) und zu Ca-Mangel führen kann.

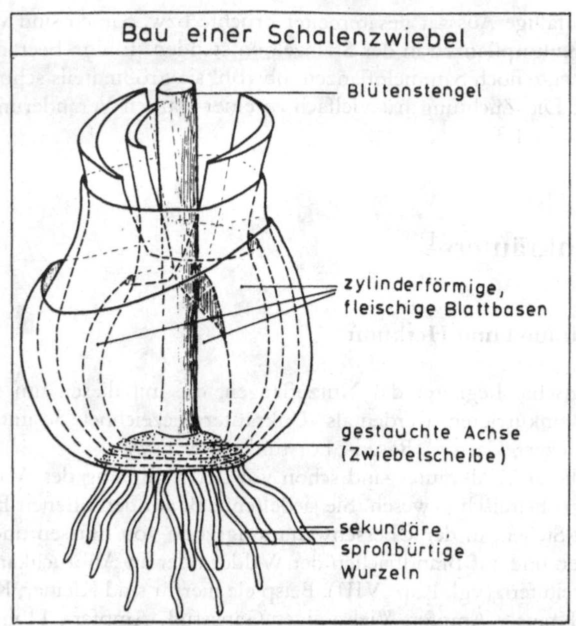

Abb. IX.5

Zwiebeln: Zwiebeln sind verkürzte Sprosse mit fleischig verdickten Blättern, die dicht beieinander liegen und sich überdecken (Abb. IX.5). Die äußeren Blätter sind meist trockenhäutig und schützen die fleischigen inneren Blätter vor Austrocknung (vgl. Abb. II.2). Bei der Küchenzwiebel und anderen *Allium*-Arten stellen die Zwiebelschuppen fleischig verdickte Blattscheiden dar. Bei der Tulpe werden die Zwiebelschuppen von Niederblättern gebildet. Etwas anders gebaut ist die Zwiebel des Knoblauchs: Hier stehen mehrere scheidenförmig-röhrige Blätter um eine sehr gestauchte Achse. Jedes dieser Blätter umschließt im Grunde mehrere Beiknospen, die eigentlichen Speicherorgane, «Zehen» genannt. Jede Zehe ist von einem weißhäutigen Hüllblatt umgeben, im Innern steckt ein fleischiges Niederblatt.

2.4 Früchte und Samen

Viele Pflanzen haben sich auf die Verbreitung ihrer Früchte und Samen durch Tiere spezialisiert (vgl. Kap. I). Früchte bzw. Samen, die durch ihr schmackhaftes oder nährstoffreiches Fruchtfleisch bzw. Speichergewebe einen Anreiz bieten, sind auch für die menschliche Ernährung geeignet, sofern sie groß genug sind und keine giftigen Inhaltsstoffe besitzen.

Durch zufällige Aussaat gesammelter Früchte bzw. Samen sind vermutlich die ersten Kulturpflanzen in der Steinzeit entstanden. Einige Beerenobstarten sind auch heute noch Sammelpflanzen, obwohl sie größtenteils schon gezüchtet werden. Die Züchtung hat vielfach zu einer starken Veränderung geführt (vgl. Abschnitt 1.3).

3. «Unkräuter»[1]

3.1 Definition und Herkunft

Unerwünschte Begleiter der Nutzpflanzen, die mit diesen um Licht und Nährsalze konkurrieren, werden als «Unkräuter» bezeichnet. So unterscheidet man z. B. Acker-, Garten-, Rasen-, Forstunkräuter usw.

Einige dieser Wildkräuter sind schon vor der Erfindung des Ackerbaus in Mitteleuropa heimisch gewesen. Sie siedelten z. B. auf den offenen Böden von Bergrutsch-Stellen, in der Überschwemmungszone von Flüssen und Seen, in Sturmlücken und auf Brandflächen der Wälder oder an Abbruchkanten (Kliffen) von Steilufern (vgl. Kap. VIII). Beispiele hierfür sind Kleiner, Knäuelblütiger und Krauser Ampfer, Vielsamiger Gänsefuß, Ampfer-, Floh- und Vogelknöterich, Acker-Kratzdistel, Kleb-Labkraut, Gem. Löwenzahn, Rainkohl, Sandkraut und Vogelmiere.

Neben diesen «Altbürgern» gibt es in den heutigen Unkrautgesellschaften eine ganze Reihe von Arten, die nicht heimisch waren. Mit den Kulturpflanzen sind sie aus ihren Ursprungsländern eingeschleppt worden, insbesondere aus dem Ursprungsgebiet des Getreideanbaus, dem Steppengürtel Vorderasiens. Sie könnten sich bei uns nicht halten, wenn in unseren «Kultursteppen» nicht immer wieder die entsprechenden Bedingungen geschaffen würden.

3.2 Eigenschaften und Anpassungen

Welche Eigenschaften müssen Pflanzen besitzen, um sich in Äckern und Gärten ausbreiten zu können? Sie müssen an das Pflügen bzw. Umgraben angepaßt sein, also entweder als Samen überdauern (Einjährige oder Annuelle, weitaus die meisten Unkräuter) oder ihre Wurzeln, Rhizome bzw. Ausläufer müssen tief genug im Boden stecken, um nicht erfaßt zu werden. Die Annuellen müssen entweder sehr rasch zur Fruchtreife gelangen, um dem Hacken und der Beschattung durch die Kulturpflanzen zu entkommen, oder sie müssen die

[1] Der Begriff «Unkraut» hat sich in der botanischen und pflanzensoziologischen Literatur eingebürgert. Er zeugt jedoch von einer sehr einseitigen Sichtweise. Der neutrale Begriff «Beikraut» wäre eigentlich vorzuziehen. Er hat sich jedoch bisher wenig durchgesetzt und um der Eindeutigkeit willen verwenden wir hier weiter die üblichen Begriffe «Unkraut», «Unkrautgesellschaften» etc.

Beschattung ertragen können oder ihr durch Winden bzw. Ranken rechtzeitig entgehen. Bei vielen Arten keimen überdies die Samen nicht gleichzeitig, so daß immer ein Teil der Nachkommen günstigere Bedingungen antrifft. Dies und die Fähigkeit, bei Schädigung neu auszutreiben, sind auch wirksame Mittel, um sogar chemischen Bekämpfungsmitteln zu widerstehen.

Die «Saatunkräuter» erreichen ungefähr gleiche Größe wie das Getreide, und ihre Früchte reifen zur selben Zeit. Dadurch wurden diese immer mitgeerntet und als Saatgutverunreinigung wieder mit ausgesät. Diese Arten waren lange Zeit sehr erfolgreich, sind aber neuerdings durch perfekte maschinelle Saatgutreinigung sowie chemische Bekämpfung stark zurückgedrängt worden; z.B. Kornblume, Kornrade, Feld-Rittersporn und Roggen-Trespe.

3.3 Verbreitungsarten

«Samenunkräuter»: Viele Unkräuter zeichnen sich durch große Samenproduktion, günstige Samenverbreitung (Flugorgane) sowie schnelle Samenreifung aus. Die große Produktionskraft dieser «Samenunkräuter» wird durch folgende Zahlen verdeutlicht: Eine Klatschmohnpflanze kann 50000, eine Kamille 45000 Samen bilden.

«Wurzelunkräuter»: Mehrjährige Unkräuter sind sog. «Wurzelunkräuter». Sie breiten sich durch unterirdische Organe aus (Wurzeln, Rhizome, Ausläufer), meist viel langsamer, dafür aber «sicherer» als die Samenunkräuter. Die Gründung entfernter Kolonien ist allerdings auch bei ihnen meist nur durch Samen möglich. Einige dieser Pflanzenarten wie Geißfuß, Acker-Kratzdistel und Quecke, werden durch Hacken und Pflügen teilweise gefördert, da schon kleine Rhizomstücke für die Ausbildung neuer Pflanzen genügen. Solche Beikräuter sind deshalb besonders im Hackfruchtbau und im Garten verbreitet und schwer zu bekämpfen.

3.4 «Unkrautgesellschaften»

Wegen ihrer «Künstlichkeit» wurde lange Zeit übersehen, daß sich auch bei den Unkräutern gut charakterisierbare Gesellschaftstypen ausbilden. Enge Beziehungen bestehen zur Ruderalflora, aus der zahlreiche Unkräuter stammen, wie oben aufgezeigt wurde. Umgekehrt dringen eingeschleppte Unkräuter bei uns in die Ruderalflora ein, eine strenge Unterscheidung zwischen «Unkraut» und Ruderalpflanze ist meist nicht möglich. (Wir haben daher versucht, nur «typische» Unkräuter in der folgenden Tabelle aufzunehmen. Pflanzen, die gleichermaßen als Unkräuter wie als Ruderalpflanzen auftreten, haben wir bevorzugt in die Tabelle «Ruderalflora» gestellt).

Auf neu umgebrochenem Ackerland siedeln sich zuerst Arten mit Flugfrüchten an: Kratzdistel, Gänsedistel, Greiskraut, Huflattich, Löwenzahn u.a. Mit Stallmist gelangen dann Unkrautsamen auf den Acker, die widerstandsfähig gegen Fäulnis sind, insbesondere Weißer Gänsefuß und Vogelmiere. Andere werden durch Fahrzeuge, mit verunreinigtem Saatgut oder durch Tiere eingebracht. Zwar kann man noch nach 10 Jahren einen Neuumbruch an der Artenkombination erkennen, doch verwischen sich diese Unterschiede immer mehr. Aus der zunächst eher zufälligen Kombination werden unter dem Einfluß des besonderen Standorts bald typische Gesellschaften, die meist nur aus relativ wenigen Arten bestehen.

Bei der Zusammensetzung der Unkrautgesellschaften spielen Klima und Bodenbedingungen sowie Art der Kulturpflanzen und Bearbeitungsweisen (Düngung, Unkrautbekämpfungsmittel) eine große Rolle. Die Anwendung chemischer Unkrautbekämpfungsmittel, Düngung und Bodenbearbeitung haben dazu geführt, daß heute die Unkrautgesellschaften viel einheitlicher sind als noch vor 20 Jahren. So kann man den Unterschied zwischen Hackfrucht- und Getreideäckern, der früher für die grundlegende Gliederung der Unkrautgesellschaften ausschlaggebend war, heute kaum noch feststellen.

Die chemische Unkrautbekämpfung ist heute soweit fortgeschritten, daß selbst Flughafer in Kulturhafersorten erfolgreich niedergehalten werden kann. Die starke Ausweitung des Maisanbaus war überhaupt erst möglich, nachdem die konkurrierenden Beikräuter in den spät auflaufenden Maiskulturen völlig unterdrückt werden konnten. Derzeit arbeiten Zuchtbetriebe bereits an der gentechnischen Herstellung von Sorten, die hohe Resistenz gegen harte Herbizide besitzen und dadurch eine noch radikalere chemische Unkrautbekämpfung erlauben würden. Die völlige Beikrautfreiheit einer Anbaufläche, die totale Monokultur, die man in ihrer Sterilität schon fast mit der mikrobiologischen Petrischale oder dem biotechnischen Fermenter vergleichen könnte, ist schon fast erreichbar.

Diese «harte» Linie moderner Landwirtschaft wird mittlerweile von vielen Seiten kritisiert. So führt die totale Beikrautfreiheit zum Beispiel in Rebenkulturen zu nachteiligen Bodenveränderungen und starker Erosion, weshalb man in Weinbergen neuerdings gewisse Beikrautarten – wie Vogelmiere und Ehrenpreis – duldet. Sie befestigen die Krume und fördern durch Beschattung die Bodengare, ohne mit ihren flach streichenden Wurzeln den Weinreben Konkurrenz zu machen. Es ist denkbar, daß man in Zukunft sogar gewisse Wildpflanzen-Arten in bestimmten Kulturen gezielt fördert, um das Gesamtgefüge des Ökosystems auf einem für die Nutzung optimalen Stand zu halten.

Darüber hinaus hat die Überproduktion innerhalb der EG zu einem Umdenken Anlaß gegeben. Verschiedene Programme der Extensivierung der Landbewirtschaftung werden erprobt, darunter auch Experimente mit herbizidfreien Ackerrandstreifen (vgl. z.B. MELF Schleswig-Holstein 1986).

Übersicht

Tab. 1: Verwendete Teile aus dem vegetativen Bereich

Tab. 1.1: Oberirdische Teile werden verwendet

Name	Familie	Verwendete Teile	Verwendung/Sonstiges	Herkunft
Ackerbohne, Pferde-, Sau-, Viehbohne (Vicia faba)	Fabaceae	ganze Pflanze	Futterpflanze; im Mittelalter war dies die «Bohne» für den Menschen; autopolyploid; alter wiss. Name: Faba vulgaris	
Ackersalat (Valerianella locusta var. oleracea)	Valeriana-ceae	junge Pflanze	Wintersalat; weitere Namen: Rapunzel, Feldsalat	medit.
Bohnenkraut (Satureja hortensis)	Lamiaceae	ganze Pflanze	Gewürz: ätherische Öle	
Dill (Anethum graveolens)	Apiaceae	Blätter	Gewürz; ötherische Öle; gelbblühend	V-Asien
Endivie (Cichorium endivium)	Asteraceae		Salat	
Fenchel (Foeniculum vulgare)	Apiaceae	oberirdische Sproßknolle	Gemüse; Blattscheiden werden mitverwendet; Früchte für Tee und Gewürz; ätherische Öle	medit.

Tab. 1.1 (Fortsetzung)

Name	Familie	Verwendete Teile	Verwendung/Sonstiges	Herkunft
Kohl (Brassica oleracea)	Brassicaceae			Stammpflanze medit.-atlantisch
Grünkohl (ssp. oleracea)		Blätter	[Gemüse; schwer verdaulich; Anoiploidie] seit Mittelalter	
Kohlrabi (ssp. gongylodes)		oberirdische Sproßknolle	auch als B. rupestris ssp. gongylodes bezeichnet; seit Mittelalter	
Kopfkohl (ssp. capitata) Blaukraut = Rotkohl, Weißkohl, Spitzkohl		Blätter	Spitzkohl ist die var. conica des Kopfkohls	
Markstammkohl (ssp. acephala)		Blätter, z.T. Strunk	Futterpflanze (var. medullosa)	
Rosenkohl (ssp. gemmifera)		kurze Seitensprosse	[Gemüse] seit 1785, Belgien	
Wirsing (ssp. bullata)			seit Mittelalter	
Kopfsalat (Lactuca sativa)	Asteraceae	Blätter	Kopf- und Schnittsalat	medit.
Kresse (Lepidium sativum)	Brassicaceae	Keimlinge	Salat; alte Kulturpflanze; praktisch ganzjährig	
Lauch (Allium)	Liliaceae s.l. bzw. Alliaceae	Blätter	[Lauchgeruch durch Knoblauchöl (schwefelhaltig)]	
Garten-L., Porree (A. porrum)			Gemüse, Gewürz; Blätter flach	
Schnittlauch (A. schoenoprasum)			Suppengrün; Blätter röhrenförmig	heimisch
Liebstöckel, Maggikraut (Levisticum officinale)	Apiaceae		Gewürz; ätherische Öle; gelbblühend; ausdauernd	Asien
Luzerne (Medicago sativa)	Fabaceae	ganze Pflanzen	Futterpflanze, Gründüngung; Blüten mit Schnelleinrichtung	
Mais (Zea mays)	Poaceae		bei uns v.a. Futterpflanze für Silos; vgl. Tab. „Getreide“ S. 126	Mittelamerika

Tab. 1.1 (Fortsetzung)

Name	Familie	Verwendete Teile	Verwendung/Sonstiges	Herkunft
Mangold (Beta vulgaris)	Chenopodiaceae	Blätter	Gemüse; seit Mittelalter; heute selten angebaut	S-Europa
Petersilie (Petroselinum crispum)	Apiaceae	Blätter	Blattpetersilie als Suppengrün; vgl. Wurzelpetersilie; gelbblühend, 2jährig; ätherische Öle	medit.
Pfeffer-Minze (Mentha × piperita)	Lamiaceae	Blätter	Tee; Kreuzung aus M. aquatica und M. spicata; ätherische Öle	medit.
Raps (Brassica napus ssp. napus)	Brassicaceae	ganze Pflanze	Futterpflanze, Gründüngung; vgl. Tab. «Ölpflanzen» S. 225; Kelch aufrecht; «bienenpurpurn»	Eurasien
Rhabarber (Rheum rhabarbarum)	Polygonaceae	Blattstiele	Kompott, Kuchen, Saft; abführende Wirkung; Oxalsäure; die heutigen Sorten sind aus Kreuzungen mit R. rhaponticum hervorgegangen	Z-Asien
Rote Rübe, Rote Bete (Beta vulgaris)	Chenopodiaceae	oberirdische Sproßknolle (Übergang zur Rübe)	Gemüse; Betacyane; seit Mittelalter; vgl. Mangold, Futter- und Zuckerrübe!	Europa (atlant.)
Rübsen (Brassica rapa ssp. oleifera	Brassicaceae	ganze Pflanze	wie Raps; Kelch waagrecht abstehend (Schoten nicht behaart); kaum angebaut	Eurasien
Sellerie (Apium graveolens)	Apiaceae	Blätter	Suppengrün, Gewürz; Bleichsellerie als Gemüse (vgl. Knollensellerie); ätherische Öle; 2jährig, weißblühend	medit.
Senf, Weißer (Sinapis alba)	Brassicaceae	ganze Pflanze	bei uns nur zur Gründüngung, z.T. auch Futterpflanze, sonst für Gewürz (Senf, Mostrich); Blätter hellgrün; Kelch waagrecht abstehend, Schoten stark borstig behaart	medit.
Spargel (Asparagus officinalis)	Liliaceae s.l., Asparagaceae	junge-Sprosse	Gemüse, harntreibend	Eurasien N-Afrika
Spinat (Spinacia oleracea)	Chenopodiaceae	Blätter	Gemüse; seit 16. Jh. anstatt Gartenmelde; kein besonders hoher Eisengehalt (Druckfehler in einer Publikation!); Oxalsäure	W-Asien
Zitronen-Melisse (Melissa officinalis)	Lamiaceae	Blätter	Tee, Melissengeist, Gewürz; Zitronengruch; ätherische Öle	medit.

Tab. 1.2: Unterirdische Teile werden verwendet

Name	Familie	Verwendete Teile	Verwendung/Sonstiges	Herkunft
Futterrübe. Runkelrübe (Beta vulgaris)	Chenopodiaceae	Rübe	Viehfutter; seit Mittelalter	Europa (atlant.)
Kartoffel (Solanum tuberosum)	Solanaceae	unterirdische Sproßknolle	Gemüse, Stärke, Schnaps, Viehfutter; zuerst als Zierpflanze; ca. 50% der Welternte in Europa, nur 8% in Amerika; Kraut und Frucht giftig (Solanin, Alkaloid)	S-Amerika (Anden)
Kohlrübe siehe Steckrübe				
Lauch (Allium) Knoblauch (A. sativum ssp. sativum)	Liliaceae s.l., Alliaceae	Zwiebel	Gewürz; Blätter flach, am Rand rauh; Pflanze kleiner als Lauch; Geruch! Zwiebel aus Einzelzwiebeln (Zehen)	Asien
Perlzwiebel (A. sativum ssp. ophioscorodon)			Mixed Pickles; Blätter flach, am Rand glatt; Stengel zunächst schlangenartig gebogen; Nebenzwiebeln ± kugelig	
Schalotte (A. ascalonicum)			Gewürz; Blätter röhrig; Zwiebel mehrteilig	
Zwiebel, Küchenzwiebel (A. cepa)			Gewürz, Zwiebelkuchen; Zwiebelsuppe; Blätter röhrig	
Meerrettich (Armoracia lapathifolia)	Brassicaceae	Wurzel	Gewürz; Senfölglykoside; Name eigentlich «Mähr-Rettich» (= Pferde-R.); bei uns meist nur verwildert	O-Europa
Möhre, Mohrrübe, Gelbe Rübe, Karotte (Daucus carota ssp. sativa)	Apiaceae	Rübe	Gemüse, Salat; Carotinoide; weißblühend; «Mohrenblüte»; 2jährig	medit.
Petersilie (Petroselinum crispum)			Wurzelpetersilie als Gewürz; vgl. Blattpetersilie	
Radieschen (Raphanus sativus ssp. sativus)	Brassicaceae	Sproßknolle (Übergang zur Rübe)	Gemüse; seit Ende des Mittelalters	atlant.-medit.
Rettich (Raphanus sativus ssp. niger)		Rübe	Gemüse, Salat; Senfölglykoside	medit.

Tab. 1.2 (Fortsetzung)

Name	Familie	Verwendete Teile	Verwendung/Sonstiges	Herkunft
Schwarzwurzel (Scorconera hispanica)	Cichoriaceae	Wurzel	Gemüse, Inulin	medit.
Sellerie (Apium graveolens)	Apiaceae	Rübe	Knollen-S. = var. rapaceum; Gemüse, Salat; vgl. Tab. 1.1 S. 229	medit.
Steckrübe, Kohlrübe (Brassica napus ssp. rapifera = ssp. napobrassica)	Brassicaceae	Rübe	Viehfutter, Gemüse (Steckrübenwinter 1916/17); Rosette blaugrüner, sitzender Blätter	Eurasien
Stoppelrübe, Wasserrübe, Weiße Rübe (Brassica rapa ssp. rapa)	Brassicaceae	Rübe	Viehfutter; Rosette grüner, steifhaariger sitzender Blätter	medit.
Zuckerrübe (Beta vulgaris)	Chenopodiaceae	Rübe	Zuckergewinnung; Blätter als Viehfutter; ca. 15% Zucker; seit Mitte des 18. Jh.	Europa (atlant.)

Tab. 2: Verwendete Teile aus dem fertilen Bereich

Tab. 2.1: Blütenstände

Name	Familie	Verwendete Teile	Verwendung/Sonstiges	Herkunft
Blumenkohl (Brassica oleracea ssp. botrytis)	Brassicaceae	junger Blütenstand	Gemüse; seit 16. Jh.; aneuploid[1]; auch als Brassica cretica ssp. botrytis bezeichnet	medit.
Hopfen (Humulus lupulus)	Cannabaceae	Blüten ohne Früchte (keine Bestäubung!)	Harz aus Drüsen der Blütenhülle; Bierbrauerei seit 8. Jh.; 2häusig, windblütig	heimisch

[1] Aneuploïdie = Genommutation, durch ungleiche Verbreitung der Chromosomen bei Mitose oder Meiose veränderte Chromosomenzahl

Tab. 2.2: Früchte und/oder Samen. Sammelfrüchte

Tab. 2.2.1: Obst

Name	Familie	Verwendete Teile	Verwendung/Sonstiges	Herkunft
Apfelbaum (Malus domestica)	Rosaceae	Apfelfrucht	Obst, Saft, Most, Kompott, Kuchen, Gelee, Schnaps; mehrere Wildarten; schon in vorgeschichtlicher Zeit in Kultur; aneuploid; auch sterile triploide Hybriden	Eurasien
Birnbaum (Pyrus communis)	Rosaceae	Apfelfrucht	Obst, Saft, Most, Kompott, Schnaps; mehrere Wildarten	Eurasien
Brombeere (Rubus fruticosus, Sammelart)	Rosaceae	Sammelsteinfrucht	Obst, Saft, Wein, Konfitüre, Likör, Kuchen, oberirdische Triebe nur 2jährig, blühen u. fruchten im 2. Jahr, Wurzelstock überdauert	heimisch
Erdbeere (Fragaria ananassa)	Rosaceae	Sammelnußfrucht	Obst, Kuchen, Konfitüre, Sekt; 1750 in Holland entstanden, wahrscheinlich aus F. virginiana × F. chiloensis; diese Arten waren zuvor schon in Europa; auto- und allopolyploid	Amerika (Stammpflanzen)
Himbeere (Rubus idaeus)	Rosaceae	Sammelsteinfrucht	Obst, Saft, Wein, Konfitüre, Kuchen, Schnaps („Geist"); Triebe wie bei Brombeere zweijährig, Wurzelstock überdauert	heimisch
Johannisbeere (Ribes) Rote J. (R. rubrum)	Grossulariaceae	Beere	Saft, Konfitüre, Kuchen, Wein; wohl erst seit Mittelalter angepflanzt; Weiße J. ist eine Form der Roten J.	heimisch
Schwarze J. (R. nigrum)	Grossulariaceae	Beere	wie Rote J.; wohl erst seit 18. Jh. angepflanzt	heimisch
Kirsche (Prunus = Cerasus) Sauer-K. (P. cerasus = C. vulgaris)	Rosaceae	Steinfrucht	Obst, Saft, Kuchen, Konfitüre; von den Römern eingeführt; autopolyploid	V-Asien
Süß-K. (P. avium = C. avium)	Rosaceae	Steinfrucht	Obst, Saft, Wein, Kuchen, Likör, Schnaps, Konfitüre; schon sehr früh genutzt; von Lucullus Licinius (röm. Feldherr) im 1. Jh. v. Chr. aus kleinas. Hafenstadt Kerasos eingeführt	V-Asien
Mirabelle (Prunus domestica ssp. syriaca)	Rosaceae	Steinfrucht	Obst, Saft, Likör, Schnaps; gelb, klein kugelig	M-, S-Europa, N-Afrika

Tab. 2.2.1 (Fortsetzung)

Name	Familie	Verwendete Teile	Verwendung/Sonstiges	Herkunft
Pfirsich (Prunus persica = Persica vulgaris)	Rosaceae	Steinfrucht	Obst, Kuchen, Konfitüre; in China im 3. Jtsd. v. Chr. in Kultur, kam im 1. Jh. n. Chr. über Persien nach Italien; ssp. laevis: Nektarine	China
Pflaume, Zwetschge (Prunus domestica)	Rosaceae	Steinfrucht	Obst, Saft, Kuchen, Konfitüre, Schnaps; wohl aus P. spinosa × P. cerasifera entstanden; allopolyploid; im Altertum im Mittelmeerraum, bald auch bei uns; Frucht länglich, meist ohne Fruchtfurche, Steinkern löst sich gut ab. Edelpflaume (s. Reineclaude): Frucht kugelig, meist mit Fruchtfurche, Steinkern löst sich nicht ab	V-Asien
Quitte (Cydonia oblonga)	Rosaceae	Apfelfrucht	Saft, Gelee; schon von den alten Griechen und Römern angebaut; Fruchtfleisch hart, mit vielen Steinzellen	Persien östl. Kaukasus
Reineclaude, Edelpflaume (Prunus domestica ssp. italica)	Rosaceae	Steinfrucht	Obst; groß, kugelig R.: gelbgrün E.: blau	M-, S-Europa N-Afrika
Stachelbeere (Ribes uva-crispa)	Grossulariaceae	Beere	Saft, Konfitüre, Kuchen, Wein; wohl erst seit Mittelalter angepflanzt	heimisch
Weinrebe (Vitis vinifera ssp. vinifera)	Vitaceae	Beere	Obst, Saft, Wein, Kuchen, Weinbrand; Wein in Assyrien und Ägypten im 4. Jtsd. v. Chr.; im Mittelalter auch in N- und O-Deutschland angebaut; autopolyploid	V-Asien

Tab. 2.2.2: Getreide (vgl. Kap. «Gräser» S. 126)

Name	Familie	Verwendete Teile	Verwendung/Sonstiges	Herkunft
Gerste (Hordeum) Mehrzeilige G. (H. vulgaris)	Poaceae	Früchte (Körner, Karyopsen)	Graupen, Grütze, Körnerfutter; heute kaum mehr angebaut	Asien
Zweizeilige G. (H. distichum)			Bierbrauerei (Malz, Stärke), Schnaps («Korn»), Whisky, Kaffee-Ersatz, Futter	SW-Asien NO-Afrika
Hafer, Saathafer (Avena sativa)			Haferflocken, -grütze, -mehl (für Suppen), Futter	Eurasien
Mais (Zea mays)			bei uns v.a. als Futterpflanze (vgl. Tab.1.1 S. 228; sonst Stärke, Cornflakes, Popcorn, Gemüse, Polenta	Mittel-amerika
Roggen (Secale cereale)			Mehl, Schnaps («Korn»); aus Getreide-unkraut hervorgegangen	V-Asien
Weizen, Sommerweizen (Triticum aestivum)			Mehl, Grieß, Weizenbier, Schnaps («Korn»), Graupen, Grütze; hat Einkorn, Emmer, Hartweizen und Dinkel (Spelt) verdrängt; allopolyploid und aneuploid	

Einheimische Getreidearten im vegetativen Zustand

Drehung der Blattspreite	Blatthäutchen		Blattöhrchen		Gattung
	Form	Zähne	vorhanden?	Sporn	
rechts herum 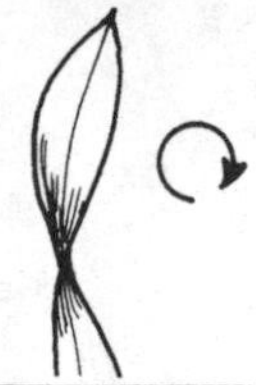	abgerundet 	pfriemlich	+	behaart 	Weizen (Triticum)
	spitz 	dreieckig		unbehaart 	Gerste (Hordeum)
	kurz abgerundet			kurz behaart 	Roggen (Secale)
 links herum	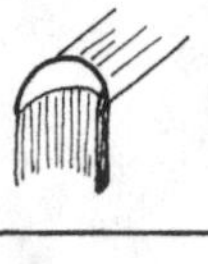	pfriemlich	–		Hafer (Avena)

Tab. 2.2.3: Gemüse

Name	Familie	Verwendete Teile	Verwendung/Sonstiges	Herkunft
Bohne (Phaseolus)	Fabaceae		schwer verdaulich	
Feuerbohne (P. coccineus)		junge Früchte (Hülsen) und reife Samen	Stangenbohnen; Gemüse; Z-Winder, keimt hypogäisch	Mittel-amerika
Gartenbohne (P. vulgaris)			Stangen- oder Buschbohnen; Gemüse; Z-Winder, keimt epigäisch	Süd-amerika
Erbse (Pisum sativum)		Samen (in Hülsen)	Gemüse; sehr alte Kulturpflanze; im Mittelalter wurden nur die reifen, später auch die unreifen Samen verwendet	V-Asien
Gurke (Cucumis sativus)	Cucurbitaceae	Frucht (Beere)	Salat, Gewürzgurken, Gemüse; 1häusig	Asien (Himalaya)
Kürbis (Cucurbita)				südliches N-Amerika
Garten-K. (C. pepo)			Zierkürbisse	
Riesen-K. (C. maxima)			Gemüse, Kompott, Schweinefutter; auch die Samen werden verwendet; gelb, ϕ bis ca. 50 cm	
Tomate (Lycopersicon esculentum)	Solanaceae		Gemüse, Salat, Tomatenmark, Ketchup, Saft; bei uns zuerst als Zierpflanze, im 19. Jh. nur für T.-Mark, erst seit 1. Weltkrieg roh gegessen	Peru

Tab. 2.2.4: Ölpflanzen

Name	Familie	Verwendete Teile	Verwendung/Sonstiges	Herkunft
Mohn, Schlaf-M. (Papaver somniferum)	Papaveraceae	Samen (in Kapseln)	Öl, Mohnbrötchen, -auflauf; in warmen Ländern Opium aus dem getrockneten Milchsaft mit den Alkaloiden Morphin, Codein u.a.; Anbau neuerdings verboten	medit.
Raps (Brassica napus ssp. napus)	Brassicaceae	Samen (in Schoten)	Öl; vgl. Tab. 1.1 S. 229 Kelch aufrecht	Eurasien
Rübsen (Brassica rapa ssp. oleifera)			Öl; vgl. Tab. 1.1 S. 229; Kelch waagrecht abstehend, Schoten unbehaart; spielt bei uns keine Rolle mehr	medit.
Sonnenblume (Helianthus annuus)	Asteraceae	Früchte (Achänen)	Öl; Vogelfutter, Zierpflanze; v.a. in O-Europa angebaut; Zungenblüten steril; Blütenkörbe wenden sich nach der Sonne	Mexico

Unkräuter

Wenn nicht anders angegeben, sind die Pflanzen einjährig!

Fam.	Blütenfarbe	weitere wichtige Merkmale	Sonstiges	Name
Apiaceae	weiß	Blätter 3zählig gefiedert, Fiedern wieder in 3 oder 2 breite Abschnitte geteilt (Ziegenfuß!) 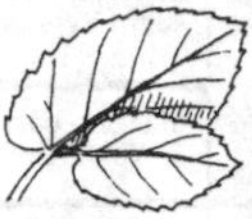	unterirdische Ausläufer; beim Abreißen kräftiger Geruch; mehrjährig; VI–VIII	Giersch, Geißfuß (Aegopodium podagraria)
Asteraceae	Zungenblüten weiß, Röhrenblüten gelb	Blätter wechselständig, doppelt fiederspaltig: Köpfchen ohne Spreublätter	 (a) Blütenboden hohl (b) ausgefüllt VI–X	a) Echte Kamille (Chamomilla recutita) b) Geruchlose K. (Matricaria maritima)
Asteraceae	Zungenblüten weiß, Röhrenblüten gelb	Blätter wechselständig, doppelt fiederspaltig: Köpfchen mit Spreublättern	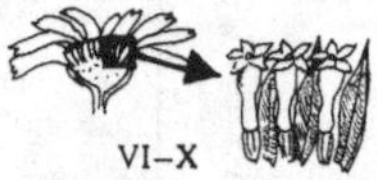 VI–X	Acker-Hundskamille (Anthemis arvensis)
Asteraceae	Zungenblüten weiß, Röhrenblüten gelb	Blätter gegenständig (!), eiförmig-spitz, gesägt; Köpfchen klein, mit 5 weißen, sterilen Zungenblüten und gelben Röhrenblüten 	G. ciliata: Stengel oben zottig behaart; G. parviflora: Stengel wenig und kurz behaart; Heimat Amerika; VI–IX	Franzosen-, Knopfkraut (Galinsoga spp.)
Asteraceae	gelb	nur Röhrenblüten, mit Pappus: Blätter buchtig gelappt, gezähnt; Hüllblätter dunkel gefleckt	vgl. «Frühjahrsblüher»; Nähr- und N-Zeiger	Gemeines Greis-, Kreuzkraut (Senecio vulgaris)
Asteraceae	blau	nur Röhrenblüten, mit Pappus: äußere Blüten stark strahlend; Blätter sehr schmal; Pappus klein	VI–IX; wird infolge chem. Mittel immer seltener	Kornblume (Centaurea cyanus)
Asteraceae	hellviolett	nur Röhrenblüten, mit Pappus: Blätter buchtig bis fiederspaltig, meist wellig, kahl, am Rand stachelig	s. «Ruderalflora»	Acker-Kratzdistel (Cirsium arvense)
Boraginaceae	weiß	Blätter schmal-lanzettlich; Blüten klein, Kronzipfel ausgebreitet 	Teilfrüchte (Klausen) steinhart (Name!); v.a. Getreideäcker; VII–X	Acker-Steinsame (Lithospermum arvense)
Boraginaceae	blau	Blätter lanzettlich, stark wellig, buchtig gezähnt; Kronröhre geknickt  Krone:	weiße, bärtige Schlundschuppen; V–VII	Acker-Krummhals, Wolfsauge (Lycopsis arvensis)
Boraginaceae	blau	Blüten sehr klein; Grundblätter verkehrt eiförmig, rosettig, graugrün	2jährig; V–VII	Acker-Vergißmeinnicht (Myosotis arvensis)

Fam.	Blütenfarbe		weitere wichtige Merkmale	Sonstiges	Name
Brassicaceae	weiß	Stengelblätter stengelumfassend	Grundblätter in Rosette: charakteristische Schötchen	1–2jährig: III–XI 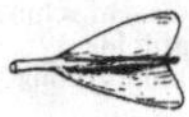	Hirtentäschelkraut (Capsella bursa-pastoris)
Brassicaceae	weiß	Stengelblätter stengelumfassend	ohne Rosette: charakteristische Schötchen (Name!): Blätter buchtig gezähnt	IV–VII 	Acker-Hellerkraut (Thlaspi arvense)
Brassicaceae	weiß / gelb	untere Blätter ± leierförmig	Blüten weiß bis blaßviolett, dunkler geadert (Strichmale) oder blaßgelb: Kelch aufrecht, anliegend	«Hederich hebt den Kelch»! Gliederschoten (Bruchfrucht): kalkmeidend: V–IX	Hederich (Raphanus raphanistrum)
Brassicaceae	gelb	untere Blätter ± leierförmig	Kelch waagrecht abstehend!	«Senf senkt den Kelch»! «bienenpurpurn»: kalkliebend: V–IX	Ackersenf (Sinapis arvensis)
Brassicaceae	gelb		Blätter ungeteilt, ganzrandig oder unregelmäßig gezähnt, nicht stengelumfassend: Kelch aufrecht	Schoten 4kantig: Blätter von 3strahligen Haaren etwas rauh: V–IX	Acker-Schöterich (Erysimum cheiranthoides)
Brassicaceae	gelb		Blätter mit pfeilförmigem Grund sitzend: Schötchen kugelig	Schötchen 1samig: Lehmzeiger: V–VII	Finkensame (Neslia paniculata)
Caryophyllaceae	grünlich	Blätter gegenständig	Blätter graugrün, lineal, oft gebüschelt: Blüten ohne Krone, in Knäueln	Kelch fällt bei Reife mit ab: nur 1 Same: Säurezeiger: III–IX	Einjähriger Knäuel (Scleranthus annuus)
Caryophyllaceae	weiß	Blätter gegenständig	Pflanze niederliegend: Stengel rund, 1reihig behaart: Krone klein oder fehlend: sehr variabel	2 Generationen pro Jahr möglich: ca. 15000 Samen pro Pflanze: Antheren krümmen sich zur Narbe hin (Selbstbestäubung)	Vogelmiere (Stellaria media)
Caryophyllaceae	weiß		Blätter in Scheinquirlen, lineal 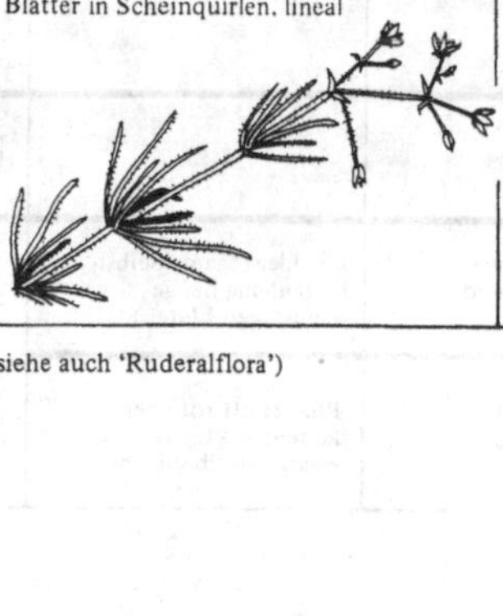	Säurezeiger: VI–X	Feld-Spark (Spergula arvensis)

(siehe auch 'Ruderalflora')

Fam.	Blütenfarbe	weitere wichtige Merkmale	Sonstiges	Name
Euphorbiaceae	gelblich	Blätter sehr schmal, sitzend, entfernt: Hauptdolde 3–5-strahlig; Honigdrüsen halbmondförmig	Honigdrüsen sind «extrafloral», funktionell aber «floral» (Nektarien); «Synfloreszenz»; protogyn — Pflanze zierlich; VI–IX	Wolfsmilch (Euphorbia) — Kleine W. (E. exigua)
		Stengel fleischig; Blätter verkehrt eiförmig, sitzend, vorne gesägt; Blütenstand zuerst 5-, dann 3-strahlig; Honigdrüsen oval	V–IX	Sonnen-W. (E. helioscopia)
		Blätter verkehrt eiförmig, ganzrandig, gestielt; Hauptdolde 3strahlig; Honigdrüsen mit langen Hörnern	Pflanze stark verzweigt VI–VIII	Garten-W. (E. peplus)
	grünlich	Blätter gegenständig! vgl. «Ruderalflora»	kein Milchsaft	Einjähriges Bingelkraut
Fabaceae	weiß	Blüten später rosa überlaufen; Köpfchen zylindrisch; Fiedern länglich, schmal	Kelch dicht und lang behaart, länger als Krone; VI–VIII	Hasenklee (Trifolium arvense)
	rot	Blätter mit nur einem Fiederpaar; Nebenblätter schmal	mehrjährig; unterirdische Ausläufer mit Wurzelknollen; Kalk und Lehmzeiger, im N selten; VI–VII	Knollen-Platterbse (Lathyrus tuberosus)
		Blüten zu 1–2; Blätter mit 4–8 schmalen Fiederpaaren	IV–VI	Wicke (Vicia) — Futter-W. (V. sativa)
	blau	bis zu 30 Blüten in langgestielter Traube; ca. 10 Fiederpaare	bis über 1 m hochrankend; mehrjährig; VI–VIII	Vogel-W. (V. cracca)
Fumariaceae	rot	Blätter fein, doppelt gefiedert, graugrün; Blüten klein, gespornt, in Trauben	Pflanze niederliegend bis aufsteigend; V–IX	Erdrauch (Fumaria spp.)
Geraniaceae		s. «Ruderalflora»		z.B. Schlitzblättriger Storchschnabel, Reiherschnabel
Lamiaceae	rot oder weiß	s. «Ruderalflora»		Gemeiner Hohlzahn
	rot	Unterlippe mit spitzen Seitenlappen; Blüten klein — Kronröhre gerade; obere Blätter stengelumfassend	z.T. kleistogam (Selbstbestäubung bei geschlossenen Blüten)	Taubnessel (Lamium) — Stengelumfassende T. (L. amplexicaule)
		Kronröhre gekrümmt vgl. «Ruderalflora» und «Frühjahrsblüher»	Pflanze oft rot überlaufen; Nektar von Haarkranz überdacht	Rote T. (L. purpureum)

Fam.	Blütenfarbe	weitere wichtige Merkmale		Sonstiges	Name
Papaveraceae	rot	Fruchtknoten und Kapsel keulenförmig	Kapsel mit wenigen steifen Borsten; Kronblätter einander meist nicht berührend	Blätter fiederspaltig; kalkmeidend, im S selten; V–VII	Mohn (Papaver): Sand-M. (P. argemone)
Papaveraceae	rot	Fruchtknoten und Kapsel keulenförmig; Kapsel kahl	4–9 Narbenstrahlen	kalkmeidend; V–VII	Mohn (Papaver): Saat-M. (P. dubium)
Papaveraceae	rot	Kapsel rundlich-eiförmig; Kapsel kahl	Blüten sehr groß, einzeln; Blätter 1–2fach fiederteilig, steifhaarig; 10 Narbenstrahlen; schwarze Saft- und Duftmale	Pollenblume; «bienenultraviolett»; bis 20000 Samen pro Pflanze; VI–VII; im S. gilt «in dubio pro rhoeas»	Mohn (Papaver): Klatsch-M. (P. rhoeas)
Poaceae: Gemeine Quecke, Acker-Fuchsschwanz, Windhalm, Flughafer, Einjähriges Rispengras s. Kap. V, «Gräser»					
Polygonaceae	weiß	Blätter herzförmig; Pflanze windend		VII–IX	Knöterich (Polygonum): Winden-K. (P. convolvulus = Fallopia c.)
Polygonaceae	weiß oder rosa	Blätter länglich; Pflanze nicht windend s. «Ruderalflora»	Vogel-K.	Blüten blattachselständig	Knöterich (Polygonum): Vogel-K. (P. aviculare)
Polygonaceae	weiß oder rosa	Blätter länglich; Pflanze nicht windend s. «Ruderalflora»		Blüten in endständigen dichten Scheinähren	Knöterich (Polygonum): Ampfer- und Floh-K. (P. lapathifolium P. persicaria)
Primulaceae	rot oder blau	Pflanze niederliegend bis aufsteigend; Blätter klein, eiförmig, sitzend, gegenständig; Blüten blattachselständig		Pollenblume, Lehmzeiger; VII–IX	Acker-Gauchheil (Anagallis arvensis)
Ranunculaceae	blau	Blätter 2–3fach fein gefiedert; Blüten in wenigblütigen Trauben, lang gespornt (oberes Kronblatt)		nur 1 Fruchtknoten; kalkliebend, im N selten; wird immer seltener; V–VIII	Feld-Rittersporn (Consolida regalis)
Ranunculaceae	rot	Blätter 2–3fach gefiedert, Fiedern fadenförmig; 5–8 Kronblätter, am Grund mit schwarzem Fleck, ohne Honigdrüsen		Fruchtstand walzlich; Getreidefelder, kalkliebend; geht stark zurück; V–VII	Sommer-Adonisröschen (Adonis aestivalis)
Ranunculaceae	gelb	Blüten klein; Nüßchen mit gekrümmtem Schnabel, zu 3–8; stachelig		Grundblätter keilförmig, gezähnt; V–VII	Hahnenfuß (Ranunculus): Acker-H. (R. arvensis)
Ranunculaceae	gelb	Grundblätter 3zählig gefiedert, Fiedern wieder 3teilig		s. «Ruderalflora»	Hahnenfuß (Ranunculus): Kriechender H. (R. repens)

Fam.	Blüten-farbe	weitere wichtige Merkmale		Sonstiges	Name	
Rubiaceae		s. «Ruderalflora»			Kleb-Labkraut (Galium aparine)	
Scrophulariaceae	blau	4 etwas ungleiche Kronblätter, 2 Staubblätter; Blüten blattachselständig, gestielt	Blätter Efeu-ähnlich	III–V; Myrmekochorie (Elaiosomen)	Ehrenpreis (Veronica)	Efeu-E. (V. hederifolia)
			Blütenmitte weiß, Schlund gelblich; Blätter herz-eiförmig, gekerbt	IV–IX; Strich- und Fleckenmale; 1805 aus dem Karlsruher Bot. Garten verwildert		Persischer E. (V. persica)
Violaceae	(blau)-gelb-weiß	4 Kronblätter nach oben gerichtet, eines nach unten; Stengel scharf 3kantig, hohl		Blütenstengel beblättert: V–X	Acker-Stiefmütterchen (Viola arvensis)	

Kryptogamen: Acker-Schachtelhalm (Equisetum arvense), vgl. Band I.

Arbeitsaufgaben

1. Suchen Sie Beispiele für verschiedene Rüben-Typen (Wurzelrübe, Hypokotylrübe, Sproßrübe, Bastrübe, Holzrübe) und skizzieren Sie die verschiedenen Arten.
2. Stellen Sie eine Liste der im Exkursionsgebiet angebauten Kulturpflanzen zusammen und ordnen Sie diese tabellarisch nach bestimmten Gesichtspunkten.
3. Kartieren Sie die Landnutzung eines ausgewählten Gebietes (topographische Grundlage: Katasterplankarte 1:5000, notfalls auch topographische Karte 1:25000 «Meßtischblatt»). Ergeben sich Zusammenhänge zwischen Landnutzung, Untergrund (Geologie, Boden) und Geländeform (Relief)?
4. Notieren Sie die Beikrautarten verschiedener Kulturen (z.B. Gartenland, Kartoffelacker, Getreidefeld, Futterrübenfeld, Weinberg, Obstplantage) und verschiedener Böden (sandig, lehmig, kalkreich, kalkarm usw.). Geben sie für jede Art eine grobe Schätzung ihrer Häufigkeit an (3 = sehr häufig, dominierend, 2 = zahlreich, aber nicht dominierend, 1 = vereinzelt). Bestimmen Sie jeweils den Anteil der einjährigen Arten (im Zweifelsfall nachschlagen). Messen Sie an jeder Aufnahmestelle den pH-Wert des Bodens (Hellige peha-Meter oder elektrisches pH-Meter (Glaselektrode): Boden mit 1 n KCl-Lösung aufschlämmen). Ergeben sich Unterschiede in der Artenzusammensetzung der verschiedenen Standorte, und welche Rückschlüsse lassen sich daraus ziehen?
5. Interviewen Sie einen Landwirt zu folgenden Themen:
   - Haltbarmachen und Vorratshaltung von Erntegut (Silage, Mieten, Lagerung von Obst, Kartoffeln, Heu usw.)
   - Fruchtfolge, Anbauveränderungen der letzten Zeit
     - Einführung neuer Sorten, Erträge
     - Schädlingsbekämpfung (Herbizide, Pestizide, Alternativen)
     - Düngung.
     - Extensivierungsmaßnahmen

Literatur

Bergerow, G.G. et al.: Thema Acker, IPN-Einheitenbank Curriculum Biologie, Aulis, Köln 1978

Bertsch, K. und F. Bertsch: Geschichte unserer Kulturpflanzen. Wiss. Verlagsgesellschaft, Stuttgart 1947

CIBA-Geigy Unkrauttafeln, Basel

Ellenberg, H.: Vegetation Mitteleuropas mit den Alpen, Ulmer, Stuttgart, 4. A., 1986

–: Zeigerwerte der Gefäßpflanzen Mitteleuropas. In Scripta Geobotanica Bd. 9. Goltze, Göttingen, 2. A. 1979

Hofmeister, H., Garve, E.: Lebensraum Acker. Parey, Hamburg, Berlin 1986.

Franke, M.: Nutzpflanzenkunde. Thieme, Stuttgart 1976

Hanf, M.: Ackerunkräuter Europas. Mit ihren Keimlingen und Samen. BLV Verlagsgesellschaft, München/Basel/Wien. 1984

Eschenhagen, D. (Hrsg.): Nutzpflanzen. Unterricht Biologie Heft 74, 1982.

Lüders, W.: Unkräuter, Ungräser. Landesanstalt für Pflanzenschutz, Stuttgart 1963

Melf Schleswig-Holstein: Extensivierungsförderung in Schleswig-Holstein. Kiel (1. Aufl.) 1986

Rauh, W.: Unsere Unkräuter. Winters naturwissenschaftliche Taschenbücher. Winter, Heidelberg, 5. A., 1985

Schütt, P.: Weltwirtschaftspflanzen. Parey, Hamburg/Berlin 1972

Schwanitz, F.: Die Entstehung der Kulturpflanzen. Verständliche Wissenschaft Bd. 63. Springer, Berlin/Heidelberg/ New York 1957

Schwarzenbach, A.M., Knodel, H.: Nutzpflanzen. Studienreihe Biologie Bd. 9, Metzler, Stuttgart 1982

Tischler, W.: s. Kap. IV

Geschützte Pflanzen

In allen Naturschutzgebieten ist das Ausgraben, Pflücken oder Beschädigen von Pflanzen verboten. Daneben gilt nach dem Bundesnaturschutzgesetz, Fünfter Abschnitt, «Schutz und Pflege wildlebender Tier- und Pflanzenarten» in der Fassung vom 10. Dezember 1986:

§ 20d Allgemeiner Schutz wildlebender Tiere und Pflanzen
«Es ist verboten
2. ohne vernünftigen Grund wildlebende Pflanzen von ihrem Standort zu entnehmen oder zu nutzen oder ihre Bestände niederzuschlagen oder auf sonstige Weise zu verwüsten.
3. ohne vernünftigen Grund Lebensstätten wildlebender Tier- und Pflanzenarten zu beeinträchtigen oder zu zerstören.»

Aufgrund der Gefährdung ihres Bestandes wurden eine Reihe von Tier- und Pflanzenarten durch Rechtsverordnung des Bundesministers für Umwelt, Naturschutz und Reaktorsicherheit unter besonderen Schutz gestellt.

Nach § 20f gilt für diese besonders geschützten Pflanzen-Arten:
«Es ist verboten
2. wildlebende Pflanzen der besonders geschützten Arten oder ihre Teile und Entwicklungsformen abzuschneiden, abzupflücken, aus- oder abzureißen, auszugraben, zu beschädigen oder zu vernichten.»
und
«4. Standorte wildlebender Pflanzen der vom Aussterben bedrohten Arten (in der Liste fettgedruckt) durch Aufsuchen, Fotografieren oder Filmen der Pflanzen oder ähnliche Handlungen zu beeinträchtigen oder zu zerstören.»

Diese sehr weitgehenden gesetzlichen Regelungen werden heute in vielen Fällen noch nicht eingehalten, oft auch aus Unkenntnis. Auf allen naturkundlichen Exkursionen, Wanderungen und Geländeübungen sollte deshalb auf diese Bestimmungen hingewiesen werden. (Die entsprechenden, für Tierarten geltenden Bestimmungen wurden hier nicht zitiert, sie sind jedoch ähnlich streng).

Besonders geschützte in Mitteleuropa heimische oder verwilderte Arten
(nach Anlage 1 zum Ersten Gesetz zur Änderung des Bundesnaturschutzgesetzes, Teil 1, Tag der Ausgabe 31. 12. 1986)

Vom Aussterben bedrohte Arten sind durch Fettdruck hervorgehoben.

Die Arten sind nach Farnpflanzen (Pteridophyta), Einkeimblättrigen und Zweikeimblättrigen Bedecktsamern getrennt aufgeführt und jeweils nach Familien (in alphabetischer Reihenfolge) geordnet.

● Familien, die in der Familientabelle (Kap. I) berücksichtigt sind:

Farnpflanzen

Aspleniaceae
Asplenium adulternium – Blaugrüner Streifenfarn
Asplenium billotii – Billots Streifenfarn
Asplenium cuneifolium – Serpentin-Streifenfarn
Asplenium fissum – Zerschlitzter Streifenfarn
Asplenium fontanum – Jura-Streifenfarn
Ceterach officinarium – Milzfarn
Phyllitis scolopendrium – Hirschzunge
Aspidiaceae
Dryopteris cristata – Kammfarn
Polystichum spp. – Schildfarn – alle heimischen Arten
Athyriaceae
Cystopteris montana – Berg-Blasenfarn
Cystopteris sudetica – Sudeten-Blasenfarn
Matteuccia struthiopteris – Straußenfarn
Woodsia spp. – Wimpernfarn – alle heimischen Arten
Cryptogrammaceae
Cryptogramma crispa – Krauser Rollfarn
Isoëtaceae
Isoëtes echinospora – Stachelsporiges Brachsenkraut
Isoëtes lacustris – See-Brachsenkraut
Lycopodiales – Bärlappartige – alle heimischen Arten
Ophioglossaceae
Botrychium matricariifolium – Ästiger Rautenfarn
Botrychium multifidum – Vielstieliger Rautenfarn
Botrychium simplex – Einfacher Rautenfarn
Botrychium virginianum – Virginischer Rautenfarn
Botrychium spp. – Rautenfarn, Mondraute
– alle europäischen Arten, soweit nicht im einzelnen aufgeführt
Osmundaceae
Osmunda regalis – Königsfarn
Salviniaceae
Salvinia natans – Schwimmfarn

Zweikeimblättrige Bedecktsamer

- Apiaceae
  Apium inundatum – Flutender Sellerie
  Apium repens – Kriechender Sellerie
  Eryngium alpinum – Alpen-Mannstreu
  Eryngium maritimum – Strand-Mannstreu, Strand-Distel
  Laser trilobum – Roßkümmel

Aquifoliaceae
  Ilex aquifolium – Stechpalme

- Asteraceae
  Achillea atrata – Schwarze Schafgarbe
  Achillea clavennae – Bittere Schafgarbe
  Achillea clusiana – Ostalpen-Schafgarbe
  Achillea erba-rotta – Westalpen-Schafgarbe
  Achillea moschata – Moschus-Schafgarbe
  Antennaria dioica – Katzenpfötchen
  Arnica montana – Arnika, Wohlverleih
  Artemisia laciniata – Schlitzblatt-Beifuß
  Artemisia mutellina – Edelraute
  Aster alpinus – Alpen-Aster
  Aster amellus – Berg-Aster
  Carlina acaulis – Silber-Distel
  Helichrysum arenarium – Sand-Strohblume
  Jurinea cyanoides – Sand-Filzscharte
  Leontopodium alpinum – Edelweiß
  Scorzonera humilis – Niedrige Schwarzwurzel
  Senecio carniolicus – Krainer Greiskraut
- Betulaceae
  Betula nana – Zwerg-Birke
- Boraginaceae
  Onosma arenaria – Sand-Lotwurz
  Onosma spp. – Lotwurz
  – alle europäischen Arten
  Pulmonaria angustifolia – Schmalblättriges Lungenkraut
  Pulmonaria mollis – Weiches Lungenkraut
  Pulmonaria montana – Berg-Lungenkraut
- Brassicaceae
  Alyssum montanum – Berg-Steinkraut
  Alyssum saxatile – Felsen-Steinkraut
  Biscutella laevigata – Gewöhnliche Brillenschote
  Cochlearia spp. – Löffelkraut – alle heimischen Arten
  Crambe maritima – Gewöhnlicher Meerkohl
  Draba spp. – Felsenblümchen – alle europäischen Arten
  mit Ausnahme von *D. muralis* – Mauer-Felsenblümchen – *D. nemorosa* – Hain-Felsenblümchen

Buxaceae
Buxus sempervirens – Buchsbaum
- Campanulaceae
Adenophora liliifolia – Schellenblume
Campanula latifolia – Breitblättrige Glockenblume
Campanula thyrsoides – Strauß-Glockenblume
Wahlenbergia hederacea – Efeu-Moorglöckchen
- Caprifoliaceae
Linnaea borealis – Moosglöckchen
- Caryophyllaceae
Dianthus spp. – Nelke – alle Arten
Gypsophila fastigiata – Ebensträußiges Gipskraut

Cistaceae
Helianthemum apenninum – Apenninen-Sonnenröschen
Helianthemum canum – Graufilziges Sonnenröschen
- Convolvulaceae
Calystegia soldanella – Strand-Winde

Crassulaceae
Sempervivum spp. – Hauswurz
(incl. *Jovibarba* spp.) (einschl. Fransenhauswurz) – alle Arten

Droseraceae
Drosera spp. – Sonnentau – alle heimischen Arten
- Ericaceae
Arctostaphylos uva-ursi – Echte Bärentraube
Ledum palustre – Sumpf-Porst
Rhododendron ferrugineum – Rostblättrige Alpenrose
Rhododendron hirsutum – Rauhblättrige Alpenrose
Rhodothamnus chamaecistus – Zwerg-Alpenrose
- Euphorbiaceae
Euphorbia palustris – Sumpf-Wolfsmilch
- Fabaceae
Lathyrus bauhinii – Schwert-Platterbse
Lathyrus maritimus – Strand-Platterbse
Lathyrus pannonicus – Ungarische Platterbse
- Gentianaceae
Centaurium spp. – Tausendgüldenkraut
Gentiana lutea – Gelber Enzian
Gentiana spp. – Enzian
– alle europäischen Arten, soweit nicht im einzelnen aufgeführt
Gentianella spp. – Enzian
– alle europäischen Arten, soweit nicht im einzelnen aufgeführt
Gentianella bohemica – Böhmischer Enzian
Gentianella uliginosa – Sumpf-Enzian
Swertia perennis – Blauer Sumpfstern

Globulariaceae
Globularia spp. – Kugelblume
– alle europäischen Arten

Haloragaceae

Trapa natans – Wassernuß

Hypericaceae

Hypericum elegans – Zierliches Johanniskraut

Hypericum elodes – Sumpf-Johanniskraut

Lentibulariaceae

Pinguicula vulgaris – Gewöhnliches Fettkraut

Urticularia bremii – Bremis Wasserschlauch

Urticularia ochroleuca – Ockergelber Wasserschlauch

Linaceae

Linum flavum – Gelber Lein

Linum perenne – Ausdauernder Lein

Linum spp. – Lein

– alle europäischen Arten, soweit nicht im einzelnen aufgeführt

mit Ausnahme von *Linum catharticum* – Purgier-Lein

Lobeliaceae

Lobelia dortmanna – Wasser-Lobelie

● Malvaceae

Althaea officinalis – Echter Eibisch

Menyanthaceae

Menyanthes trifoliata – Fieberklee

Nymphoides peltata – Seekanne

Nymphaeaceae

Nuphar lutea – Gelbe Teichrose

Nuphar pumila – Kleine Teichrose

Nymphaea alba – Weiße Seerose

Nymphaea candida – Kleine Seerose

● Oenotheraceae

Epilobium fleischeri – Fleischers Weidenröschen

Paeoniaceae

Paeonia spp. – Pfingstrose – alle europäischen Arten

Parnassiaceae

Parnassia palustris – Sumpf-Herzblatt

Plumbaginaceae

Armeria spp. – Grasnelke

– alle europäischen Arten

Limonium spp. – Strandflieder

– alle europäischen Arten

Polemoniaceae

Polemonium caeruleum – Blaue Himmelsleiter

● Primulaceae

Anagallis tenella – Zarter Gauchheil

Androsace spp. – Mannsschild, alle heimischen Arten

mit Ausnahme von *Androsace elongata* – Verlängerter Mannsschild, *Androsace maxima* – Riesen-Mannsschild, *Androsace septentrionalis* – Nordischer Mannsschild

Hottonia palustris – Wasserfeder, Wasserprimel

Primula spp. – Primel, Schlüsselblume
– alle europäischen Arten, soweit nicht im einzelnen aufgeführt
mit Ausnahme von *Primula elatior* – Hohe Schlüsselblume, *Primula veris* – Wiesen-Schlüsselblume
Soldanella spp. – Troddelblume – alle heimischen Arten

- Ranunculaceae

Aconitum ssp. – Eisenhut, alle europäischen Arten
Adonis vernalis – Frühlings-Adonisröschen
Anemone narcissiflora – Narzissen-Windröschen, Berghähnlein
Anemone sylvestris – Großes Windröschen
Aquilegia spp. – Akelei
– alle Arten
Clematis alpina – Alpen-Waldrebe
Delphinium elatum – Hoher Rittersporn
Helleborus niger – Christrose, Schwarze Nieswurz (ausgenommen Populationen der Staatshandelsländer)
Helleborus spp. – Nieswurz
– alle europäischen Arten, soweit nicht im einzelnen aufgeführt
Hepatica nobilis – Leberblümchen
Pulsatilla patens – Finger-Küchenschelle
Pulsatilla pratensis – Wiesen-Küchenschelle
Pulsatilla vernalis – Frühlings-Küchenschelle
Pulsatilla spp. – Küchenschelle
– alle Arten, soweit nicht im einzelnen aufgeführt
Ranunculus lingua – Zungen-Hahnenfuß
Trollius europaeus – Trollblume

- Rosaceae

Rubus chamaemorus – Moltebeere

Rutaceae

Dictamnus albus – Diptam

Saxifragaceae

Saxifraga hirculus – Moor-Steinbrech
Saxifraga spp. – Steinbrech
– alle Arten, soweit nicht im einzelnen aufgeführt
mit Ausnahme von *Saxifraga tridactylites* – Finger-Steinbrech

- Scrophulariaceae

Digitalis grandiflora – Großblütiger Fingerhut
Digitalis lutea – Gelber Fingerhut
Gratiola officinalis – Gottes-Gnadenkraut
Pedicularis sceptrum-carolinum – Karlszepter
Pedicularis spp. – Läusekraut
– alle heimischen Arten, soweit nicht im einzelnen aufgeführt
Veroncia longifolia – Langblättriger Ehrenpreis
Veronica spicata – Ähriger Ehrenpreis

Taxaceae

Taxus baccata – Eibe

Thymelaeaceae

Daphne spp. – Seidelbast
– alle europäischen Arten

● Violaceae

Viola calaminaria – Galmei-Veilchen
Viola calcarata – Sporn-Stiefmütterchen

Vitaceae

Vitis sylvestris – Wilde Weinrebe

Einkeimblättrige Bedecktsamer

● Alliaceae

Allium strictum – Steifer Lauch
Allium victoralis – Allermannsharnisch

● Amaryllidaceae

Galanthus spp. – Schneeglöckchen – alle Arten
Leucojum aestivum – Sommer-Knotenblume
Leucojum vernum – Frühlings-Knotenblume, Märzenbecher
Narcissus spp. – Narzisse – alle Arten

● Araceae

Calla palustris – Calla, Schlangenwurz

● Cyperaceae

Carex baldensis – Monte-Baldo-Segge

Hydrocharitaceae

Stratiotes aloides – Krebsschere

● Hyacinthaceae

Muscari spp. – Traubenhyazinthe
– alle Arten
Scilla spp. (incl. *Endymion)*
– alle Arten – Blaustern (einschl. Hasenglöckchen)

● Iridaceae

Crocus ssp. – Krokus
– alle Arten
Gladiolus palustris – Sumpf-Siegwurz
Gladiolus spp. – Siegwurz – alle Arten
Iris spp. – Schwertlilie – alle Arten

● Liliaceae s. str.

Fritillaria meleagris – Schachblume
Lilium spp. – Lilie – alle Arten
Lloydia serotina – Spätblühende Faltenlilie
Tulipa spp. – Tulpe – alle Arten

- Melianthaceae
  - *Narthecium ossifragum* – Beinbrech, Ährenlilie
- Poaceae
  - **Stipa bavarica – Bayerisches Federgras**
  - *Stipa* spp. – Federgras, Pfriemengras – alle europäischen Arten

Scheuchzeriaceae

- *Scheuchzeria palustris* – Blasenbinse

Die Herkunft der lateinischen Gattungsnamen

Abkürzungen:
acc. = Akkusativ, arab. = arabisch, dor. = dorisch, dt. = deutsch, engl. = englisch, frz., afrz. = französisch, altfranzösisch, idg. = indogermanisch, gen. = Genitiv, gr. = griechisch, lat., mlat., vlat. = lateinisch, mittellateinisch, vulgärlateinisch, pers. = persisch, port. = portugiesisch, span. = spanisch

Acer (Ahorn): lat. acer, gen. aceris «Ahorn», geht wie gr. acastos für Ahorn auf indogermanische Wurzel ak-, ok- «scharf, spitz», zurück.

Achillea (Schafgarbe): gr. Achilleia; nach Achilles, der von dem Zentauren Chiron in der Heilkunde unterwiesen worden war und die Pflanze zur Heilung Telephos fand.

Aconitum (Eisenhut): lat. aconitum, gr. Aconiton, «Eisenhut»; vermutlich nach den spitzen Blättern benannt wie Ahorn; vgl. z.B. gr. akone «Wetzstein».

Aegilops (dem Weizen verwandte Grasgattung): eventuell nach gr. aix «Ziege» und gr. ops «Blick»: Kraut, das man als Heilmittel bei Geschwüren in den Augen von Ziegen ansah.

Aegopodium (Giersch, Geißfuß): gr. aix, Genitiv aigos «Ziege», gr. podion «Füßchen».

Aesculus (Roßkastanie): lat. aesculus «Wintereiche, Speiseeiche» (auf *Quercus aegilops* bezogen, später auf die Roßkastanie übertragen).

Aethusa (Hundspetersilie): gr. Aithusa, in der griechischen Mythologie Geliebte des Apoll, bedeutet «die Brennende», «die Gleißende» zu gr. athein «brennen, leuchten»: nach den glänzenden Fiederblättchen.

Agrostemma (Kornrade): gr. agros «Akker» und stemma «Kranz», nach der schönen, radförmigen Blüte.

Agrostis (Straußgras): nach Theophrast zu gr. agrostes «ländlich», nach dem Standort des Grases.

Aira (Schmiele): gr. aira «Lolch», lat. aera «Lolch, Trespe».

Ajuga (Günsel): wahrscheinlich aus vulgärlat. auiga für lat. agiba «Günsel»; vermeintlich in Zusammenhang gebracht mit abtreibender Wirkung (lat. abigere «abtreiben»).

Alchemilla (Frauenmantel): auf Alchemie aus arabisch Al-kimiya zurückzuführen; Alchemisten haben den Guttationstropfen des Frauenmantels besondere Kraft zugeschrieben für die Gewinnung des Steins der Weisen.

Alisma (Froschlöffel): lat. alisma, gen. alismatis «Froschkraut, Wasserwegerich», gr. alisma «eine Wasserpflanze», vielleicht zu gr. alizein «wälzen» gehörend.

Alliaria (Knoblauchsrauke): neulat. Bildung zu lat. *Allium* «Knoblauch», wegen des intensiven Knoblauchgeruches der Pflanze.

Allium (Lauch): lat. allium, älter alium «Knoblauch», vielleicht aus altindogerm. Wurzel aluh, alukam «Knolle, eßbare Wurzel».

Alnus (Erle): lat. alnus, gen. alni «Erle, Eller», geht zusammen mit Ulme auf indogermanische Wurzel el-, ol- «glänzend, schimmernd, besonders für rötliche und bräunliche Farben» zurück: Das Holz der Erle wird beim Schlagen orangerot, daher auch Bezeichnung «Rot-Erle».

Alopecurus (Fuchsschwanz): lat. alopecurus «Fuchsschwanz», gr. alopekouros zu gr. alopex «Fuchs» und oura «Schwanz»; wegen des kurz walzenförmigen Blütenstandes.

Alyssum (Steinkraut): lat. alysson «eine Pflanze, die gegen Hundebisse hilft», gr. alysson «eine Pflanze, die gegen Schlucken (gr. lycein) oder gegen die Hundswut helfen soll».

Amaryllis (Ritterstern): lat. und gr. Amaryllis Name einer schönen Hirtin, zu gr. amaryssein «funkeln lassen».

Ammophila (Strandhafer): gr. ammos «Sand» und philé «die Freundin».

Amygdalus (Mandelbaum): lat. amygdalus «Mandelbaum», amygdala «Mandel», gr. amygdalos «Mandelbaum», Fremdwort aus einer kleinasiatischen Sprache. Die deutsche Form Mandel hat sich wie das franz. amande über vulgärlat. Zwischenformen, amandula, amündula, amidula, aus amygdala entwickelt.

Anagallis (Gauchheil): lat. wie gr. anagallis «Gauchheil» möglicherweise Kombination von gr. agallis «Schwertlilie» und der verneinenden Vorsilbe an-.

Ananas (Ananaspflanze): über span. ananas, anana und port. ananas, frz. ananas aus brasilianischer Eingeborenensprache naná.

Andromeda (Rosmarinheide): lat. Andromeda, gr. Andromedé, in der gr. Mythologie Tochter des Kepheus und der Kassiope, die einem Meerungeheuer zur Beute ausgesetzt und von Perseus gerettet wurde, dann Sternbild am Nordhimmel; Linné wählte diesen Namen für «eine liebliche Bewohnerin der felsigen Sümpfe Lapplands», wie *Cassiope* für eine verwandte Gattung.

Anemone (Windröschen): lat. anemonē «Windröschen» wahrscheinlich Fremdwort: Umgestaltung eines semitischen Beinamens des Adonis nach gr. anemos «Wind»; die Blüten der Pflanze öffnen sich im lauen Frühlingswind.

Anethum (Dill): lat. anethum «Dill», gr. anethon «Dill», vermutlich Fremdwort aus dem Ägyptischen.

Anthoxanthum (Ruchgras): zu gr. anthos «Blüte» und gr. xanthos «Gelb» nach der gelbgrünen Rispenfarbe.

Anthriscus (Kerbel): gr. anthriskos «Kranzblume», lat. enthryscum «südlicher Kerbel». Die Namen gehen wie Anthericum auf gr. ather «Granne, Ähre» zurück, vermutlich wegen der durch die Griffel begrannt erscheinenden Achänen.

Anthyllis (Wundklee): gr. anthyllis «Bisamgünsel» zu gr. anthyllos, anthyllion «Blümchen»; möglicherweise spielt die volksetymologische Beziehung zu gr. anti «gegen» und hylos «Wasserschlange» eine Rolle.

Antirrhinum (Löwenmäulchen): lat. antirrhinum auch anarrhinon «wildes Löwenmaul» gr. antirrhinon «Gauchheil» zu anti im Sinne von gleich und rhis, gen. rhinos «Nase».

Apera (Windhalm): gr. apēros «unversehrt, unverstümmelt»: Jedes Ährchen hat das Stielchen einer zweiten Blüte, während andere *Agrostis*-Arten völlig einblütig sind.

Apium (Sellerie): lat. apium «Eppich, Sellerie» zu lat. apis «Biene», also eigentlich «Bienenkraut», möglicherweise auf indogermanische Wurzel ap- «Wasser» zurückgehend; andere Deutung: zu lat. apex «Spitze», weil das Haupt von Siegern mit Sellerie bekränzt wurde.

Aquilegia (Akelei): mittellat. aquilegia «Akelei», vielleicht auf spätlat. aquilegus «wasserziehend» (von aqua und legere) zurückgehend; eventuell auch Verbindung mit lat. aquila «Adler», da die Nektarblätter wie der Schnabel und die Krallen des Adlers gekrümmt sind.

Arabis (Kresse): mittellat. und spätgr. arabis «arabische Pflanze, Kresse» nach der orientalischen Herkunft bestimmter Arten.

Arabidopsis (Schmalwand): zu Arabis gehörig nach gr. opsis «aussehen»: die Pflanze sieht wie *Arabis* aus.

Arctium (Klette): lat. arction auch arctūrus «Klette», gr. arktion «Klette» zu gr. arctos «Bär»: die borstige Frucht gleicht dem rauhen Fell eines Bären.

Arctostaphylos (Bärentraube): zu gr. arctos «Bär» und gr. staphýlē «Traube»; die Beeren sollen gern von Bären gefressen werden.

Areca (Betelpalme), *Arecaceae* (Palmengewächse): über port. areca und span. areca «Arekapalme, Arekanuß» aus dem Tamilischen areec.

Arenaria (Sandkraut): neulat. arenaria zu lat. arenarius «Sand-» nach dem Standort.

Aristolochia (Osterluzei): lat. aristolochia «Osterluzei», gr. aristolochia «ein die Geburt förderndes Kraut, Osterluzei», zu gr. aristos «der Beste» und lochos «Geburt, Niederkunft». Der dt. Name Osterluzei ist aus dem gr. entstanden (Lehnwort).

Armorácia (Meerrettich): lat. armoracea, armoracia und gr. armorakia «Meerrettich»; aus armoracium auch frz. remolat «Meerrettich» und daraus frz. remoulade.

Arrhenátherum (Glatthafer): gr. árrhen, ársén, gen. arrhenos «männlich» und atber, atheros «Halm, Granne». Nur die männlichen Blüten sind lang begrannt.

Artemisia (Beifuß): lat. artemisia «Pflanze der Artemis, Beifuß», vermutlich da die Pflanze als Heilmittel bei Menstruationsbeschwerden eingesetzt wurde (gr. Göttin Artemis Lochia auch Beschützerin und Förderin der Geburt).

Arum (Aronstab): lat. aron, arum, gr. aron «Natterwurz, Zehrwurz». Name geht auf aron «Schilfrohr» zurück und ist wahrscheinlich mit lat. arundo «Schilf» verwandt. Der deutsche Name Aronstab wird mit dem grünenden Stab Aarons in Verbindung gebracht.

Asarum (Haselwurz): lat. asaron, asarum, gr. asaron «Haselwurz».

Asclepias (Schwalbenwurz): lat. asclepias, gen. asclepiadis, gr. asklepias «Schwalbenwurz». Dem gr. Gott der Heilkunde Asklepios (lat. Aesculapius) zugeordnet.

Asparagus (Spargel): lat. asparagus, gr. asparagos «Spargel, junger Trieb» zu gr. spargan «strotzen», sparageisthai «strotzen», eigentlich «hervorbrechen».

Aster (Aster): lat. aster Atticus im Gegensatz zu aster amellus «Italienische Sternblume», gr. aster, gen. asteros «Stern». Mit dem lat. stella und dem deutschen Stern verwandt.

Atriplex (Melde): lat. atriplex «Melde» gr. atraphaxys «Melde, Spinat»; volksetym. Umdeutung nach lat. ater «schwarz» und triplex «dreifach».

Atropa (Tollkirsche): zu Atropos: in der gr. Mythologie die Parze, die den Lebensfaden abschneidet, gr. atropos «unabwendbar», nach der tödlichen Wirkung des Giftes.

Avena (Hafer): lat. avena «Hafer, Roßgras».

Avenella (Schlängelschmiele): lat. Diminuitiv von avena.

Balsamia (Balsamine, Springkraut) Balsaminaceae: lat. balsaminus, gr. balsaminos «aus Balsam»: nach dem Geruch.

Barbarea (Barbarakraut, Barbenkraut): mlat. barbaraea «Barbarakraut» nach der heiligen Barbara.

Bellis (Gänseblümchen, Tausendschön): lat. bellis, gen. bellidis «Gänseblümchen» zu lat. bellus «schön».

Berberis (Berberitze): über spätgr. berberis «Sauerdorn», mittellat. berberis, frz. berberis, span. berbero aus arabisch barbaris bzw. älter ambarbaris entlehnt. Möglich ist ein Zusammenhang mit dem Namen «Berber» (vgl. lat. Barbaria «Berberei», Küstengebiet Ostafrikas am Südrand des Golfes von Aden).

Bergenia (Bergenie): nach Bergen, Karl August v., 1704–1759, dt. Arzt und Botaniker.

Beta (Beete, Rübe): lat. beta «Beete, Mangold», das aus dem Gallischen entlehnt ist.

Betula (Birke): lat. betulla, betula «Birke», vermutlich gleicher Stamm wie gallisch betu- «Birke», wallisisch bedwen «Birke», bretonisch bezuenn «Birke», irisch bethe «Buchsbaum» und gallisch betu- «Harz» (lat. bitumen, «Erdpech, Asphalt», weil nach Plinius die Gallier aus dem klebrigen Birkensaft eine Art Bitumen hergestellt haben.)

Bolboschoenus (Strandsimse): gr. bolbos «Zwiebel, Knolle», lat. schoenus «Binse, Schmiele, Binsensalbe», gr. schoinos «Binse, Schmiele, Binsensalbe».

Borágo (Borretsch): mittellat. borrágo «Borretsch» geht wahrscheinlich auf arabisch abū araq «Vater des Schweißes, Schwitzmittel» zurück. Borretsch wurde verwendet, um Kranke zum Schwitzen zu bringen. Nicht zutreffend dürfte die Ableitung von lat. burra «kurzes, steifes Haar» sein, obwohl der deutsche Name «Rauhblattgewächse» für die Borretschfamilie dieser Deutung folgt.

Brachypodium (Zwenke): gr. brachys «kurz» und podion «Füßchen»: die Ährchen sind nur kurz gestielt.

Brassica (Kohl): lat. brassica «Kohl», Herkunft ungeklärt.

Briza (Zittergras): gr. briza «Getreideart, deren Genuß schläfrig macht» (möglicherweise Taumellolch), wahrscheinlich zu gr. brizein «schlafen».

Bromus (Trespe): lat. bromos «Hafer», gr. bromos «ein Unkraut, Futterkraut».

Bryonia (Zaunrübe): lat. und gr. bryonia «Zaunrübe», das zu gr. brynein «üppig sprossen» gehört nach dem sehr üppigen Wachstum der Pflanze.

Cactus (Kaktus): lat. cactos, cactus «Artischocke», «eine Pflanze mit eßbarem, stacheligem Blütenstand».

Calamagrostis (Landschilf, Reitgras): gr. kalamagrostis «Rohr-, Schilfgras» zu gr. kalamos «Rohr» und agrostis «Gras, Quecke»: steht zwischen den eigentlichen Gräsern und dem Schilf.

Callitriche (Wasserstern): lat. callithrix «eine Pflanze zum Haarfärben» von gr. kallos «schön» und trix, gen. trichos «Haar»: möglicherweise weil die auf dem Wasser schwimmenden Blattrosetten insgesamt wie ein grüner Haarschopf wirken.

Calluna (Besenheide): möglicherweise zu gr. kallynein «schön machen, putzen, reinigen, ausfegen».

Caltha (Dotterblume): lat. caltha, calta «eine gelbliche, duftende Blume». Vielleicht geht das Wort auf gr. kalthe bzw. indogermanisch ghḷdha «die Gelbe» zurück.

Calystegia (Zaunwinde): zu gr. kalyx «Kelch» und stege «Dach, Bedeckung»: herzförmige Deckblätter umschließen den Kelch.

Campanula (Glockenblume): Verkleinerungsform zu lat. campana «Glocke»; als botanischer Name zuerst bei Leonhard Fuchs 1542.

Cannabis (Hanf): lat. cannabis und gr. kannabis «Hanf». Das Wort stammt vermutlich wie die Pflanze selbst aus der Gegend um das Kaspische Meer, von wo sie sich um 500 v. Chr. bis nach China ausbreitete. Nichtidg. Wortursprung.

Caprifolium (Geißblatt), Caprifoliaceae: lat. capreoli «geringelte gabelige Sproßranken des Weinstockes», wegen der Ähnlichkeit mit den Hörnern zu capreolus «wilde Ziege, Rehbock», caper «Ziegenbock», capra «Ziege».

Capsella (Täschelkraut): mittelalt. capsella «Hirten-Täschelkraut» zu lat. capsula «Kapsel»: nach der Form der Schote.

Cardamine (Schaumkraut): lat. cardamina und gr. kardamine «Kresseart», vielleicht verwandt mit gr. kardamomon «Kardamom».

Cardaria (Pfeilkresse): mit dem lat. Suffix -arius umgebildet aus Cardamine.

Carduus (Distel): lat. carduus «Distel» von lat. carrere «Wolle krämpeln» idg. Wortstamm kars- «kratzen, reiben, striegeln».

Carex (Segge): lat. carex «Riedgras», unsichere Herkunft, eventuell auf idg. Wortstamm kars- s. o. zurückzuführen.

Carlina (Eberwurz): ital. carlina «Eberwurz», wahrscheinlich über oberital. Dialektform von cardelina aus lat. carduus «Distel» gebildet, erst sekundär als carolina zum Namen Karl (lat. Carolus) gestellt. Legende: Karl der Große soll die Pflanze als Mittel gegen die Pest entdeckt haben.

Carpinus (Hainbuche, Weißbuche): lat. carpinus «Hainbuche, Weißbuche» zu idg. Wurzel (s)kerp- «abschneiden» nach dem gesägten Blatt.

Carum (Kümmel): lat. carum und gr. karon «Kümmel», wohl durch die Ähnlichkeit des Kümmelkorns mit gr. kar, karnos «Laus» entstanden.

Caryophyllaceae (Nelkengewächse): lat. caryophyllon «Nußblatt, ein indogermanisches Gewürz; Gewürznelke», gr. karyophyllon «Gewürznelke», zu gr. karyon «Nuß» und phyllon «Blatt».

Castanea (Kastanie): lat. castanea und gr. kastanon «Kastanie, Marone», stammt samt dem armenischen kask «Kastanie, Marone» und kaskeni «Kastanienbaum» aus kleinasiatischer Sprache.

Centaurea (Flockenblume): lat. centaureum und gr. kentaureion «Tausendgüldenkraut und verwandte Gattungen», zu Kentaureios «Kentauren-» und Kentauros «Kentaur»: in der gr. Mythologie ein Mischwesen aus Pferd und Mensch. Die Kentauren galten als besonders heilkundig. Volksetym. Umdeutung als centum aurei «100 Goldstücke»: nach seinem Wert in der Heilkunde.

Centaurium (Tausendgüldenkraut): vgl. vorige.

Cerastium (Hornkraut): zu gr. kerastes «gehörnt» zu keras, gen. keratos, «Horn», das mit lat. cornu und dt. Horn verwandt ist, keration «Hörnchen».

Cerasus (Kirsche): lat. kerasus und gr. kerasos «Kirschbaum», vielleicht aus dem Thrak.-Phrygischen stammend. Süßkirsche wurde 76/74 v.Chr. durch Lukullus von Pontus nach Italien gebracht, in Griechenland war sie schon seit 300 v.Chr. bekannt. Aus vulgärlat. cerasia, ceresia, auch frz. cerise und dt. Kirsche abgeleitet.

Ceratophyllum (Hornblatt): zu gr. keras, gen. keratos «Horn» und gr. phyllon «Blatt»: spielt auf die schmalen, gabelig geteilten Blätter an.

Chaenomeles (Scheinquitte): zu gr. chainein «spalten, klaffen, gähnen» und gr. melis «Apfelbaum»: Die Frucht platzt nach der Reife ab und zu auf und klafft dann auseinander.

Chaenorhinum (Orant, Klaffmund): zu gr. chainein «spalten, klaffen, gähnen» und gr. rhinos «Nase».

Chaerophyllum (Kälberkropf): lat. chaerophyllum und gr. chairephyllon «Kerbel» vermutlich zu chairein «sich freuen» und phyllon «Blatt»: nach den kräftigen, wohlriechenden Blättern.

Chamaenerion (Teil der Gattung Weidenröschen): zu gr. chamae, lat. chamae- «am Boden, an der Erde hingestreckt, niedrig» und gr. nerion «Oleander».

Chara (Armleuchteralge): lat. chara «eine nicht sicher zuordenbare Bezeichnung für eine Pflanze, entweder Russischer Meerkohl *(Crambe tatarica)* oder Kümmel *(Carum carvi)*».

Chelidonium (Schöllkraut): lat. chelidonia, gr. chelidonion «Schwalbenwurz, Schöllkraut, Schwalbenkraut» zu gr. chelidon «Schwalbe»: nach Plinius blüht die Pflanze bei Ankunft der Schwalben und welkt bei ihrem Wegzug. Andere Deutung: Die Vögel verabreichten sie ihren Jungen, damit sich bei diesen die Augen öffnen und sie sehen können (es wurden Blätter der Pflanze in Schwalbennestern gefunden).

Chenopodium (Gänsefuß): zu gr. chen «Gans» und podion «Füßchen»: nach der Blattform.

Chrysanthemum (Wucherblume, Margerite, Chrysantheme): lat. chrysanthemum und gr. chrysanthemon «Goldblume» zu gr. chrysos «goldgelb» und gr. anthemon «Blume, Kraut».

Chrysosplenium (Milzkraut): zu gr. chrysos «gold» und gr. splenion «Milzkraut» zu gr. splen «Milz»: Die Pflanze soll gegen Leber- und Milzleiden helfen.

Cichorium (Zichorie, Wegwarte): lat. chichorium, gr. kichorion, kichore, kichora «Zichorie, Endivie», Fremdwort unbekannter Herkunft.

Cicuta (Schierling): lat. cicuta «Schierling»: bekannte Giftpflanze, Wort unbekannter Herkunft.

Cirsium (Kratzdistel): lat. cirsion und gr. kirsion «Distelart», soll gegen die Krankheit kirsos, eine Erweiterung der Blutgefäße, helfen; wahrscheinlich zu idg. Wurzel (s)ker- «schneiden».

Cistus (Cistrose), Cistaceae: lat. cisthos und gr. kisthos «Strauch mit rosenfarbigen Blüten, der Gummi liefert», Herkunft des Fremdwortes unbekannt.

Cladium (Schneidried): gr. kladion «kleiner Zweig» zu klados «Zweig, Sproß»: bezieht sich auf die Blütenstände.

Cladophora (Zweigfadenalge) («Zweigalge»): zu gr. klados «Zweig» und gr. -phoros «-tragend-»: die Fadenalge ist verzweigt.

Clematis (Waldrebe, Clematis): lat. clematis, clematidis und gr. klematis, gen. klematidos «kleiner Zweig, Rankengewächs, Waldrebe», das zu gr. klema «Zweig, Weinranke, Pfropfreis» gehört.

Colchicum (Zeitlose): lat. colchicon, gr. kolchikon «Zeitlose», vermutlich wegen der giftigen Wurzel zu Kolchikos «aus der Kolchis am Schwarzen Meer, der Heimat der Giftmischerin und Zauberin Medea». In der Kolchis im Kaukasus und am Kaspischen Meer gedeihen zahlreiche *Colchicum*-Arten.

Colocasia (Taro, Zehrwurz): lat. colocasia, colocasium «Indische Wasserrose», gr. kolokasia, kolokasion «*Arum aegyptiacum*, eine der Wasserlilie ähnliche Pflanze aus Südasien».

Comarum (Blutauge): lat. comaron «Frucht des Erdbeerbaumes», gr. komaros «Erdbeerbaum»: wegen der rötlichen Früchte auf Sumpfblutauge übertragen.

Compositae (Korbblütler): lat. compositus «zusammengesetzt»: nach den köpfchenartigen Blütenständen.

Conifere (Koniferen, Nadelgehölze): nach lat. conifer «zapfentragend» zu lat. conus, gr. konos «Kegel» und lat. -fer «tragend» zu ferre «tragen».

Consolida (Rittersporn): lat. consolida «Gemeine Schwarzwurz, Beinwell» zu consolidare «festmachen».

Convallaria (Maiglöckchen): zu lat. convallis «Talkessel» zu vallis «Tal» daraus frz. Übersetzung lis dans la vallée «Lilie im Tal»: nach dem Standort.

Convolvulus (Winde): lat. convolvulus «Wickelraupe; Winde» zu lat. convolvere «zusammenwinden».

Conyza (Berufkraut): zu lat. conyza «Alant», und zwar *Inula viscosa* und *Inula pulicaria*, gr. konyza «eine stark riechende Pflanze, Dürrwurz» zu altnordisch knyza «Krätze, jucken»: vermutlich auf Klebrigen Alant des Mittelmeergebiets bezogen.

Cornus (Hartriegel), Cornaceae: lat. cornus «Kornelkirsche», gr. kranos «Kornelkirsche, Hartriegel». Das lit. Kirnis «Gottheit der Kirschbäume» deutet auf eine Beziehung zu gr. kerasos, lat. cerasus «Kirschbaum» hin; nicht zu lat. cornu «Horn».

Corydalis (Lerchensporn): gr. korydalis, korydallos, lat. corydalus «Haubenlerche», gr. korydalion «eine Pflanze»; auf gr. korys «Helm» zurückgehend: spornartige Erweiterung der Krone erinnert an Sporn der Haubenlerche und an Helm eines Kriegers.

Corylus (Haselstrauch), Corylaceae: lat. corylus, corulus «Haselstrauch» verwandt mit altirisch coll «Haselstrauch».

Corynephorus (Silbergras): gr. korynephoros «keulen-, kolbentragend» zu koryne «Keule, Kolben» und -phoros «tragend»: Die Granne der unteren Kronspelze ist an der Spitze keulenförmig verdickt.

Crataegus (Weißdorn): lat. crataegus, crategon «Stechpalme», gr. krataigos, krataigon «Weißdorn» aus gr. kratys «hart, stark» und gr. aig-, das etwas mit Eichen zu tun hat (vgl. *Quercus aegilops*). Aus lat. crataegus ist volksetymologisch frz. gratte-cul «kratz den Hintern» für Hagebutte geworden.

Crepis (Pippau): zu gr. krepis, krepidos «Schuh», lat. crepida «Halbschuh» daraus frz. terre-crèpe «Pippau»: vielleicht nach den sohlenförmigen Blättern, die dem Boden platt aufliegen können.

Crocus (Krokus): lat. crocus, crocum, gr. krokos «Safran, Krokus». Vermutlich samt karkamon und kurkuma aus dem semitischen entlehnt. Hebr. karkom, aram. kurkama, arab. kurkum und armen. k'rk'um «Safran».

Cruciata (Kreuzlabkraut): zu lat. crux, gen. crucis «Kreuz, Marterpfahl», cruciatus «gekreuzigt, gemartert»: vier kreuzförmig gestellte Blätter im Wirtel.

Crucifereae (Kreuzblütler): von lat. crux «Kreuz» und lat. ferre «tragen»: die Blüten mit den vier Kronblättern ähneln einem Kreuz.

Cucumis (Gurke): lat. cucumis, gen. cucumeris «Gurke».

Cucurbita (Kürbis): lat. cucurbita «Kürbis», möglicherweise durch Reduplikation aus cucumis gebildet. Auch das dt. Kürbis ist eine Ableitung von cucurbita.

Cycas, Cycadeae (Palmfarn): geht möglicherweise auf Akk. pl. von gr. koix, gen. koikas für eine ägyptische Palmenart zurück.

Cydonia (Quitte): lat. mala cydonia «Quitte», gr. kydonion melon bzw. kodymalon «Quitte» auch kodonia «kleinas. Feigenart». Die Wörter stammen aus einer Sprache Kleinasiens, die Frucht wurde aus dem Kaukasus eingeführt und nachher an den Namen der kretischen Stadt Kydonia bzw. dem Volk der Kydonen angelehnt.

Cynanchum (Schwalbenwurz): lat. cynanche «Hundebräune, eine Pflanze, die gegen Halsbräune = Angina helfen soll», gr. kynagche «Hundebräune, eine Krankheit der Atmungswege, bei der der Kranke die Zunge herausstreckt» zu gr. kyon, gen. kynos «Hund» und gr. agchein «würgen», daher auch das Wort Angina «Halsbräune».

Cynodon (Hundszahngras): gr. kynodon, kynodous «Hundszahn, spitzer Eckzahn» zu gr. kyon, gen. kynos «Hund» und gr. odon, odus, gen. odontos «Zahn».

Cynosurus (Kammgras): zu gr. kyon, gen. kynos «Hund» und oura «Schwanz»: nach den hundeschwanzähnlichen, ährenförmigen Rispen.

Cyperus (Zyperngras), *Cyperaceae* (Sauergrasgewächse): lat. cyperos, cyperon, cyperum, ciperum «Zypergras», gr. kypeiros «Wasser- oder Wiesenpflanze mit Gewürz-Wurzel» möglicherweise aus dem Hebräischen entlehnt (vgl. hebr. koper «Baumharz»).

Cytisus (Geißklee): lat. cytisus, cytisum «Klee-Art, wahrscheinlich Schnecken-Klee» gr. kytisos für Medicago arborea «Strauchiger Schneckenklee».

Dactylis (Knaulgras): lat. dactylis «Weintrauben-Art» wohl aus gr. daktylos «Dattel» (vgl. dt. Datteltraube; der Name ist unter Bezug auf gr. daktylos «Finger» auf das Gras nach den fingerähnlichen Teilungen der Ähre übertragen worden.

Daphne (Seidelbast): lat. daphne und gr. daphne, dial. laphne «Lorbeer» (Daphne laureola hat Ähnlichkeiten mit dem Lorbeerstrauch); gr. Mythologie: von Apoll geliebte Nymphe, auf der Flucht vor ihm durch Verwandlung in ein Lorbeerblatt gerettet.

Daucus (Möhre): lat. daucos, daucum «Mohrrübe», gr. daukos «Pastinake».

Delphinium (Rittersporn): gr. delphinion «Rittersporn» zu gr. delphis, gen. delphinos «Delphin»: nach dem Abfallen der helmförmigen Kronblätter ähnelt der übrigbleibende Sporn einem Delphin.

Deschampsia (Schmiele): nach Dechamps, Louis-August 1765–1842, frz. Arzt.

Dianthus (Nelke): zu gr. dios «göttlich» und anthos «Blume, Blüte»: Anspielung auf die besondere Schönheit der Blüten.

Dicentra (Tränendes Herz): gr. dikentros «mit zwei Stacheln, Sporen» zu gr. di- und gr. kentron «Stachel, Sporn»: die Blüte besitzt zwei äußere gespornte Blumenblätter.

Digitalis (Fingerhut): lat. digitale «Fingerhut», lat. «Fingerhandschuh» zu lat. digitalis «fingerdick, Finger-», digitaria zu lat. digitus «finger»: fingerige Rispenäste.

Dillenia (Dillenie), Dilleniideae: nach Dillenius (eigentl. Dillen), Johann Jakob 1678–1747 dt. Arzt und Botaniker, Professor der Botanik in Oxford seit 1728.

Dipsacus (Karde), Dipsacaceae: lat. dipsacus «Kardendistel» gr. dipsakos «Harnruhr (Diabetis)» aber auch «Kardendistel» zu gr. dipsa «Durst»: Die Blätter der Kardendistel sind am Grunde verwachsen und sammeln in diesen kelchförmigen Vertiefungen das Regenwasser; auf dieses «Signum» bezog sich vermutlich die Verwendung als Mittel gegen Harnruhr.

Drepanocladus (Sichelastmoos): zu gr. drepane, drepanon «Sichel» und gr. klados

«Zweig, Sproß»: Das Sichelmoos hat sichelförmige Sprosse.

Echinochloa (Hühnerhirse): zu lat. echinus «Igel, Seeigel» und gr. chloa, chloe «junges Grün, Gras».

Echium (Natternkopf): lat. echius, gr. echion «Natternkraut» soll gegen den Biß von Schlangen helfen; vermutlich nach der Signaturenlehre: Die Blüten ähneln einem Schlangenkopf, die Griffelnarbe ist wie die Zunge einer Schlange gespalten.

Eleagnus (Ölweide), Eleagnaceae: gr. elaiagnos «eine in der gr. Landschaft Böotien wachsende Sumpfpflanze, entweder Keuschlamm oder Bruchweide» zu gr. helos «Sumpf», möglicherweise angelehnt an gr. elaia «Ölbaum» und agnus «Keuschlamm»: die Frucht ähnelt der Olive, die Blätter dem Keuschlamm.

Eleocharis (Sumpfried): zu gr. helos «Sumpf, Niederung», heleios «sumpfig» und charis «Anmut, Freude, Zierde», also «Zierde des Sumpfes».

Elodea (Wasserpest): zu gr. helos «Sumpf» und helodes «sumpfig».

Elymus (der Gerste verwandte Gattung): gr. elymos «Hirse», wahrscheinlich von gr. alein «mahlen» möglicherweise auch zu elymos «Hülse» von eilyein «wälzen, umhüllen».

Empetrum (Krähenbeere), Empetraceae: zu gr. empetros «auf Felsen wachsend» von petra, petros «Fels, Stein».

Endivie: über ital. endivia aus spätgr. entybia entlehnt von gr. entybion «Endivie», geht wahrscheinlich auf das ägypt. tybi, tubi «Januar» zurück, vielleicht weil die Blätter als Wintersalat gegessen wurden.

Epipactis (Stendelwurz, Sitter): gr. epipactis «eine der Nieswurz ähnliche Pflanze» zu gr. epipaktoun «fest verschließen», pektis «zusammengefügter Gegestand»: möglicherweise nach den geschlossenen Blütenlippen.

Equisetum (Schachtelhalm): lat. equisaetum, equisetum «Schachtelhalm» zu lat. equus «Pferd» und saeta, seta «Borste, Tierhaar», Lehnübersetzung vom gr. hippochaite «Schachtelhalm» zu hippos «Pferd» und chaite «Borste, Haar» (vgl. englisch «horsetail»).

Eranthis (Winterling): zu gr. er «Frühling» und gr. anthos «Blume, Blüte»: Frühlingsblume.

Erica (Heidekraut), Ericaceae: lat. erice, gr. ereike «Heidekraut» (besonders die strauchförmigen Gattungen).

Erigeron (Berufkraut): lat. erigeron «Kreuzkraut», gr. erigeron «Pflanze mit grauem Pappus» zu gr. erigeron «früh alternd» zu eri «früh» und geron «Greis».

Eriophorum (Wollgras): gr. eriophoros zu erion «Wolle» und phoros «tragend» zu pherein «tragen»: die Samen haben lange weiße Wollhaare.

Erodium (Reiherschnabel): zu lat. herodius, gr. erodios «Reiher»: nach der langgeschnäbelten Frucht.

Erophila (Hungerblümchen): zu gr. er, gen. eros «Frühling» und phile «Freundin».

Erysimum (Schotendotter, Schöterich): lat. erysimum «eine Heilpflanze» ebenso gr. erysimon, vermutlich zu erystai «heilen, retten, abwehren» wegen der Heilwirkung.

Eupatorium (Wasserdost): möglicherweise aus gr. hepatorion, lat. hepatoria «zur Leber gehörig» abgeleitet: die Pflanze soll wie der Odermennig *Agrimonia eupatoria* gegen Leberleiden helfen.

Euphorbia (Wolfsmilch): lat. euphorbia «Wolfsmilch», gr. euphorbion «stachelige Strauchart Afrikas» (vermutlich stammsukkulente Euphorbie), nach dem gr. Leibarzt Euphorbus des Königs Juba II von Mauretanien benannt; möglicherweise auch Bezug zu gr. euphorbia «gute Nahrung» (von eu und phorbe «Futter»).

Euphrasia (Augentrost): gr. euphrasia «Freude, Vergnügen» zu euphrainein «erfreuen».

Faba, Fabaceae (alte Gattungsbezeichnung für *Vicia faba*, die Pferdebohne): lat. faba «Pferdebohne, Saubohne» gehört über bhabha[1] «Pferdebohne» zur idg. Wurzel bha[1] «schwellen».

Fagus (Buche), Fagaceae (Buchengewächse): lat. fagus «Buche» aus idg. bhagos[1] «Buche» entstanden, vgl. gr. phegos, dor. phagos «Eiche».

Ficaria (Scharbockskraut): zu lat. ficarius «Feigen-» aus lat. ficus «Feige, Feigwarze»: die Wurzelknöllchen ähneln Feigwarzen und wurden aufgrund der Signaturenlehre deshalb als Mittel gegen Feigwarzen und Hämorrhoiden angewendet.

Filago (Filzkraut): zu lat. filum «Faden»: nach der feinen weiß- bis rauhfilzigen Behaarung.

filix-femina, *Athyrium*: «Frauenfarn» zum lat. filix «Farn, Farnkraut» und femina «Frau, Weibchen».

filix-mas, *Dryopteris*: «Wurmfarn» zu lat. filix «Farn, Farnkraut» und lat. mas «Männchen»: der Frauenfarn hat zartere Blätter als der Wurmfarn und wurde daher als weibliche Pflanze zu diesem angesehen.

Filipendula (Mädesüß): zu lat. filum «Faden» und lat. pendulus «hängend»: die Wurzel besteht aus zahlreichen kleinen Knollen, die an feinen Fasern miteinander zusammenhängen.

Foeniculum (Fenchel): lat. foeniculum, vlat. fenuculum, frz. fenouil «Fenchel», Verkleinerungsform zu lat. fenum «Heu»: nach dem Heuduft der Pflanze.

Fontinalis (Quellmoos): lat. fontinalis zu fons, «der Gottheit der Quellen und Brunnen gehörend», nach dem Standort in Quelltöpfen, Brunnen und Bächen.

Forsythia (Forsythie): nach Forsyth, William A. 1837–1904, engl. Botaniker

Fragaria (Erdbeere): zu lat. fragrum «Erdbeere»

Fraxinus (Esche): lat. fraxinus «Esche» geht auf das idg. bherag[1] «Birke» und altindisch bhurjah «Birke» und dies weiter zu idg. bherek[1] «glänzen, schimmern» zurück: nach der hellschimmernden Rinde der Birke; die Übertragung auf den Namen der Esche in Italien erklärt sich dadurch, daß die Weißbirke in Südeuropa nicht zu Hause ist.

Fritillaria (Schachblume): zu lat. fritillus «Würfelbecher»: nach dem Punktemuster der Blütenkrone.

Frangula (Faulbaum): über italienisch frangola «Amilkirschbaum» zu lat. frangere «brechen»: wegen des brüchigen, spröden Holzes.

Fumaria (Erdrauch): zu lat. fumus «Rauch»: die Blätter einiger Arten sind bläulich und erscheinen deshalb wie angeräuchert bzw. wie aus der Erde steigender Rauch; auch: der Saft soll in den Augen wie Rauch brennen.

Gagea (Gelbstern): nach Gage, Sir Thomas 1781–1820. engl. Adliger und Hobbybotaniker.

Galanthus (Schneeglöckchen): zu gr. gala «Milch» und gr. anthos «Blume, Blüte»: nach der weißen Blüte.

Galeopsis (Hohlzahn): lat. galeopsis, gr. galeopsis «Taubnessel, Wieselauge» zu gr. galéē, galé «Wiesel» und gr. ópsis «aussehen».

Galinsoga (Knopfkraut, Franzosenkraut): nach Galinsoga, Mariano Martinez de, 1766–1797 spanischer Arzt (Leibarzt der Königin) und Intendant des königlichen Gartens in Madrid.

Galium (Labkraut): lat. galion «Taubnessel», gr. galion «Labkraut» zu gr. gala «Milch»: die Pflanze fördert das Gerinnen der Milch, vgl. dt. Labkraut, frz. caille-lait (zu cailler «gerinnen» und lait «Milch»).

Genista (Ginster): lat. genista, genesta «Ginster» (geht möglicherweise auf ein etruskisches Wort zurück).

Gentiana (Enzian), Gentianaceae: lat. gentiana «Enzian», ital. genziana, frz. gentiane, span. genciana, engl. gentian, dt. Enzian; möglicherweise benannt nach Genthios, dem letzten König der illyrischen Labeaten (180–68 v. Chr.).

Geranium (Storchschnabel), Geraniaceae: lat. geranion «Storchschnabel» zu gr. geranos «Kranich»: die Frucht gleicht einem langgeschnäbelten Vogelkopf vgl. auch Pelargonium (Zimmergeranium) nach gr. pelargos «Storch».

Gesneria (Gesneria), Gesneriaceae: nach Gesner, Konrad 1516-1565, schweizerischer Universalgelehrter, Arzt und Naturforscher (z. B. «Historia animalum»).

[1] bh wird wie f gesprochen

Geum (Nelkwurz): lat. geum «Benediktinerkraut, Nelkenwurz», besser wohl gaeum, möglicherweise von gr. gaios, geios «auf dem Lande befindlich» zu gr. gè «Erde».

Gladiolus (Siegwurz, Gladiole): lat. gladiolus «kleines Schwert, schwertförmiges Blatt».

Glechoma (Gundermann, Gundelrebe): lat. glechon, gr. glechon «Polei» gehört zu ionisch glecho, dor. glachon, glacho, attisch blechon, blecho bzw. blechnon «Farn» (vgl. Blechnum = Rippenfarn).

Glyceria (Schwaden): zu gr. glykeros bzw. glykys «süß»: die süßen Samen sind als Mannagrütze bekannt.

Grossularia (Stachelbeere), Grossulariaceae: zu lat. grossulus «kleine unreife Feige» von lat. grossus «dick; unreif».

Gymnospermen (Nacktsamer): von gr. gymnos «nackt, bloß» und lat. spermium «Samen».

Haloragaceae (Seebeerengewächse): zu gr. hals, gen. halos «Salz, Meer» und gr. rhax, gen. rhagos «Beere»: die Pflanze wächst am Meer und hat weinbeerenartige Früchte.

Helianthemum (Sonnenröschen): zu gr. helios «Sonne» und gr. anthemon «Blume»: die Pflanze wächst an sonnigen Stellen, ihre Blüten öffnen sich in der Mittagssonne.

Helianthus (Sonnenblume): zu gr. helios «Sonne» und gr. anthos «Blume, Blüte»: die Blütenstände ähneln Sonnen; zudem sind die Flächen der Blütenstände der Sonne entgegengerichtet.

Helictotrichon (Staudenhafer): zu gr. heliktos bzw. helix «gewunden» und gr. thrix, gen. trichos «Haar»: bezieht sich auf die etwas geschlängelten Grannen der Blütenrispe.

Helleborus (Christrose, Nieswurz): lat. elleborus, helleborus, elleborum, helleborum «Nieswurz»: bezieht sich wahrscheinlich ursprünglich auf den Germer Veratrum.

Hepatica (Leberblümchen): mlat. herba, hepatica «Leberblümchen» zu lat. hepaticus, gr. hapaticos «Leber»: nach den leberförmigen dreilappigen Blättern.

Heracleum (Bärenklau): lat. Heraclea herba «Bärenklau» zu Heracleus, gr. Herakleios «den Herakles, Herkules betreffend»: Herakles soll die Heilkraft der Pflanze entdeckt haben.

Hevea (Brasilianischer Gummibaum): über frz. hevea (1751) aus quechia hewe «Federharzbaum».

Hieracium (Habichtskraut): lat. hieracion, hieracium, gr. hierakion «Habichtskraut» zu gr. hierax «Falke, Habicht»: angeblich trinken die Greifvögel den Saft, um schärfer zu sehen.

Hippocrepis (Hufeisenklee): zu gr. hippos «Pferd» und gr. krepis «Schuh» (vgl. *Crepis*).

Hippophaë (Sanddorn): lat. hippophaës «Wolfsmilch-Art» (Euphorbia spinosa) zu gr. hippos «Pferd» und phaeinein, phainein «glänzen».

Hippuris (Tannenwedel), Hippuridaceae (Tannenwedelgewächse): lat. hippuris, gr. hippouris «Tannenwedel» (Wasserpflanze) zu gr. hippos «Pferd» und gr. oura «Schwanz».

Holcus (Honiggras): lat. holcus «Mäusegerste» zu gr. holkos «dás Gezogene; an sich ziehend; Riemen, Furche» zu helkein «ziehen»: nach Plinius soll die Pflanze Dornen aus dem Körper herausziehen.

Hordeum (Gerste): lat. hordeum «Gerste» vermutlich zusammen mit dem dt. Gerste und dem gr. krithe auf das idg. ghzda, gherzda «Granne» und idg. ghers «hervorstechen, starren, hervorsprießen» zurückzuführen.

Hyacinthus (Hyazinthe): lat. hyacinthus, gr. hyakinthos für nicht genau zuordenbare Pflanzenart; samt dem kretischen Monatsnamen Bakinthos aus einer Mittelmeersprache entlehnt (Beziehung zu dem kretischen Blumenheros Hyakinthos, der in der gr. Mythologie in eine Blume verwandelt wird).

Hydrocharis (Froschbiß), Hydrocharitaceae: gr. hydrocharis; Name eines Frosches in Aristophanes Komödie ‹Die Frösche›, zu gr. hydrochares «sich des Wassers freuend, gern im Wasser lebend» von hydro «zum Wasser gehörig» und charis «Freude, Anmut, Zier».

Hydrocotyle (Wassernabel): zu gr. hydros «Wasser» und gr. kotyle «Höhle, Becher, Nabel»: schildförmige Blätter mit nabelartiger Vertiefung am Stielansatz.

Hypericum (Johanniskraut, Hartheu), Hypericaceae (Hartheugewächse): lat. hypericon «Gelber Günsel», gr. hypereikon, hyperikon «ein der Heide ähnliches Kraut, Johanniskraut» zu gr. hypo «unter, zwischen» und ereike «Heidekraut» (vgl. *Erika*).

Hypochoeris (Ferkelkraut): gr. hypochoiris «Zichorien-Art» zu gr. hypo «unter, zwischen» und gr. choiros «Ferkel»: die Schweine sollen die Wurzeln gerne fressen.

Impatiens (Springkraut, Balsamine): lat. impatiens «ungeduldig, empfindlich» aus der verneinenden Vorsilbe in- und lat. patiens «geduldig, duldsam» zusammengesetzt: die Samenkapseln springen bei Berührung auf.

Iris (Schwertlilie, Iris), Iridaceae: lat. iris «Schwertlilie», gr. iris «Regenbogen, Schwertlilien-Art»: die Farbschattierungen der Blüte werden mit den Farben des Regenbogens verglichen.

Jasione (Sandknöpfchen): lat. iasione «große Zaunwinde», gr. iasione «Winde», in der gr. Mythologie ist Iasion ein Sohn des Zeus und der Elektra; vermutlich von gr. iasis «Heilung».

Juncus (Binse), Juncaceae (Binsengewächse): lat. iuncus «Binse» aus älterem ionikos entstanden und vermutlich auf denselben Stamm wie lat. iuniperus «Wacholder» zurückgehend.

Juniperus (Wacholder): lat. iuniperus «Wacholder».

Knautia (Witwenblume): nach Christian Knaut 1654–1716, dt. Arzt und Botaniker.

Laburnum (Goldregen): lat. laburnum «Breitblättriger Bohnenbaum, Savoyischer Geißklee, Markweide», geht mit viburnum «Schneeball» auf ein altes lat. Fremdwort unbekannter Herkunft zurück.

Lactuca (Lattich): lat. lactuca «Lattich» zu lat. lac, gen. lactis «Milch», das mit dem gr. gala, gen. galaktis «Milch» verwandt ist: nach dem in allen Pflanzenteilen enthaltenen weißen Milchsaft.

Lamium (Taubnessel), Lamiaceae: lat. lamium «Taubnessel» vermutlich zu gr. lamos «Schlund»: nach den schlundartigen Blüten.

Lapsana (Rainkohl): lat. lapsana, lampsana «Ackersenf», gr. lapsane, lampsane, eine eßbare Pflanze, die mit gr. lapsa, lapathos, lapathon «Sauerampfer» identisch sein könnte; möglicherweise auch Zusammenhang mit althochdeutsch lappa «Lappen»: nach den auffällig gelappten Blättern; die Verbindung zum Acker-Senf hat sicherlich mit den gelben Blüten und den ähnlich geschnittenen Blättern zu tun.

Larix (Lärche): lat. larix «Lärche», gr. larix «Lärche, Lärchenharz».

Lathyrus (Platterbse): gr. lathyros «Erbse, Vogelwicke», zusammen mit lat. lens, gen. lentis «Linse» aus einer unbekannten Sprache stammend.

Ledum (Porst): lat. ledon, leda und gr. ledon, ledos «Cistrose» vermutlich aus dem arab. ladan und dem assyrischen ladunu «Harz der Cistrose»: der Sumpfporst hat ähnlich wie manche Cistrosen-Arten klebrige Drüsen.

Lemna (Wasserlinse), Lemnaceae (Wasserlinsengewächse): gr. lemna «Wasserlinse», wahrscheinlich auf gr. limne «Sumpf, Teich» zurückgehend (vgl. Limnologie = Wissenschaft von den Binnengewässern).

Leontodon (Löwenzahn): zu gr. leon «Löwe» und odon, gen. odontis «Zahn» (vgl. ähnliche Bildungen Leontopodium = Löwenfüßchen, Leonurus = Löwenschwanz, Leonotis = Löwenohr).

Lepidium (Kresse): lat. lepidium «Pfefferkraut, Gartenkresse», gr. lepidion «kleine Schuppe», außerdem Bezeichnung für eine syrische Garten- und Heilpflanze.

Leucojum (Märzenbecher, Knotenblume): lat. leucoion, gr. leukoion «weißes Veilchen, Levkoje» zu gr. leucos «weiß» und gr. ion «Veilchen»: nach den duftenden weißen Blüten.

Levisticum (Liebstöckel, «Maggikraut»): spätlat. levisticum «Liebstöckel» zu lat. Ligusticus, gr. Ligystikos «ligurisch» (nach der antiken Verbreitung in den Ligurischen Alpen); die dt. Bezeichnung Liebstöckel ist durch volksetymologische Umdeutung aus mlat. lubisticum entstanden.

Leymus (Strandroggen, der Gerste verw. Grasgattung): Anagramm aus Elymus (der Strand-Roggen hieß früher Elymus arenarius).

Ligustrum (Liguster): lat. ligustrum «Liguster» (Herkunft ungeklärt).

Lilium (Lilie), Liliaceae (Liliengewächse): lat. lilium «Lilie», gr. leirion «weiße Lilie».

Linaria (Leinkraut): lat. linarius «Lein-, zum Lein gehörig» zu linum «Lein»: die schmallanzettlichen, ungestielten Blätter ähneln denen des Leins.

Linum (Lein, Flachs), Linaceae: lat. linum «Lein, Flachs; Leinwand».

Lobelia (Lobelie): nach Mathias Lobel (Lobelius), 1536–1616, aus Lille gebürtiger flämischer Arzt und Botaniker, von Jacob I. von England als Botaniker nach London berufen.

Lolium (Lolch, Weidelgras, Raygras): lat. lolium «Lolch, Trespe, Schwindelhafer» gehört wie das serbische luljati «einlullen, einwiegen» und das dt. lullen zur idg. Wurzel lel-, lol- «einlullen»: die der Pflanze anhaftenden Pilzhyphen (Mykorrhiza) können einen Schwindel erzeugen.

Lonicera (Geißblatt, Heckenkirsche): nach Adam Lonitzer (latin. Lonicerus) 1525–1586, dt. Mathematiker, Arzt und Botaniker.

Lotus (Hornklee): lat. lotus, lotos «Lotosklee; Steinklee; Nordafrikanischer Lotus, *Zizyphus lotus*; Ägyptischer Lotos, Wasserlilie; Indischer Lotos; Zürgelbaum» ebenso wie das gleichbedeutende gr. lotos aus dem hebräischen lot «Myrrhenöl» entlehnt (vgl. auch Diospyros lotus = Kakipflaume).

Luzula (Hainsimse): über frz. luzule aus dem ital. luzola «Luzerne», das zu lat. lucere «glänzen, leuchten» gehört: nach den glänzenden Blättern (und Blüten) mancher Arten; nicht zu lat. lucus «Hain», dt. Bezeichnung «Hain-Simse» ist volksethymologisch entlehnte Übersetzung.

Lychnis (Lichtnelke): lat. lychnis «wildes Löwenmäulchen», gr. lychnis «Pflanze mit feuerroten Blüten» zu gr. lychnos «Leuchte, Lampe» (vgl. dt. leuchten).

Lycopersicon (Tomate): gr. lykopersikon, lykopersion «ägypt. Pflanze mit gelblichem Saft und stark aromatischem Geruch» (Galen) zu gr. lykos «Wolf» und persikon «Pfirsich».

Lycopsis (Krummhals): zu gr. lykos «Wolf» und gr. ops, gen. opsis «Auge, aussehen»: die blauen runden Blüten verglich man mit dem Auge, die rauhe Behaarung mit einem Wolfsfell.

Lycopus (Wolfstrapp): gr. lykopus «Wolfsfuß, wolfsfüßig»: nach den tief eingeschnittenen Blättern und der rauhen Behaarung, die einer Wolfsklaue gleicht.

Lysimachia (Gilbweiderich): schon im gr. ein Pflanzenname, der vermutlich auf Lysimachos (um 360 vor bis 280 vor Chr., Feldherr Alexanders, seit 306 König v. Thrakien) zurückgeht: Lysimachos soll nach Plinius die Pflanze entdeckt haben; möglicherweise ist sie jedoch auch nach einem Arzt gleichen Namens benannt.

Lythrum (Blutweiderich), Lythraceae: gr. lythron «Besudelung, Blut, Mordblut»: nach der dunkelroten bis violetten Farbe der Blüten; nach der Signaturenlehre wurde die Pflanze gegen Blutflüsse verwendet.

Magnolia (Magnolie), Magnoliaceae: nach Pierre Magnol 1638–1715 frz. Arzt und Botaniker (Klassifikation der Pflanzen in Klassen).

Mahonia (Mahonie): nach Bernhard MacMahon 1775–1816, amerik. Botaniker.

Maianthemum (Schattenblume): zu lat. maius «Mai» und gr. anthemon «Blume».

Malus (Apfelbaum): lat. malus «Apfelbaum», lat. malum, melum, gr. melon, malon «Apfel» (vgl. auch Melone, Insel Melos).

Malva (Malve), Malvaceae: lat. malva, gr. malache «Malve», möglicherweise verwandt mit dem hebräischen malluah «salatähnliches Gemüse».

Maranta (Pfeilwurz): nach Bartolomeo Maranta, italienischer Arzt und Botaniker des 16. Jh.

Matricaria (Kamille): zu lat. matrix, gen. matricis «Gebärmutter»: die Pflanze hilft bei Regelstörungen und Frauenkrankheiten.

Medicago (Schneckenklee): zu lat. medica (bzw. herba medica) «Schneckenklee, Luzerne», gr. poa Medike «medisches Gras, Luzerne»: die Pflanze soll nach Plinius zur Zeit der Perserkriege aus Medien nach Griechenland gebracht worden sein.

Melampyrum (Wachtelweizen): gr. melampyron «schwarzer Weizen (ein Getreideunkraut)» zu gr. melas «schwarz» und gr. pyros «Weizen»: die Samen ähneln den Weizenkörnern, sind aber nicht schwarz, sondern dunkeln das Brot, wenn sie unter das Mehl gelangen.

Melandrium (Taglichtnelke): zu gr. melas «schwarz» und drys «Eiche», möglicherweise soviel wie «im schwarzen Wald wohnend».

Melica (Perlgras): mlat. melica, milica «Buchweizen», ital. melica, meliga «Hirse», span. milga «Schneckenklee».

Melilotus (Steinklee): lat. melilotos, meliloton «Steinklee, Honigklee» zu gr. meli «Honig» und gr. lotos «Hornklee»: Steinklee ist besonders nektarreich und wird gern von Bienen besucht.

Melissa (Melisse): mlat. melissa «Melisse», gekürzt aus lat. melissophyllon, melissophyllum «Honigblatt», gr. melissophyllon «Bienenblatt» zu gr. meli «Honig» und phyllon «Blatt».

Mentha (Minze): lat. mentha, menta «Minze», das Wort stammt möglicherweise aus Kleinasien.

Mimosa (Mimose, Sinnpflanze): zu lat. mimus, gr. mimos «Schauspieler» bzw. zu mimeîsthai «nachahmen»: bei Berührung scheinen die Blätter mit der Hand zu spielen, sie werden nach unten geschlagen und die Fiedern zusammengeklappt.

Mimulus (Gauklerblume): lat. mimulus, Verkl. von mimus «Schauspieler», bedeutet «witziger Schauspieler, Gaukler».

Molinia (Pfeifengras, Benthalm): nach Juan Ignacio Molina, 1740–1829, span. Missionar und Pflanzensammler (1782: Naturgeschichte Chiles).

Muscari (Traubenhyazinthe): wahrscheinlich aus dem arab. muschirumi «Traubenhyazinthe» und zu misk, pers. musk «Moschus»: nach dem Moschusgeruch einiger Traubenhyazinthen-Blüten.

Myosotis (Vergißmeinnicht): lat. myosotis, myosota «Mäuseöhrchen», gr. myosotis, myosote «Mauseohr» (Pflanzenname) zu gr. mys, gen. myos «Maus», ous, gen. otos «Ohr»: nach der Form der Blätter.

Myriophyllum (Tausendblatt): zu gr. myrios «unzählig» und gr. phyllon «Blatt».

Narcissus (Narzisse, Osterglocke): lat. narcissus, gr. narkissos «Narzisse», Wortstamm ägäischen Ursprungs, wegen der beruhigenden Wirkung der Inhaltsstoffe Anlehnung an gr. narke «Krampf, Erstarrung». Der mythologische Blumenheld Narcissus (gr. Narkissos) ist nach der Blume benannt, nicht umgekehrt.

Nasturtium (Brunnenkresse): lat. nasturtium, nasturcium «Kresse-Art» ableitbar von lat. nasis «Nase» und lat. torquere «drehen, quälen»: nach dem stechenden Geruch der Senföle, die beim Quetschen frei werden.

Neslia (Finkensame): nach J.A.N. de Nesle, frz. Botaniker.

Nigella (Schwarzkümmel, Gretchen im Busch): lat. nigella «Römischer Schwarzkümmel» zu lat. nigellus «schwärzlich» (Verkleinerungsform von niger «schwarz»)

Nuphar (Teichrose): aus arab., pers. nufar, ninufar «Gelbe Teichrose».

Nymphaea (Seerose), Nymphaeaceae (Seerosengewächse): lat. nymphaea, gr. nymphaia «Seerose, Seeblume» zu gr. nymphaios «den Nymphen heilig» zu gr. nymphe «Nymphe, Wassergottheit».

Oenothera (Nachtkerze): lat. oenothera, onothera, onotheris «Strauch, dessen Wurzeln nach Wein schmeckt» (möglicherweise war im Altertum das Behaarte Weidenröschen gemeint).

Onagra Onagraceae (Nachtkerzengewächse): zu gr. onos «Esel» und agra «Jagd»: Grund der Benennung «Eselsjagd» ist unklar.

Onobrychis (Esparsette): lat. onobrychis, oenobreches «eine schotentragende Pflanze» zu gr. onos «Esel» und brychein «mit den Zähnen knirschen»: die Pflanze ist ein beliebtes Viehfutter.

Ononis (Hauhechel): lat. ononis, anonis «Hauhechel», zu gr. onos «Esel» (Eselsfutter).

Ophrys (Ragwurz): lat. ophrys «Zweiblatt», gr. ophrys «Braue».

Orchis (Knabenkraut), Orchidaceae (Knabenkrautgewächse): lat. orchis «Knabenkraut», gr. orchis «Hoden»: nach der Form der Wurzelknollen.

Ornithopus (Vogelfuß): zu gr. ornis, gen. ornithos «Vogel» und gr. pous «Fuß»: nach dem vogelfußartigen Aussehen des Fruchtstandes (Hülsen).

Osmunda (Königsfarn): mlat. osmunda «Königsfarn», wahrscheinlich nach dem Beinamen Thors «Osmunder».

Oxalis (Sauerklee), Oxalidaceae (Sauerkleegewächse): lat. ocalis, gr. oxalis «Sauerampfer» zu gr. oxos «Essig», das auf die idg. Wurzel ak-, ok- «scharf, spitz» zurückgeht.

Paeonia (Pfingstrose), Paeoniaceae: lat. paeonia, gr. paionia «Pfingstrose» zu gr. paionios «heilsam, heilend» und gr. Paian, Paion (lat. Paeon) dem Götterarzt der gr. Mythologie: die Pflanze wird noch heute gegen Epilepsie und Krampfzustände, Migräne und Gicht verwendet.

Palmae: lat. palma «flache Hand», gr. palame «flache Hand», irisch lam «Hand»: im Altertum wurde ursprünglich der Name der Mittelmeer-Zwergpalme nach den handförmig geteilten Blättern gegeben, dann auf die Dattelpalme übertragen.

Papaver (Mohn), Papaveraceae: lat. papaver «Mohn» zur idg. Wurzel pap- «aufblasen»: nach dem klatschenden Ton, der beim Zerschlagen der Blumenblätter entsteht (vgl. dt. Klatschmohn).

Paris (Einbeere): möglicherweise auf Paris, Sohn des Priamos von Troja und auf seine Rolle als Schiedsrichter im berühmten Schönheitswettbewerb zwischen Hera, Athene und Aphrodite zurückgehend: man verglich die vier wirtelig stehenden Blätter mit Paris und den drei Göttinnen, die einzelne Beere mit dem Erisapfel, den Paris der Aphrodite als Siegerin zueignete.

Parnassia (Studentenröschen): lat. Parnassius, gr. Parnassios bezieht sich auf den Berg Parnaß in Phokis, an dessen Hang Delphi und die heilige Quelle Kastalia liegen.

Pastinaca (Pastinak): lat. pastinaca «Pastinake, Karotte», wahrscheinlich zu pastinum «Winzerhacke», eventuell auch zu lat. pastus «Nahrung».

Persica (Pfirsichbaum): lat. Persicus, gr. Persikos «persisch», gr. melon persikon für Zitrone oder auch Pfirsich, lat. malum persicum «Pfirsich».

Petasites (Pestwurz): gr. petasites «hutförmig» zu gr. petasos «breitkrempiger Hut»: wegen der großen rhabarberähnlichen Blätter.

Petroselinum (Petersilie): lat. und gr. petroselinon «Petersilie» zu gr. petros, petra «Fels, Stein» und gr. selinon «Eppich» (Doldenblütler).

Petunia (Petunie): über frz. petun und engl. petun, petum aus südamerikanischer Eingeborenensprache pety, petyma «Tabak»: Ähnlichkeit der Blätter mit der Tabakpflanze.

Phalaris (Rohrglanzgras): lat. phalaris, phaleris «Kanariengras» wie gr. phalaris, phaleris «Wasserhuhn» zu gr. phaleros «glänzend».

Phaseolus (Bohne): lat. phaseolus «Schwertbohne», vermutlich derselbe Stamm wie gr. phake, phakos «Linse» und lat. faba «Pferdebohne».

Phleum (Lieschgras): nach gr. phleon «strotzend», gr. phleein «quellen, sprudeln, überfließen» geht auf idg. Wurzel bhel- «hervorsprießen, blühen» zurück: ursprünglich wohl Name für Zuckerrohr, später wegen des ähnlichen walzenförmigen Blütenstandes auf Lieschgras übertragen.

Phlox (Phlox): gr. phlox «Flamme, Feuer»: nach der roten Blütenfarbe einiger Arten.

Phragmites (Schilfrohr, Reet): lat. phragmites «dünnes Rohr», gr. phragmites «als Zaun dienend, an Zäunen wachsend» zu gr. phragma, phragmos «krautige Scheidewand».

Phyteuma (Teufelskralle, Rapunzel): lat. phyteuma «Kreuzwurz», gr. phyteuma «Pflanze, Baum» (nach Dioscorid eine bestimmte Pflanze, die als Aphrodisiacum dient).

Picea (Fichte): picea lat. «Pechföhre, Kiefer» zu lat. pix, gen. picis «Pech».

Picris (Bitterkraut): lat. picris, gr. pikris «Bitterkraut, wilder Lattich».

Pimpinella (Bibernelle): ital. pimpinella «Bibernelle», wahrscheinlich aus spätlat. Demin. zu piperina «Pfefferkraut» und zu lat. piper «Pfeffer» entstanden: nach dem aromatischen Geschmack der Pflanze.

Pinus (Kiefer, Föhre, Pinie): lat. pinus «Fichte, Kiefer, Pinie» vermutlich zu idg. Wurzel pitu- «Saft, Harz» (vgl. a. gr. pitys «Fichte»).

Pisum (Erbse): lat. pisum, gr. pison, pisos «Erbse».

Plantago (Wegerich), Plantaginaceae: lat. plantago «Wegerich» zu lat. planta «Pflanze, Setzling, der mit den Füßen festgetreten wird», auch «Fußsohle» und weiter zu idg. Wurzel plat- «flach, eben»: die flachen Blätter liegen dem Boden eng an; Vertrittpflanze.

Poa (Rispengras), Poaceae: gr. poa, poia «Gras».

Polygala (Kreuzblume): lat. polygala, gr. polygalon «Milchkraut, Kreuzblume» zu gr. polys «viel» und gr. gala «Milch»: einige Arten sollen die Milchsekretion der Kühe fördern.

Polygonum (Knöterich), Polygonaceae (Knöterichgewächse): lat. polygonus «Blutkraut» (bezieht sich auf *Polygonum bistorta*) zu gr. polygonos «fruchtbar, vielsamig» aus gr. poly «viel» und gr. gone «Same»; die dt. Bezeichnung ist beeinflußt von gr. gony «Knie, Knoten».

Polygonatum (Weißwurz): lat. polygonatus, gr. polygonaton «Weißwurz, Salomonsiegel» zu gr. poly «viel» und gr. gony, gen. gonatos «Knie, Knoten»: der Wurzelstock ist knotig gegliedert.

Polytrichum (Frauenhaarmoos, Haarmützenmoos, Widertonmoos): von gr. poly «viel» und gr. trix, gen. trichos «Haar»: die Haube des Mooses ist mit zahlreichen Haaren besetzt (dt. Haarmützenmoos).

Populus (Pappel): lat. populeus «Pappel», vermutlich mit dem gr. ptelea, pelea «Ulme» verwandt.

Posidonia (Neptunsgras): nach dem gr. Meergott Poseidon.

Potamogeton (Laichkraut): lat. potamogiton «Laichkraut», gr. potamogaiton «Wasserpflanze» zu gr. potamos «Fluß» und gr. gaiton «Nachbar».

Potentilla (Fingerkraut): mit der span. Verkleinerungsnachsilbe -illa aus lat. potentia «Macht, Kraft» aus potens «mächtig», posse «können»: kleine Pflanze mit großer Heilkraft.

Primula (Schlüsselblume, Primel), Primulaceae: lat. primula veris «Die kleine Erste des Frühlings» Verkleinerungsform zu lat. primus «der Erste»: die Pflanze ist ein erster Frühlingsbote.

Prunella (Braunelle): Anlehnung an lat. pruna «glühende Kohle» von Tournefort (1698) nach dem frz. brunelle «Braunelle» gebildet, das auf frz. brun «braun» zurückgeht: Kelche und Stiele der Blätter sind rotbraun; nach der Signaturenlehre wurde die Pflanze daher gegen Halsbräune (Angina) verwendet.

Prunus (Pflaumenbaum): lat. prunus «Pflaumenbaum», prunum «Pflaume», gr. prounos, älter proumnos «wilder Pflaumenbaum» (vermutlich auf den Ortsnamen Prymnessos in Phrygien zurückgehend).

Pulmonaria (Lungenkraut): spätlat. pulmonaria radicula «Lungenheilwurz» zu lat. pulmo, gen. pulmonis «Lunge»: die Pflanze wurde gegen Lungenleiden verwendet.

Pyrus (Birnbaum): lat. pirus «Birnbaum», pirum «Birne» wie gr. apios «Birnbaum», Lehnwort aus einer Mittelmeersprache.

Quercus (Eiche): lat. quercus «Eiche» (besonders die sommergrünen Formen) vermutlich auf das idg. percuus «Eiche» zurückgehend.

Ranunculus (Hahnenfuß): lat. ranunculus «Fröschelchen» (Doppel-Demin. zu rana «Frosch»), Lehnübersetzung von gr. batrachion (vgl. Untergattung Batrachium): einige Arten, besonders *Ranunculus aquatilis* und *R. fluitans* leben wie ein Frosch im Wasser).

Raphanus (Hederich): lat. rhaphanus «Rettich», gr. rhaphanos «Kohl», rhaphane, rhaphys «Rübe» (verwandt mit lat. rapum, rapa «Rübe»).

Reseda (Resede, Wau), Resedaceae: lat. reseda «Resede», entwickelt aus der lat. sympathetischen Formel ‹reseda morbos› («lindere die Krankheiten») zu lat. resedara «wieder stillen» und sedare «stillen, lindern» (vgl. Sedativa).

Rheum (Rhabarber): gr. rheon «Rhabarber» wahrscheinlich aus pers. rewend «Rhabarber» entlehnt, hat vermutlich nichts mit gr. rheon «fließend» zu tun.

Rhinanthus (Klappertopf): zu gr. rhis, gen. rhinos «Nase» und gr. anthos «Blume, Blüte»: nach der Gestalt der Blütenkrone (Rachenblütler).

Rhynchospora (Schnabelried): zu gr. rhychos «Schnabel, Schnauze» und gr. spora «Same»: die Fruchtstände sehen geschnäbelt aus («Schnabelried»).

Ribes (Johannisbeere): aus arab. ribas «sauer schmeckende Pflanze», vermutlich Rheum ribes (der Johannisbeersaft hatte früher die gleiche pharmazeutische Verwendung wie der Rhabarbersaft).

Robinia (Robinie, Scheinakazie): nach Jean Robin 1550–1629, frz. Gärtner, Direktor am Jardin des Plantes in Paris; sein Sohn (1579–1662) pflanzte 1635 die Robinie erstmals in Europa an.

Rosa (Rose), Rosaceae (Rosengewächse): lat. rosa, gr. rhodon «Rose»; aus dem iranischen entlehnt.

Rubus (Brombeere): lat. rubus «Brombeerstrauch, Brombeere», vermutlich zu idg. Wurzel reub- «reißen, rupfen»: nach den reißenden Stacheln.

Rumex (Ampfer): lat. rumex «Sauerampfer», vermutlich zu idg. Wurzel sur-, sru- «sauer».

Ruta (Raute), Rutaceae: lat. ruta, gr. rhyte «Raute, bitter schmeckendes Kraut» wie *Rumex* zu idg. Wurzel sru-, sur-.

Sagina (Mastkraut): lat. sagina «Mast, Futter».

Salix (Weide), Salicaceae: lat. salix, gen. salicis «Salweide» zu idg. Wurzel sal- «schmutzig, grau» (dazu auch lat. sal, gr. hals, dt. Salz nach der Farbe des Natursalzes).

Salvia (Salbei): lat. salvia «Salbei» zu lat. salvus «gesund, heil», lat. salvare «heilen».

Sambucus (Holunder): lat. sambucus, sabucus «Holunder», wahrscheinlich Fremdwort aus einer ägäischen Sprache.

Saponaria (Seifenkraut): zu lat. sapo, gen. saponis «Seife» (aus germ. seipo «Seife» entlehnt): die Pflanze enthält Saponine, die die Wurzel beim Reiben im Wasser wie Seife schäumen lassen.

Sarothamnus (Besenginster): zu gr. saron «Besen» und thamnos «Busch, Strauch».

Satureja (Bohnenkraut): lat. satureja «Bohnenkraut», Fremdwort unbekannter Herkunft, möglicherweise später an lat. satura «Schüssel» angelehnt.

Saxifragus (Steinbrech), Saxifragaceae: zu lat. saxum «Fels, Stein» und lat. frangere «brechen»: die meisten Vertreter der Steinbreche gedeihen auf felsigem Untergrund und wurden deshalb als Mittel gegen Nieren- und Blasensteine verwendet.

Schoenoplectus (Teichsimse): nach lat. schoenus, gr. schoinos «Binse, Schmiele» und gr. plectos «geflochten, gedreht».

Schoenus (Kopfried): lat. schoenus, gr. schoinos «Binse, Schmiele.

Scabiosa (Skabiose): lat. scabiosus «räudig, krätzig»: die Pflanze galt als volkstümliches Heilmittel gegen Hautkrankheiten und Quetschungen.

Scilla (Blaustern): lat. scilla, squilla, gr. skilla «Meerzwiebel».

Scirpus (Simse): lat. scirpus «Binse», vlat. scelpus, daraus dt. Schilf.

Skleranthus (Knäuel): gr. skleros «trocken, hart» und gr. anthos «Blume, Blüte»: die feste, vertrocknende Blüte springt erst mit dem Samen ab.

Sclerotinia (Anemonenbecherling): zu gr. sklerotes «Härte, Trockenheit»: nach dem unterirdischen schwarzen Sclerotium des Anemonen-Becherlings.

Scorzonera (Schwarzwurzel): ital. scorzonera «Schwarzwurzel», das zu scorzone «Giftschlange» gehört (Pflanze als Gegenmittel gegen Schlangenbisse); möglicherweise volksetym. an ital. scorza nera «schwarze Rinde» (nach der Farbe der Wurzel) angelehnt.

Scrophularia (Braunwurz), Scrophulariaceae: mlat. scrophularia herba «Braunwurz» zu lat. scrofulae «Halsgeschwülste» (zu lat. scrofa «Sau», gr. choiros «Schwein»): die Knollen der Wurzel verglich man mit Drüsengeschwülsten und verwendete sie nach der Signaturenlehre als Mittel gegen Halsgeschwülste (gleicher Stamm: dt. Wort Schorf).

Secale (Roggen): lat. secale «Roggen», Fremdwort aus dem Balkan, möglicherweise später an lat. secare «schneiden» angelehnt.

Senecio (Greiskraut, Kreuzkraut): lat. senecio «Greiskraut» zu lat. senex, gen. senicis «Greis; alt»: nach dem weißen Pappus des Fruchtstandes.

Setaria (Borstenhirse): zu lat. saeta, seta «Haar, Borste»: der Blütenstand trägt zahlreiche Borsten.

Silene (Leimkraut): nach Silenus (gr. Silenos, Seilenos) nach gr. Mythologie betrunkener Begleiter des Bacchus, stets mit aufgedunsenem Bauch dargestellt: nach dem aufgeblasenen, kropfartigen Kelch des Aufgeblasenen Leimkrauts.

Sinapis (Senf): lat. sinapis, sinapi, sinape, gr. sinapi, sinapy «Senf».

Sisymbrium (Rauke): lat. sisymbrium «Quendel, Kresse», gr. sisymbrion «wohlriechende Pflanze».

Solanum (Nachtschatten), Solanaceae (Nachtschattengewächse): lat. solanum «Nachtschatten», enthält lat. sol «Sonne».

Solidago (Goldrute): lat. solidago «Beinwell» zu lat. solidus «heil, fest».

Sonchus (Gänsedistel): lat. sonchus «Gänsedistel», gr. sogchos «distelartige Pflanze».

Sorbus (Speierling, Mehlbeere): lat. sorbus «Sperberbaum»; wegen der roten Früchte zum idg. Stamm ser-, sor- «rot, rötlich» gerechnet.

Sparganium (Igelkolben), Sparganiaceae (Igelkolbengewächse): lat. und gr. sparganion «Igelkolben» (evtl. auch boutomos), Verkleinerungsform von gr. sparganon «Band, Windel»: nach Form und Anwendung der Blätter.

Spartina (Schlickgras): gr. spartinos «aus Tau» zu sparton «Tau, Seil» (mehrere Sträucher, aus denen man Stricke und Flechtwerk herstellte, wurden im alten Griechenland mit spartos bezeichnet).

Spergula (Spergelkraut, Spark): mlat. spergula «stark» möglicherweise zu lat. spargere «ausstreuen, ausbreiten»: die Stengel und sparrigen Rispen breiten sich nach allen Seiten aus.

Sphagnum (Torfmoos): lat. sphagnos, sphagnum «wohlriechendes Moos», gr. sphagnos, sphakos «gelber Salbei» aber auch «langhaariges Baummoos besonders an Eichen», vgl. auch gr. phaskon, phaskos «Mooszotten an Eichen».

Spinacia (Spinat): zu span. espinaca, afrz. epinach «Spinat» aus dem arab. isbinah oder pers. aspanah «Spinat».

Spiraea (Spierstrauch): lat. spiraea, gr. speiraia «Spierstaude», vermutlich zu gr. speira, lat. spira, dt. Spirale «Windung»: nach den spiralig gewundenen Sammelfrüchten besonders bei Spiraea ulmaria.

Syringa (Flieder): lat. syringa, vulgäre Nebenform nach dem acc. zu lat. syrinx «Rohr»: für Holunder, aus den hohlen Stengeln schnitt man Flöten.

Tanacetum (Rainfarn): spätlat. tanacetum, tanaceta «Rainfarn», unklarer Ursprung, möglicherweise Umgestaltung aus gr. athanasia «Unsterblichkeit»: auf die Heilwirkung der Pflanze zurückzuführen.

Taraxacum (Löwenzahn, Kuhblume): über mlat. taraxacum aus dem arab.-pers. entlehnt: tharadk-chakon für einen Korbblütler.

Taxus (Eibe): lat. taxus «Eibe; Wurfspieß aus Eibenholz» vermutlich zu gr. toxon «Bogen», das seinerseits aus skyth. taxa «Bogen» abgeleitet ist.

Teesdalia (Bauernsenf): nach R. Teesdale, gest. 1804, engl. Botaniker.

Thlaspi (Hellerkraut): lat. thlaspi, gr. thlaspis «Kresse-Art» (Samen wie Senf verwendet).

Thymelaea (Spatzenzunge), Thymelaeaceae: lat. thymelaea, gr. thymelaia «Strauch mit stark abführenden Beeren, vermutlich Daphne gnidium» zu thymos «Thymian» und elaia «Ölbaum»: die Pflanze riecht wie Thymian, die Früchte ähneln einer Olive.

Thymus Thymian: lat. thymum, gr. thymon, thymos «Thymian, Quendel» zu gr. thyein «duften, räuschern»: nach den stark duftenden ätherischen Ölen der Pflanze.

Tilia (Linde), Tiliaceae: lat. tilia «Linde».

Tragopogon (Bocksbart): lat. und gr. tragopogon «Bocksbart» zu gr. tragos «Bock» und gr. pogon «Bart»: der Pappus ähnelt bei geschlossenen Hüllen einem schmalen Ziegenbart.

Trichophorum (Haarsimse): zu gr. trix, gen. trichos «Haar» und -phoros «tragend» zu gr. pherein «tragen»: die Kelchblätter wachsen aus und bilden bei der Fruchtreife einen Haarschopf.

Trifolium (Klee): lat. trifolium «Dreiblatt; Klee» zu lat. tri «drei-» und lat. folium «Blatt».

Tripleurospermum (Kamille): zu gr. tripleuros «dreiseitig» und lat. sperma «Same».

Trisetum (Goldhafer): zu lat. tri «drei-» und lat. seta, saeta «Borste, Granne»: Ährchen mit drei Gannen (dreiblütig).

Triticum (Weizen): lat. triticum «Weizen»; als Dreschgetreide zu lat. terere (trivi, tritus) «reiben, mahlen, dreschen».

Trollius (Trollblume): wohl zu schwed., altnord. troll «Berggeist, Troll», mhd. trolle «Tölpel, Gespenst»; evtl. auch zu frühneuhochdt. trol, trolen «runder Körper, Kugel»: nach der kugeligen Anordnung der Kronblätter.

Tropaeolum (Kapuzinerkresse): Verkleinerungsfrom zu lat. tropaeum, trophaeum, gr. tropaion, trophaion «Siegeszeichen, Trophäe»: das Blatt ist schildförmig, die Blüte erinnert an einen Helm.

Tulipa (Tulpe): über frz. tulipe, engl. tulip, ital. tulipano aus türk. tulband, tuliband «Turban, Tulpe», tulband-lale «Turbanpflanze, Tulpe»; geht auf pers. dulband und dies wieder auf pers. dil «Herz» und bastan «binden» zurück.

Tussilago (Huflattich): lat. tussilago «Huflattich» (schon im Altertum als Hustenmittel verwendet): lat. tussis «Husten».

Typha (Rohrkolben), Typhaceae: gr. typhe «Pflanze zum Ausstopfen und Polstern von Betten», vermutl. zu gr. tylos «Wulst, Buckel» aus idg. Wurzel tu- «schwellen» (vgl. lat. tumere «schwellen»: Tumor).

Ulmus (Ulme), Ulmaceae: lat. ulmus «Ulme, Rüster» samt lat. alnus «Erle» und althd. elmboum «Ulme», engl. elm, ir. lem «Ulme» zu idg. Wurzel el-, ol- «gelb, orange» (nach der Farbe des frisch geschlagenen Holzes).

Uromyces (Rostpilz-Gattung): zu lat urere «brennen» und gr. mykes «Pilz».

Urtica (Brennessel), Urticaceae: lat. urtica «Brennessel» zu lat. urere «brennen».

Utricularia (Wasserschlauch): zu lat. utriculus «kleiner Schlauch», Verkleinerungsform von uter «Schlauch» (vgl. auch Uterus = Gebärmutter).

Vaccinium (Heidelbeere, Preiselbeere): lat. vaccinium «Hyazinthe»; vermutl. unter Anlehnung an lat. vaccinus «Kuh» aus gleicher Quelle entlehnt wie gr. hyakinthos «Hyazinthe», das auf ältere Form vakinthos zurückgeht und damit Beziehung zu dem kret. Monatsnamen

Bakinthos; diskutiert wird auch eine Ableitung von lat. bacca «Beere» über baccinum «beerenartig».

Valeriana (Baldrian): mlat. valeriana «Baldrian» zu lat. Valerianus «aus der Prov. Valeria in Pannonien stammend»; volksetym. Angleichung an lat. valere «gesund sein».

Valerianella (Ackersalat, Rapünzchen): Verkleinerungsform von Valeriana.

Vaucheria (Schlauchalgen-Gattung): nach Jean-Pierre-Etienne Vaucher, gest. 1841, schweizerischer Geistlicher und Botaniker.

Verbascum (Königskerze): lat. verbascum «Königskerze, Wollkraut», wegen des Elements -asco wird ligurische Herkunft vermutet.

Verbena (Eisenkraut): lat. verbena, verbenae «Zweig von Lorbeer, Ölbaum, Myrte, Zypresse oder Tamariske»; gehört vermutlich samt lat. verbera «Schläge, Rute, Peitsche» zu idg. Wurzel uerb- «winden, flechten».

Viburnum (Schneeball): lat. viburnum «Mehlbeerbaum, Schlingstrauch», Herkunft unsicher, vielleicht wie vorige zu idg. uerb- «winden, flechten».

Vicia (Wicke): lat. vicia «Wicke» zu idg. Wurzel uei- «winden, flechten, biegen».

Victoria (trop. Seerosengattung): nach Königin Victoria (1819–1901) von Großbritannien zu lat. victoria «Sieg».

Viola (Veilchen), Violaceae: lat. viola «Veilchen, Levkoje», gr. ion «Veilchen».

Vitis (Weinstock, Weinrebe), Vitaceae (Weinrebengewächse): lat. vitis «Weinrebe, Weinstock» zu idg. Wurzel ueit- «biegsamer Zweig, Gerte» (vgl. auch Vicia, Weide).

Zantedeschia (Zimmercalla): nach Francesco Zantedeschi 1773–1846, ital. Botaniker und Physiker.

Zea (Mais): lat. zea «Dinkel, Spelt», gr. zaia, zea «Dinkel, Spelt».

Zostera (Seegras), Zosteraceae: nach lat. zoster, acc. zostera «Seetang», gr. zoster «Gürtel» und «Seetang-Art».

Literatur

GENAUST, H.: Etymologisches Wörterbuch der botanischen Pflanzennamen. Birkhäuser, Basel, Boston, Stuttgart, 2. A., 1983

SCHUBERT, R., WAGNER, G.: Pflanzennamen und botanische Fachwörter. Neumann-Neudamm, Melsungen, 8. A., 1984

VOGELLEHNER, D.: Botanische Terminologie und Nomenklatur, G. Fischer, Stuttgart, New York, 2. A., 1983

Sachverzeichnis*

* Seitenzahlen, die Abbildungen und Grafiken betreffen wurden halbfett gesetzt, Merk- und Bestimmungstabellen betreffende kursiv.

Namensverzeichnis

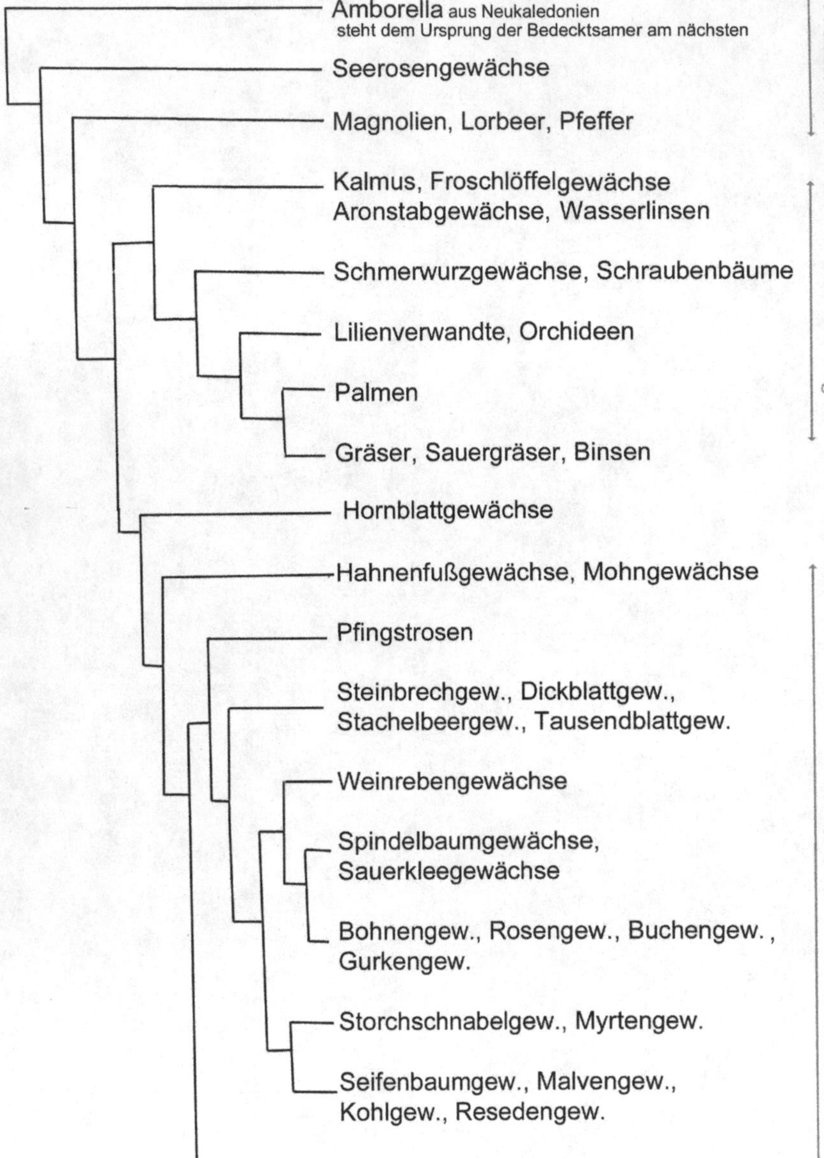
Amborella aus Neukaledonien
steht dem Ursprung der Bedecktsamer am nächsten
Seerosengewächse
Magnolien, Lorbeer, Pfeffer
Kalmus, Froschlöffelgewächse
Aronstabgewächse, Wasserlinsen
Schmerwurzgewächse, Schraubenbäume
Lilienverwandte, Orchideen
Palmen
Gräser, Sauergräser, Binsen
Hornblattgewächse
Hahnenfußgewächse, Mohngewächse
Pfingstrosen
Steinbrechgew., Dickblattgew.,
Stachelbeergew., Tausendblattgew.
Weinrebengewächse
Spindelbaumgewächse,
Sauerkleegewächse
Bohnengew., Rosengew., Buchengew. ,
Gurkengew.
Storchschnabelgew., Myrtengew.
Seifenbaumgew., Malvengew.,
Kohlgew., Resedengew.
Ursprüngliche Bedecktsamer
Einkeimblättrige
Zweikeimblättrige Bedecktsamer

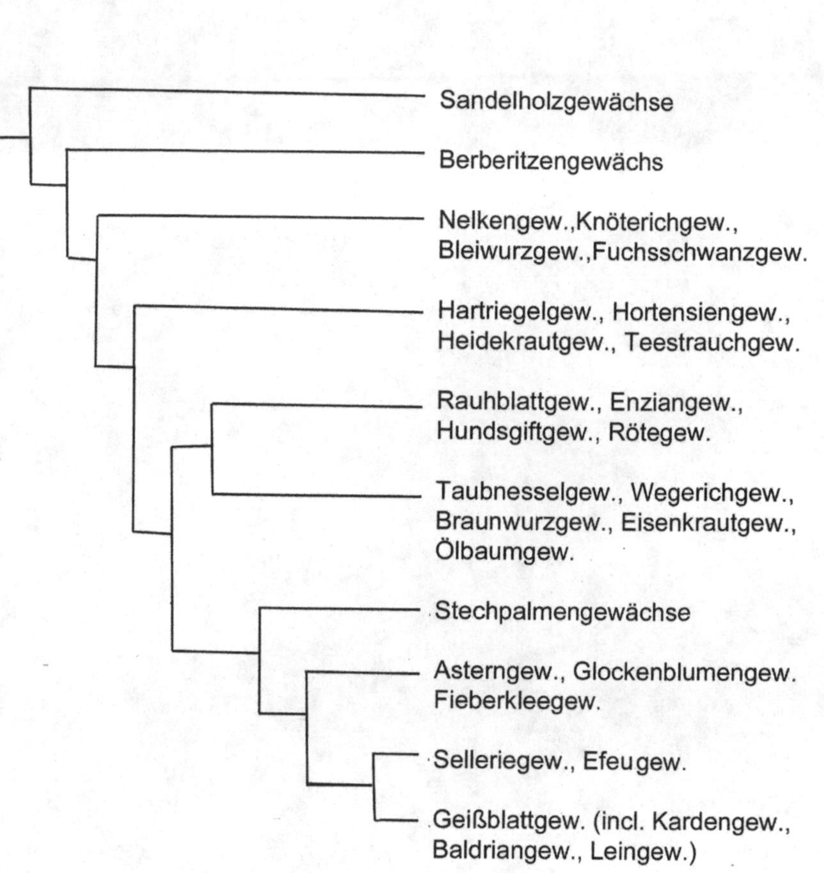

Sandelholzgewächse
Berberitzengewächs
Nelkengew.,Knöterichgew.,
Bleiwurzgew.,Fuchsschwanzgew.
Hartriegelgew., Hortensiengew.,
Heidekrautgew., Teestrauchgew.
Rauhblattgew., Enziangew.,
Hundsgiftgew., Rötegew.
Taubnesselgew., Wegerichgew.,
Braunwurzgew., Eisenkrautgew.,
Ölbaumgew.
Stechpalmengewächse
Asterngew., Glockenblumengew.
Fieberkleegew.
Selleriegew., Efeugew.
Geißblattgew. (incl. Kardengew.,
Baldriangew., Leingew.)
Zweikeimblättrige Bedecktsamer